高等职业教育机械类专业教材

UG NX 10.0 数控编程教程

UG NX 10.0 SHUKONG BIANCHENG JIAOCHENG

展迪优 ◎ 主编

扫描二维码
获取随书学习资源

机械工业出版社
CHINA MACHINE PRESS

本书是以我国高职高专学校机械类学生为对象而编写的教材,以最新推出的 UG NX 10.0 为蓝本,全面、系统地介绍了 UG 数控加工技术和技巧,内容包括 UG NX 10.0 数控编程入门、平面铣加工、轮廓铣削加工、孔加工、车削加工、后置处理以及 UG NX 10.0 数控编程综合范例等。为方便广大教师和学生的教学和学习,本书附赠学习资源,制作了大量 UG 数控编程技巧和具有针对性编程实例的教学视频,并进行了详细的语音讲解,时间长达 8 小时(480 分钟)。学习资源还包含本书所有的素材文件、练习文件和范例文件。

在内容安排上,为了使学生能更快地掌握 UG 数控编程技术,书中结合大量的范例对软件中的概念、命令和功能进行了讲解,以范例的形式讲述了一些零件的数控编程过程。这些范例都是实际的生产一线当中具有代表性的例子,具有很强的实用性和广泛的适用性,能使学生较快地进入数控加工编程实战状态。在每一章中还安排了大量的填空题、选择题、实操题和思考题等题型,便于教师布置课后作业和学生进一步巩固所学的知识。在写作方式上,本书紧贴软件的实际界面进行讲解,使学生尽快地上手,提高学习效率。在学习完本书后,学生能够迅速地运用 UG 软件来完成一般零件的编程工作。

本书内容全面、条理清晰、实例丰富、讲解详细,可作为高职高专学校机械类各专业学生的 CAM 课程教材,也可作为广大工程技术人员的 UG 自学教程和参考书籍。

图书在版编目(CIP)数据

UG NX 10.0 数控编程教程/展迪优主编.—3 版.
—北京:机械工业出版社,2015.8(2025.1 重印)
高等职业教育机械类专业教材
ISBN 978-7-111-51033-8

Ⅰ. ①U… Ⅱ. ①展… Ⅲ. ①数控机床—程序设计—应用软件—高等职业教育—教材 Ⅳ. ①TG659-39

中国版本图书馆 CIP 数据核字(2015)第 176150 号

机械工业出版社(北京市百万庄大街 22 号　邮政编码 100037)
策划编辑:丁　锋　　　责任编辑:丁　锋
责任校对:陈立辉　　　封面设计:张　静
责任印制:常天培
北京机工印刷厂有限公司印刷
2025 年 1 月第 3 版第 18 次印刷
184mm×260 mm・19.75 印张・484 千字
标准书号:ISBN 978-7-111-51033-8
定价:49.80 元

电话服务　　　　　　　网络服务
客服电话:010-88361066　机 工 官 网:www.cmpbook.com
　　　　　010-88379833　机 工 官 博:weibo.com/cmp1952
　　　　　010-68326294　金 书 　 网:www.golden-book.com
封底无防伪标均为盗版　机工教育服务网:www.cmpedu.com

前　言

本书是以我国高职高专学校机械类各专业学生为主要读者对象而编写的，其内容安排是根据我国高等职业教育学生就业岗位群职业能力的要求，并参照 UG 公司全球认证大纲而确定的。本书特色如下。

- 内容全面、范例丰富，对软件中的主要命令和功能，先结合简单的范例进行讲解，然后安排一些较复杂的综合范例帮助读者深入理解，灵活运用。
- 讲解详细，条理清晰，保证自学的读者能独立学习。
- 写法独特，采用 UG NX 10.0 软件中真实的对话框、菜单和按钮等进行讲解，使初学者能够直观、准确地操作软件，从而大大提高学习效率。
- 附加值高，本书附赠学习资源，制作了大量 UG 数控编程技巧和具有针对性编程实例的教学视频，并进行了详细的语音讲解，时间长达 8 小时（480 分钟），可以帮助读者轻松、高效地学习。

建议本书的教学采用 48 学时（包括学生上机练习），教师也可以根据实际情况，对书中内容进行适当的取舍，将课程调整到 32 学时。

本书由展迪优主编，参加编写的人员有王焕田、刘静、雷保珍、刘海起、魏俊岭、任慧华、詹路、冯元超、刘江波、周涛、段进敏、赵枫、邵为龙、侯俊飞、龙宇、施志杰、詹棋、高政、孙润、李倩倩、黄红霞、尹泉、李行、詹超、尹佩文、赵磊、王晓萍、陈淑童、周攀、吴伟、王海波、高策、冯华超、周思思、黄光辉、党辉、冯峰、詹聪、平迪、管璇、王平、李友荣。本书已经多次校对，如有疏漏之处，恳请广大读者予以指正。

电子邮箱：zhanygjames@163.com　　咨询电话：010-82176248，010-82176249。

编　者

> **注意：** 本书是为我国高职高专学校机械类各专业而编写的教材，为了方便教师教学，特制作了本书的教学 PPT 课件和习题答案，同时备有一定数量的、与本教材教学相关的高级教学参考书籍供任课教师选用。有需要该 PPT 课件和教学参考书的任课教师，请写邮件或打电话索取（电子邮箱：zhanygjames@163.com，电话：010-82176248，010-82176249），索取时务必说明贵校本课程的教学目的和教学要求、学校名称、教师姓名、联系电话、电子邮箱以及邮寄地址。

本 书 导 读

为了能更好地学习本书的知识，请您先仔细阅读下面的内容。

写作环境

本书使用的操作系统为 64 位的 Windows 7，系统主题采用 Windows 经典主题。本书采用的写作蓝本是 UG NX 10.0 中文版。

学习资源使用

为方便读者练习，特将本书所用到的素材文件、练习文件、已完成的实例文件和视频语音讲解文件等放入随书附赠的学习资源中，读者在学习过程中可以打开素材文件进行操作和练习。在学习资源的 ugnc10.1 目录下共有 3 个子目录。

（1）work 子目录：包含本书讲解中所用到的文件。

（2）video 子目录：包含本书讲解中所有的视频文件（含语音讲解），学习时，直接双击某个视频文件即可播放。

（3）before 子目录：包含了 UG NX 6.0、UG NX 7.0、UG NX 8.0、UG NX 8.5 和 UG NX 9.0 版本的配套文件，以方便 UG 低版本学校学生的学习。

学习资源中带有"ok"扩展名的文件或文件夹表示已完成的实例。

本书约定

- 本书中一些操作（包括鼠标操作）的简略表述意义如下：
  - ☑ 单击：将鼠标光标移至某位置处，然后按一下鼠标的左键。
  - ☑ 双击：将鼠标光标移至某位置处，然后连续快速地按两次鼠标的左键。
  - ☑ 右击：将鼠标光标移至某位置处，然后按一下鼠标的右键。
  - ☑ 单击中键：将鼠标光标移至某位置处，然后按一下鼠标的中键。
  - ☑ 滚动中键：只是滚动鼠标的中键，不能按中键。
  - ☑ 拖动：将鼠标光标移至某位置处，然后按下鼠标的左键不放，同时移动鼠标，将选取的某位置处的对象移动到指定的位置后再松开鼠标的左键。
  - ☑ 选择某一点：将鼠标光标移至绘图区某点处，单击以选取该点，或者在命令行输入某一点的坐标。
  - ☑ 选择某对象：将鼠标光标移至某对象上，单击以选取该对象。
- 本书中的操作步骤分为 Task、Stage 和 Step 三个级别，说明如下：
  - ☑ 对于一般的软件操作，每个操作步骤以 Step 字符开始。

☑ 每个 Step 操作视其复杂程度，其下面可含有多级子操作，例如 Step1 下可能包含（1）、（2）、（3）等子操作，（1）子操作下可能包含①、②、③等子操作，①子操作下可能包含 a）、b）、c）等子操作。

☑ 如果操作较复杂，需要几个大的操作步骤才能完成，则每个大的操作冠以 Stage1、Stage2、Stage3 等，Stage 级别的操作下再分 Step1、Step2、Step3 等操作。

☑ 对于多个任务的操作，则每个任务冠以 Task1、Task2、Task3 等，每个 Task 操作下则可包含 Stage 和 Step 级别的操作。

- 由于已经建议读者将随书学习资源中的所有文件复制到计算机硬盘的 D 盘中，所以在打开学习资源文件时，书中所述的路径均以 D：开始。

技术支持

本书主编和参编人员均来自北京兆迪科技有限公司。该公司专门从事 CAD/CAM/CAE 技术的研究、开发、咨询及产品设计与制造服务，并提供 UG、MasterCAM、Catia 等软件的专业培训及技术咨询。读者在学习本书的过程中如果遇到问题，可通过访问该公司的网站 http://www.zalldy.com 来获得技术支持。

咨询电话：010-82176248，010-82176249。

目 录

前言
本书导读
第 1 章 UG NX 10.0 数控编程入门 1
1.1 UG NX 10.0 数控加工流程 1
1.2 进入 UG NX 10.0 的加工模块 2
1.3 创建程序 3
1.4 创建几何体 4
    1.4.1 创建机床坐标系 4
    1.4.2 创建安全平面 7
    1.4.3 创建工件几何体 8
    1.4.4 创建切削区域几何体 10
1.5 创建刀具 12
1.6 创建加工方法 13
1.7 创建工序 14
1.8 生成刀路轨迹并确认 20
1.9 后处理 24
1.10 生成车间文档 25
1.11 输出 CLSF 文件 26
1.12 工序导航器 27
    1.12.1 程序顺序视图 27
    1.12.2 几何视图 28
    1.12.3 机床视图 28
    1.12.4 加工方法视图 28
1.13 习题 29

第 2 章 平面铣加工 31
2.1 概述 31
2.2 平面铣类型 31
2.3 底壁加工 32
2.4 表面铣 47
2.5 手工面铣削 55
2.6 平面铣 61
2.7 平面轮廓铣 68
2.8 清角铣 74

2.9 精铣侧壁 77
2.10 精铣底面 80
2.11 平面文本 83
2.12 铣螺纹 88
2.13 习题 93

第3章 轮廓铣削加工
3.1 概述 96
    3.1.1 型腔轮廓铣简介 96
    3.1.2 轮廓铣的子类型 96
3.2 型腔铣 97
3.3 插铣 106
3.4 等高轮廓铣 111
    3.4.1 一般等高轮廓铣 112
    3.4.2 陡峭区域等高轮廓铣 117
3.5 固定轴曲面轮廓铣 122
3.6 流线驱动铣削 127
3.7 清根切削 132
3.8 3D 轮廓加工 135
3.9 刻字 138
3.10 习题 142

第4章 孔加工
4.1 概述 145
    4.1.1 孔加工简介 145
    4.1.2 孔加工的子类型 145
4.2 钻孔加工 146
4.3 镗孔加工 158
4.4 攻螺纹 162
4.5 钻孔加工综合范例 167
4.6 习题 176

第5章 车削加工
5.1 概述 178
    5.1.1 车削加工简介 178
    5.1.2 车削加工的子类型 178
5.2 粗车外形加工 180
5.3 沟槽车削加工 192
5.4 螺纹车削加工 196
5.5 内孔车削加工 200
5.6 车削加工综合范例 207

5.7 习题 214

第 6 章 后置处理 216
6.1 概述 216
6.2 创建后处理器文件 217
6.2.1 进入 UG 后处理构造器工作环境 217
6.2.2 新建一个后处理器文件 217
6.2.3 机床的参数设置值 219
6.2.4 程序和刀轨参数的设置 220
6.2.5 NC 数据定义 225
6.2.6 输出设置 227
6.2.7 虚拟 N/C 控制器 229
6.3 定制后处理器综合范例 230

第 7 章 综合范例 247
7.1 扳手凹模加工 247
7.2 灯罩后模加工 262
7.3 轮子型芯模加工 281
7.4 习题 302

第 1 章　UG NX 10.0 数控编程入门

本章提要　UG NX 10.0 的加工模块为操作者提供了非常方便、实用的数控加工功能，本章将通过一个简单零件的加工来说明 UG NX 10.0 数控加工操作的一般过程。通过对本章的学习，希望读者能够清楚地了解数控加工的一般流程及操作方法，并了解其中的原理。

1.1　UG NX 10.0 数控加工流程

UG NX 10.0 能够模拟数控加工的全过程，其一般流程为（图 1.1.1）：
（1）创建制造模型（包括创建或获取设计模型）并进行工艺规划。
（2）进入加工环境。
（3）创建 NC 操作，如创建程序、几何体、刀具等。
（4）生成刀具路径，进行加工仿真。
（5）利用后处理器生成 NC 代码。

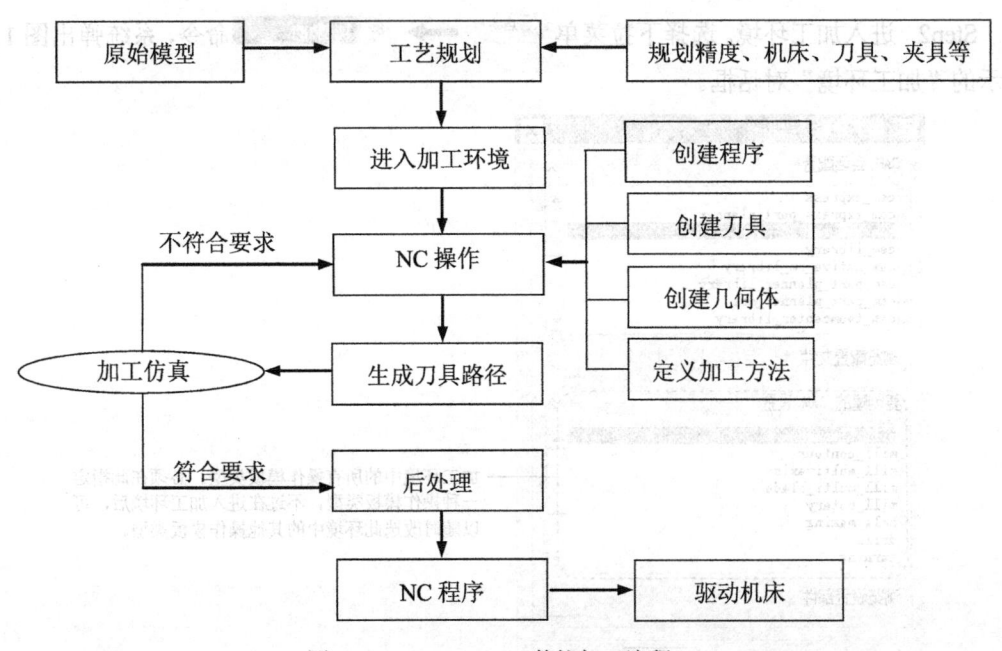

图 1.1.1　UG NX 10.0 数控加工流程

1.2 进入 UG NX 10.0 的加工模块

在进行数控加工操作之前首先需要进入 UG NX 10.0 数控加工环境，其操作如下。

Step1. 打开模型文件。选择下拉菜单 文件(F) ——> 打开... 命令，系统弹出图 1.2.1 所示的"打开"对话框。在 查找范围(I): 下拉列表中选择文件目录 D:\ugnc10.1\work\ch01，然后在中间的列表框中选择文件 pocketing.prt，单击 OK 按钮，系统打开模型并进入建模环境。

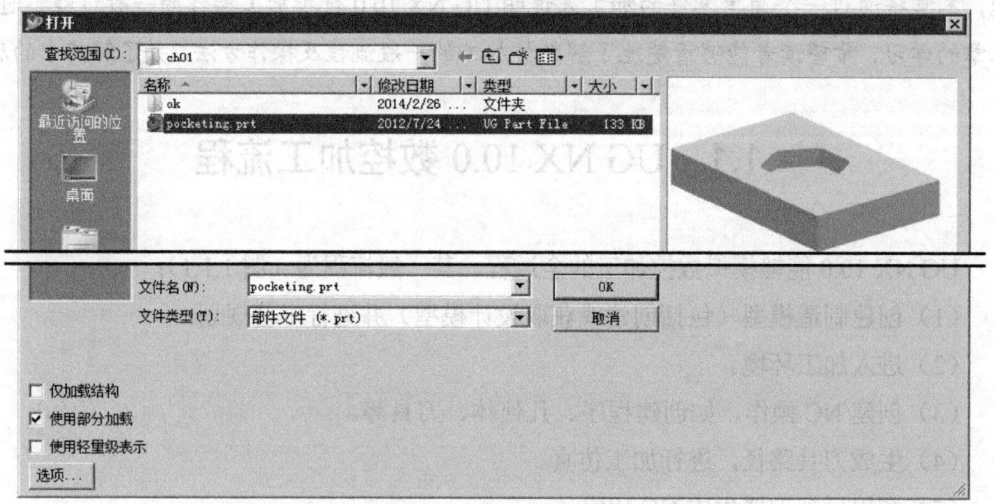

图 1.2.1 "打开"对话框

Step2. 进入加工环境。选择下拉菜单 启动 ——> 加工(N)... 命令，系统弹出图 1.2.2 所示的"加工环境"对话框。

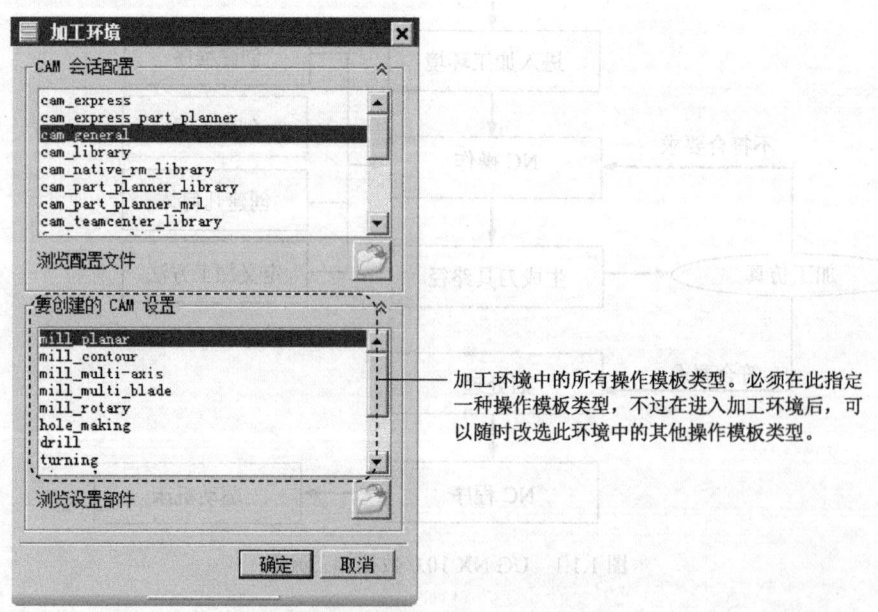

图 1.2.2 "加工环境"对话框

第1章 UG NX 10.0 数控编程入门

Step3. 选择操作模板类型。在"加工环境"对话框的 CAM 会话配置 列表框中选择 cam_general 选项，在 要创建的 CAM 设置 列表框中选择 mill contour 选项，单击 确定 按钮，系统进入加工环境。

说明：当加工零件第一次进入加工环境时，系统将弹出"加工环境"对话框。在 要创建的 CAM 设置 列表框中选择好操作模板类型之后，在"加工环境"对话框中单击 确定 按钮，系统将根据指定的操作模板类型，调用相应的模板数据进行加工环境的设置。在以后的操作中，选择下拉菜单 工具(T) ➡ 工序导航器(O) ➡ 删除设置(S) 命令，在系统弹出的"设置删除确认"对话框中单击 确定(O) 按钮，系统将再次弹出"加工环境"对话框，此时用户可以选择操作模板，重新进行加工环境的初始化。值得注意的是，初始化操作将会删除所有的加工数据，包括操作、程序、刀具、加工方法和几何体等。

1.3 创建程序

程序主要用于排列各加工操作的次序，并可方便地对各个加工操作进行管理，某种程度上相当于一个文件夹。例如，一个复杂零件的所有加工操作（包括粗加工、半精加工、精加工等）需要在不同的机床上完成，将在同一机床上加工的操作放置在同一个程序组，就可以直接选取这些操作所在的父节点程序组进行后处理。

下面还是以模型 pocketing.prt 为例，紧接上节的操作来继续说明创建程序的一般步骤。

Step1. 选择下拉菜单 插入(S) ➡ 程序(P) 命令（单击"插入"工具栏中的 按钮），系统弹出图 1.3.1 所示的"创建程序"对话框。

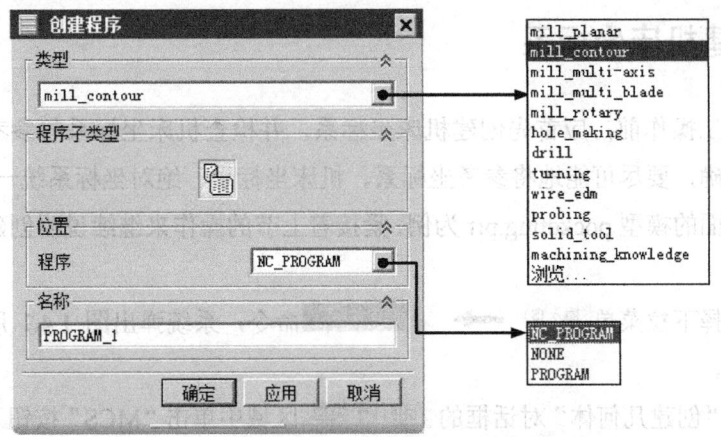

图 1.3.1 "创建程序"对话框

Step2. 在"创建程序"对话框的 类型 下拉列表中选择 mill_contour 选项，在 位置 区域的 程序 下拉列表中选择 NC_PROGRAM 选项，在 名称 文本框中输入程序名称 CAVITY，单击 确定 按钮，在系统弹出的"程序"对话框中单击 确定 按钮，完成程序的创建。

图 1.3.1 所示的"创建程序"对话框中各选项的说明如下。
- `mill_planar`：平面铣加工模板。
- `mill_contour`：轮廓铣加工模板。
- `mill_multi-axis`：多轴铣加工模板。
- `mill_multi_blade`：多轴铣叶片模板。
- `mill_rotary`：旋转铣削模板。
- `drill`：钻加工模板。
- `hole_making`：钻孔模板。
- `turning`：车加工模板。
- `wire_edm`：电火花线切割加工模板。
- `probing`：探测模板。
- `solid_tool`：整体刀具模板。
- `machining_knowledge`：加工知识模板。

1.4 创建几何体

创建几何体主要是定义要加工的几何对象（包括部件几何体、毛坯几何体、切削区域、检查几何体和修剪几何体）和指定零件几何体在数控机床上的机床坐标系（MCS）。几何体可以在创建工序之前定义，也可以在创建工序过程中指定。其区别是提前定义的加工几何体可以为多个工序使用，而在创建工序过程中指定的加工几何体只能为该工序使用。

1.4.1 创建机床坐标系

在创建加工操作前，应首先创建机床坐标系，并检查机床坐标系与参考坐标系的位置和方向是否正确，要尽可能地将参考坐标系、机床坐标系、绝对坐标系统一到同一位置。

下面以前面的模型 pocketing.prt 为例，紧接着上节的操作来继续说明创建机床坐标系的一般步骤。

Step1. 选择下拉菜单 插入(S) ➡ 几何体(G) 命令，系统弹出图 1.4.1 所示的"创建几何体"对话框。

Step2. 在"创建几何体"对话框的 几何体子类型 区域中单击"MCS"按钮 ，在 位置 区域的 几何体 下拉列表中选择 GEOMETRY 选项，在 名称 文本框中输入 CAVITY_MCS。

Step3. 单击"创建几何体"对话框中的 确定 按钮，系统弹出图 1.4.2 所示的"MCS"对话框。

图 1.4.1 所示的"创建几何体"对话框中各选项的说明如下。

第 1 章 UG NX 10.0 数控编程入门

- （MCS 机床坐标系）：使用此选项可以建立 MCS（机床坐标系）和 RCS（参考坐标系）、设置安全距离和下限平面以及避让参数等。
- （WORKPIECE 工件几何体）：用于定义部件几何体、毛坯几何体、检查几何体和部件的偏置。它通常位于 "MCS_MILL" 父级组下，只关联 "MCS_MILL" 中指定的坐标系、安全平面、下限平面和避让等。

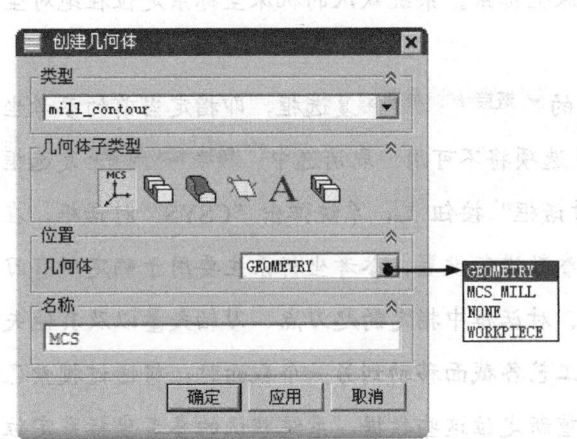　　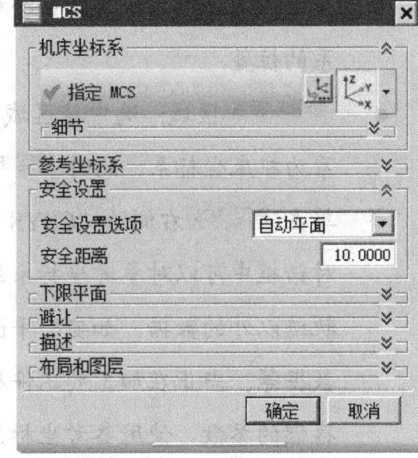

图 1.4.1　"创建几何体"对话框　　　　　图 1.4.2　"MCS"对话框

- （MILL_AREA 切削区域几何体）：使用此选项可以定义部件、检查、切削区域、壁和修剪等。切削区域也可以在以后的操作对话框中指定。
- （MILL_BND 边界几何体）：使用此选项可以指定部件边界、毛坯边界、检查边界、修剪边界和底平面几何体。在某些需要指定加工边界的操作，如表面区域铣削、3D 轮廓加工和清根切削等操作中会用到此选项。
- （MILL_TEXT 文字加工几何体）：使用此选项可以指定 planar_text 和 contour_text 工序中的雕刻文本。
- （MILL_GEOM 铣削几何体）：此选项可以通过选择模型中的体、面、曲线和切削区域来定义部件几何体、毛坯几何体、检查几何体，还可以定义零件的偏置、材料，以及储存当前的视图布局与层。
- 在 位置 区域的 几何体 下拉列表中提供了如下选项。
  - ☑ GEOMETRY：几何体中的最高节点，由系统自动产生。
  - ☑ MCS_MILL：选择加工模板后系统自动生成，一般是工件几何体的父节点。
  - ☑ NONE：未用项。当选择此选项时，表示没有任何要加工的对象。
  - ☑ WORKPIECE：选择加工模板后，系统在 MCS_MILL 下自动生成的工件几何体。

图 1.4.2 所示的 "MCS" 对话框中的主要选项、区域说明如下。

- **机床坐标系** 区域：单击此区域中的 "CSYS 对话框" 按钮，系统弹出 "CSYS" 对话框，在此对话框中可以对机床坐标系的参数进行设置。机床坐标系即加工坐标系，它是所有刀路轨迹输出点坐标值的基准，刀路轨迹中所有点的数据都是根据机床坐标系生成的。在一个零件的加工工艺中，可能会创建多个机床坐标系，但在每个工序中只能选择一个机床坐标系。系统默认的机床坐标系定位在绝对坐标系的位置。

- **参考坐标系** 区域：选中该区域中的 **链接 RCS 与 MCS** 复选框，即指定当前的参考坐标系为机床坐标系，此时 **指定 RCS** 选项将不可用；取消选中 **链接 RCS 与 MCS** 复选框，单击 **指定 RCS** 右侧的 "CSYS 对话框" 按钮，系统弹出 "CSYS" 对话框，在此对话框中可以对参考坐标系的参数进行设置。参考坐标系主要用于确定所有刀具轨迹以外的数据，如安全平面、对话框中指定的起刀点、刀轴矢量以及其他矢量数据等。当正在加工的工件从工艺各截面移动到另一个截面时，将通过搜索已经存储的参数，使用参考坐标系重新定位这些数据。系统默认的参考坐标系定位在绝对坐标系上。

- **安全设置** 区域的 **安全设置选项** 下拉列表提供了如下选项。
  - ☑ **使用继承的**：选择此选项，安全设置将继承上一级的设置，可以单击此区域中的 "显示" 按钮，显示出继承的安全平面。
  - ☑ **无**：选择此选项，表示不进行安全平面的设置。
  - ☑ **自动平面**：选择此选项，可以在 **安全距离** 文本框中设置安全平面的距离。
  - ☑ **平面**：选择此选项，可以单击此区域中的 按钮，在系统弹出的 "平面" 对话框中设置安全平面。

- **下限平面** 区域：此区域中的设置可以采用系统的默认值，不影响加工操作。

说明：在设置机床坐标系时，该对话框中的设置可以采用系统的默认值。

Step4. 在 "MCS" 对话框的 **机床坐标系** 区域中单击 "CSYS 对话框" 按钮，系统弹出图 1.4.3 所示的 "CSYS" 对话框，在 **类型** 下拉列表中选择 **动态**。

说明：系统弹出 "CSYS" 对话框的同时，在图形区会出现图 1.4.4 所示的待创建坐标系，可以通过移动原点球来确定坐标系原点位置，拖动圆弧边上的圆点可以分别绕相应轴进行旋转以调整角度。

Step5. 单击 "CSYS" 对话框 **操控器** 区域中的 "操控器" 按钮，系统弹出图 1.4.5 所示的 "点" 对话框；在 "点" 对话框的 "Z" 文本框中输入值 10.0，单击 **确定** 按钮，此时系统返回到"CSYS"对话框；在该对话框中单击 确定 按钮，完成图 1.4.6 所示的机床坐标系的创建；系统返回到"MCS"对话框。

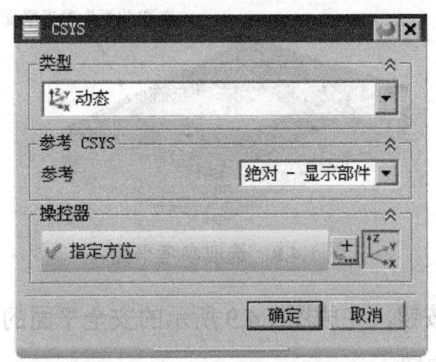

图 1.4.3 "CSYS"对话框

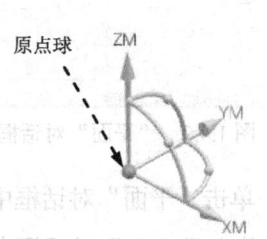

图 1.4.4 待创建坐标系

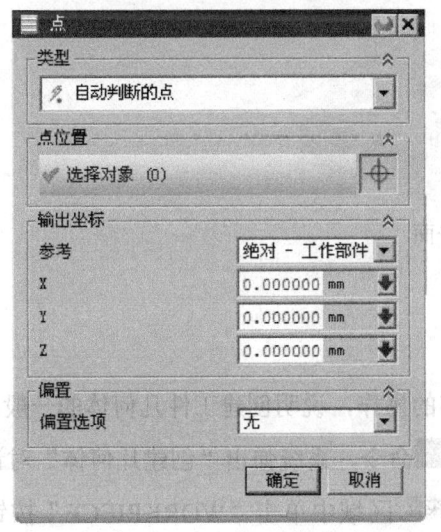

图 1.4.5 "点"对话框

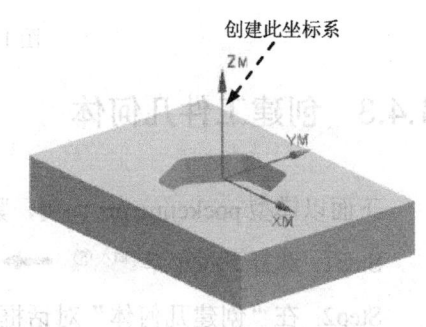

图 1.4.6 机床坐标系

1.4.2 创建安全平面

安全平面的设置，可以避免在创建每一工序时都设置避让参数。安全平面的设定可以选取模型的表面或者直接选择基准面作为参考平面，然后设定安全平面相对于所选平面的距离。下面以前面的模型 pocketing.prt 为例，紧接上节的操作，继续说明创建安全平面的一般步骤。

Step1. 在"MCS"对话框 安全设置 区域的 安全设置选项 下拉列表中选择 平面 选项。

Step2. 单击"平面对话框"按钮 ，系统弹出图 1.4.7 所示的"平面"对话框，选取图 1.4.8 所示的模型表面为参考平面，在"平面"对话框 偏置 区域的 距离 文本框中输入值 3.0。

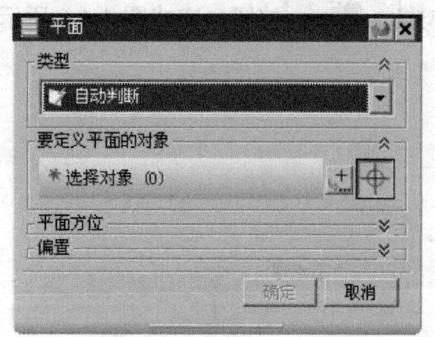
图 1.4.7 "平面"对话框

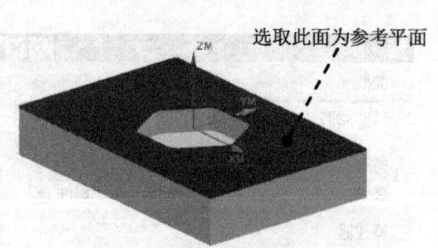
图 1.4.8 选取参考平面

Step3. 单击"平面"对话框中的 确定 按钮,完成图 1.4.9 所示的安全平面的创建。
Step4. 单击"MCS"对话框中的 确定 按钮。

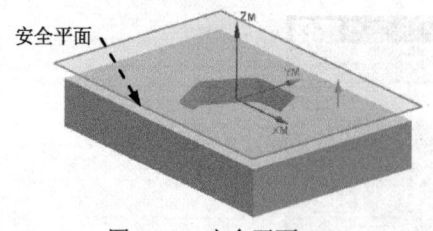
图 1.4.9 安全平面

1.4.3 创建工件几何体

下面以模型 pocketing.prt 为例,紧接着上节的操作,说明创建工件几何体的一般步骤。

Step1. 选择下拉菜单 插入(S) → 几何体(G)... 命令,系统弹出"创建几何体"对话框。

Step2. 在"创建几何体"对话框的 几何体子类型 区域中单击"WORKPIECE"按钮 ,在 位置 区域中 几何体 下拉列表中选择 CAVITY_MCS 选项,在 名称 文本框中输入 CAVITY_WORKPIECE,然后单击 确定 按钮,系统弹出图 1.4.10 所示的"工件"对话框。

Step3. 创建部件几何体。

(1) 单击"工件"对话框中的 按钮,系统弹出图 1.4.11 所示的"部件几何体"对话框。

图 1.4.10 所示的"工件"对话框中主要按钮说明如下。

● 按钮:单击此按钮,在系统弹出的"部件几何体"对话框中可以定义加工完成后的几何体,即最终的零件。它可以控制刀具的切削深度和活动范围,可以通过设置选择过滤器来选择特征、几何体(实体、面、曲线)和小平面体来定义部件几何体。

- ⬛按钮：单击此按钮，在系统弹出的"毛坯几何体"对话框中可以定义将要加工的原材料，可以设置选择过滤器来选择特征、几何体（实体、面、曲线）以及偏置部件几何体来定义毛坯几何体。
- ⬛按钮：单击此按钮，在系统弹出的"检查几何体"对话框中可以定义刀具在切削过程中要避让的几何体，如夹具和其他已加工过的重要表面。
- ⬛按钮：当部件几何体、毛坯几何体或检查几何体被定义后，其后的⬛按钮将高亮度显示，此时单击此按钮，已定义的几何体对象将以不同的颜色高亮度显示。
- 部件偏置 文本框：用于设置在零件实体模型上增加或减去指定的厚度值。正的偏置值在零件上增加指定的厚度，负的偏置值在零件上减去指定的厚度。
- ⬛按钮：单击该按钮，系统弹出"搜索结果"对话框。在此对话框中列出了材料数据库中的所有材料类型，材料数据库由配置文件指定。选择合适的材料后，单击 确定 按钮，即为当前创建的工件指定材料属性。

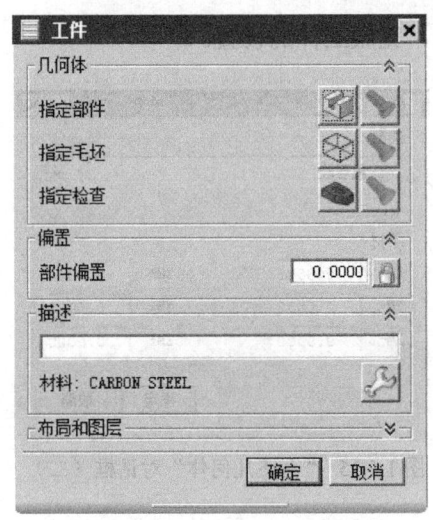

图 1.4.10 "工件"对话框

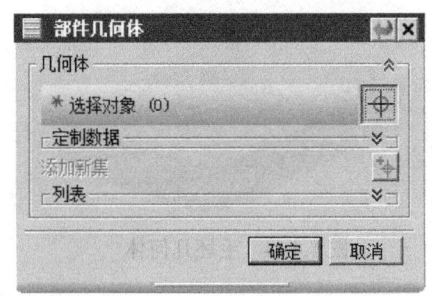

图 1.4.11 "部件几何体"对话框

- 布局和图层 区域提供了如下选项。
    - ☑ 保存图层设置：选中该复选框，则在选择"保存布局/图层"选项时，保存图层的设置。
    - ☑ 布局名：该文本框用于输入视图布局的名称，如果不更改，则使用默认名称。
    - ☑ ⬛：该按钮用于保存当前的视图布局和图层。

(2) 在图形区选取整个零件实体为部件几何体，如图 1.4.12 所示。

(3) 在"部件几何体"对话框中单击 确定 按钮，系统返回到"工件"对话框。

Step4. 创建毛坯几何体。

(1) 在"工件"对话框中单击⬛按钮，系统弹出图 1.4.13 所示的"毛坯几何体"对话框（一）。

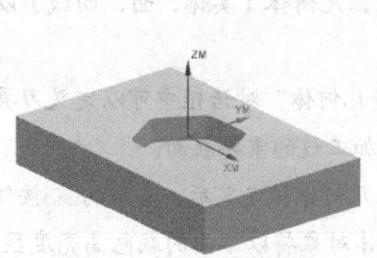
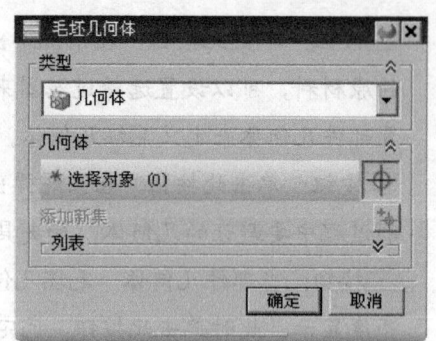

图 1.4.12 部件几何体　　　　图 1.4.13 "毛坯几何体"对话框（一）

(2) 在"毛坯几何体"对话框（一）的 类型 下拉列表中选择 包容块 选项，此时毛坯几何体如图 1.4.14 所示，"毛坯几何体"对话框（二）如图 1.4.15 所示。

(3) 单击"毛坯几何体"对话框（二）中的 确定 按钮，系统返回到"工件"对话框。

Step5. 单击"工件"对话框中的 确定 按钮，完成工件的设置。

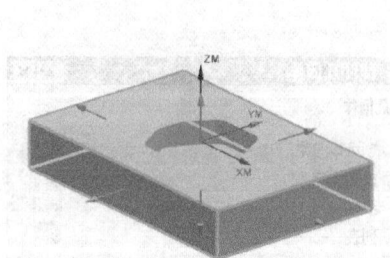
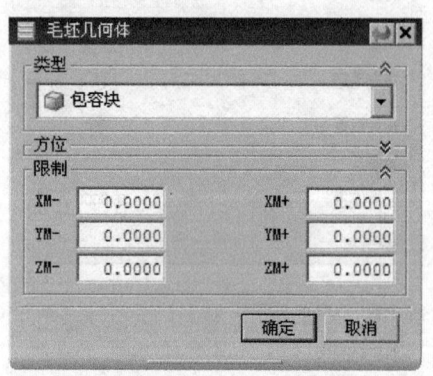

图 1.4.14 毛坯几何体　　　　图 1.4.15 "毛坯几何体"对话框（二）

1.4.4 创建切削区域几何体

Step1. 选择下拉菜单 插入(S) → 几何体(G) 命令，系统弹出"创建几何体"对话框。

Step2. 在"创建几何体"对话框的 几何体子类型 区域中单击"MILL_AREA"按钮，在 位置 区域的 几何体 下拉列表中选择 CAVITY_WORKPIECE 选项，在 名称 文本框中输入 CAVITY_AREA，然后单击 确定 按钮，系统弹出图 1.4.16 所示的"铣削区域"对话框。

Step3. 在"铣削区域"对话框中单击 指定切削区域 右侧的 按钮，系统弹出图 1.4.17 所示的"切削区域"对话框。

第 1 章　UG NX 10.0 数控编程入门

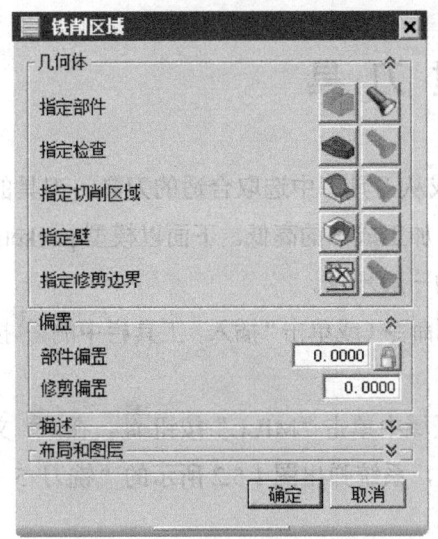

图 1.4.16 "铣削区域"对话框

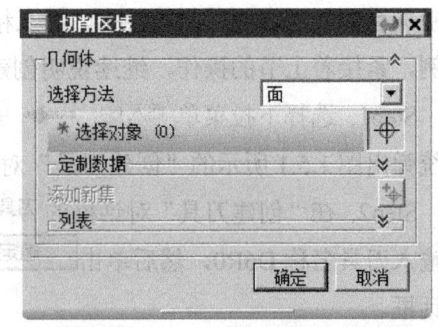

图 1.4.17 "切削区域"对话框

图 1.4.16 所示的"铣削区域"对话框中各按钮说明如下。

- ■（选择或编辑检查几何体）：检查几何体是在切削加工过程中要避让的几何体，如夹具或重要加工平面。
- ■（选择或编辑切削区域几何体）：使用该选项可以指定具体要加工的区域，可以是零件几何的部分区域；如果不指定，系统将认为是整个零件的所有区域。
- ■（选择或编辑壁几何体）：通过设置侧壁几何体来替换工件余量，表示除了加工面以外的全局工件余量。
- ■（选择或编辑修剪边界）：使用该选项可以进一步控制需要加工的区域，一般是通过设定剪切侧来实现的。

Step4. 选取图 1.4.18 所示的模型表面（共 13 个面）为切削区域，然后单击"切削区域"对话框中的 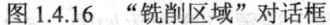 按钮，系统返回到"铣削区域"对话框。

Step5. 单击"铣削区域"对话框中的 确定 按钮，完成切削区域几何体的创建。

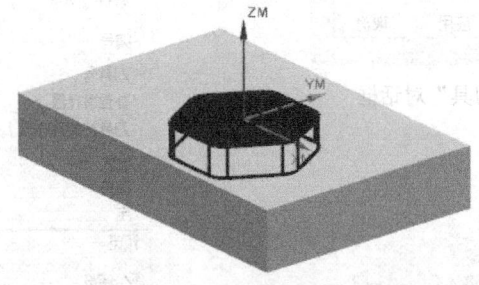

图 1.4.18 指定切削区域

1.5 创建刀具

在创建工序前，必须设置合理的刀具参数或从刀具库中选取合适的刀具。刀具的定义直接关系到加工表面质量的优劣、加工精度以及加工成本的高低。下面以模型 pocketing.prt 为例，紧接着上节的操作，继续说明创建刀具的一般步骤。

Step1. 选择下拉菜单 插入(S) ➞ 刀具(T) 命令（或单击"插入"工具栏中的 按钮），系统弹出图 1.5.1 所示的"创建刀具"对话框。

Step2. 在"创建刀具"对话框的 刀具子类型 区域中单击"MILL"按钮，在 名称 文本框中输入刀具名称 D6R0，然后单击 确定 按钮，系统弹出图 1.5.2 所示的"铣刀-5 参数"对话框。

Step3. 设置刀具参数。在"铣刀-5 参数"对话框中设置刀具参数如图 1.5.2 所示，在图形区可以观察所设置的刀具，如图 1.5.3 所示。

Step4. 单击 确定 按钮，完成刀具的设定。

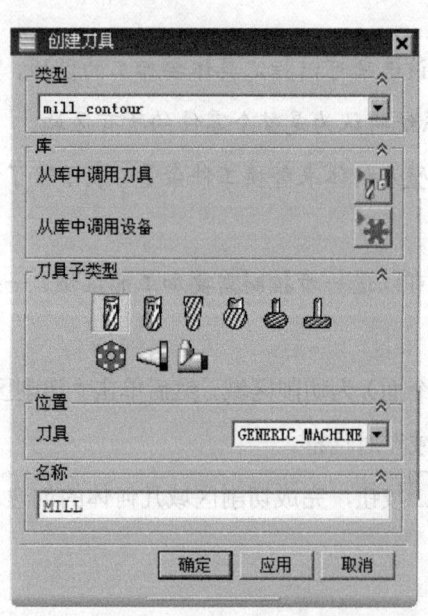

图 1.5.1 "创建刀具"对话框

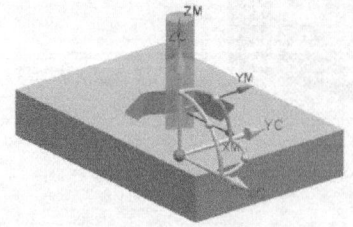

图 1.5.3 刀具预览

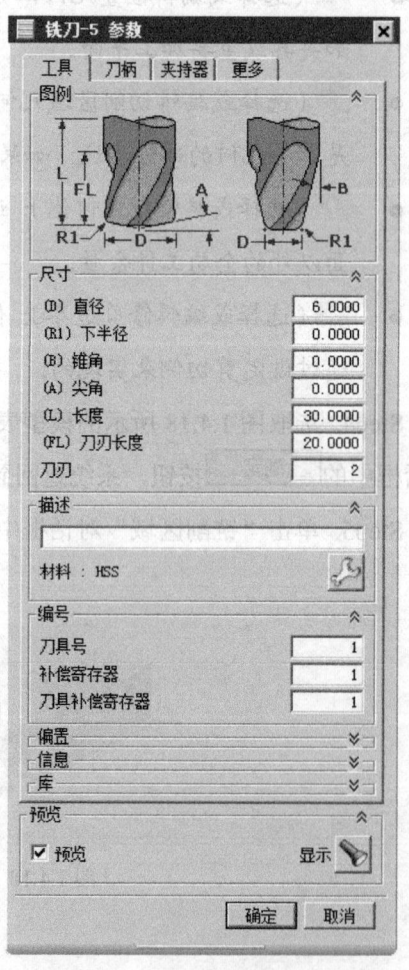

图 1.5.2 "铣刀-5 参数"对话框

1.6 创建加工方法

在零件加工过程中，通常需要经过粗加工、半精加工、精加工几个步骤，而它们的主要差异在于加工后残留在工件上的余料多少以及表面粗糙度。在加工方法中可以通过对加工余量、几何体的内外公差和进给速度等选项进行设置，从而控制加工残留余量。下面紧接着上节的操作，说明创建加工方法的一般步骤。

Step1. 选择下拉菜单 插入(S) —→ 方法(M)... 命令（或单击"插入"工具栏中的 按钮），系统弹出图 1.6.1 所示的"创建方法"对话框。

Step2. 在"创建方法"对话框的 方法子类型 区域中单击"MOLD_FINISH_HSM"按钮，在 位置 区域的 方法 下拉列表中选择 MILL_SEMI_FINISH 选项，在 名称 文本框中输入 FINISH；单击 确定 按钮，系统弹出图 1.6.2 所示的"模具精加工 HSM"对话框。

Step3. 设置部件余量。在"模具精加工 HSM"对话框 余量 区域的 部件余量 文本框中输入值 0.4，其他参数采用系统默认的设置值。

Step4. 单击"模具精加工 HSM"对话框中的 确定 按钮，完成加工方法的设置。

图 1.6.1 "创建方法"对话框

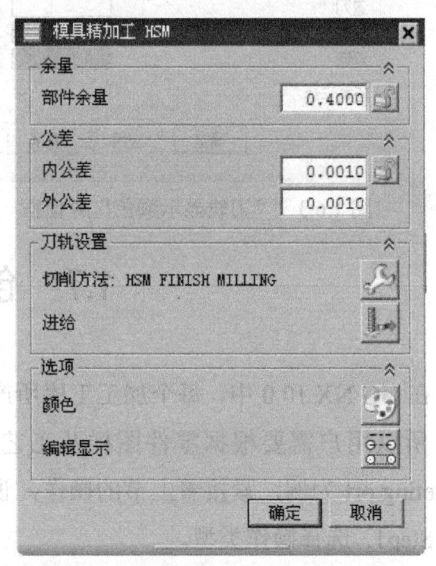

图 1.6.2 "模具精加工 HSM"对话框

图 1.6.2 所示的"模具精加工 HSM"对话框中各按钮说明如下。

● 部件余量：为当前所创建的加工方法指定零件余量。
● 内公差：用于设置切削过程中（不同的切削方式含义略有不同）刀具穿透曲面的最大量。
● 外公差：用于设置切削过程中（不同的切削方式含义略有不同）刀具避免接触曲面的最大量。

- （切削方法）：单击该按钮，在系统弹出的"搜索结果"对话框中系统为用户提供了7种切削方法，分别是 FACE MILLING（面铣）、END MILLING（端铣）、SLOTING（台阶加工）、SIDE/SLOT MILL（边和台阶铣）、HSM ROUTH MILLING（高速粗铣）、HSM SEMI FINISH MILLING（高速半精铣）和 HSM FINISH MILLING（高速精铣）。
- （进给）：单击该按钮，可以在系统弹出的"进给"对话框中设置切削进给量。
- （颜色）：单击该按钮，可以在系统弹出的"刀轨显示颜色"对话框中对刀轨的颜色显示进行设置，如图1.6.3所示。
- （编辑显示）：单击该按钮，系统弹出"显示选项"对话框，可以设置刀具显示方式、刀轨显示方式等，如图1.6.4所示。

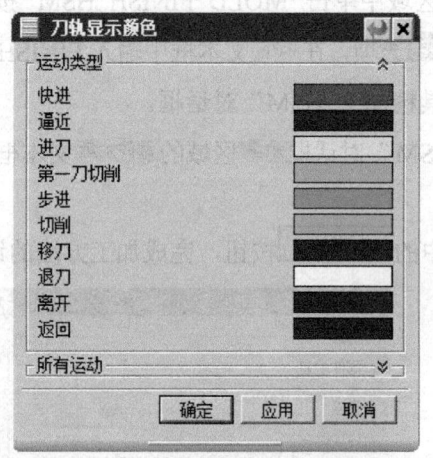
图1.6.3　"刀轨显示颜色"对话框

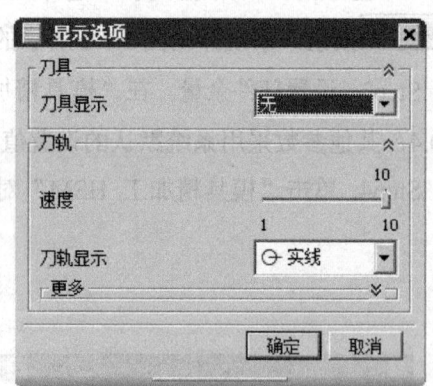
图1.6.4　"显示选项"对话框

1.7　创建工序

在 UG NX 10.0 中，每个加工工序所产生的加工刀具路径、参数形态及适用状态有所不同，所以用户需要根据零件图样及工艺技术状况，选择合理的加工工序。下面以模型 pocketing.prt 为例，紧接着上节的操作，说明创建工序的一般步骤。

Step1. 选择操作类型。

(1) 选择下拉菜单 插入(S) → 工序(E)... 命令（或单击"插入"工具栏中的 按钮），系统弹出图1.7.1所示的"创建工序"对话框。

(2) 在"创建工序"对话框中，在 类型 下拉列表中选择 mill_contour 选项，在 工序子类型 区域中单击"型腔铣"按钮 ，在 程序 下拉列表中选择 CAVITY 选项，在 刀具 下拉列表中选择 D6R0（铣刀-5 参数）选项，在 几何体 下拉列表中选择 CAVITY_AREA 选项，在 方法 下拉列表中选择 FINISH 选项，其他参数采用系统默认的设置值。

(3) 单击"创建工序"对话框中的 确定 按钮，系统弹出图 1.7.2 所示的"型腔铣"对话框。

图 1.7.1 "创建工序"对话框　　　　图 1.7.2 "型腔铣"对话框

图 1.7.2 所示的"型腔铣"对话框各区域中的选项说明如下。
- 刀轨设置 区域的 切削模式 下拉列表中提供了如下 7 种切削方式。
    ☑ 跟随部件：根据整个部件几何体并通过偏置来产生刀轨。与"跟随周边"方式不同的是，"跟随周边"只从部件或毛坯的外轮廓生成并偏移刀轨，"跟随部件"方式是根据整个部件中的几何体生成并偏移刀轨，它可以根据部件的外轮廓生成刀轨，也可以根据岛屿和型腔的外围环生成刀轨，所以无需进行"岛清理"的设置。另外，"跟随部件"方式无需指定步距的方向，一般来讲，型腔的步距方向总是向外的，岛屿的步距方向总是向内的。此方式也十分适合带有岛屿和内腔零件的粗加工，当零件只有外轮廓这一条边界几何时，它和"跟随周边"方式是一样的，一般优先选择"跟随部件"方式进行加工。

- ☑ **跟随周边**：沿切削区域的外轮廓生成刀轨，并通过偏移该刀轨形成一系列的同心刀轨，并且这些刀轨都是封闭的。当内部偏移的形状重叠时，这些刀轨将被合并成一条轨迹，然后再重新偏移产生下一条轨迹。和往复式切削一样，也能在步距运动间连续地进刀，因此效率也较高。设置参数时需要设定步距的方向是"向内"（外部进刀，步距指向中心）还是"向外"（中间进刀，步距指向外部）。此方式常用于带有岛屿和内腔零件的粗加工，如模具的型芯和型腔等。

- ☑ **轮廓**：用于创建一条或者几条指定数量的刀轨来完成零件侧壁或外形轮廓的加工，生成刀轨的方式和"跟随部件"方式相似，主要以精加工或半精加工为主。

- ☑ **摆线**：刀具会以圆形回环模式运动，生成的刀轨是一系列相交且外部相连的圆环，像一个拉开的弹簧。它控制了刀具的切入，限制了步距，以免在切削时因刀具完全切入受冲击过大而断裂。选择此项，需要设置步距（刀轨中相邻两圆环的圆心距）和摆线的路径宽度（刀轨中圆环的直径）。此方式比较适合部件中的狭窄区域、岛屿和部件及两岛屿之间区域的加工。

- ☑ **单向**：刀具在切削轨迹的起点进刀，切削到切削轨迹的终点，然后抬刀至转换平面高度，平移到下一行轨迹的起点，刀具开始以同样的方向进行下一行切削。切削轨迹始终维持一个方向的顺铣或者逆铣切削，在连续两行平行刀轨间没有沿轮廓的切削运动，从而会影响切削效率。此方式常用于岛屿的精加工和无法运用往复式加工的场合，如一些陡壁的筋板。

- ☑ **往复**：指刀具在同一切削层内不抬刀、在步距宽度的范围内沿着切削区域的轮廓维持连续往复的切削运动。往复式切削方式生成的是多条平行直线刀轨，连续两行平行刀轨的切削方向相反，但步进方向相同，所以在加工中会交替出现顺铣切削和逆铣切削。在加工策略中指定顺铣或逆铣不会影响此切削方式，但会影响其中的"壁清根"的切削方向（顺铣和逆铣是会影响加工精度的，逆铣的加工质量比较高）。用这种方法加工时，刀具在步进的时候始终保持进刀状态，能最大化地对材料进行切除，是最经济和高效的切削方式，通常用于型腔的粗加工。

- ☑ **单向轮廓**：与单向切削方式类似，但是在进刀时，刀在前一行刀轨的起始点位置，然后沿轮廓切削到当前行的起点进行当前行的切削；切削到端点时，仍然沿轮廓切削到前一行的端点，然后抬刀转移平面，再返回到起始边当前行的起点进行下一行的切削。其中抬刀回程是快速横越运动，在连续两行平行刀轨间会产生沿轮廓的切削壁面刀轨（步距），因此壁面加工的质量较高。此方法切削比较平稳，对刀具冲击很小，常用于粗加工后对要求余量均匀的零件进行精加工，如一些对侧壁要求较高的零件和薄壁零件等。

- 步距：两个切削路径之间的水平间隔距离，而在环形切削方式中指的是两个环之间的距离。其方式有 恒定 、残余高度 、刀具平直百分比 和 多个 4种。
  - ☑ 恒定：选择该选项后，用户需要定义切削刀路间的固定距离。如果指定的刀路间距不能平均分割所在区域，系统将减小这一刀路间距以保持恒定步距。
  - ☑ 残余高度：选择该选项后，用户需要定义两个刀路间剩余材料的高度，从而在连续切削的刀路间确定固定距离。
  - ☑ 刀具平直百分比：选择该选项后，用户需要定义刀具直径的百分比，从而在连续切削刀路之间建立起固定距离。
  - ☑ 多个：选择该选项后，可以设定几个不同步距大小的刀路数以提高加工效率。
- 平面直径百分比：选择 刀具平直百分比 时，该文本框可用，用于定义切削刀路之间的距离为刀具直径的百分比。
- 公共每刀切削深度：用于定义每一层切削的公共深度。
- 选项 区域中的选项说明如下。
  - ☑ 编辑显示 选项：单击此选项后的"编辑显示"按钮 ，系统弹出图1.7.3所示的"显示选项"对话框。在此对话框中可以进行刀具显示、刀轨显示以及其他选项的设置。
  - ☑ 在系统默认情况下，在"显示选项"对话框的 刀轨生成 区域中，使 显示切削区域 、显示后暂停 、显示前刷新 和 抑制刀轨显示 这4个复选框为取消选中状态。

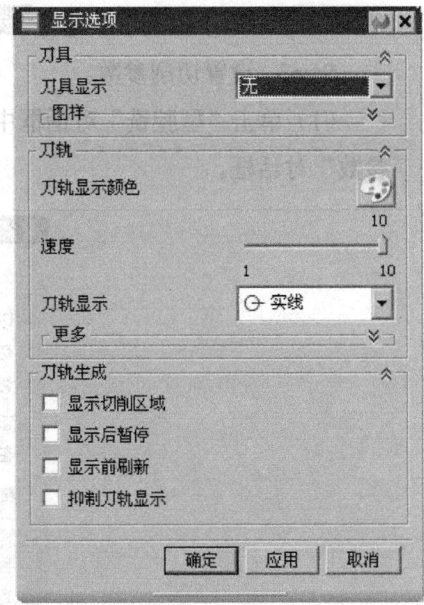

图1.7.3 "显示选项"对话框

说明：在系统默认情况下，刀轨生成 区域中的这4个复选框均为取消选中状态。选中这4个复选框，在"型腔铣"对话框的 操作 区域中单击"生成"按钮 后，系统会弹出图1.7.4所示的"刀轨生成"对话框。

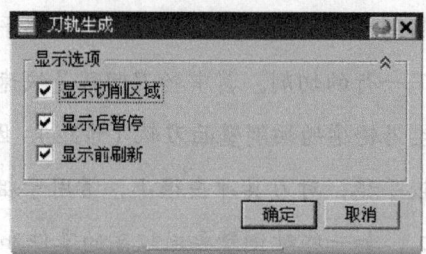

图 1.7.4 "刀轨生成"对话框

图 1.7.4 所示的"刀轨生成"对话框中各选项说明如下。

- ☑显示切削区域：若选中该复选框，在切削仿真时，则会显示切削加工的切削区域，但从实践效果来看，选中或不选中，仿真的时候区别不是很大。为了测试选中和不选中之间的区别，可以选中 ☑显示前刷新 复选框，这样可以很明显地看出选中和不选中之间的区别。

- ☑显示后暂停：若选中该复选框，系统将在显示每个切削层的可加工区域和刀轨之后暂停。此选项只对平面铣、型腔铣和固定可变轮廓铣 3 种加工方法有效。

- ☑显示前刷新：若选中该复选框，系统将移除所有临时屏幕显示。此选项只对平面铣、型腔铣和固定可变轮廓铣 3 种加工方法有效。

Step2. 设置一般参数。在"型腔铣"对话框的 切削模式 下拉列表中选择 跟随部件 选项，在 步距 下拉列表中选择 刀具平直百分比 选项，在 平面直径百分比 文本框中输入值 50.0，在 公共每刀切削深度 下拉列表中选择 恒定 选项，在 最大距离 文本框中输入值 1.0。

Step3. 设置切削参数。

（1）单击"型腔铣"对话框中的"切削参数"按钮 ，系统弹出图 1.7.5 所示的"切削参数"对话框。

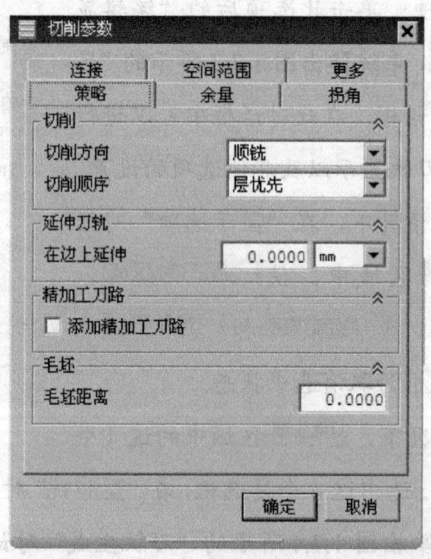

图 1.7.5 "切削参数"对话框

（2）单击"切削参数"对话框中的 余量 选项卡，在 部件侧面余量 文本框中输入值 0.1，在 公差 区域的 内公差 文本框中输入值 0.02，在 外公差 文本框中输入值 0.02。

（3）其他参数的设置采用系统默认值，单击"切削参数"对话框中的 确定 按钮，完成切削参数的设置，系统返回到"型腔铣"对话框。

Step4. 设置非切削移动参数。

（1）单击"型腔铣"对话框中的"非切削移动"按钮，系统弹出图 1.7.6 所示的"非切削移动"对话框。

（2）单击"非切削移动"对话框中的 进刀 选项卡，在 封闭区域 区域的 进刀类型 下拉列表中选择 螺旋 选项，其他参数采用系统默认的设置值，单击 确定 按钮，完成非切削移动参数的设置。

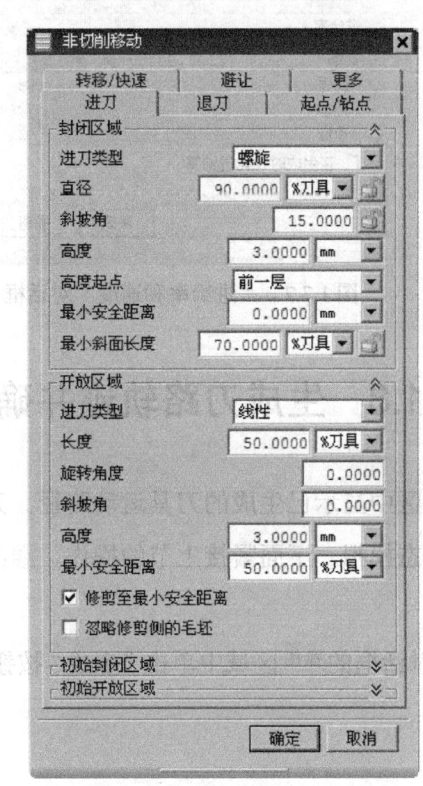

图 1.7.6 "非切削移动"对话框

Step5. 设置进给率和速度。

（1）单击"型腔铣"对话框中的"进给率和速度"按钮，系统弹出图 1.7.7 所示的"进给率和速度"对话框。

（2）在"进给率和速度"对话框中选中 ☑ 主轴速度（rpm）复选框，然后在其文本框中输入值 1500.0，在 进给率 区域的 切削 文本框中输入值 2500.0，并单击该文本框右侧的 按钮计算表面速度和每齿进给量，其他参数采用系统默认的设置值。

（3）单击"进给率和速度"对话框中的 确定 按钮，完成进给率和速度参数的设置，系统返回到"型腔铣"对话框。

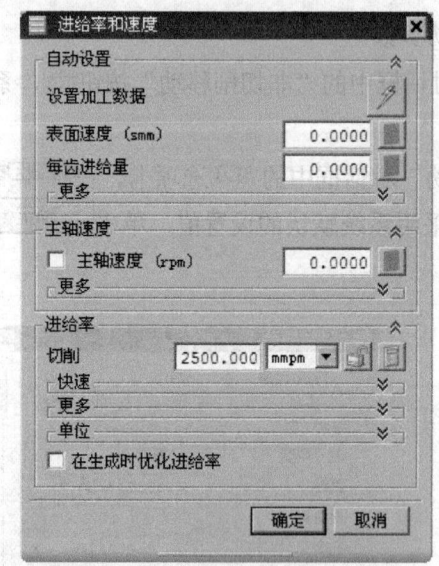

图 1.7.7　"进给率和速度"对话框

1.8　生成刀路轨迹并确认

刀路轨迹是指在图形区中显示已生成的刀具运动路径。刀路确认是指在计算机屏幕上对毛坯进行去除材料的动态模拟。下面紧接上节的操作，继续说明生成刀路轨迹并确认的一般步骤。

Step1. 在"型腔铣"对话框的 操作 区域中单击"生成"按钮 ，在图形区中生成图 1.8.1 所示的刀路轨迹。

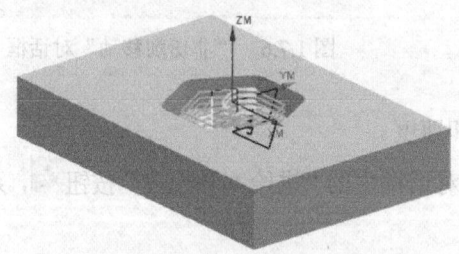

图 1.8.1　刀路轨迹

Step2. 在"型腔铣"对话框的 操作 区域中单击"确定"按钮 ，系统弹出图 1.8.2 所示的"刀轨可视化"对话框。

Step3. 单击"刀轨可视化"对话框中的 2D 动态 选项卡,然后单击"播放"按钮▶,即可进行 2D 动态仿真,完成仿真后的模型如图 1.8.3 所示。

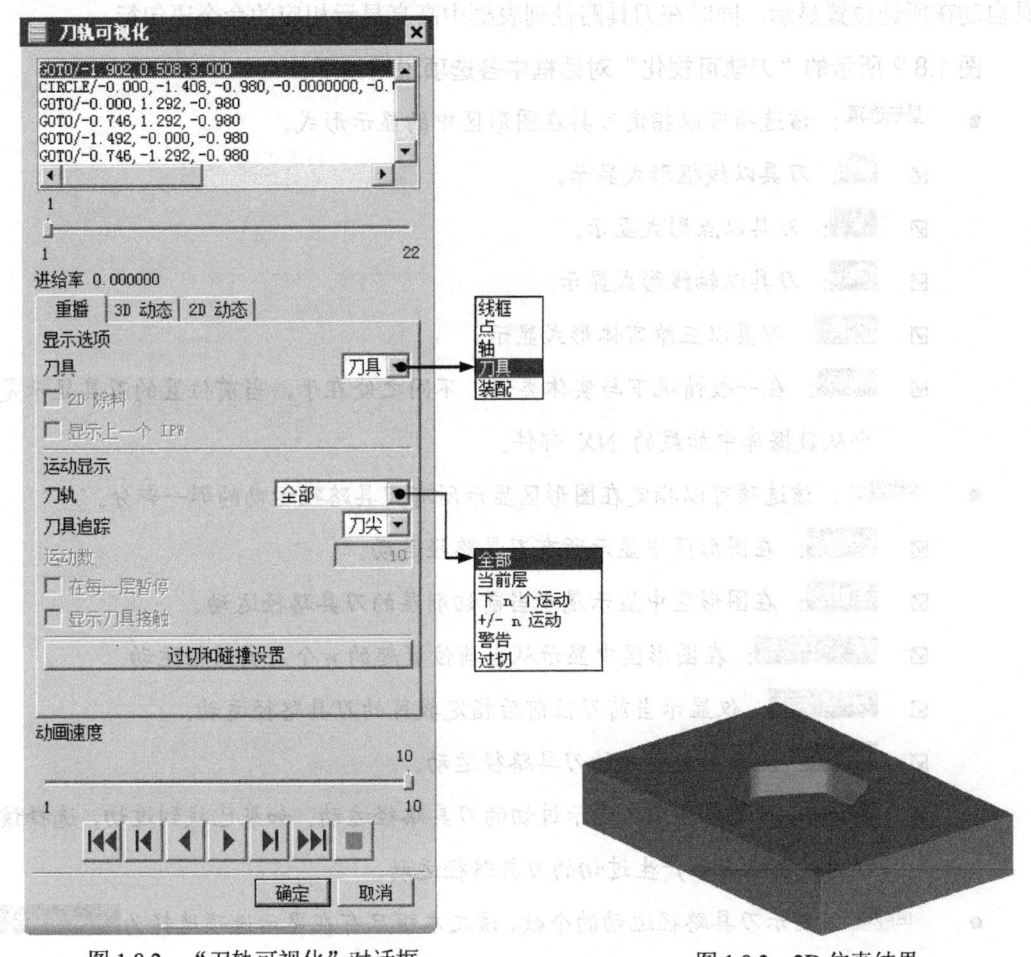

图 1.8.2　"刀轨可视化"对话框　　　　图 1.8.3　2D 仿真结果

Step4. 单击"刀轨可视化"对话框中的 确定 按钮,系统返回到"型腔铣"对话框,单击 确定 按钮完成型腔铣操作。

刀具路径模拟有 3 种方式:刀具路径重播、动态切削过程和静态显示加工后的零件形状,它们分别对应于图 1.8.2 对话框中的 重播 、3D 动态 和 2D 动态 选项卡。

1. 刀具路径重播

刀具路径重播是沿一条或几条刀具路径显示刀具的运动过程。通过刀具路径模拟中的重播,用户可以完全控制刀具路径的显示,即可查看程序所对应的加工位置,可查看各个刀位点的相应程序。

当在图 1.8.2 所示的"刀轨可视化"对话框中单击 重播 选项卡时，对话框上部的路径列表框列出了当前操作所包含的刀具路径命令语句。如果在列表框中选择某一行命令语句时，则在图形区中显示对应的刀具位置；如果在图形区中用鼠标选取任何一个刀位点时，则刀具自动在所选位置显示，同时在刀具路径列表框中高亮显示相应的命令语句行。

图 1.8.2 所示的"刀轨可视化"对话框中各选项说明如下。

- 显示选项：该选项可以指定刀具在图形区中的显示形式。
    - ☑ 线框：刀具以线框形式显示。
    - ☑ 点：刀具以点形式显示。
    - ☑ 轴：刀具以轴线形式显示。
    - ☑ 刀具：刀具以三维实体形式显示。
    - ☑ 装配：在一般情况下与实体类似，不同之处在于，当前位置的刀具显示是一个从数据库中加载的 NX 部件。
- 运动显示：该选项可以指定在图形区显示所有刀具路径运动的那一部分。
    - ☑ 全部：在图形区中显示所有刀具路径运动。
    - ☑ 当前层：在图形区中显示属于当前切削层的刀具路径运动。
    - ☑ 下 n 个运动：在图形区中显示从当前位置起的 n 个刀具路径运动。
    - ☑ +/- n 运动：仅显示当前刀位前后指定数目的刀具路径运动。
    - ☑ 警告：显示引起警告的刀具路径运动。
    - ☑ 过切：在图形区中只显示过切的刀具路径运动。如果已找到过切，选择该选项时，则只显示产生过切的刀具路径运动。
- 运动数：显示刀具路径运动的个数，该文本框只有在显示选项选择为 下 n 个运动 时才激活。
- 过切和碰撞设置：该选项用于设置过切和碰撞设置的相关选项，单击该按钮后，系统会弹出"过切和碰撞设置"对话框。
    - ☑ ☑过切检查：选中该复选框后，可以进行过切检查。
    - ☑ ☑完成时列出过切：若选中该复选框，则在检查结束后，刀具路径列表框中将列出所有找到的过切。
    - ☑ ☑显示过切：选中该复选框后，图形区中将高亮显示发生过切的刀具路径。
    - ☑ ☑过切间刷新：若选中该复选框，则检查刀具路径存在过切时，只高亮显示最近找到的刀具路径。该选项只有在选中 ☑显示过切 复选框时才被激活。

☑ ■检查刀具和夹持器: 若选中该复选框, 则可以检查刀具夹持器间的碰撞。
● ■动画速度: 该区域用于改变刀具路径仿真的速度。可以通过移动其滑块的位置调整动画的速度: "1"表示速度最慢; "10"表示速度最快。

2. 3D 动态切削

在"刀轨可视化"对话框中单击 3D 动态 选项卡, 对话框切换为图 1.8.4 所示的形式。选择对话框下部的播放图标, 则在图形区中动态显示刀具切除工件材料的过程。此模式以三维实体方式仿真刀具的切削过程, 非常直观, 并且播放时允许用户在图形区中通过放大、缩小、旋转和移动等功能显示细节部分。

3. 2D 动态切削

在"刀轨可视化"对话框中单击 2D 动态 选项卡, 对话框切换为图 1.8.5 所示的形式。选择对话框下部的播放图标, 则在图形区中显示刀具切除运动过程。此模式是采用固定视角模拟, 播放时不支持图形的缩放和旋转。

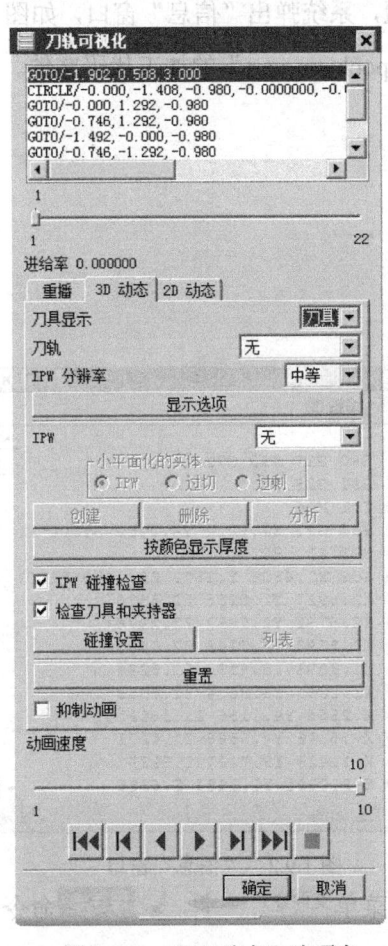

图 1.8.4 "3D 动态"选项卡

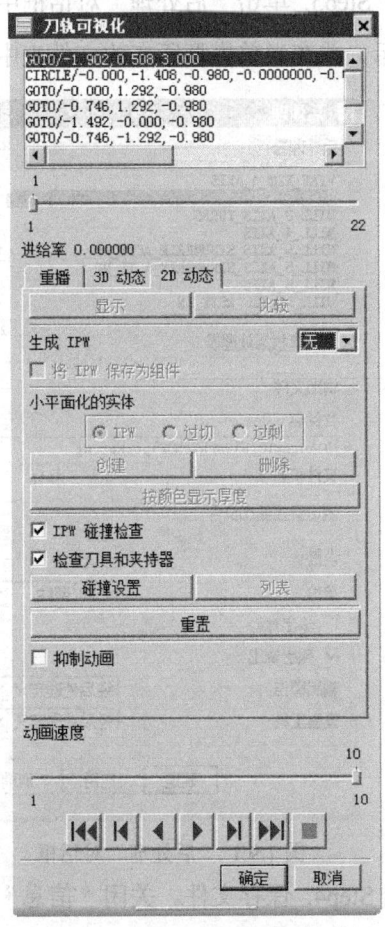

图 1.8.5 "2D 动态"选项卡

1.9 后处理

在工序导航器中选中一个操作或者一个程序组后，用户可以利用系统提供的后处理器来处理刀具路径，从而生成数控机床能够识别的 NC 程序。其中，利用 Post Builder（后处理构造器）建立特定机床定义文件以及事件处理文件后，可用 NX/Post 进行后置处理，将刀具路径生成合适的机床 NC 代码。用 NX/Post 进行后置处理时，可在 NX 加工环境下进行，也可在操作系统环境下进行。后处理的一般操作步骤如下。

Step1. 在工序导航器中选择 CAVITY_MILL 节点，然后单击"操作"工具栏中的"后处理"按钮，系统弹出图 1.9.1 所示的"后处理"对话框。

Step2. 在"后处理"对话框的 后处理器 区域中选择 MILL 3 AXIS 选项，在 单位 下拉列表中选择 公制/部件 选项。

Step3. 单击"后处理"对话框中的 确定 按钮，系统弹出"信息"窗口，如图 1.9.2 所示，并在当前模型所在的文件夹中生成一个名为"pocketing.prt"的加工代码文件。

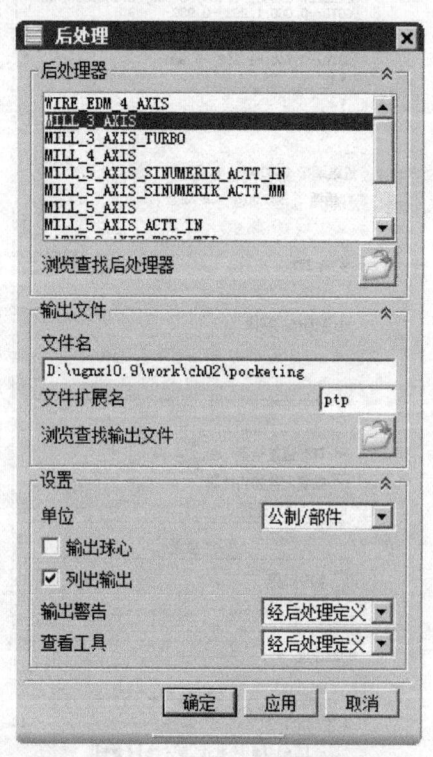

图 1.9.1 "后处理"对话框

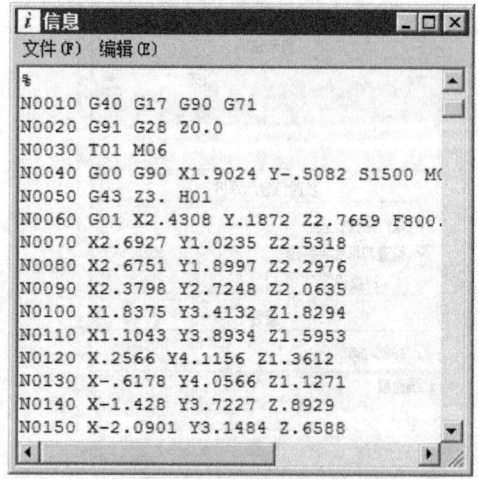

图 1.9.2 "信息"窗口

Step4. 保存文件。关闭"信息"窗口，选择下拉菜单 文件(F) ➞ 保存(S) 命令，即可保存文件。

1.10 生成车间文档

UG NX 提供了一个车间工艺文档生成器，它从 NC part 文件中提取对加工车间有用的 CAM 的文本和图形信息，包括数控程序中用到的刀具参数清单、加工工序、加工方法清单和切削参数清单。它们可以用文本文件（TEXT）或超文本链接语言（HTML）两种格式输出。操作工、刀具仓库工人或其他需要了解有关信息的人员都可方便地在网上查询使用车间工艺文档。这些文件多半用于提供给生产现场的机床操作人员，免除了手工撰写工艺文件的麻烦，同时也可以将自己定义的刀具快速加入到刀具库中，供以后使用。

NX CAM 车间工艺文档可以包含零件几何和材料、控制几何、加工参数、控制参数、加工次序、机床刀具设置、机床刀具控制事件、后处理命令、刀具参数和刀具轨迹信息。创建车间文档的一般步骤如下。

Step1. 单击"操作"工具栏中的"车间文档"按钮 ，系统弹出图 1.10.1 所示的"车间文档"对话框。

Step2. 在"车间文档"对话框的 报告格式 区域中选择 Operation List Select (TEXT) 选项。

说明：工艺文件模板用来控制文件的格式，扩展名为 HTML 的模板生成超文本链接网页格式的车间文档，扩展名为 TEXT 的模板生成纯文本格式的车间文档。

Step3. 单击"车间文档"对话框中的 确定 按钮，系统弹出图 1.10.2 所示的"信息"对话框，并在当前模型所在的文件夹中生成一个记事本文件，该文件即车间文档。

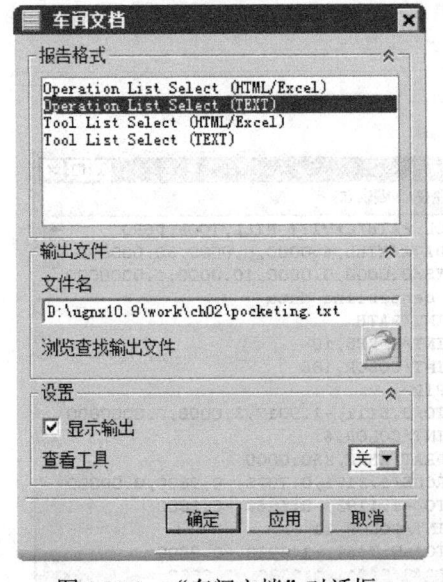

图 1.10.1 "车间文档"对话框

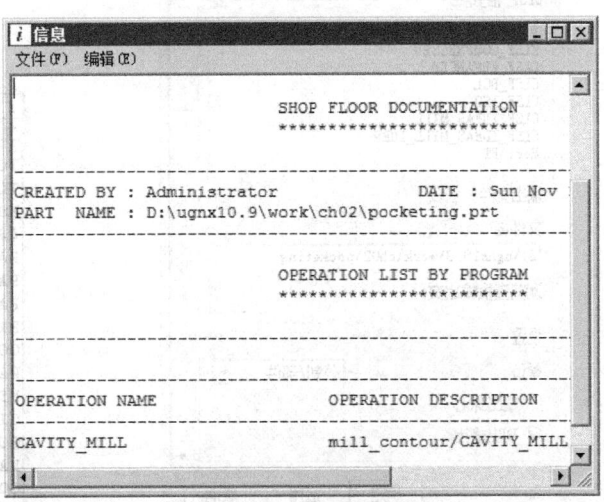

图 1.10.2 车间文档

1.11 输出 CLSF 文件

CLSF 文件也称为刀具位置源文件，是一个可用第三方后置处理程序进行后置处理的独立文件。它是一个包含标准 APT 命令的文本文件，其扩展名为 cls。

由于一个零件可能包含多个用于不同机床的刀具路径，在选择程序组进行刀具位置源文件输出时，应确保程序组中包含的各个操作可在同一机床上完成。如果一个程序组包含多个用于不同机床的刀具路径，则在输出刀具路径的 CLSF 文件前，应首先重新组织程序结构，使同一机床的刀具路径处于同一个程序组中。

输出 CLSF 文件的一般步骤如下。

Step1. 在工序导航器中选择 CAVITY_MILL 节点，然后单击"操作"工具栏中的"输出 CLSF"按钮，系统弹出图 1.11.1 所示的"CLSF 输出"对话框。

Step2. 在"CLSF 输出"对话框的 CLSF 格式 区域中选择系统默认的 CLSF_STANDARD 选项。

Step3. 单击"CLSF 输出"对话框中的 确定 按钮，系统弹出"信息"对话框，如图 1.11.2 所示，并在当前模型所在的文件夹中生成一个名为"pocketing.cls"的 CLSF 文件。该文件可以用记事本打开。

说明： 输出 CLSF 文件时，可以根据需要指定 CLSF 文件的名称和路径，或者单击 按钮，指定输出文件的名称路径。

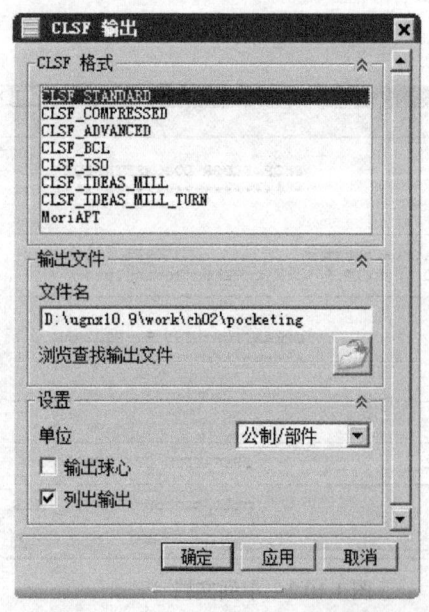

图 1.11.1　"CLSF 输出"对话框

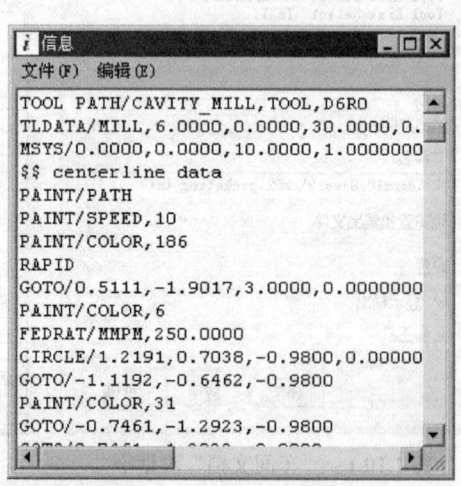

图 1.11.2　"信息"对话框

1.12 工序导航器

工序导航器是一种图形化的用户界面，它用于管理当前部件的加工工序和工序参数。在 NX 工序导航器的空白区域右击，系统会弹出图 1.12.1 所示的快捷菜单。用户可以在此菜单中选择显示视图的类型，如程序顺序视图、机床视图、几何视图和加工方法视图；用户还可以在不同的视图下方便快捷地设置操作参数，从而提高工作效率。为了使读者充分理解工序导航器的应用，本书将在后面的讲解中多次使用工序导航器进行操作。

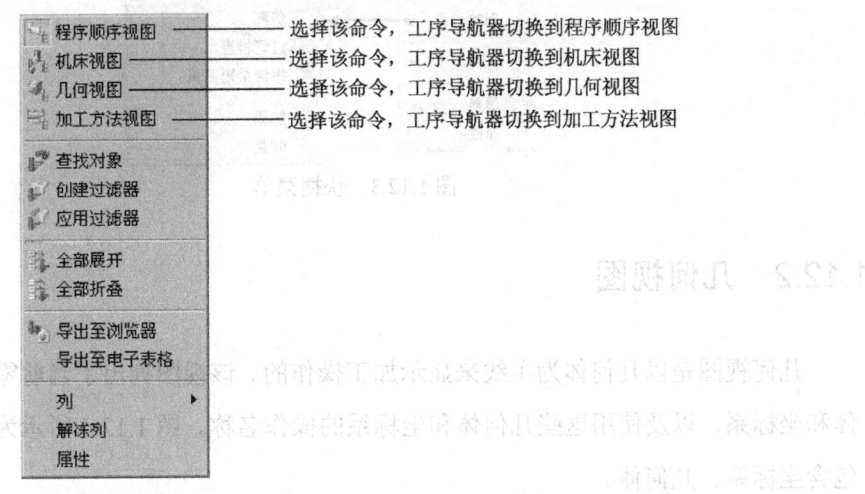

图 1.12.1　工序导航器的快捷菜单

1.12.1　程序顺序视图

程序顺序视图按刀具路径的执行顺序列出当前零件的所有工序，显示每个工序所属的程序组和每个工序在机床上的执行顺序。图 1.12.2 所示为程序顺序视图。在工序导航器中任意选择某一对象并右击，系统将弹出图 1.12.3 所示的快捷菜单，可以通过编辑、剪切、复制、删除和重命名等操作来管理复杂的编程刀路，还可以创建刀具、操作、几何体、程序组和方法。

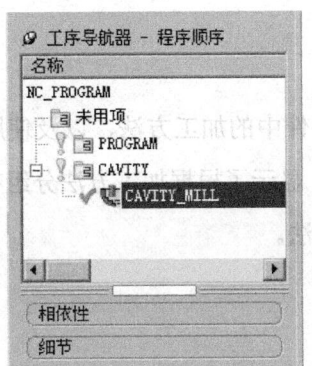

图 1.12.2　程序顺序视图

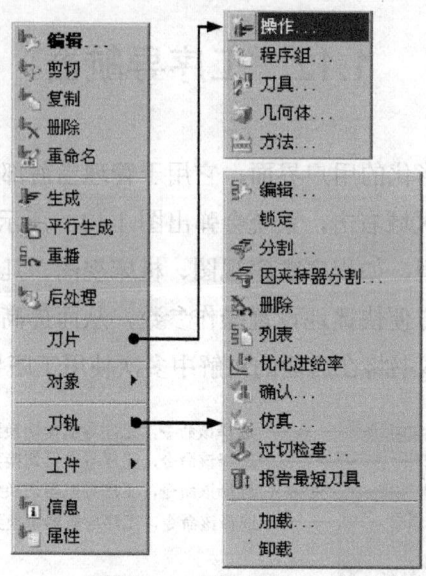

图 1.12.3 快捷菜单

1.12.2 几何视图

几何视图是以几何体为主线来显示加工操作的。该视图列出了当前零件中存在的几何体和坐标系,以及使用这些几何体和坐标系的操作名称。图 1.12.4 所示为几何视图,图中包含坐标系、几何体。

1.12.3 机床视图

机床视图用切削刀具来组织各个操作,列出了当前零件中存在的各种刀具以及使用这些刀具的操作名称。在图 1.12.5 所示的机床视图中的 GENERIC_MACHINE 选项处右击,在弹出的快捷菜单中选择 编辑... 命令,系统弹出"通用机床"对话框。在此对话框中可以进行调用机床、调用刀具、调用设备和编辑刀具安装等操作。

1.12.4 加工方法视图

加工方法视图列出当前零件中的加工方法,以及使用这些加工方法的操作名称。在图 1.12.6 所示的加工方法视图中,显示了根据加工方法分组在一起的操作。通过这种组织方式,可以很轻松地选择操作中的方法。

 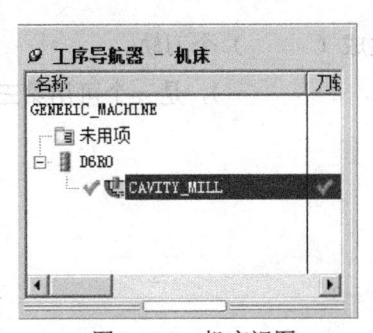 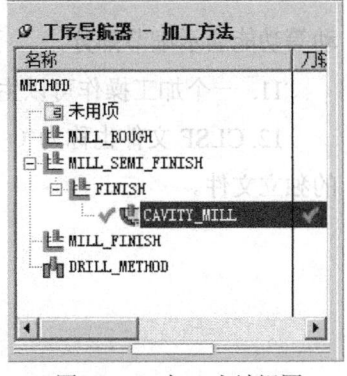

图 1.12.4　几何视图　　　　图 1.12.5　机床视图　　　　图 1.12.6　加工方法视图

1.13 习　　题

1. 使用 UG NX 系统自动编程的基本步骤为几何建模、（　　　　）、刀具轨迹生成、刀位验证及刀具轨迹的编辑、（　　　　）以及 NC 代码的输出。

2. 进入 UG 加工模块时，在"加工环境"对话框上部的"CAM 会话配置"列表框中选定一种加工模板集合以后，该对话框下部的 CAM 设置列表框就显示出此 CAM 会话配置中包含的所有（　　　　）。

3. 工序导航器有 4 个视图，分别是（　　　）、（　　　）、（　　　）和（　　　）。

4. 工序导航器中的（　　　　）视图决定了加工刀具路径的输出顺序。

5. 几何体可以在创建工序之前定义，也可以在创建工序过程中指定。其区别是提前定义的加工几何体可以（　　　　），而在创建工序过程中指定的加工几何体只能为该工序使用。

6. 在系统默认的工序导航器中几何视图下的"未用项"节点，表示没有（　　　　）；"GEOMETRY"节点则表示（　　　　）。

7. 机床坐标系即（　　　　），它是所有刀路轨迹输出点坐标值的（　　　　）。

8. 定义部件几何体时，可以通过过滤器来选择几何体、（　　　）和（　　　）来进行定义，其中的几何体又包括（　　　）、片体和（　　　）。

9. 检查几何体是指在刀具切削过程中需要避让的几何体，如（　　　　）和（　　　　）。

10. 刀具路径模拟有 3 种方式：（　　　）、（　　　）和（　　　）。其中（　　　）

方式是以三维方式仿真刀具的切削过程,并且播放时允许用户通过放大、缩小、旋转和移动等功能显示细节部分。

11. 一个加工操作可以生成（　　　）个刀轨。

12. CLSF文件也称为（　　　　　），是一个可用第三方后置处理程序进行后置处理的独立文件。

第 2 章 平面铣加工

本章提要 本章通过介绍平面铣加工的基本概念，阐述了平面铣加工的基本原理和主要用途，详细讲解了平面铣加工的一些主要方法，如底壁加工、面铣、平面轮廓铣以及精铣底面等，并且通过一些典型的范例，介绍了上述方法的主要操作过程。在学习完本章后，读者将会熟练掌握上述加工方法，深刻领会各种加工方法的特点。

2.1 概 述

平面铣加工即移除零件平面层中的材料，多用于加工零件的基准面、内腔的底面、内腔的垂直侧壁及敞开的外形轮廓等，对于加工直壁及岛屿顶面和槽腔底面为平面的零件尤为适用。

平面铣加工是一种 2.5 轴的加工方式，在加工过程中水平方向的 XY 两轴联动，而 Z 轴方向只在完成一层加工后进入下一层时才单独运动。当设置不同的切削方法时，平面铣也可以加工槽和轮廓外形。

平面铣加工的优点在于它可以不做出完整的造型，而依据 2D 图形直接进行刀具路径的生成。它可以通过边界和不同的材料侧方向，创建任意区域的任意切削深度。

另外，平面铣的平行切削方式用于一般平面加工，沿着工件的切削方式用于外形的粗加工，沿着周边的切削方式用于凹槽的粗加工。

2.2 平面铣类型

在创建平面铣工序时，系统会弹出图 2.2.1 所示的"创建工序"对话框。在此对话框中显示出了所有平面铣工序的子类型，下面对其中的子类型做简要介绍。

图 2.2.1 所示的"创建工序"对话框中的按钮说明如下。

- A1 （FLOOR_WALL）：底壁加工。
- A2 （FLOOR_WALL_IPW）：底壁加工 IPW。
- A3 （FACE_MILLING）：使用边界的面铣削。
- A4 （FACE_MILLING_MANUAL）：手工面铣削。

- A5 （PLANAR_MILL）：平面铣。
- A6 （PLANAR_PROFILE）：平面轮廓铣削。
- A7 （CLEANUP_CORNERS）：清理拐角。
- A8 （FINISH_WALLS）：精加工壁。

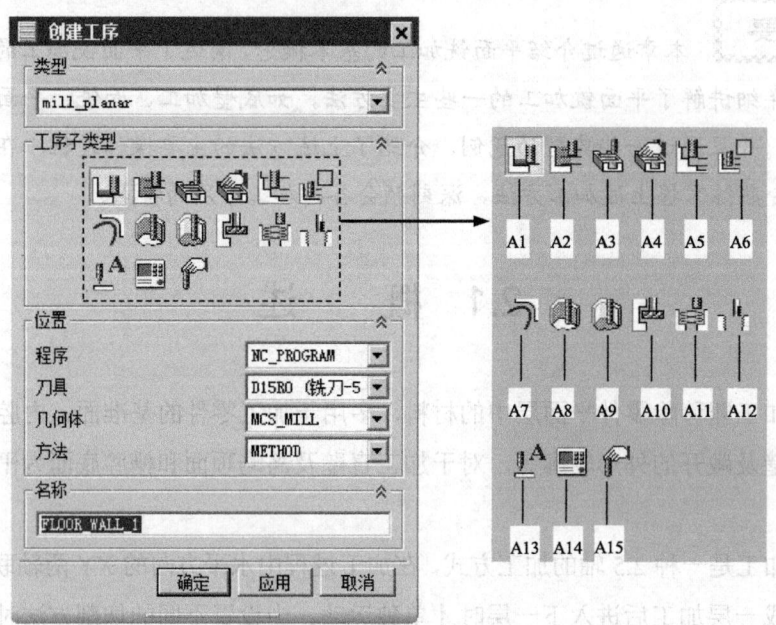

图 2.2.1 "创建工序"对话框

- A9 （FINISH_FLOOR）：精加工底面。
- A10 （GROOVE_MILLING）：槽铣削。
- A11 （HOLE_MILLING）：铣削孔。
- A12 （THREAD_MILLING）：螺纹铣。
- A13 （PLANAR_TEXT）：平面文本。
- A14 （MILL_CONTROL）：铣削控制。
- A15 （MILL_USER）：用户定义的铣削。

2.3 底壁加工

底壁加工是平面铣工序中比较常用的铣削方式之一，它通过选择加工平面来指定加工区域，一般选用端铣刀。底壁加工可以进行粗加工，也可以进行精加工。

下面以图 2.3.1 所示的零件为例来介绍创建底壁加工的一般步骤。

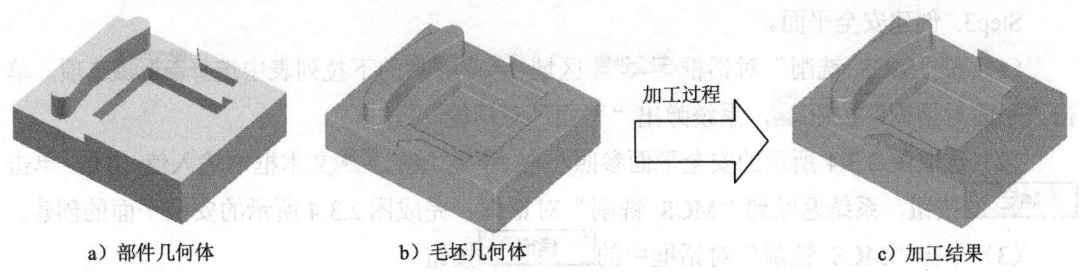

图 2.3.1 底壁加工

Task1. 打开模型文件并进入加工模块

Step1. 打开文件 D:\ugnc10.1\work\ch02.03\FACE_MILLING_area.prt。

Step2. 进入加工环境。选择下拉菜单 启动 → 加工(R)... 命令,在系统弹出的"加工环境"对话框的 要创建的 CAM 设置 列表框中选择 mill planar 选项,然后单击 确定 按钮,进入加工环境。

Task2. 创建几何体

Stage1. 创建机床坐标系和安全平面

Step1. 进入几何视图。在工序导航器的空白处右击,在系统弹出的快捷菜单中选择 几何视图 命令,在工序导航器中双击节点 MCS_MILL,系统弹出图 2.3.2 所示的"MCS 铣削"对话框。

Step2. 创建机床坐标系。

(1) 在"MCS 铣削"对话框的 机床坐标系 区域中单击"CSYS 对话框"按钮,系统弹出"CSYS"对话框,确认在 类型 下拉列表中选择 动态 选项。

(2) 单击"CSYS"对话框 操控器 区域中的"操控器"按钮,系统弹出"点"对话框;在"点"对话框的 Z 文本框中输入值 65.0,单击 确定 按钮,此时系统返回到"CSYS"对话框;单击 确定 按钮,完成图 2.3.3 所示机床坐标系的创建,系统返回到"MCS 铣削"对话框。

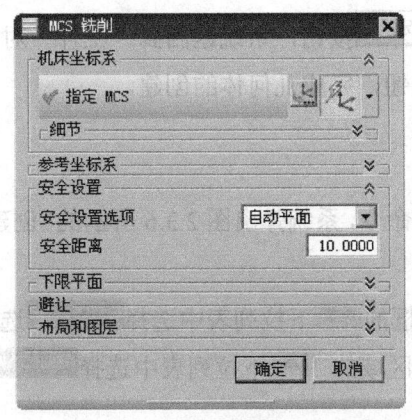

图 2.3.2 "MCS 铣削"对话框

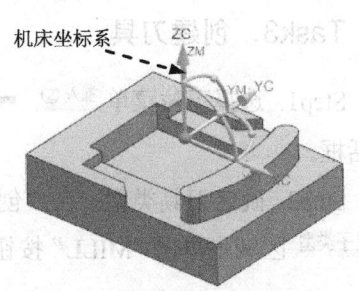

图 2.3.3 创建机床坐标系

Step3. 创建安全平面。

（1）在"MCS 铣削"对话框 安全设置 区域 安全设置选项 的下拉列表中选择 平面 选项，单击"平面对话框"按钮 ，系统弹出"平面"对话框。

（2）选取图2.3.4所示的安全平面参照，在 偏置 区域的 距离 文本框中输入值10.0，单击 确定 按钮，系统返回到"MCS 铣削"对话框，完成图2.3.4所示的安全平面的创建。

（3）单击"MCS 铣削"对话框中的 确定 按钮。

Stage2. 创建部件几何体

Step1. 在工序导航器中双击 MCS_MILL 节点下的 WORKPIECE ，系统弹出"工件"对话框。

Step2. 选取部件几何体。在"工件"对话框中单击 按钮，系统弹出"部件几何体"对话框。在"选择条"工具条中确认"类型过滤器"设置为"实体"，在图形区选取整个零件为部件几何体。

Step3. 在"部件几何体"对话框中单击 确定 按钮，完成部件几何体的创建，同时系统返回到"工件"对话框。

Stage3. 创建毛坯几何体

Step1. 在"工件"对话框中单击 按钮，系统弹出"毛坯几何体"对话框。

Step2. 在"毛坯几何体"对话框的 类型 下拉列表中选择 部件的偏置 选项，在 偏置 文本框中输入值1.0，如图2.3.5所示。

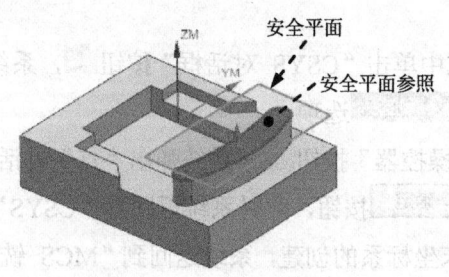
图2.3.4 创建安全平面

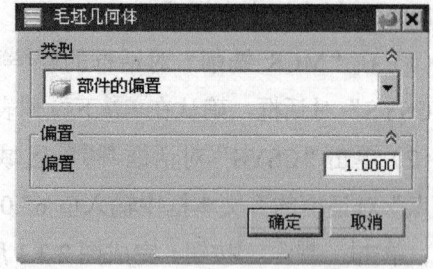
图2.3.5 "毛坯几何体"对话框

Step3. 单击"毛坯几何体"对话框中的 确定 按钮，系统返回到"工件"对话框。

Step4. 单击"工件"对话框中的 确定 按钮，完成几何体的创建。

Task3. 创建刀具

Step1. 选择下拉菜单 插入(S) → 刀具(T) 命令，系统弹出图2.3.6所示的"创建刀具"对话框。

Step2. 确定刀具类型。在"创建刀具"对话框的 类型 下拉列表中选择 mill_planar 选项，在 刀具子类型 区域中单击"MILL"按钮 ，在 位置 区域的 刀具 下拉列表中选择 GENERIC_MACHINE 选项,在 名称 文本框中输入刀具名称 D15R0,单击 确定 按钮,系统弹出图 2.3.7 所示的"铣刀-5 参数"对话框。

Step3. 设置刀具参数。在"铣刀-5 参数"对话框中设置图 2.3.7 所示的刀具参数,单击 确定 按钮,完成刀具的创建。

图 2.3.6 "创建刀具"对话框

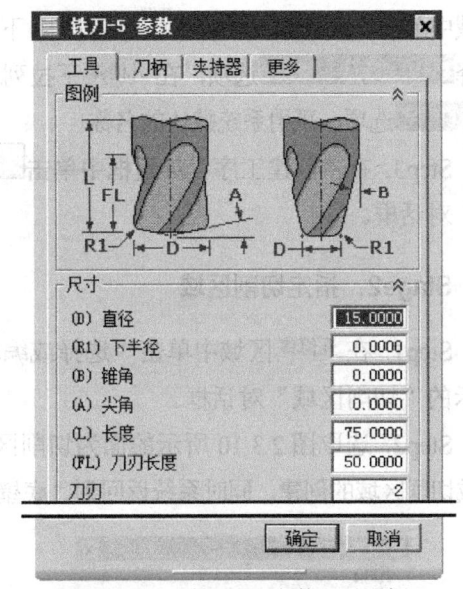

图 2.3.7 "铣刀-5 参数"对话框

图 2.3.6 所示的"创建刀具"对话框中刀具子类型的说明如下:

- (端铣刀):在大多数的加工中均可以使用此种刀具。
- (倒斜铣刀):带有倒斜角的端铣刀。
- (球头铣刀):多用于曲面以及圆角处的加工。
- (球形铣刀):多用于曲面以及圆角处的加工。
- (T 形键槽铣刀):多用于键槽加工。
- (桶形铣刀):多用于平面和腔槽的加工。
- (螺纹刀):用于铣螺纹。
- (用户自定义铣刀):用于创建用户特制的铣刀。
- (刀库1):用于刀具的管理,可将每把刀具设定一个唯一的刀号。
- (刀头2):用于装夹刀具。
- (动力头):给刀具提供动力。

注意:如果在加工的过程中需要使用多把刀具,比较合理的方式是一次性把所需要的刀具全部创建完毕,这样在后面的加工中直接选取创建好的刀具即可,有利于后续工作的快速完成。

Task4. 创建底壁加工工序

Stage1. 插入工序

Step1. 选择下拉菜单 插入(S) ➔ 工序(E)... 命令，系统弹出"创建工序"对话框。

Step2. 确定加工方法。在"创建工序"对话框的 类型 下拉列表中选择 mill_planar 选项，在 工序子类型 区域中单击"底壁加工"按钮，在 程序 下拉列表中选择 PROGRAM 选项，在 刀具 下拉列表中选择 D15R0 (铣刀-5 参数) 选项，在 几何体 下拉列表中选择 WORKPIECE 选项，在 方法 下拉列表中选择 MILL_FINISH 选项，采用系统默认的名称。

Step3. 在"创建工序"对话框中单击 确定 按钮，系统弹出图 2.3.8 所示的"底壁加工"对话框。

Stage2. 指定切削区域

Step1. 在 几何体 区域中单击"选择或编辑切削区域几何体"按钮，系统弹出图 2.3.9 所示的"切削区域"对话框。

Step2. 选取图 2.3.10 所示的面为切削区域，在"切削区域"对话框中单击 确定 按钮，完成切削区域的创建，同时系统返回到"底壁加工"对话框。

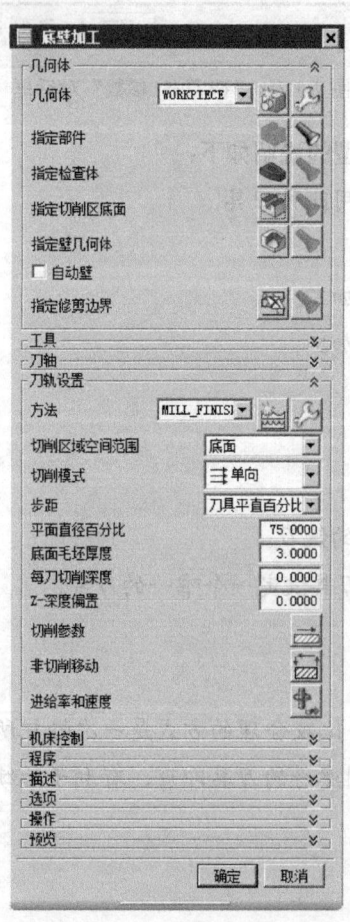

图 2.3.8 "底壁加工"对话框

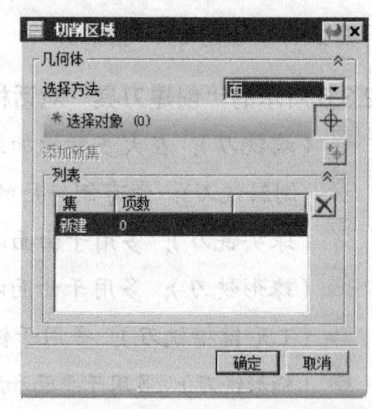

图 2.3.9 "切削区域"对话框

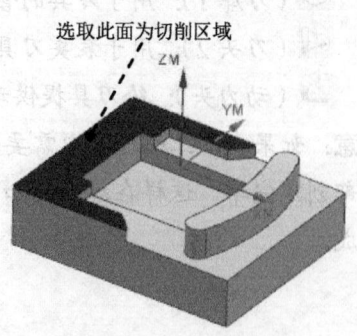

图 2.3.10 指定切削区域

图 2.3.8 所示的"底壁加工"对话框中各按钮说明如下。

- ![icon]（新建）：用于创建新的几何体。
- ![icon]（编辑）：用于对部件几何体进行编辑。
- ![icon]（选择或编辑切削区域几何体）：指定部件几何体中需要加工的区域，该区域可以是部件几何体中的几个重要部分，也可以是整个部件几何体。
- ![icon]（选择或编辑壁几何体）：通过设置侧壁几何体来替换工件余量，表示除了加工面以外的全局工件余量。
- ![icon]（选择或编辑检查几何体）：检查几何体是在切削加工过程中需要避让的几何体，如夹具或重要的加工平面。
- ![icon]（切削参数）：用于切削参数的设置。
- ![icon]（非切削移动）：用于进刀、退刀等参数的设置。
- ![icon]（进给率和速度）：用于主轴转速、进给率等参数的设置。

Stage3. 显示刀具和几何体

Step1. 显示刀具。在 刀具 区域中单击"编辑/显示"按钮 ![icon]，系统会弹出"铣刀-5 参数"对话框，同时在绘图区会显示当前刀具，然后在系统弹出的对话框中单击 取消 按钮。

Step2. 显示几何体。在 几何体 区域中单击"显示"按钮 ![icon]，在图形区中会显示当前的部件几何体以及切削区域。

说明：这里显示刀具和几何体是用于确认前面的设置是否正确，如果能保证前面的设置无误，可以省略此步操作。

Stage4. 设置刀具路径参数

Step1. 设置切削模式。在 刀轨设置 区域的 切削模式 下拉列表中选择 跟随周边 选项。

Step2. 设置步进方式。在 步距 下拉列表中选择 刀具平直百分比 选项，在 平面直径百分比 文本框中输入值 50.0，在 底面毛坯厚度 文本框中输入值 1.0，在 每刀切削深度 文本框中输入值 0.5。

Stage5. 设置切削参数

Step1. 单击"底壁加工"对话框 刀轨设置 区域中的"切削参数"按钮 ![icon]，系统弹出"切削参数"对话框。在"切削参数"对话框中单击 策略 选项卡，设置参数如图 2.3.11 所示。

图 2.3.11 所示的"切削参数"对话框的"策略"选项卡中各选项说明如下。

- 切削方向：用于指定刀具的切削方向，包括 顺铣 和 逆铣 两种方式。
    - ☑ 顺铣：沿刀轴方向向下看，主轴的旋转方向与运动方向一致。
    - ☑ 逆铣：沿刀轴方向向下看，主轴的旋转方向与运动方向相反。

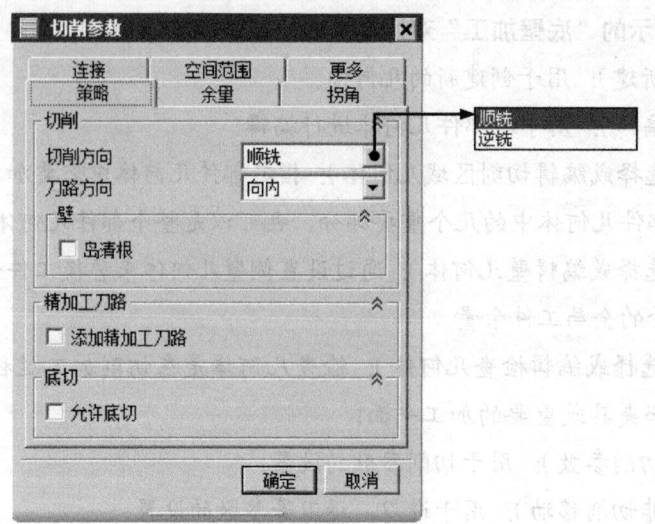

图 2.3.11 "策略"选项卡

- 选中 精加工刀路 区域的 ☑添加精加工刀路 复选框,系统会出现如下选项。
  - ☑ 刀路数:用于指定精加工走刀的次数。
  - ☑ 精加工步距:用于指定精加工两道切削路径之间的距离,该距离可以是一个固定的值,也可以是以刀具直径的百分比表示的值。取消选中 ☐添加精加工刀路 复选框,零件中岛屿侧面的刀路轨迹如图 2.3.12a 所示;选中 ☑添加精加工刀路 复选框,并在 刀路数 文本框中输入值 2.0,此时零件中岛屿侧面的刀路轨迹如图 2.3.12b 所示。

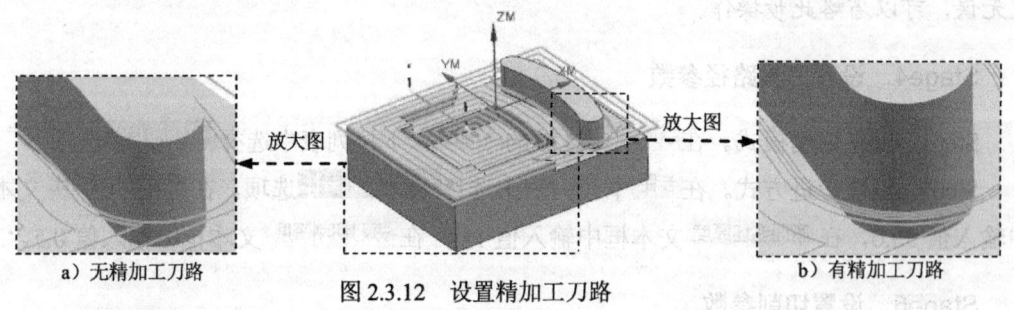

图 2.3.12 设置精加工刀路

- ☐允许底切 复选框:取消选中该复选框可防止刀柄与工件或检查几何体碰撞。

Step2. 在"切削参数"对话框中单击 余量 选项卡,设置参数如图 2.3.13 所示。
图 2.3.13 所示的"切削参数"对话框的"余量"选项卡中各选项说明如下。

- 部件余量:用于创建在当前平面铣削结束时,留在零件周壁上的余量。通常在粗加工或半精加工时会留有一定的部件余量用于精加工。
- 壁余量:用于创建零件侧壁面上剩余的材料,该余量是在每个切削层上沿垂直于刀轴的方向测量,应用于所有能够进行水平测量的部件的表面上。
- 最终底面余量:用于创建当前加工操作后保留在腔底和岛屿顶部的余量。

- 毛坯余量：指刀具定位点与所创建的毛坯几何体之间的距离。
- 检查余量：用于创建刀具与已创建的检查边界之间的余量。
- 内公差：用于创建切削零件时允许刀具切入零件的最大偏距。
- 外公差：用于创建切削零件时允许刀具离开零件的最大偏距。

Step3. 在"切削参数"对话框中单击 拐角 选项卡，设置参数如图 2.3.14 所示。

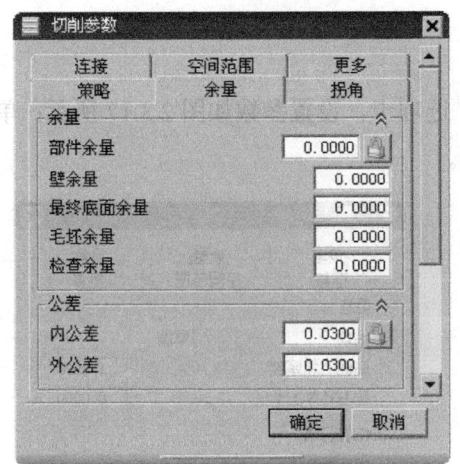

图 2.3.13 "余量"选项卡

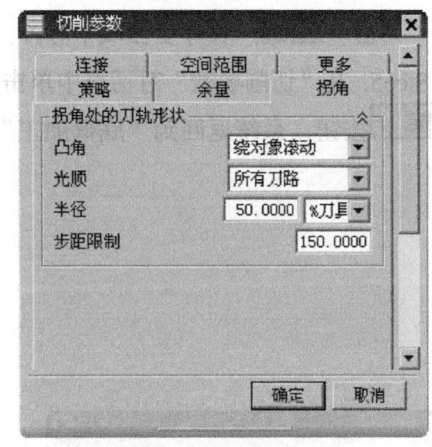

图 2.3.14 "拐角"选项卡

图 2.3.14 所示的"切削参数"对话框的"拐角"选项卡中各选项说明如下。

- 凸角：用于设置刀具在零件拐角处的切削运动方式，有 绕对象滚动、延伸并修剪 和 延伸 3 个选项。
- 光顺：用于添加并设置拐角处的圆弧刀路，有 所有刀路 和 无 两个选项。添加圆弧拐角刀路可以减少刀具突然转向对机床的冲击，一般实际加工中都将此参数设置为 所有刀路。此参数生成的刀路轨迹如图 2.3.15b 所示。

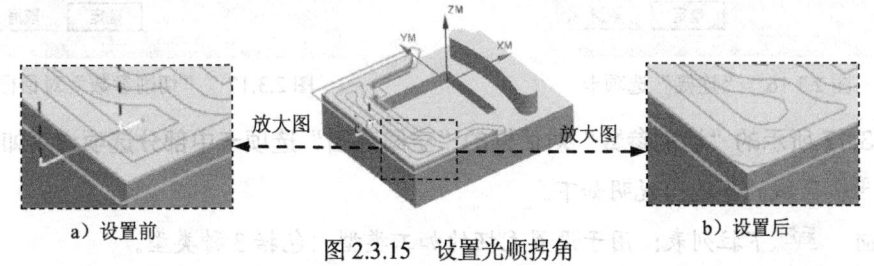

a) 设置前　　　　　　　　　　　　　　　　　b) 设置后

图 2.3.15 设置光顺拐角

Step4. 在"切削参数"对话框中单击 连接 选项卡，设置参数如图 2.3.16 所示。

图 2.3.16 所示的"切削参数"对话框的"连接"选项卡中各选项说明如下。

- 切削顺序 区域的 区域排序 下拉列表中提供了 4 种加工顺序的方式。
    - ☑ 标准：根据切削区域的创建顺序来确定各切削区域的加工顺序。
    - ☑ 优化：根据抬刀后横越运动最短的原则决定切削区域的加工顺序，效率比"标准"顺序高，系统默认为此选项。

☑ 跟随起点：根据创建"切削区域起点"时的顺序来确定切削区域的加工顺序。
☑ 跟随预钻点：根据创建"预钻进刀点"时的顺序来确定切削区域的加工顺序。
- 跨空区域区域中的运动类型下拉列表：用于创建在☐跟随周边切削模式中跨空区域的刀路类型，共有3种运动方式。
☑ 跟随：刀具跟随跨空区域形状移动。
☑ 切削：在跨空区域做切削运动。
☑ 移刀：在跨空区域中移刀。

Step5. 在"切削参数"对话框中单击空间范围选项卡，设置参数如图2.3.17所示；单击确定按钮，系统返回到"底壁加工"对话框。

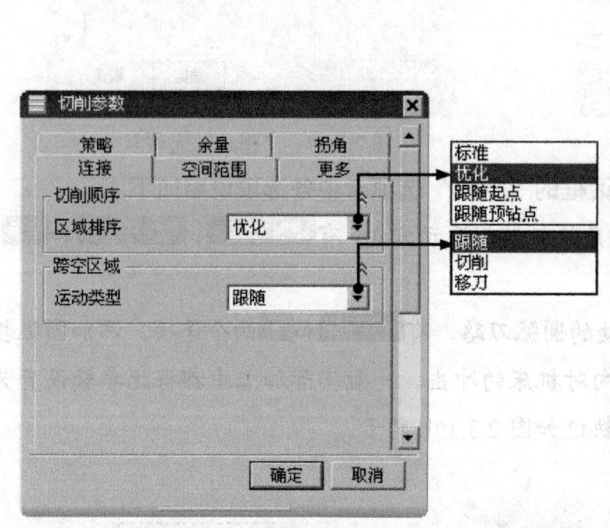
图 2.3.16 "连接"选项卡

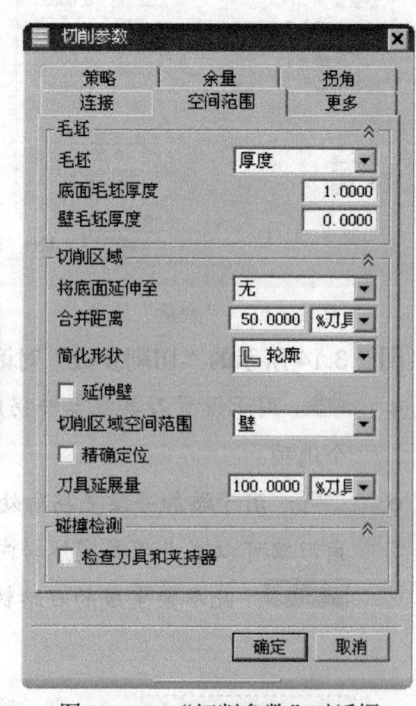
图 2.3.17 "切削参数"对话框

图 2.3.17 所示的"切削参数"对话框的"空间范围"选项卡中部分选项说明如下。

- 毛坯区域的各选项说明如下。
  ☑ 毛坯下拉列表：用于设置毛坯的加工类型，包括3种类型。
  ☑ 厚度：选择此选项后，将会激活其下的底面毛坯厚度和壁毛坯厚度文本框。用户可以输入相应的数值以分别确定底面和侧壁的毛坯厚度值。
  ☑ 毛坯几何体：选择此选项后，将会按照工件几何体或铣削几何体中已提前定义的毛坯几何体来进行计算和预览。
  ☑ 3D IPW：选择此选项后，将会按照前面工序加工后的IPW进行计算和预览。
- 切削区域区域的各选项说明如下。

☑ 将底面延伸至：用于设置刀路轨迹是否根据部件的整体外部轮廓来生成。选中 部件轮廓 选项，刀路轨迹则延伸到部件的最大外部轮廓，如图2.3.18所示。选中 无 选项，刀路轨迹只在所选切削区域内生成，如图2.3.19所示。选中 毛坯轮廓 选项，刀路轨迹则延伸到毛坯的最大外部轮廓（仅在"毛坯几何体"有效时可用）。

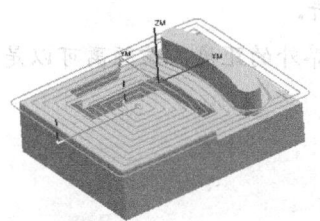 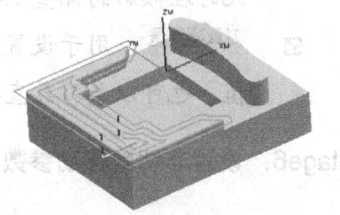

图2.3.18 刀路延伸到部件的外部轮廓　　　图2.3.19 刀路在切削区域内生成

☑ 合并距离：用于设置加工多个等高的平面区域时，相邻刀路轨迹之间的合并距离值。如果两条刀路轨迹之间的最小距离小于合并距离值，那么这两条刀路轨迹将合并成为一条连续的刀路轨迹，合并距离值越大，合并的范围也越大。读者可以打开文件 D:\ugnc10.1\work\ch02.03\Merge_distance.prt 进行查看。当合并距离值设置为 0 时，两区域间的刀路轨迹是独立的，如图2.3.20所示；合并距离值设置为 15mm 时，两区域间的刀路轨迹部分合并，如图2.3.21所示；合并距离值设置为 40mm 时，两区域间的刀路轨迹完全合并，如图2.3.22所示。

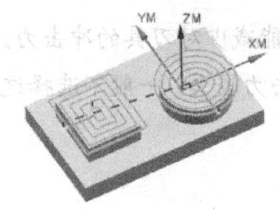 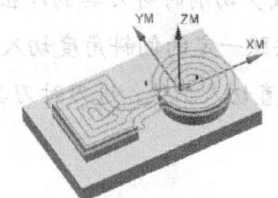 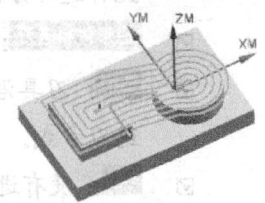

图2.3.20 刀路轨迹（一）　　图2.3.21 刀路轨迹（二）　　图2.3.22 刀路轨迹（三）

☑ 简化形状：用于设置刀具的走刀路线相对于加工区域轮廓的简化形状，系统提供了 轮廓 、 凸包 、 最小包围盒 3种走刀路线。选择 轮廓 选项时，刀路轨迹如图2.3.23所示；选择 最小包围盒 选项时，刀路轨迹如图2.3.24所示。

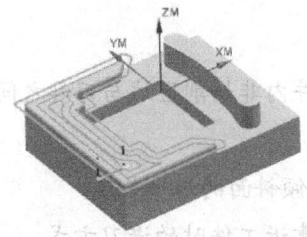 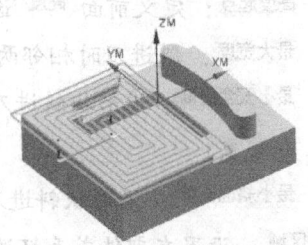

图2.3.23 简化形状为"轮廓"的刀路轨迹　　图2.3.24 简化形状为"最小包围盒"的刀路轨迹

- ☑ 切削区域空间范围：用于设置刀具的切削范围。当选择 底面 选项时，刀具只在底面边界的垂直范围内进行切削，此时侧壁上的余料将被忽略。当选择 壁 选项时，刀具只在底面和侧壁围成的空间范围内进行切削。
- ☑ □精确定位 复选框：用于设置在计算刀具路径时是否忽略刀具的尖角半径值。选中该选项，将会精确计算刀具的位置；否则，将忽略刀具的尖角半径值，此时在倾斜的侧壁上将会留下较多的余料。
- ☑ 刀具延展量：用于设置刀具延展到毛坯边界外的距离，该距离可以是一个固定值，也可以是刀具直径的百分比值。

Stage6．设置非切削移动参数

Step1．单击"底壁加工"对话框 刀轨设置 区域中的"非切削移动"按钮，系统弹出"非切削移动"对话框。

Step2．单击"非切削移动"对话框中的 进刀 选项卡，其参数的设置如图2.3.25所示，其他选项卡中的参数设置采用系统的默认值，单击 确定 按钮，完成非切削移动参数的设置。

图2.3.25所示的"非切削移动"对话框的"进刀"选项卡中各选项说明如下。

封闭区域：设置部件或毛坯边界之内区域的进刀方式。
- 进刀类型：用于设置刀具在封闭区域中进刀时切入工件的类型。
    - ☑ 螺旋：刀具沿螺旋线切入工件，刀具轨迹（刀具中心的轨迹）是一条螺旋线，此种进刀方式可以减少切削时对刀具的冲击力。
    - ☑ 沿形状斜进刀：刀具按照一定的倾斜角度切入工件，能减少对刀具的冲击力。
    - ☑ 插削：刀具沿直线垂直切入工件，进刀时刀具的冲击力较大，一般不选择这种进刀方式。
    - ☑ 无：没有进刀运动。
- 斜坡角：刀具斜进刀进入部件表面的角度，即刀具切入材料前的最后一段进刀轨迹与部件表面的角度。
- 高度：刀具沿形状斜进刀或螺旋进刀时的进刀点与切削点的垂直距离，即进刀点与部件表面的垂直距离。
- 高度起点：定义前面 高度 选项的计算参照。
- 最大宽度：斜进刀时相邻两拐角间的最大宽度。
- 最小安全距离：沿形状斜进刀或螺旋进刀时，工件内非切削区域与刀具之间的最小安全距离。
- 最小斜面长度：沿形状斜进刀或螺旋进刀时最小倾斜面的水平长度。

开放区域：设置在部件或毛坯边界之外区域，刀具靠近工件时的进刀方式。

第 2 章 平面铣加工

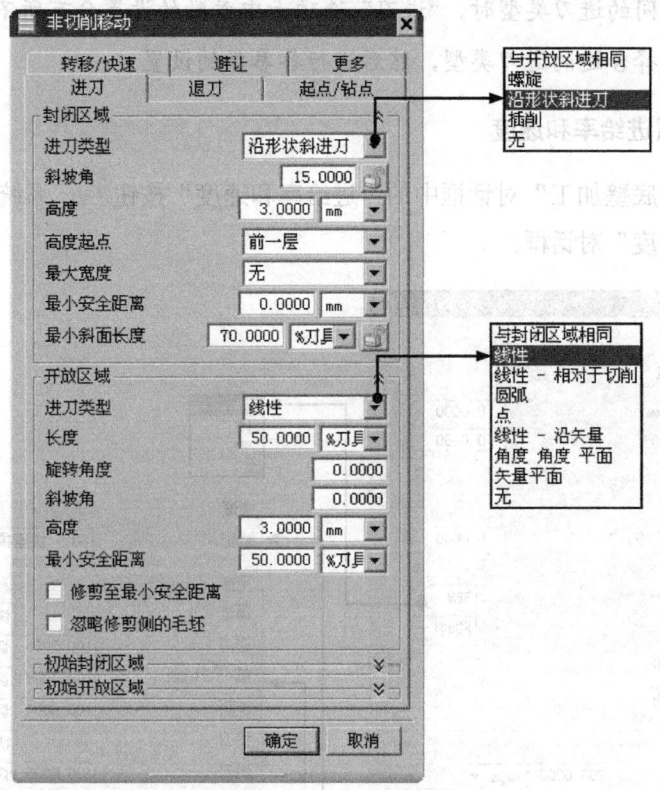

图 2.3.25 "进刀"选项卡

- **进刀类型**：用于设置刀具在开放区域中进刀时切入工件的类型。
  - ☑ **与封闭区域相同**：刀具的走刀类型与封闭区域的相同。
  - ☑ **线性**：刀具按照指定的线性长度以及旋转的角度等参数进行移动，刀具逼近切削点时的刀轨是一条直线或斜线。
  - ☑ **线性-相对于切削**：刀具相对于衔接的切削刀路呈直线移动。
  - ☑ **圆弧**：刀具按照指定的圆弧半径以及圆弧角度进行移动，刀具逼近切削点时的刀轨是一段圆弧。
  - ☑ **点**：从指定点开始移动。选取此选项后，可以用下方的"点构造器"和"自动判断点"来指定进刀开始点。
  - ☑ **线性-沿矢量**：指定一个矢量和一个距离来确定刀具的运动矢量，即运动方向和运动距离。
  - ☑ **角度 角度 平面**：刀具按照指定的两个角度和一个平面进行移动，其中，角度可以确定进刀的运动方向，平面可以确定进刀开始点。
  - ☑ **矢量平面**：刀具按照指定的一个矢量和一个平面进行移动，矢量确定进刀方向，平面确定进刀开始点。

注意：选择不同的进刀类型时，"进刀"选项卡中参数的设置会有所不同，应根据加工工件的具体形状选择合适的进刀类型，然后进行各参数的设置。

Stage7. 设置进给率和速度

Step1. 单击"底壁加工"对话框中的"进给率和速度"按钮，系统弹出图 2.3.26 所示的"进给率和速度"对话框。

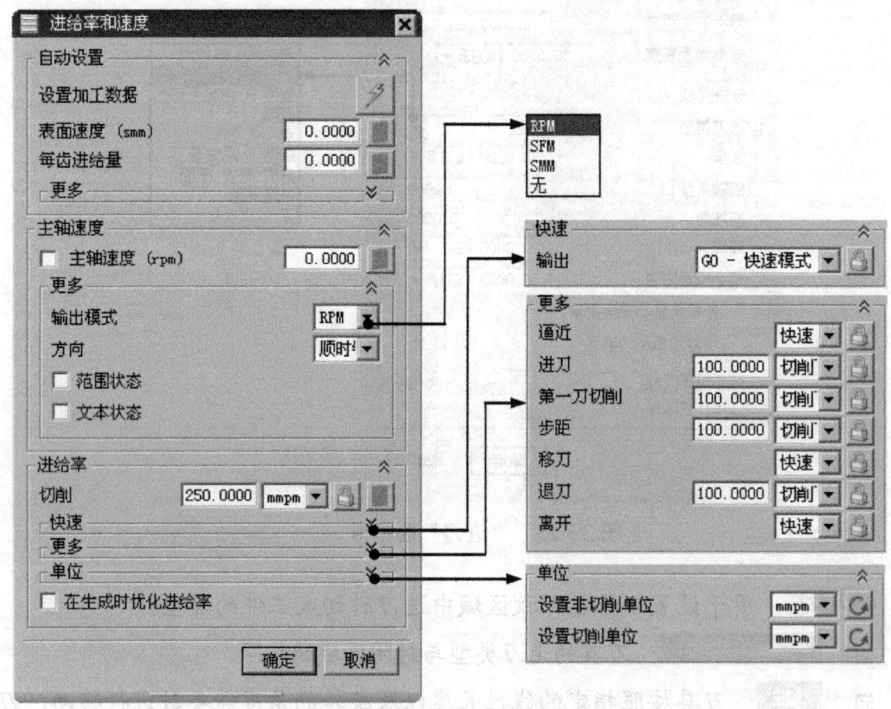

图 2.3.26　"进给率和速度"对话框

Step2. 选中"进给率和速度"对话框主轴速度区域中的 ☑ 主轴速度 (rpm) 复选框，在其后的文本框中输入值 1500.0，在 进给率 区域的 切削 文本框中输入值 800.0，按 Enter 键，然后单击 按钮，其他参数的设置如图 2.3.26 所示。

Step3. 单击"进给率和速度"对话框中的 确定 按钮，系统返回到"底壁加工"对话框。

注意：这里不设置表面速度和每齿进给量并不表示其值为 0，单击 按钮后，系统会根据主轴转速计算表面速度，再根据切削进给率自动计算每齿进给量。

图 2.3.26 所示的"进给率和速度"对话框中各选项说明如下。

- 表面速度 (smm)：用于设置表面速度。表面速度即刀具在旋转切削时与工件的相对运动速度，与机床的主轴速度和刀具直径相关。

- 每齿进给量：刀具每个切削齿切除材料的量。

- 输出模式：系统提供了以下 3 种主轴速度输出模式。

- ☑ **RPM**：以每分钟转数为单位创建主轴速度。
- ☑ **SFM**：以每分钟曲面英尺为单位创建主轴速度。
- ☑ **SMM**：以每分钟曲面米为单位创建主轴速度。
- ☑ **无**：没有主轴输出模式。
- ☑ **范围状态** 复选框：选中该复选框以激活 **范围** 文本框，**范围** 文本框用于创建主轴的速度范围。
- ☑ **文本状态** 复选框：选中该复选框以激活其下的文本框可输入必要字符。在 CLSF 文件输出时，此文本框中的内容将添加到 LOAD 或 TURRET 中；在后处理时，此文本框中的内容将存储在 mom 变量中。
- **切削**：切削过程中的进给量，即正常进给时的速度。
- **快速** 区域：用于设置快速运动时的速度，即刀具从开始点到下一个前进点的移动速度，有 **G0 - 快速模式**、**G1 - 进给模式** 两种选项可选。
- **进给率** 区域的 **更多** 选项组中各选项的说明如下（刀具的进给率和速度示意图如图 2.3.27 所示）。

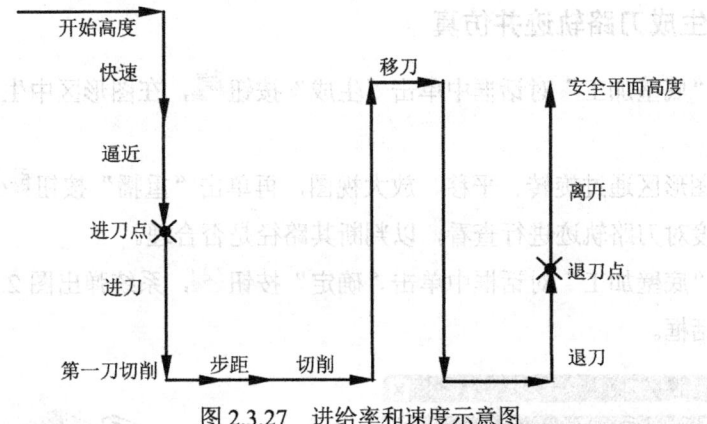

图 2.3.27 进给率和速度示意图

- ☑ **逼近**：用于设置刀具接近时的速度，即刀具从起刀点到进刀点的进给速度。在多层切削加工中，它控制刀具从一个切削层到下一个切削层的移动速度。默认为 **快速** 模式，可通过其后的下拉列表选择 **无**、**mmpm**（毫米/分钟）、**mmpr**（毫米/转）、**快速** 和 **切削百分比** 等模式。

   注意：以下几处进给率的设定方法与此类似，故在此不再赘述。

- ☑ **进刀**：用于设置刀具从进刀点到初始切削点时的进给率。
- ☑ **第一刀切削**：用于设置第一刀切削时的进给率。
- ☑ **步距**：用于设置刀具进入下一个平行刀轨切削时的横向进给速度，即铣削宽度，多用于往复式的切削方式。
- ☑ **移刀**：用于设置刀具从一个切削区域跨越到另一个切削区域时做水平非切削

移动时刀具的移动速度。移刀时,刀具先抬刀至安全平面高度,然后做横向移动,以免发生碰撞。

☑ 退刀:用于设置退刀时,刀具切出部件的速度,即刀具从最终切削点到退刀点之间的速度。

☑ 离开:设置离开时的进给率,即刀具退出加工部位到返回点的移动速度。在钻孔加工和车削加工中,刀具由里向外退出时和加工表面有很小的接触,因此速度会影响加工表面的表面粗糙度。

● 单位 区域中各选项的说明如下。

☑ 设置非切削单位:单击其后的"更新"按钮 G ,可将所有的"非切削进给率"单位设置为下拉列表中的 无 、 mmpm (毫米/分钟)、 mmpr (毫米/转)或 快速 等类型。

☑ 设置切削单位:单击其后的"更新"按钮 G ,可将所有的"切削进给率"单位设置为下拉列表中的 无 、 mmpm (毫米/分钟)、 mmpr (毫米/转)或 快速 等类型。

Task5. 生成刀路轨迹并仿真

Step1. 在"底壁加工"对话框中单击"生成"按钮,在图形区中生成图 2.3.28 所示的刀路轨迹。

Step2. 在图形区通过旋转、平移、放大视图,再单击"重播"按钮 重新显示路径,可以从不同角度对刀路轨迹进行查看,以判断其路径是否合理。

Step3. 在"底壁加工"对话框中单击"确定"按钮,系统弹出图 2.3.29 所示的"刀轨可视化"对话框。

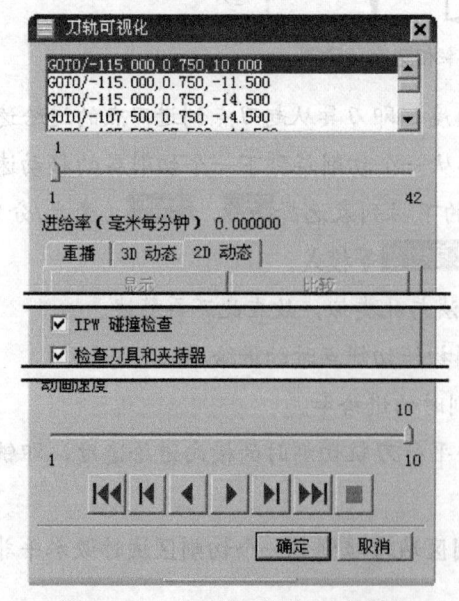

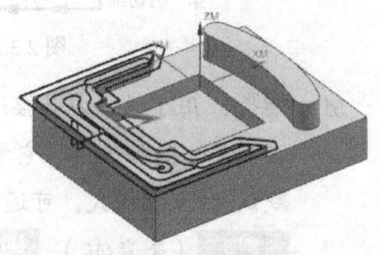

图 2.3.28 刀路轨迹

图 2.3.30 2D 仿真结果

图 2.3.29 "刀轨可视化"对话框

Step4. 使用 2D 动态仿真。在"刀轨可视化"对话框中单击 2D 动态 选项卡,采用系统默认的设置值,调整动画速度后单击"播放"按钮 ▶ ,即可演示 2D 动态仿真加工,完成演示后的模型如图 2.3.30 所示。仿真完成后单击 确定 按钮,完成刀轨确认操作。

Step5. 单击"底壁加工"对话框中的 确定 按钮,完成操作。

Task6. 保存文件

选择下拉菜单 文件(F) ➞ 保存(S) 命令,保存文件。

2.4 表 面 铣

表面铣的用法和表面区域铣基本类似,不同之处在于表面铣是通过定义面边界来确定切削区域的,在定义边界时可以通过面,或者面上的曲线以及一系列的点来得到开放或封闭的边界几何体。

下面以图 2.4.1 所示的零件介绍创建表面铣加工的一般步骤。

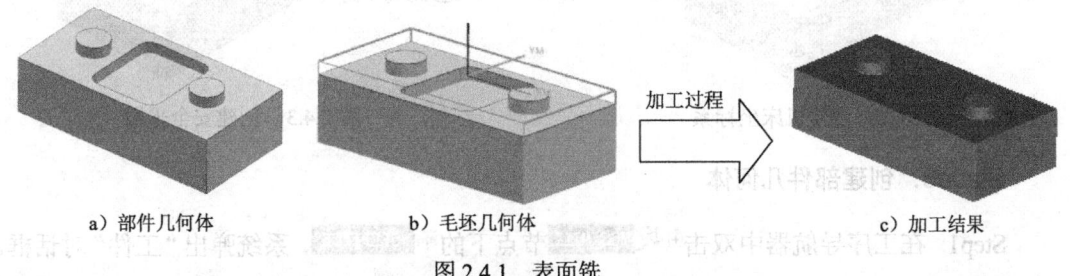

a)部件几何体   b)毛坯几何体   c)加工结果

图 2.4.1 表面铣

Task1. 打开模型文件并进入加工模块

Step1. 打开文件 D:\ugnc10.1\work\ch02.04\FACE_MILLING.prt。

Step2. 进入加工环境。选择下拉菜单 启动▼ ➞ 加工(R)... 命令,在系统弹出的"加工环境"对话框的 要创建的 CAM 设置 列表框中选择 mill_planar 选项,然后单击 确定 按钮,进入加工环境。

Task2. 创建几何体

Stage1. 创建机床坐标系

Step1. 在工序导航器中将视图调整到几何视图状态,双击坐标系节点 ⊞ MCS_MILL ,系统弹出"MCS 铣削"对话框。

Step2. 创建机床坐标系。

(1)在"MCS 铣削"对话框的 机床坐标系 区域中单击"CSYS 对话框"按钮 ,系统弹出"CSYS"对话框,确认在 类型 下拉列表中选择 动态 选项。

（2）单击"CSYS"对话框 操控器 区域中的"操控器"按钮 ，系统弹出"点"对话框。在"点"对话框的 Z 文本框中输入值60.0，单击 确定 按钮，此时系统返回到"CSYS"对话框。在该对话框中单击 确定 按钮，完成图2.4.2所示的机床坐标系的创建。

Stage2. 创建安全平面

Step1. 在"MCS 铣削"对话框 安全设置 区域 安全设置选项 的下拉列表中选择 平面 选项，单击"平面对话框"按钮 ，系统弹出"平面"对话框。

Step2. 选取图2.4.3所示的平面，在 偏置 区域的 距离 文本框中输入值10.0，单击 确定 按钮，系统返回到"MCS 铣削"对话框，完成安全平面的创建。

Step3. 单击"MCS 铣削"对话框中的 确定 按钮。

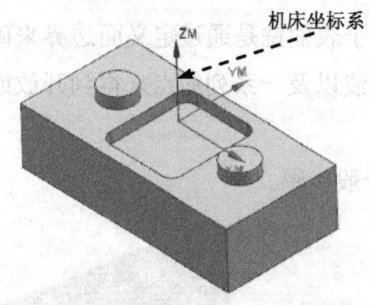 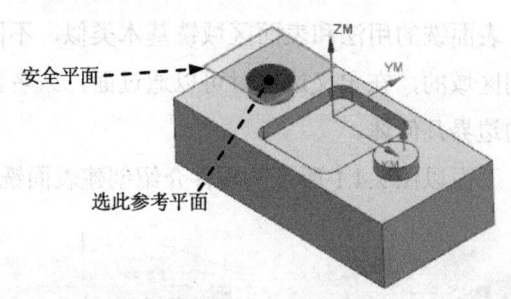

图 2.4.2　创建机床坐标系　　　　　　图 2.4.3　创建安全平面

Stage3. 创建部件几何体

Step1. 在工序导航器中双击 MCS_MILL 节点下的 WORKPIECE，系统弹出"工件"对话框。

Step2. 选取部件几何体。在"工件"对话框中单击 按钮，系统弹出"部件几何体"对话框；确认"选择条"工具条中的"类型过滤器"设置为"实体"类型，在图形区选取整个零件为部件几何体。

Step3. 在"部件几何体"对话框中单击 确定 按钮，完成部件几何体的创建，同时系统返回到"工件"对话框。

Stage4. 创建毛坯几何体

Step1. 在"工件"对话框中单击 按钮，系统弹出"毛坯几何体"对话框。

Step2. 在"毛坯几何体"对话框的 类型 下拉列表中选择 包容块 选项。

Step3. 单击"毛坯几何体"对话框中的 确定 按钮，然后单击"工件"对话框中的 确定 按钮。

Task3. 创建刀具

Step1. 选择下拉菜单 插入(S) → 刀具(T)... 命令，系统弹出"创建刀具"对话框。

Step2. 确定刀具类型。在图 2.4.4 所示的"创建刀具"对话框的 刀具子类型 区域中单击 "CHAMFER_MILL"按钮 ，在 位置 区域的 刀具 下拉列表中选择 GENERIC_MACHINE 选项，在 名称 文本框中输入 D20C1；单击 确定 按钮，系统弹出"倒斜铣"对话框。

Step3. 设置刀具参数。在"倒斜铣"对话框中设置图 2.4.5 所示的刀具参数，设置完成后单击 确定 按钮，完成刀具参数的设置。

图 2.4.4　"创建刀具"对话框

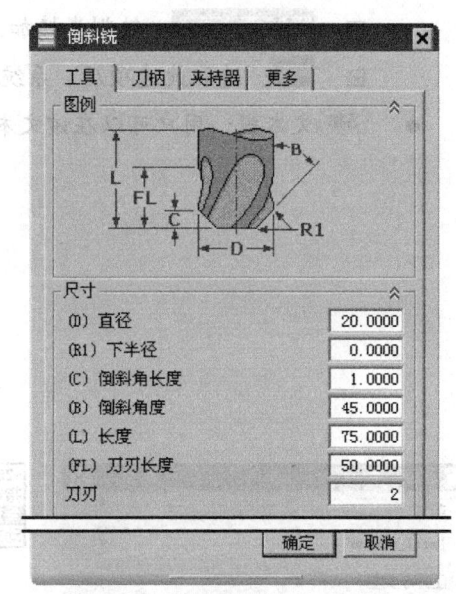

图 2.4.5　"倒斜铣"对话框

Task4. 创建表面铣工序

Stage1. 创建工序

Step1. 选择下拉菜单 插入(S) → 工序(E)... 命令，系统弹出"创建工序"对话框。

Step2. 确定加工方法。在"创建工序"对话框的 类型 下拉列表中选择 mill_planar 选项，在 工序子类型 区域中单击"使用边界面铣削"按钮 ，在 程序 下拉列表中选择 PROGRAM 选项，在 刀具 下拉列表中选择 D20C1 (倒斜铣) 选项，在 几何体 下拉列表中选择 WORKPIECE 选项，在 方法 下拉列表中选择 MILL_FINISH 选项，采用系统默认的名称，如图 2.4.6 所示。

Step3. 在"创建工序"对话框中单击 确定 按钮，此时系统弹出图 2.4.7 所示的"面铣"对话框。

图 2.4.6 所示的"创建工序"对话框中各选项说明如下。

- 程序 下拉列表中提供了 NC_PROGRAM 、 NONE 和 PROGRAM 3 种选项。
  - ☑ NC_PROGRAM ：采用系统默认的加工程序根目录。
  - ☑ NONE ：系统将提供一个不含任何程序的加工目录。

☑ PROGRAM：采用系统提供的一个加工程序的根目录。
● 刀具 下拉列表：用于选取该操作所用的刀具。
● 方法 下拉列表：用于确定该操作的加工方法。
　☑ METHOD：采用系统给定的加工方法。
　☑ MILL_FINISH：铣削精加工方法。
　☑ MILL_ROUGH：铣削粗加工方法。
　☑ MILL_SEMI_FINISH：铣削半精加工方法。
　☑ NONE：选取此选项后，系统不提供任何加工方法。
● 名称 文本框：用户可以在该文本框中定义工序的名称。

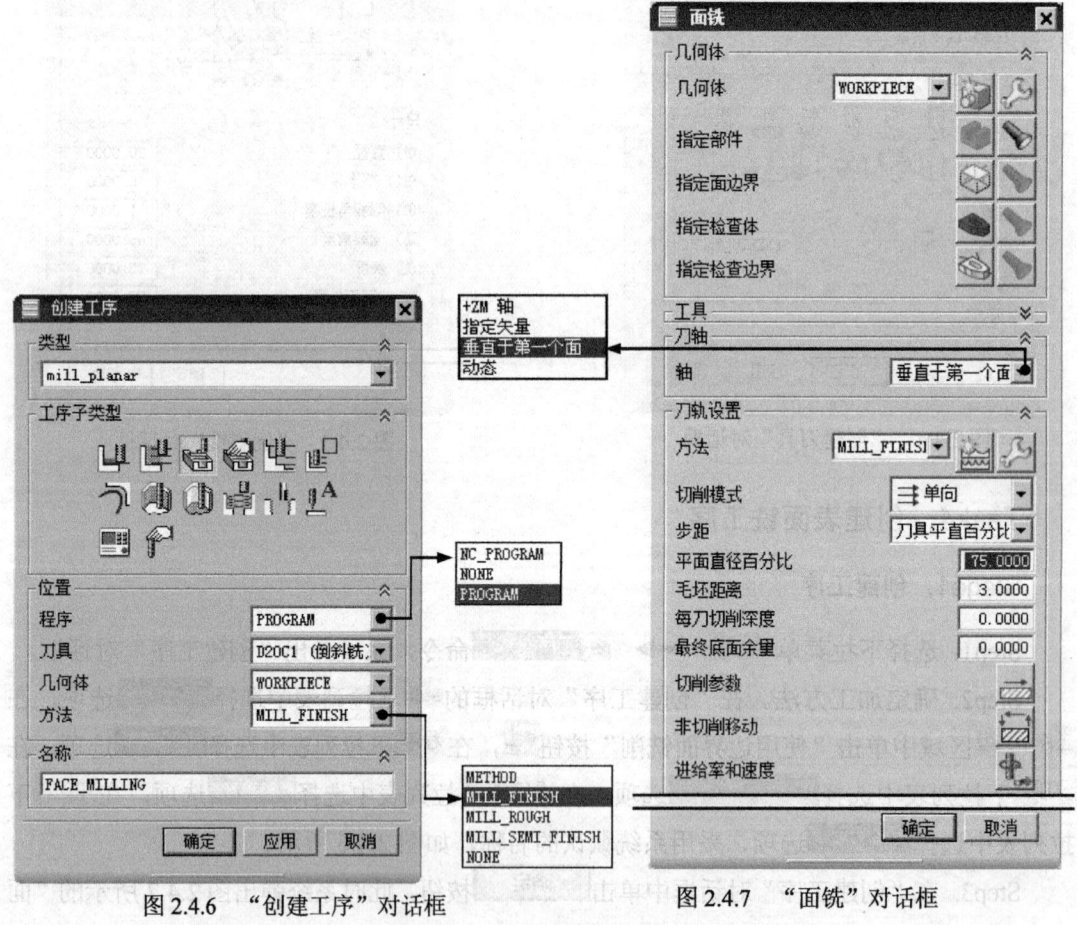

图 2.4.6 "创建工序"对话框　　　图 2.4.7 "面铣"对话框

图 2.4.7 所示的"面铣"对话框 刀轴 区域中各选项说明如下。
● 轴 下拉列表中提供了 4 种刀轴方向的设置方法。
　☑ +ZM 轴：设置刀轴方向为机床坐标系 ZM 轴的正方向。
　☑ 指定矢量：选择或创建一个矢量作为刀轴方向。
　☑ 垂直于第一个面：设置刀轴方向垂直于第一个面，此为默认选项。

☑ 动态：通过动态坐标系来调整刀轴的方向。

Stage2. 指定面边界

Step1. 在 几何体 区域中单击"选择或编辑面几何体"按钮 ,系统弹出图 2.4.8 所示的"毛坯边界"对话框。

Step2. 在 选择方法 下拉列表中选择 面 选项，其余采用系统默认的参数设置值，选取图 2.4.9 所示的模型表面，此时系统将自动创建 3 条封闭的毛坯边界。

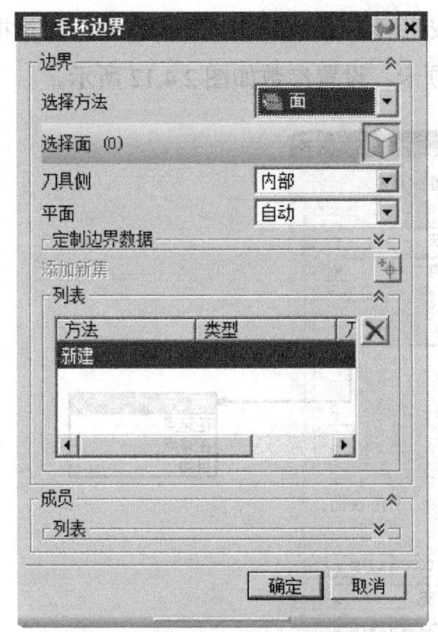

图 2.4.8 "毛坯边界"对话框

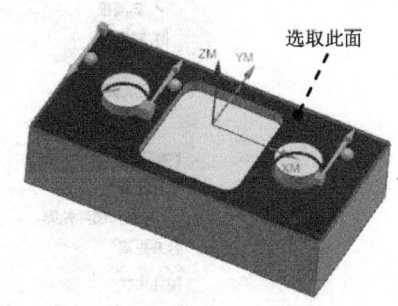

图 2.4.9 选择面边界几何

Step3. 单击"毛坯边界"对话框中的 确定 按钮，系统返回到"面铣"对话框。

说明：如果在"毛坯边界"对话框的 选择方法 下拉列表中选择 曲线 选项，可以依次选取图 2.4.10 所示的边线为边界几何。但是要注意选择曲线边界几何时，刀轴方向不能设置为 垂直于第一个面 选项，否则在生成刀轨时会出现图 2.4.11 所示的"操作编辑"对话框，此时应将刀轴方向改为 +ZM 轴 选项。

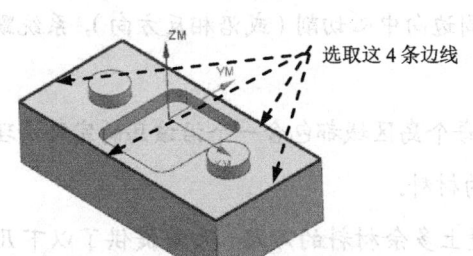

图 2.4.10 选择线边界几何

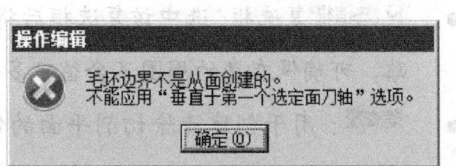

图 2.4.11 "操作编辑"对话框

Stage3. 设置刀具路径参数

Step1. 选择切削模式。在"面铣"对话框的 切削模式 下拉列表中选择 跟随周边 选项。

Step2. 设置一般参数。在 步距 下拉列表中选择 刀具平直百分比 选项，在 平面直径百分比 文本框中输入值 50.0，在 毛坯距离 文本框中输入值 10.0，在 每刀切削深度 文本框中输入值 2.0，其他参数采用系统默认的设置值。

Stage4. 设置切削参数

Step1. 在 刀轨设置 区域中单击"切削参数"按钮 ，系统弹出"切削参数"对话框。

Step2. 在"切削参数"对话框中单击 策略 选项卡，设置参数如图 2.4.12 所示。

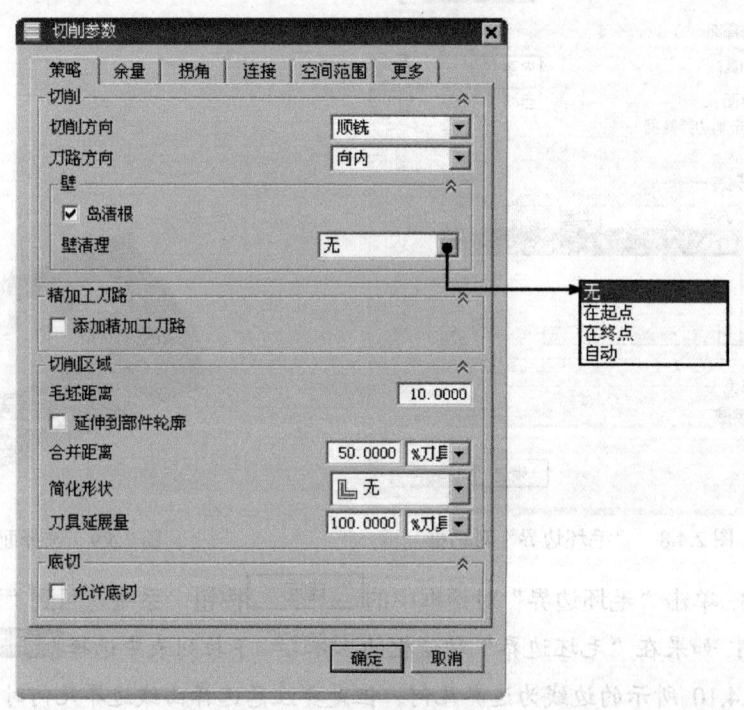

图 2.4.12 "策略"选项卡

图 2.4.12 所示的"切削参数"对话框的"策略"选项卡中部分选项说明如下。

- 刀路方向：用于设置刀路轨迹沿部件的周边向中心切削（或沿相反方向），系统默认值是"向外"。

- 岛清根 复选框：选中该复选框后将在每个岛区域都包含一个沿该岛的完整清理刀路，可确保在岛的周围不会留下多余的材料。

- 壁清理：用于创建清除切削平面的侧壁上多余材料的刀路，系统提供了以下几种类型。

    ☑ 无：不移除侧壁上多余材料，此时侧壁的留量小于步距值。

☑ 在起点：在切削各个层时，先在周边进行清壁加工，然后再切削中心区域。

☑ 在终点：在切削各个层时，先切削中心区域，然后再进行清壁加工。

☑ 自动：在切削各个层时，系统自动计算何时添加清壁加工刀路。

Step3. 在"切削参数"对话框中单击 余量 选项卡，设置图2.4.13所示参数，单击 确定 按钮，系统返回到"面铣"对话框。

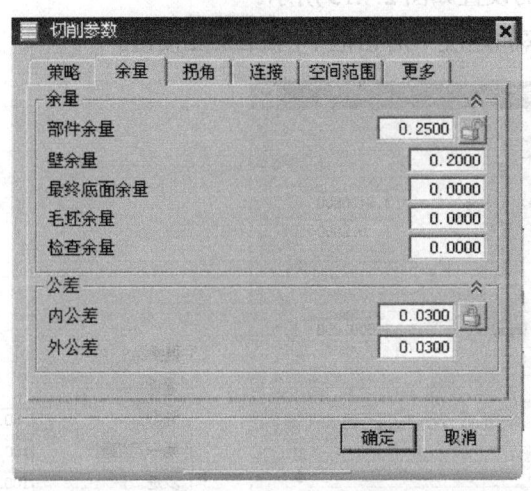

图 2.4.13　"余量"选项卡

Stage5. 设置非切削移动参数

Step1. 在"面铣"对话框的 刀轨设置 区域中单击"非切削移动"按钮，系统弹出"非切削移动"对话框。

Step2. 单击"非切削移动"对话框中的 进刀 选项卡，其参数设置如图 2.4.14 所示，其他选项卡中的设置采用系统的默认值，单击 确定 按钮，完成非切削移动参数的设置。

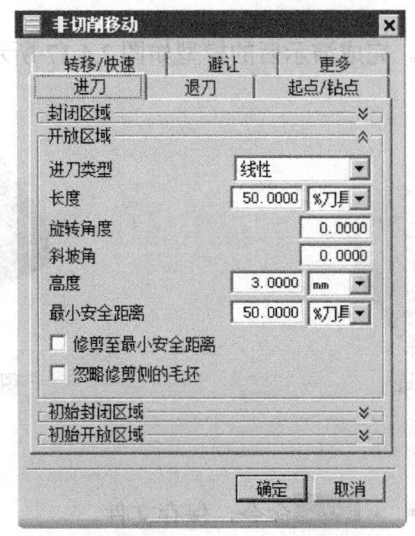

图 2.4.14　"进刀"选项卡

Stage6. 设置进给率和速度

Step1. 单击"面铣"对话框中的"进给率和速度"按钮,系统弹出"进给率和速度"对话框。

Step2. 在"进给率和速度"对话框的 主轴速度 区域中选中 ☑ 主轴速度 (rpm) 复选框,在其后的文本框中输入值 1500.0,在 进给率 区域的 切削 文本框中输入值 600.0,按 Enter 键,然后单击 按钮,其他参数的设置如图 2.4.15 所示。

Step3. 单击"进给率和速度"对话框中的 确定 按钮。

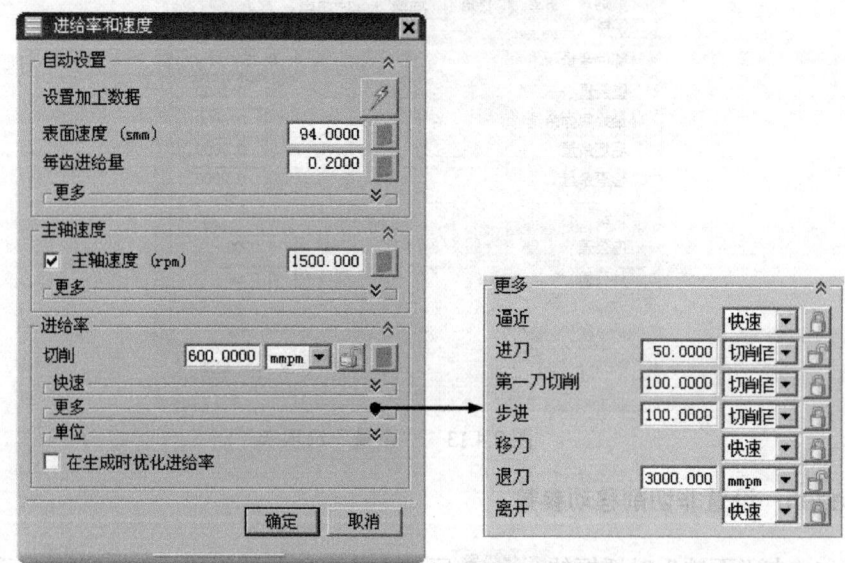

图 2.4.15 "进给率和速度"对话框

Task5. 生成刀路轨迹并仿真

Step1. 生成刀路轨迹。在"面铣"对话框中单击"生成"按钮,在绘图区中生成图 2.4.16 所示的刀路轨迹。

Step2. 使用 2D 动态仿真。完成演示后的模型如图 2.4.17 所示。

图 2.4.16 刀路轨迹

图 2.4.17 2D 仿真结果

Task6. 保存文件

选择下拉菜单 文件(F) → 保存(S) 命令,保存文件。

2.5 手工面铣削

手工面铣削又称为混合铣削,也是底壁加工的一种。创建该操作时,系统会自动选用混合切削模式加工零件。在该模式中,需要对零件中的多个加工区域分别指定不同的切削模式和切削参数,也可以实现不同切削层的单独编辑。

下面以图 2.5.1 所示的零件介绍创建手工面铣削加工的一般步骤。

a) 部件几何体　　　b) 毛坯几何体　　　c) 加工结果

图 2.5.1　手工面铣削

Task1. 打开模型文件并进入加工环境

Step1. 打开文件 D:\ugnc10.1\work\ch02.05\FACE_MILLING_manual.prt。

Step2. 进入加工环境。选择下拉菜单 启动 → 加工(N)... 命令,在系统弹出的"加工环境"对话框的 要创建的 CAM 设置 列表框中选择 mill_planar 选项,然后单击 确定 按钮,进入加工环境。

Task2. 创建几何体

Stage1. 创建机床坐标系

Step1. 在工序导航器中将视图调整到几何视图状态,双击坐标系节点 MCS_MILL,系统弹出"MCS 铣削"对话框。

Step2. 创建机床坐标系。采用系统默认的机床坐标系,如图 2.5.2 所示。

Stage2. 创建安全平面

定义安全平面相对图 2.5.3 所示的零件表面的偏置值为 15.0。

说明:创建安全平面的详细步骤可以参考 2.4 节的相关操作。

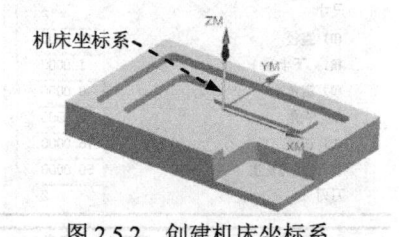　　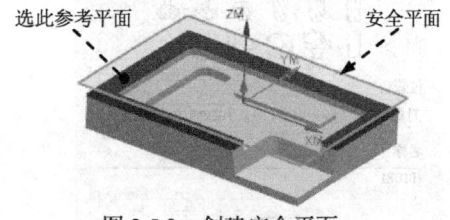

图 2.5.2　创建机床坐标系　　　　图 2.5.3　创建安全平面

Stage3. 创建部件几何体

Step1. 在工序导航器中双击 ⊞ MCS_MILL 节点下的 WORKPIECE，系统弹出"工件"对话框。

Step2. 选取部件几何体。在"工件"对话框中单击 按钮，系统弹出"部件几何体"对话框。

Step3. 确认"选择条"工具条中的"类型过滤器"设置为"实体"，在图形区选取整个零件为部件几何体。

Step4. 在"部件几何体"对话框中单击 确定 按钮，完成部件几何体的创建，同时系统返回到"工件"对话框。

Stage4. 创建毛坯几何体

Step1. 在"工件"对话框中单击 按钮，系统弹出"毛坯几何体"对话框。

Step2. 在"毛坯几何体"对话框的 类型 下拉列表中选择 部件的偏置 选项，在 偏置 文本框中输入值 0.5。

Step3. 单击"毛坯几何体"对话框中的 确定 按钮，然后单击"工件"对话框中的 确定 按钮。

Task3. 创建刀具

Step1. 选择下拉菜单 插入(S) → 刀具(T) 命令，系统弹出"创建刀具"对话框。

Step2. 确定刀具类型。在"创建刀具"对话框的 刀具子类型 区域中单击"MILL"按钮，在 名称 文本框中输入 D10R1，如图 2.5.4 所示，然后单击 确定 按钮，系统弹出"铣刀-5 参数"对话框。

Step3. 设置刀具参数。在"铣刀-5 参数"对话框中设置图 2.5.5 所示的刀具参数，设置完成后单击 确定 按钮，完成刀具参数的设置。

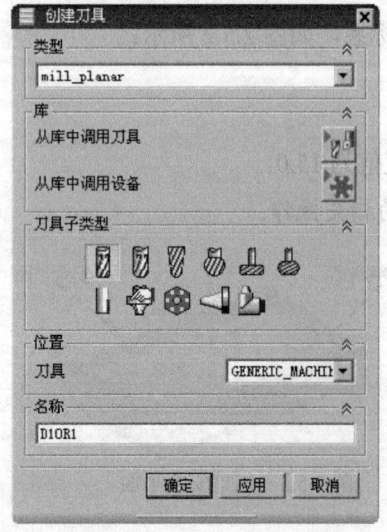

图 2.5.4 "创建刀具"对话框

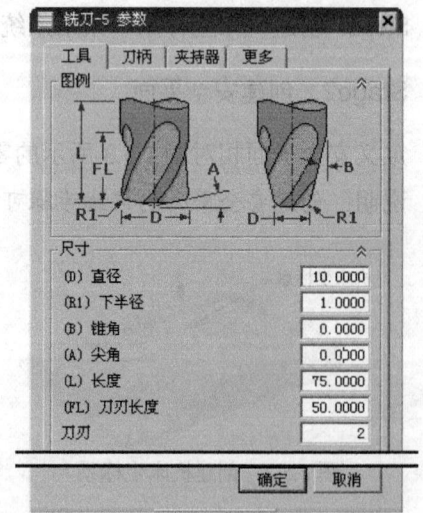

图 2.5.5 "铣刀-5 参数"对话框

Task4. 创建手工面铣工序

Stage1. 创建工序

Step1. 选择下拉菜单 插入(S) ➡ 工序(E)... 命令，系统弹出"创建工序"对话框。

Step2. 确定加工方法。在图 2.5.6 所示的"创建工序"对话框的 类型 下拉列表中选择 mill_planar 选项，在 工序子类型 区域中单击"手工面铣削"按钮，在 程序 下拉列表中选择 PROGRAM 选项，在 刀具 下拉列表中选择 D10R1 (铣刀-5 参数) 选项，在 几何体 下拉列表中选择 WORKPIECE 选项，在 方法 下拉列表中选择 MILL_FINISH 选项，采用系统默认的名称。

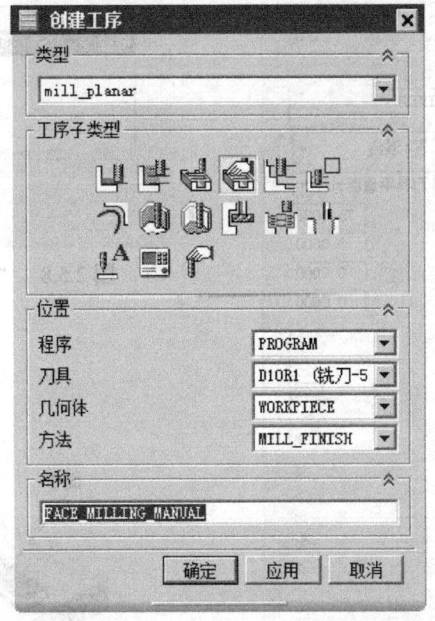

图 2.5.6 "创建工序"对话框

Step3. 在"创建工序"对话框中单击 确定 按钮，此时系统弹出图 2.5.7 所示的"手工面铣削"对话框。

Stage2. 指定切削区域

Step1. 在 几何体 区域中单击"选择或编辑切削区域几何体"按钮，系统弹出图 2.5.8 所示的"切削区域"对话框。

Step2. 依次选取图 2.5.9 所示的面 1、面 2 和面 3 为切削区域，在"切削区域"对话框中单击 确定 按钮，完成切削区域的创建，同时系统返回到"手工面铣削"对话框。

Stage3. 设置刀具路径参数

Step1. 选择切削模式。在"手工面铣削"对话框的 切削模式 下拉列表中选择 混合 选项。

Step2. 设置一般参数。在 步距 下拉列表中选择 刀具平直百分比 选项，在 平面直径百分比 文本框中输入值 50.0，在 毛坯距离 文本框中输入值 0.5，其他参数采用系统默认的设置值。

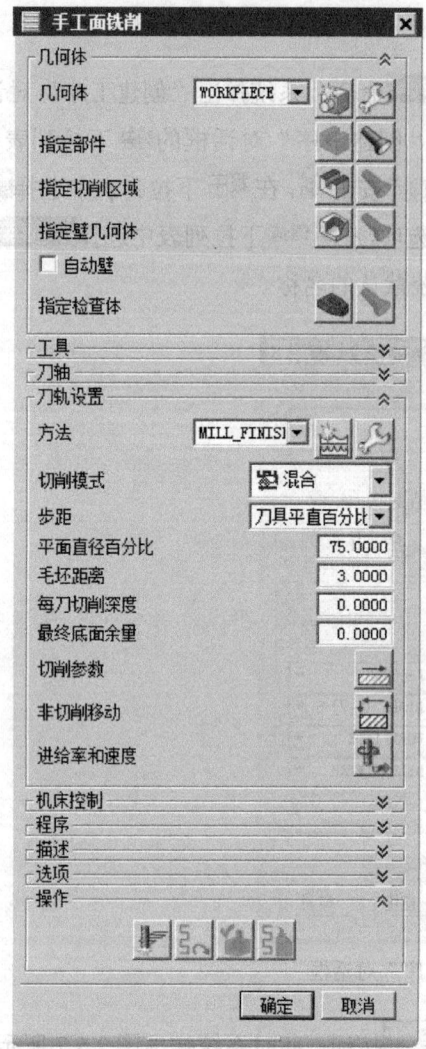

图 2.5.7 "手工面铣削"对话框

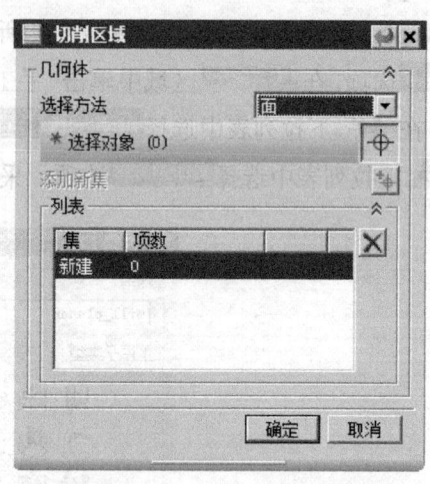

图 2.5.8 "切削区域"对话框

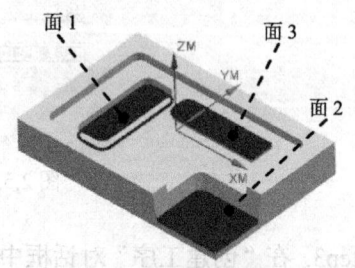

图 2.5.9 指定切削区域

Stage4. 设置切削参数

Step1. 在 刀轨设置 区域中单击"切削参数"按钮 ，系统弹出"切削参数"对话框。

Step2. 在"切削参数"对话框中单击 拐角 选项卡，在 光顺 下拉列表中选择 所有刀路 选项，其他参数采用系统默认的设置值。

Stage5. 设置非切削移动参数

采用系统默认的非切削移动参数。

Stage6. 设置进给率和速度

Step1. 在"手工面铣削"对话框中单击"进给率和速度"按钮 ，系统弹出"进给率和速度"对话框。

Step2. 选中"进给率和速度"对话框 主轴速度 区域中的 ☑ 主轴速度 (rpm) 复选框，在其后的文本框中输入值 1400.0，在 进给率 区域的 切削 文本框中输入值 600.0，按 Enter 键，然后单击 按钮，单击"进给率和速度"对话框中的 确定 按钮。

Task5. 生成刀路轨迹并仿真

Stage1. 生成刀路轨迹

Step1. 进入区域切削模式。在"手工面铣削"对话框中单击"生成"按钮 ，系统弹出图 2.5.10 所示的"区域切削模式"对话框（一）。

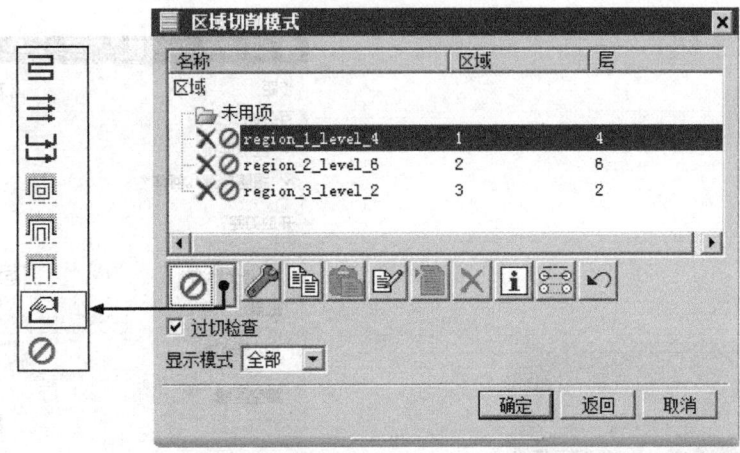

图 2.5.10　"区域切削模式"对话框（一）

注意：加工区域在"区域切削模式"对话框（一）中排列的顺序与选取切削区域时的顺序一致。如果设置了分层切削，则列表中切削区域的数量将成倍增加。例如，在本例中共有 3 个区域，若设置分层数为 2，则需要设置的切削区域数量将为 6 个。

Step2. 定义各加工区域的切削模式。

（1）设置第 1 个加工区域的切削模式。在"区域切削模式"对话框的 显示模式 下拉列表中选择 选定的 选项，单击 X⊘ region_1_level_4 选项，此时图形区显示该加工区域，如图 2.5.11 所示；在 下拉菜单中选择"跟随周边"选项 ；单击 按钮，系统弹出"跟随周边 切削参数"对话框，在该对话框中设置图 2.5.12 所示的参数，然后单击 确定 按钮。

（2）设置第 2 个加工区域的切削模式。在"区域切削模式"对话框中单击 X⊘ region_2_level_6 选项，此时图形区显示该加工区域，如图 2.5.13 所示；在 下拉菜单中选择"跟随部件"选项 ，单击 按钮，系统弹出"跟随部件 切削参数"对话框；在该对话框中设置图 2.5.14 所示的参数，然后单击 确定 按钮。

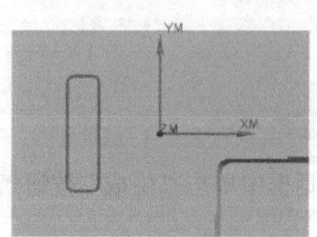

图 2.5.11 显示加工区域（一）

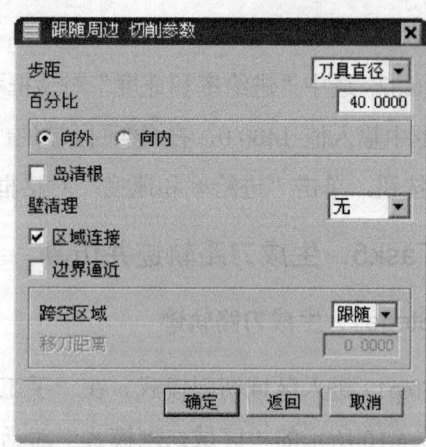

图 2.5.12 "跟随周边 切削参数"对话框

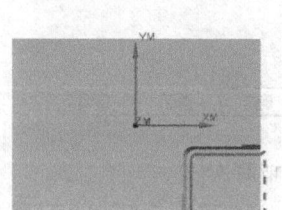

图 2.5.13 显示加工区域（二）

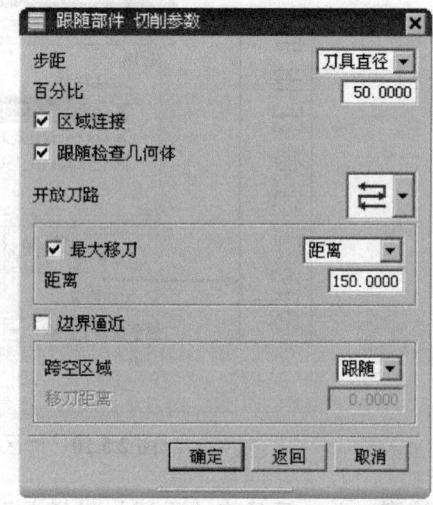

图 2.5.14 "跟随部件 切削参数"对话框

（3）设置第 3 个加工区域的切削模式。在"区域切削模式"对话框中单击 ×⊘ region_3_level_2 选项；在 下拉菜单中选择"往复"选项 ，单击 按钮，系统弹出"往复 切削参数"对话框；在该对话框中设置图 2.5.15 所示的参数，然后单击 确定 按钮。

（4）此时"区域切削模式"对话框如图 2.5.16 所示，在 显示模式 下拉列表中选择 全部 选项，图形区中显示所有加工区域正投影方向下的刀路轨迹，如图 2.5.17 所示。

Step3. 生成刀路轨迹。在"区域切削模式"对话框中单击 确定 按钮，系统返回到"手工面铣削"对话框，并在图形区中显示 3D 状态下的刀路轨迹，如图 2.5.18 所示。

Stage2. 2D 动态仿真

在"手工面铣削"对话框中单击"确定"按钮 ，然后在系统弹出的"刀轨可视化"

对话框中进行 2D 动态仿真，单击两次 确定 按钮完成操作。

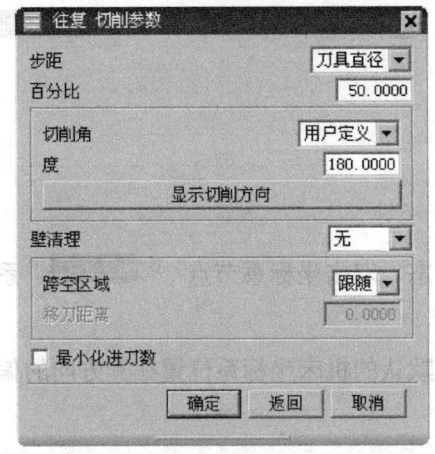

图 2.5.15 "往复 切削参数"对话框

图 2.5.16 "区域切削模式"对话框（二）

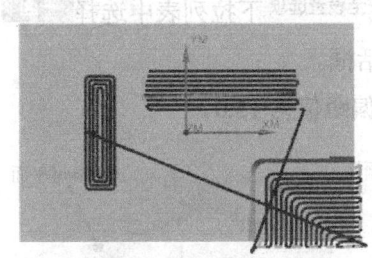

图 2.5.17 刀路轨迹（一）

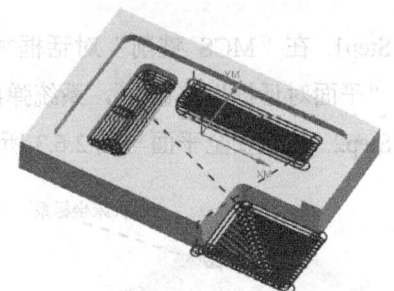

图 2.5.18 刀路轨迹（二）

Task6. 保存文件

选择下拉菜单 文件(F) → 保存(S) 命令，保存文件。

2.6 平 面 铣

平面铣是使用边界来创建几何体的平面铣削方式，既可用于粗加工，也可用于精加工零件表面和垂直于底平面的侧壁。与面铣不同的是，平面铣是通过生成多层刀轨逐层切削材料来完成的，其中增加了切削层的设置，读者在学习时要重点关注。下面以图 2.6.1 所示的零件为例介绍创建平面铣加工的一般步骤。

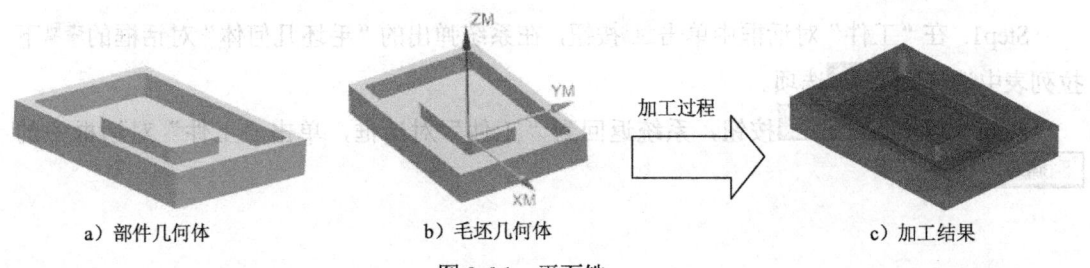

a) 部件几何体　　　　b) 毛坯几何体　　　　c) 加工结果

图 2.6.1 平面铣

Task1. 打开模型文件并进入加工环境

打开文件 D:\ugnc10.1\work\ch02.06\planar_mill.prt，选择下拉菜单 启动 → 加工(R) 命令，然后选择 mill planar 选项。

Task2. 创建几何体

Stage1. 创建机床坐标系

Step1. 在工序导航器中将视图调整到几何视图状态，双击坐标系节点 MCS_MILL，系统弹出"MCS 铣削"对话框。

Step2. 创建机床坐标系。设置机床坐标系与系统默认的机床坐标系位置在 Z 方向的偏距值为 30.0，如图 2.6.2 所示。

Stage2. 创建安全平面

Step1. 在"MCS 铣削"对话框 安全设置 区域的 安全设置选项 下拉列表中选择 平面 选项，单击"平面对话框"按钮，系统弹出"平面"对话框。

Step2. 设置安全平面与图 2.6.3 所示的模型表面偏距值为 15.0。

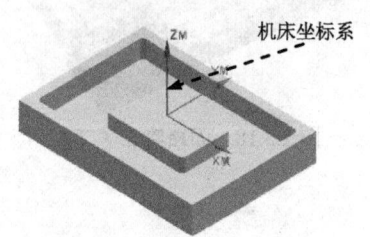
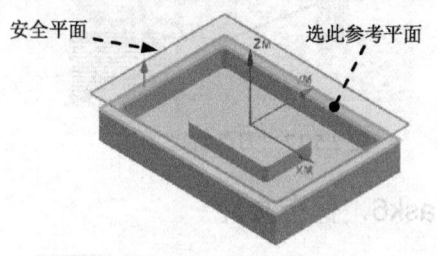

图 2.6.2　创建机床坐标系　　　　　图 2.6.3　创建安全平面

Stage3. 创建部件几何体

Step1. 在工序导航器中双击 MCS_MILL 节点下的 WORKPIECE，在系统弹出的"工件"对话框中单击 按钮，系统弹出"部件几何体"对话框。

Step2. 确认"选择条"工具条中的"类型过滤器"设置为"实体"，在图形区选取整个零件为部件几何体，单击 确定 按钮，系统返回到"工件"对话框。

Stage4. 创建毛坯几何体

Step1. 在"工件"对话框中单击 按钮，在系统弹出的"毛坯几何体"对话框的 类型 下拉列表中选择 包容块 选项。

Step2. 单击 确定 按钮，系统返回到"工件"对话框，单击"工件"对话框中的 确定 按钮。

Stage5. 创建边界几何体

Step1. 选择下拉菜单 插入(S) ➡ 几何体(G)... 命令，系统弹出图 2.6.4 所示的"创建几何体"对话框。

Step2. 在"创建几何体"对话框的 几何体子类型 区域中单击"MILL_BND"按钮，在 位置 区域的 几何体 下拉列表中选择 WORKPIECE 选项，采用系统默认的名称。

Step3. 单击"创建几何体"对话框中的 确定 按钮，系统弹出图 2.6.5 所示的"铣削边界"对话框。

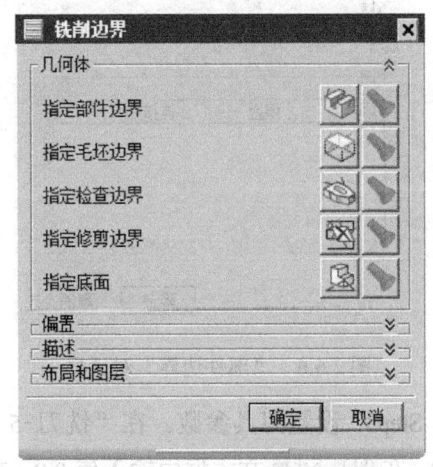

图 2.6.4 "创建几何体"对话框　　　图 2.6.5 "铣削边界"对话框

Step4. 单击"铣削边界"对话框中 指定部件边界 右侧的 按钮，系统弹出"部件边界"对话框。

Step5. 在图 2.6.6 所示的"部件边界"对话框的 选择方法 下拉列表中选择 曲线 选项，在 边界类型 下拉列表中选择 封闭的 选项，在 刀具侧 下拉列表中选择 内部 选项，在 平面 下拉列表中选择 自动 选项，在图形区选取图 2.6.7 所示的曲线串 1。

Step6. 单击"添加新集"按钮 ，在 刀具侧 下拉列表中选择 外部 选项，其余参数不变，在图形区选取图 2.6.7 所示的曲线串 2；单击 确定 按钮，完成边界的创建，返回到"铣削边界"对话框。

Step7. 单击 指定底面 右侧的 按钮，系统弹出"平面"对话框，在图形区中选取图 2.6.7 中所示的底面参照。在"平面"对话框中单击 确定 按钮，完成底面的指定，系统返回到"铣削边界"对话框。

Step8. 单击 确定 按钮，完成边界几何体的创建。

Task3. 创建刀具

Step1. 选择下拉菜单 插入(S) ➡ 刀具(T)... 命令，系统弹出"创建刀具"对话框。

Step2. 确定刀具类型。选择 刀具子类型 为 ，在 名称 文本框中输入刀具名称 D10R0，然

后单击 确定 按钮，系统弹出"铣刀-5 参数"对话框。

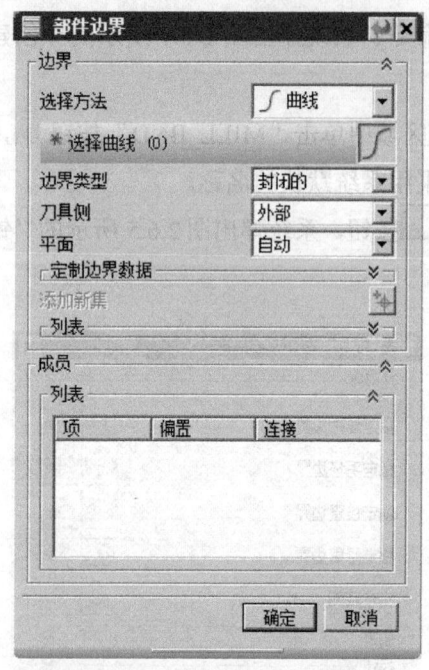

图 2.6.6 "部件边界"对话框

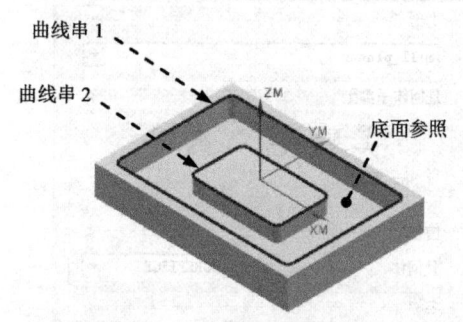

图 2.6.7 边界和底面参照

Step3. 设置刀具参数。在"铣刀-5 参数"对话框 尺寸 区域的 (D) 直径 文本框中输入值 10.0，在 (R1) 下半径 文本框中输入值 0.0，其他参数采用系统默认的设置值，单击 确定 按钮，完成刀具的创建。

Task4. 创建平面铣工序

Stage1. 创建工序

Step1. 选择下拉菜单 插入(S) → 工序(E) 命令，系统弹出"创建工序"对话框。

Step2. 确定加工方法。在图 2.6.8 所示的"创建工序"对话框的 类型 下拉列表中选择 mill_planar 选项，在 工序子类型 区域中单击"平面铣"按钮 凸，在 程序 下拉列表中选择 PROGRAM 选项，在 刀具 下拉列表中选择 D10R0 (铣刀-5 参数) 选项，在 几何体 下拉列表中选择 MILL_BND 选项，在 方法 下拉列表中选择 MILL_SEMI_FINISH 选项，采用系统默认的名称。

Step3. 在"创建工序"对话框中单击 确定 按钮，系统弹出图 2.6.9 所示的"平面铣"对话框。

Stage2. 设置刀具路径参数

Step1. 设置一般参数。在 切削模式 下拉列表中选择 跟随部件 选项，在 步距 下拉列表中选择 刀具平直百分比 选项，在 平面直径百分比 文本框中输入值 50.0，其他参数采用系统默认的设置值。

Step2. 设置切削层。

（1）在"平面铣"对话框中单击"切削层"按钮，系统弹出图 2.6.10 所示的"切削层"对话框。

（2）在"切削层"对话框的 类型 下拉列表中选择 恒定 选项，在 公共 文本框中输入值 1.0，其他参数采用系统默认的设置值，单击 确定 按钮，系统返回到"平面铣"对话框。

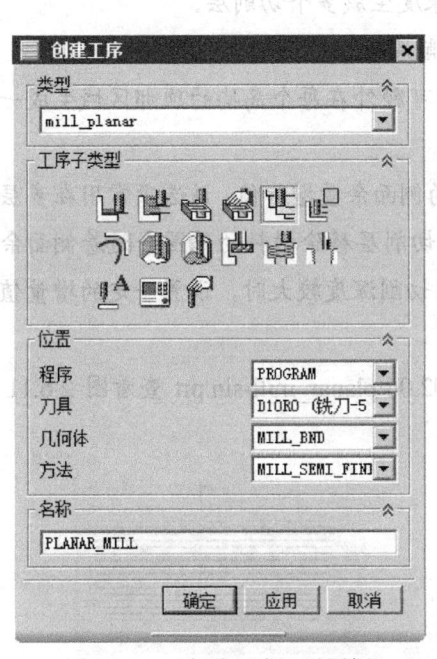

图 2.6.8　"创建工序"对话框

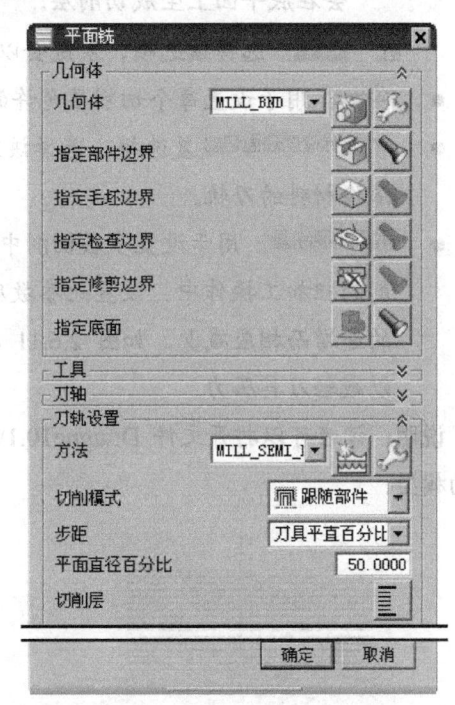

图 2.6.9　"平面铣"对话框

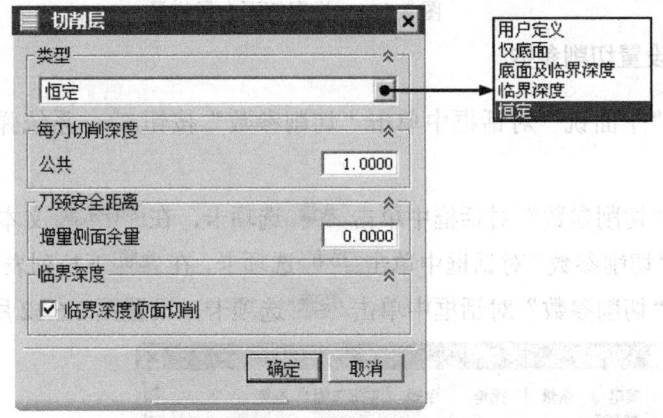

图 2.6.10　"切削层"对话框

图 2.6.10 所示的"切削层"对话框中部分选项说明如下。

- 类型：用于设置切削层的定义方式。共有 5 个选项。
  ☑ 用户定义：选择该选项，可以激活相应的参数文本框，需要用户输入具体的数值来定义切削深度参数。
  ☑ 仅底面：选择该选项，系统仅在指定底平面上生成单个切削层。

- ☑ 底面及临界深度：选择该选项，系统不仅在指定底平面上生成单个切削层，并且会在零件中的每个岛屿的顶部区域生成一条清除材料的刀轨。
- ☑ 临界深度：选择该选项，系统会在零件中的每个岛屿顶部生成切削层，同时也会在底平面上生成切削层。
- ☑ 恒定：选择该选项，系统会以恒定的深度生成多个切削层。
- 公共：用于设置每个切削层允许的最大切削深度。
- ☑ 临界深度顶面切削 复选框：选择该复选框，可额外在每个岛屿的顶部区域生成一条清除材料的刀轨。
- 增量侧面余量：用于设置多层切削中连续层的侧面余量增加值，该选项常用在多层切削的粗加工操作中。设置此参数后，每个切削层移除材料的范围会随着侧面余量的递增而相应减少，如图 2.6.11 所示。当切削深度较大时，设置一定的增量值可以减轻刀具压力。

说明：读者可以打开文件 D:\ugnc10.1\work\ch02.06\planar_mill-sin.prt 查看图 2.6.11 所示的模型。

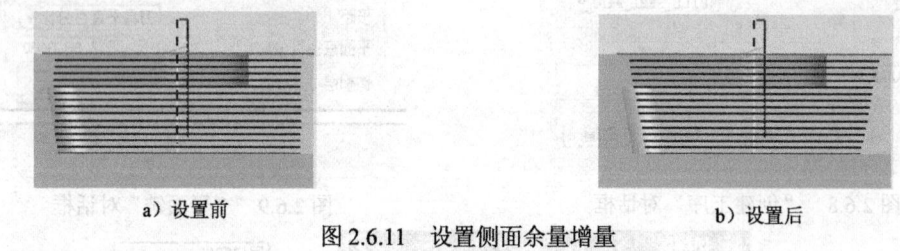

a) 设置前　　　　　　　　　　b) 设置后

图 2.6.11　设置侧面余量增量

Stage3. 设置切削参数

Step1. 在"平面铣"对话框中单击"切削参数"按钮，系统弹出"切削参数"对话框。

Step2. 在"切削参数"对话框中单击 余量 选项卡，在 部件余量 文本框中输入值 0.5。

Step3. 在"切削参数"对话框中单击 拐角 选项卡，在 光顺 下拉列表中选择 所有刀路 选项。

Step4. 在"切削参数"对话框中单击 连接 选项卡，设置图 2.6.12 所示的参数。

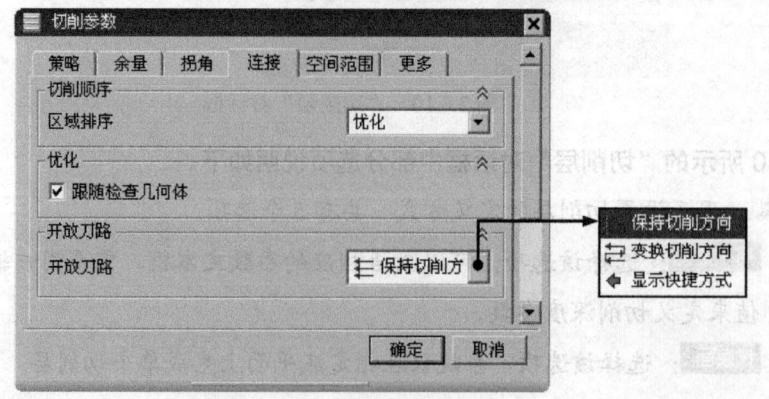

图 2.6.12　"连接"选项卡

第2章 平面铣加工

图 2.6.12 所示的"切削参数"对话框的"连接"选项卡中部分选项说明如下。

- 跟随检查几何体 复选框：选中该复选框后，刀具将不抬刀绕开"检查几何体"进行切削，否则刀具将使用传递的方式进行切削。
- 开放刀路 ：用于创建在"跟随部件"切削模式中开放形状部位的刀路类型。
  - ☑ 保持切削方向 ：在切削过程中，保持切削方向不变。
  - ☑ 变换切削方向 ：在切削过程中，切削方向可以改变。
- ☑ 短距离移动上的进给 复选框：只有当选择 变换切削方向 选项后，此选项才可用，选中该复选框时 最大移刀距离 文本框可用，可在文本框中设置变换切削方向时的最大移刀距离。

Step5. 在"切削参数"对话框中单击 确定 按钮，系统返回到"平面铣"对话框。

Stage4. 设置非切削移动参数

Step1. 在"平面铣"对话框 刀轨设置 区域中单击"非切削移动"按钮 ，系统弹出"非切削移动"对话框。

Step2. 单击"非切削移动"对话框中的 退刀 选项卡，其参数设置如图 2.6.13 所示，单击 确定 按钮，完成非切削移动参数的设置。

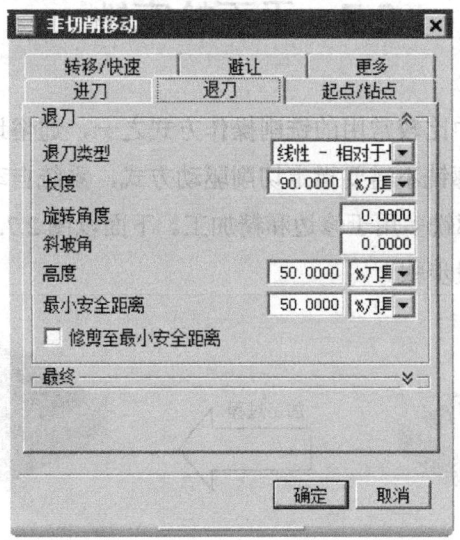

图 2.6.13 "退刀"选项卡

Stage5. 设置进给率和速度

Step1. 单击"平面铣"对话框中的"进给率和速度"按钮 ，系统弹出"进给率和速度"对话框。

Step2. 选中"进给率和速度"对话框 主轴速度 区域中的 ☑ 主轴速度 (rpm) 复选框，在其后的文本框中输入值 3000.0，在 进给率 区域的 切削 文本框中输入值 800.0，按 Enter 键，然后单击 按钮，其他参数采用系统默认的设置值。

Step3. 单击"进给率和速度"对话框中的 确定 按钮。

Task5. 生成刀路轨迹并仿真

Step1. 在"平面铣"对话框中单击"生成"按钮 ![], 在图形区中生成图 2.6.14 所示的刀路轨迹。

Step2. 使用 2D 动态仿真。完成仿真后的模型如图 2.6.15 所示。

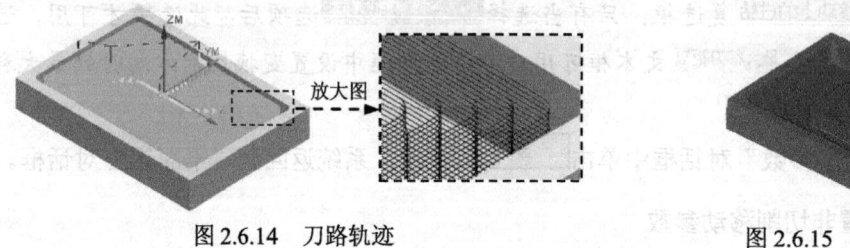

图 2.6.14 刀路轨迹　　　　　　　　　　　图 2.6.15 2D 仿真结果

Task6. 保存文件

选择下拉菜单 文件(F) ➡ 保存(S) 命令，保存文件。

2.7 平面轮廓铣

平面轮廓铣是平面铣中比较常用的铣削操作方式之一，通俗地讲就是平面铣的轮廓铣削，不同之处在于平面轮廓铣不需要指定切削驱动方式，系统自动在所指定的边界外产生适当的切削刀路。平面轮廓铣多用于修边和精加工。下面以图 2.7.1 所示的零件为例来介绍创建平面轮廓铣加工的一般步骤。

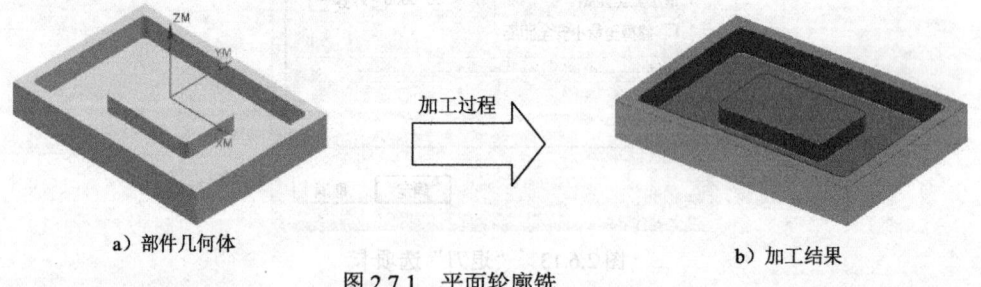

　　　a) 部件几何体　　　　　　　　　　　　　　　b) 加工结果

图 2.7.1 平面轮廓铣

Task1. 打开模型

打开文件 D:\ugnc10.1\work\ch02.07\planer_profile.prt，系统自动进入加工模块。

说明：本节模型是利用上节的模型继续加工的，所以工件坐标系等沿用模型文件中所创建的。

Task2. 创建刀具

第 2 章 平面铣加工

Step1. 选择下拉菜单 插入(S) → 刀具(T) 命令，系统弹出"创建刀具"对话框。

Step2. 确定刀具类型。在"创建刀具"对话框的 类型 下拉列表中选择 mill_planar 选项，在 刀具子类型 区域中单击"MILL"按钮，在 位置 区域的 刀具 下拉列表中选择 GENERIC_MACHINE 选项，在 名称 文本框中输入 D8R0，单击 确定 按钮，系统弹出"铣刀-5 参数"对话框。

Step3. 在"铣刀-5 参数"对话框中设置图 2.7.2 所示的刀具参数，单击 确定 按钮，完成刀具参数的设置。

Task3. 创建平面轮廓铣工序

Stage1. 创建工序

Step1. 选择下拉菜单 插入(S) → 工序(E)... 命令，系统弹出"创建工序"对话框。

Step2. 确定加工方法。在"创建工序"对话框的 类型 下拉列表中选择 mill_planar 选项，在 工序子类型 区域中单击"平面轮廓铣"按钮，在 刀具 下拉列表中选择 D8R0（铣刀-5 参数）选项，在 几何体 下拉列表中选择 WORKPIECE 选项，在 方法 下拉列表中选择 MILL_FINISH 选项，采用系统默认的名称，如图 2.7.3 所示。

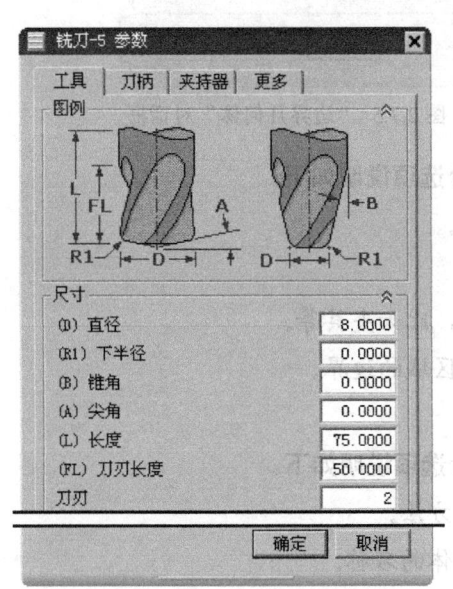
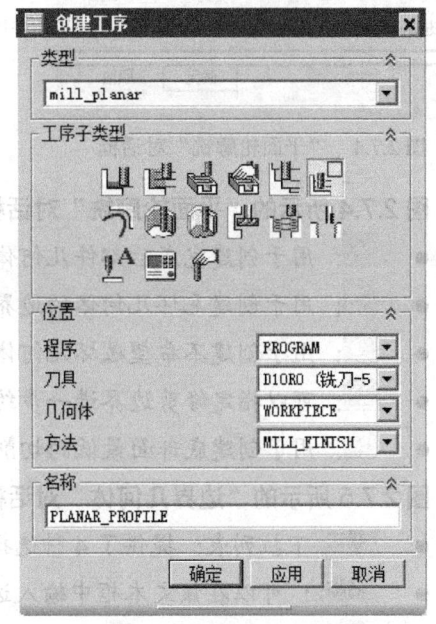

图 2.7.2 "铣刀-5 参数"对话框　　　图 2.7.3 "创建工序"对话框

Step3. 在"创建工序"对话框中单击 确定 按钮，此时系统弹出图 2.7.4 所示的"平面轮廓铣"对话框。

Step4. 创建部件边界。

（1）在"平面轮廓铣"对话框的 几何体 区域中单击 按钮，系统弹出图 2.7.5 所示的"边界几何体"对话框。

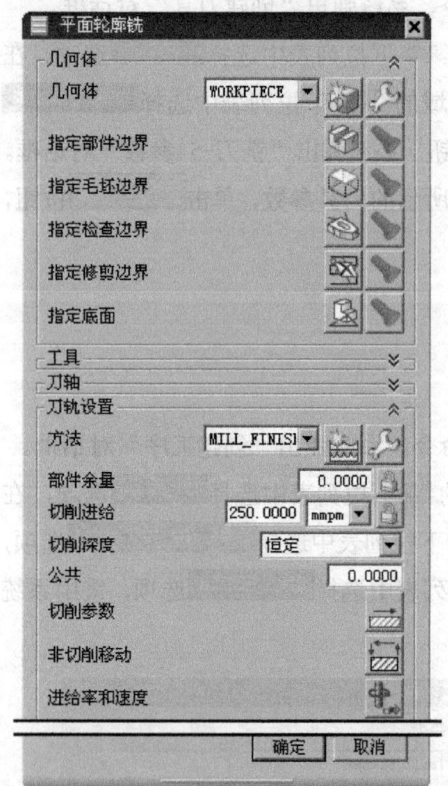 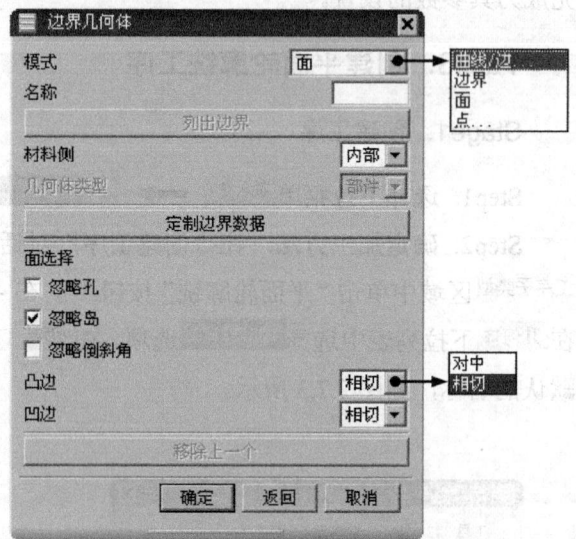

图 2.7.4 "平面轮廓铣"对话框　　　　图 2.7.5 "边界几何体"对话框

图 2.7.4 所示的"平面轮廓铣"对话框中部分选项说明如下。

- ⬛：用于创建完成后部件几何体的边界。
- ⬛：用于创建毛坯几何体的边界。
- ⬛：用于创建不希望破坏几何体的边界，比如夹具等。
- ⬛：可以指定修剪边界进一步约束切削区域的边界。
- ⬛：用于创建底部面最低的切削层。

图 2.7.5 所示的"边界几何体"对话框中部分选项说明如下。

- 模式 下拉列表：提供了 4 种选择边界的方法。
- 名称：可以在该文本框中输入边界几何体的名称。
- 材料侧：该下拉列表中的选项用于指定部件的材料处于边界的那一侧。
- ☑ 忽略孔 复选框：选中该复选框后，系统将忽略用户所选择边界面上的孔。
- ☑ 忽略岛 复选框：选中该复选框后，系统将忽略用户所选择边界面上的岛。
- ☑ 忽略倒斜角 复选框：选中该复选框后，系统将忽略用户所选择边界面上的倒角及圆角。
- 凸边：用于设置刀具沿着所选面的凸边边界的位置。
    - ☑ 对中：选择该选项，使刀具中心处于凸边边界线上。

☑ 相切：选择该选项，使刀具侧边与凸边边界线相切。
● 凹边：此选项与"凸边"功能相似。

（2）在"边界几何体"对话框的 模式 下拉列表中选择 曲线/边 选项，系统弹出图 2.7.6 所示的"创建边界"对话框。

（3）在"创建边界"对话框的 材料侧 下拉列表中选择 内部 选项，其他参数采用系统默认的设置值。采用系统在零件模型上选取的图 2.7.7 所示的边线串 1 为几何体边界，单击"创建边界"对话框中的 创建下一个边界 按钮。

（4）在"创建边界"对话框的 材料侧 下拉列表中选择 外部 选项，选取图 2.7.7 所示的边线串 2 为几何体边界，单击 确定 按钮，系统返回到"边界几何体"对话框。

Step5. 单击 确定 按钮，系统返回到"平面轮廓铣"对话框，完成部件边界的创建。

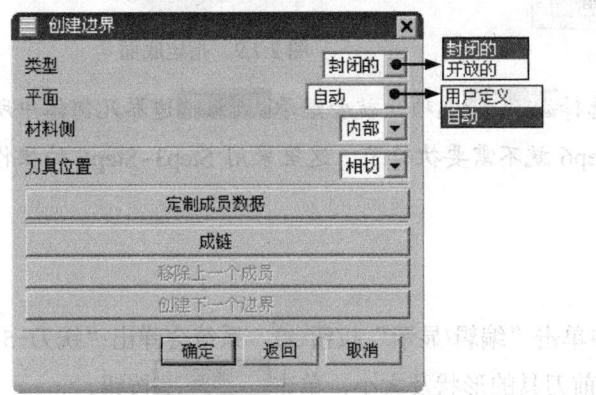

图 2.7.6 "创建边界"对话框　　　　图 2.7.7 创建边界

图 2.7.6 所示的"创建边界"对话框中部分选项说明如下。

● 类型：用于创建边界的类型，包括 封闭的 和 开放的 两种类型。
  ☑ 封闭的：一般创建的是一个加工区域，可以通过选择线和面的方式来创建加工区域。
  ☑ 开放的：一般创建的是一条加工轨迹，通常是通过选择加工曲线创建加工区域。
● 平面：用于创建工作平面，可以通过用户创建，也可以通过系统自动选择。
  ☑ 用户定义：可以通过手动的方式选择模型现有的平面或者通过构建的方式创建平面。
  ☑ 自动：系统根据所选择的定义边界的元素自动计算出工作平面。
● 材料侧：用于指定边界哪一侧的材料被保留。
● 刀具位置：刀具位置决定刀具在逼近边界成员时将如何放置。可以为边界成员指定两种刀位：对中 或 相切。
● 成链 按钮：在选择"曲线/边"选项时，可以通过单击该按钮选择起始边和终止边，快速选取连续曲线而形成边界。

Step6. 指定底面。

(1) 在"平面轮廓铣"对话框中单击 [图标] 按钮,系统弹出图 2.7.8 所示的"平面"对话框,在 [类型] 下拉列表中选择 [自动判断] 选项。

(2) 在模型上选取图 2.7.9 所示的模型底面,在 [偏置] 区域的 [距离] 文本框中输入值-20.0,单击 [确定] 按钮,完成底面的指定。

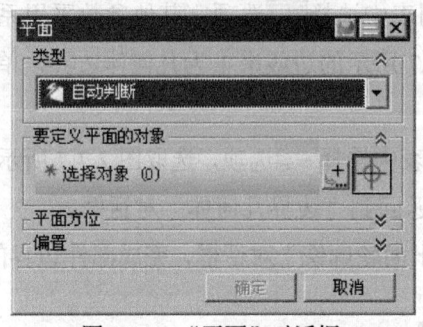
图 2.7.8 "平面"对话框

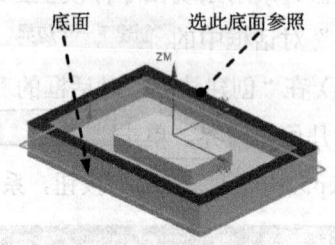
图 2.7.9 指定底面

说明: 如果在 Step2 的 [几何体] 中选择 [MILL_BND] 选项,就会继承 [MILL_BND] 边界几何体中所定义的边界和底面,那么步骤 Step3~Step6 就不需要执行了。这里采用 Step3~Step6 的操作是为了说明相关选项的含义和用法。

Stage2. 显示刀具和几何体

Step1. 显示刀具。在 [刀具] 区域中单击"编辑/显示"按钮 [图标],系统会弹出"铣刀-5 参数"对话框,同时在绘图区会显示当前刀具的形状及大小,单击 [确定] 按钮。

Step2. 显示几何体边界。在 [指定部件边界] 右侧单击"显示"按钮 [图标],在绘图区会显示当前创建的几何体边界。

Stage3. 创建刀具路径参数

Step1. 在 [刀轨设置] 区域的 [部件余量] 文本框中输入值 0.0,在 [切削进给] 文本框中输入值 250.0,在其后的下拉列表中选择 [mmpm] 选项。

Step2. 在 [切削深度] 下拉列表中选择 [恒定] 选项,在 [公共] 文本框中输入值 2.0,其他参数采用系统默认的设置值。

Stage4. 设置切削参数

Step1. 单击"平面轮廓铣"对话框中的"切削参数"按钮 [图标],系统弹出"切削参数"对话框,单击 [策略] 选项卡,设置参数如图 2.7.10 所示。

图 2.7.10 所示的"策略"选项卡中部分选项说明如下。

[切削顺序] 下拉列表中有 [深度优先] 和 [层优先] 两个选项。

- [深度优先]:切削完工件上某个区域的所有切削层后,再进入下一切削区域进行切削。
- [层优先]:将全部切削区域中的同一高度层切削完后,再进入下一个切削层进行切削。

第 2 章　平面铣加工

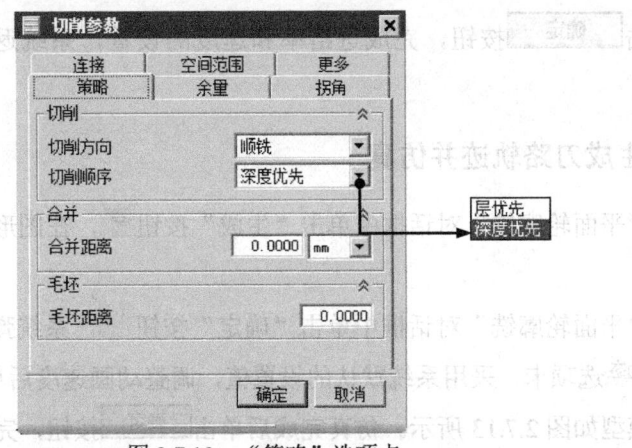

图 2.7.10　"策略"选项卡

Step2. 在"切削参数"对话框中单击 余量 选项卡,其参数采用系统默认的设置值。

Step3. 在"切削参数"对话框中单击 连接 选项卡,在 切削顺序 区域的 区域排序 下拉列表中选择 标准 选项,单击 确定 按钮,系统返回到"平面轮廓铣"对话框。

Stage5. 设置非切削移动参数

采用系统默认的非切削移动参数的设置。

Stage6. 设置进给率和速度

Step1. 单击"平面轮廓铣"对话框中的"进给率和速度"按钮,系统弹出"进给率和速度"对话框。

Step2. 在"进给率和速度"对话框中选中 ☑ 主轴速度 (rpm) 复选框,然后在其下的文本框中输入值 2000.0,在 切削 文本框中输入值 250.0,按 Enter 键,然后单击 按钮,其他参数的设置如图 2.7.11 所示。

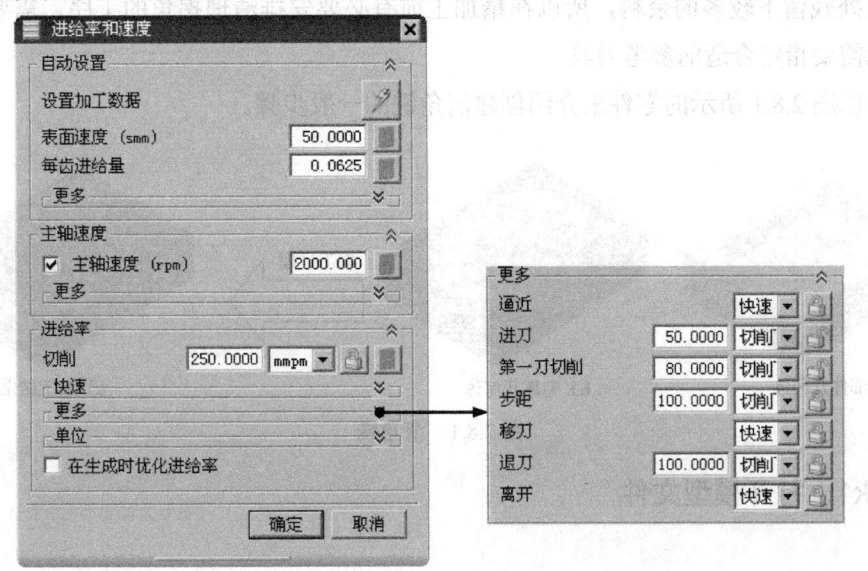

图 2.7.11　"进给率和速度"对话框

Step3. 单击 确定 按钮，完成进给率和速度的设置，系统返回到"平面轮廓铣"对话框。

Task4. 生成刀路轨迹并仿真

Step1. 在"平面轮廓铣"对话框中单击"生成"按钮 ，在图形区中生成图 2.7.12 所示的刀路轨迹。

Step2. 在"平面轮廓铣"对话框中单击"确定"按钮 ，系统弹出"刀轨可视化"对话框；单击 2D 动态 选项卡，采用系统默认的设置值，调整动画速度后单击"播放"按钮 ，完成演示后的模型如图 2.7.13 所示。仿真完成后单击 确定 按钮，完成操作。

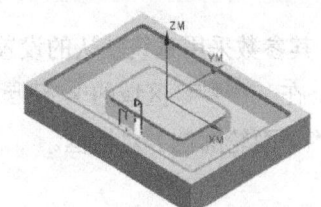

图 2.7.12 刀路轨迹

图 2.7.13 2D 仿真结果

Task5. 保存文件

选择下拉菜单 文件(F) → 保存(S) 命令，保存文件。

2.8 清 角 铣

清角铣是用来切削零件中的拐角部分，由于粗加工中采用的刀具直径较大，会在零件的小拐角处残留下较多的余料，所以在精加工前有必要安排清理拐角的工序。需要注意的是清角铣需要指定合适的参考刀具。

下面以图 2.8.1 所示的零件来介绍创建清角铣的一般步骤。

a) 部件几何体　　　　b) 毛坯几何体　　　　　　　c) 加工结果

图 2.8.1 清角铣

Task1. 打开模型文件

打开文件 D:\ugnc10.1\work\ch02.08\cleanup_corners.prt，系统自动进入加工环境。

Task2. 设置刀具

Step1. 选择下拉菜单 插入(S) → 刀具(T)... 命令，系统弹出"创建刀具"对话框。

Step2. 在"创建刀具"对话框的 类型 下拉列表中选择 mill_planar 选项，在 刀具子类型 区域中单击"MILL"按钮，在 名称 文本框中输入刀具名称 D5，单击 确定 按钮，系统弹出"铣刀-5 参数"对话框。

Step3. 在"铣刀-5 参数"对话框的 (D)直径 文本框中输入值 5.0，在 刀具号 文本框中输入值 2，其他参数采用系统默认的设置值，单击 确定 按钮，完成刀具的设置。

Task3. 创建清角铣工序

Stage1. 创建工序

Step1. 选择下拉菜单 插入(S) → 工序(E)... 命令，系统弹出"创建工序"对话框。

Step2. 确定加工方法。在"创建工序"对话框的 类型 下拉列表中选择 mill_planar 选项，在 工序子类型 区域中单击"CLEANUP_CORNERS"按钮，在 程序 下拉列表中选择 PROGRAM 选项，在 刀具 下拉列表中选择 D5 (铣刀-5 参数) 选项，在 几何体 下拉列表中选择 WORKPIECE 选项，在 方法 下拉列表中选择 MILL_SEMI_FINISH 选项，采用系统默认的名称。

Step3. 单击"创建工序"对话框中的 确定 按钮，系统弹出"清理拐角"对话框。

Stage2. 指定切削区域

Step1. 指定部件边界。

（1）单击"清理拐角"对话框中 指定部件边界 右侧的 按钮，系统弹出"边界几何体"对话框。

（2）在"边界几何体"对话框的 模式 下拉列表中选择 面 选项，其他参数采用系统默认选项；在模型中选取图 2.8.2 所示的模型表面，单击 确定 按钮，系统返回到"清理拐角"对话框。

Step2. 指定底面。单击"清理拐角"对话框中 指定底面 右侧的 按钮，系统弹出"平面"对话框；在模型中选取图 2.8.3 所示的面为底面，在 偏置 区域的 距离 文本框中输入值 0.0，单击 确定 按钮，系统返回到"清理拐角"对话框。

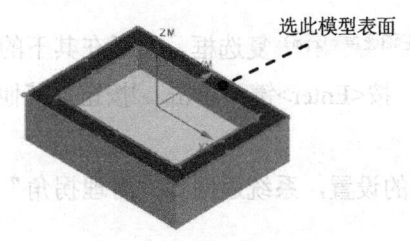

图 2.8.2 指定部件边界

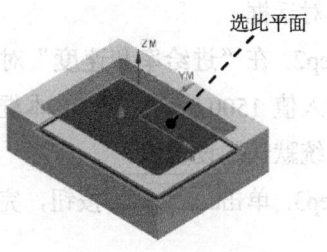

图 2.8.3 指定底面

Stage3. 设置切削层参数

Step1. 在"清理拐角"对话框中单击"切削层"按钮▦，系统弹出"切削层"对话框。
Step2. 在"切削深度参数"对话框的 类型 下拉列表中选择 恒定 选项，在 公共 文本框中输入值2.0，单击 确定 按钮，系统返回到"清理拐角"对话框。

Stage4. 设置切削参数

Step1. 在 刀轨设置 区域中单击"切削参数"按钮▦，系统弹出"切削参数"对话框。
Step2. 在"切削参数"对话框中单击 策略 选项卡，在 切削顺序 下拉列表中选择 深度优先 选项。
Step3. 在"切削参数"对话框中单击 空间范围 选项卡，在 处理中的工件 下拉列表中选择 使用参考刀具 选项，然后在 参考刀具 下拉列表中选择 D15 (铣刀-5 参数) 选项，在 重叠距离 文本框中输入值4.0，单击 确定 按钮，系统返回到"清理拐角"对话框。

说明：这里选择的参考刀具一般是前面粗加工使用的刀具，也可以通过单击 参考刀具 下拉列表右侧的"新建"按钮▦来创建新的参考刀具。注意创建的参考刀具的直径不能小于实际的粗加工的刀具直径。

Stage5. 设置非切削移动参数

Step1. 在 刀轨设置 区域中单击"非切削移动"按钮▦，系统弹出"非切削移动"对话框。
Step2. 单击"非切削移动"对话框中的 进刀 选项卡，在 进刀类型 下拉列表中选择 螺旋 选项，在 开放区域 区域的 进刀类型 下拉列表中选择 圆弧 选项。
Step3. 单击"非切削移动"对话框中的 转移/快速 选项卡，在 区域内 区域的 转移类型 下拉列表中选择 前一平面 选项。其他参数采用系统默认的设置值，单击 确定 按钮，完成非切削移动参数的设置。

Stage6. 设置进给率和速度

Step1. 在"清理拐角"对话框中单击"进给率和速度"按钮▦，系统弹出"进给率和速度"对话框。
Step2. 在"进给率和速度"对话框中选中 ☑ 主轴速度 (rpm) 复选框，然后在其下的文本框中输入值1500.0，在 切削 文本框中输入值400.0，按<Enter>键；单击▦按钮，其他参数采用系统默认的设置值。
Step3. 单击 确定 按钮，完成进给率和速度的设置，系统返回到"清理拐角"对话框。

Task4. 生成刀路轨迹

生成的刀路轨迹如图 2.8.4 所示。2D 动态仿真加工后的零件模型如图 2.8.5 所示。

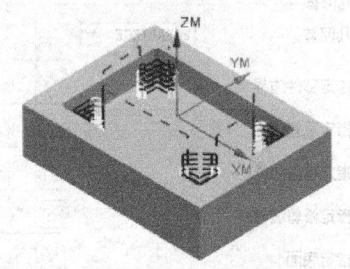

图 2.8.4　显示刀路轨迹

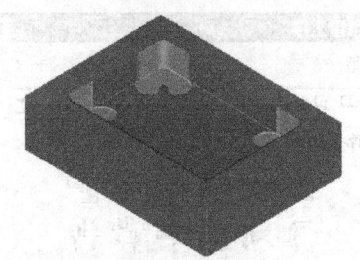

图 2.8.5　2D 仿真结果

Task5. 保存文件

选择下拉菜单 文件(F) ➡ 保存(S) 命令，保存文件。

2.9　精铣侧壁

精铣侧壁是仅仅用于侧壁加工的一种平面铣削方式，要求侧壁和底平面相互垂直，并且要求加工表面和底面相互平行，加工的侧壁是加工表面和底面之间的部分。下面介绍创建精铣侧壁加工的一般步骤。

Task1. 打开模型

打开文件 D:\ugnc10.1\work\ch02.09\finish_walls.prt，系统自动进入加工模块。

Task2. 创建精铣侧壁操作

Stage1. 创建几何体边界

Step1. 选择下拉菜单 插入(S) ➡ 工序(E)... 命令，系统弹出"创建工序"对话框。

Step2. 确定加工方法。在图 2.9.1 所示的"创建工序"对话框的 类型 下拉列表中选择 mill_planar 选项，在 工序子类型 区域中单击"精加工壁"按钮 ，在 程序 下拉列表中选择 PROGRAM 选项，在 刀具 下拉列表中选择 D8R0 (铣刀-5 参数) 选项，在 几何体 下拉列表中选择 WORKPIECE 选项，在 方法 下拉列表中选择 MILL_FINISH 选项，采用系统默认的名称 FINISH_WALLS。

Step3. 在"创建工序"对话框中单击 确定 按钮，系统弹出图 2.9.2 所示的"精加工壁"对话框，在 几何体 区域中单击"选择或编辑部件边界"按钮 ，系统弹出"边界几何体"对话框。

Step4. 在"边界几何体"对话框的 模式 下拉列表中选择 面 选项，在 材料侧 下拉列表中选择 内部 选项，其他参数采用系统默认的设置值，在零件模型上选取图 2.9.3 所示的两个平面，单击 确定 按钮，系统返回到"精加工壁"对话框。

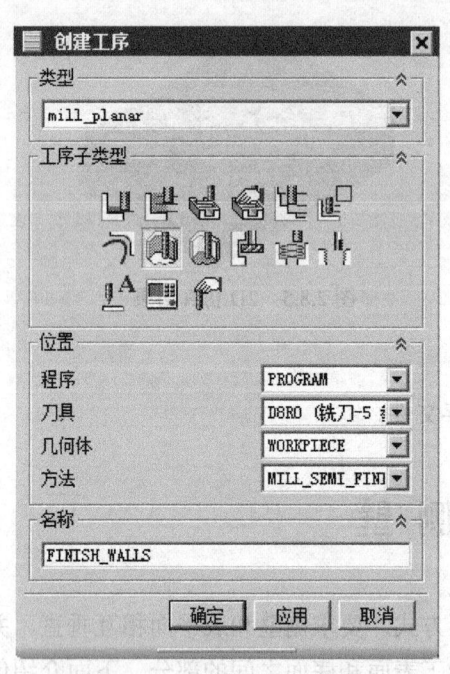

图 2.9.1 "创建工序"对话框

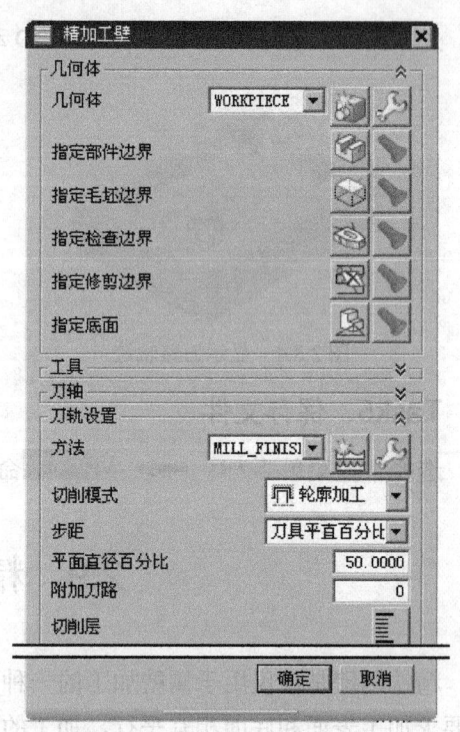

图 2.9.2 "精加工壁"对话框

Step5. 在"精加工壁"对话框的 几何体 区域中单击 指定修剪边界 右侧的 按钮，系统弹出"边界几何体"对话框；在 模式 下拉列表中选择 面 选项，在 修剪侧 下拉列表中选择 外部 选项，其他参数采用系统默认的设置值；在零件模型上选取图 2.9.4 所示的模型底面，单击 确定 按钮，系统返回到"精加工壁"对话框。

Step6. 在"精加工壁"对话框中单击 指定底面 右侧的 按钮，系统弹出"平面"对话框；在 类型 下拉列表中选择 自动判断 选项；在模型上选取图 2.9.3 所示的底面参照，在 偏置 区域的 距离 文本框中输入值 0.0；单击 确定 按钮，完成底面的指定，系统返回到"精加工壁"对话框。

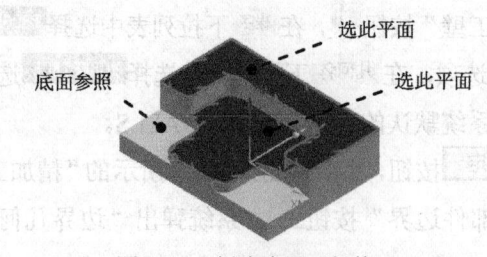

图 2.9.3 创建边界几何体

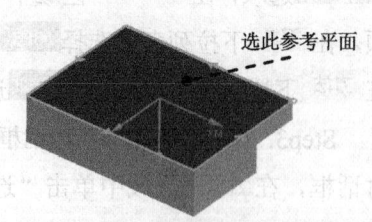

图 2.9.4 创建修剪几何体

Stage2. 设置刀具路径参数

在 刀轨设置 区域的 切削模式 下拉列表中采用系统默认的 轮廓加工 选项，在 步距 下拉列表

中选择 刀具平直百分比 选项,在 平面直径百分比 文本框中输入值 50.0,其他参数采用系统默认的设置值。

Stage3. 设置切削层参数

Step1. 在 刀轨设置 区域中单击"切削层"按钮 , 系统弹出"切削层"对话框。
Step2. 在 类型 下拉列表中选择 临界深度 选项,其他参数采用系统默认的设置值,单击 确定 按钮,完成切削层参数的设置。

Stage4. 设置切削参数

Step1. 在 刀轨设置 区域中单击"切削参数"按钮 , 系统弹出"切削参数"对话框。
Step2. 在"切削参数"对话框中单击 策略 选项卡,其参数设置如图 2.9.5 所示;单击 确定 按钮,系统返回到"精加工壁"对话框。

Stage5. 设置非切削移动参数

Step1. 在 刀轨设置 区域中单击"非切削移动"按钮 , 系统弹出"非切削移动"对话框。
Step2. 单击"非切削移动"对话框中的 进刀 选项卡,其参数设置如图 2.9.6 所示,其他选项卡中的参数采用系统默认的设置值,单击 确定 按钮,完成非切削移动参数的设置。

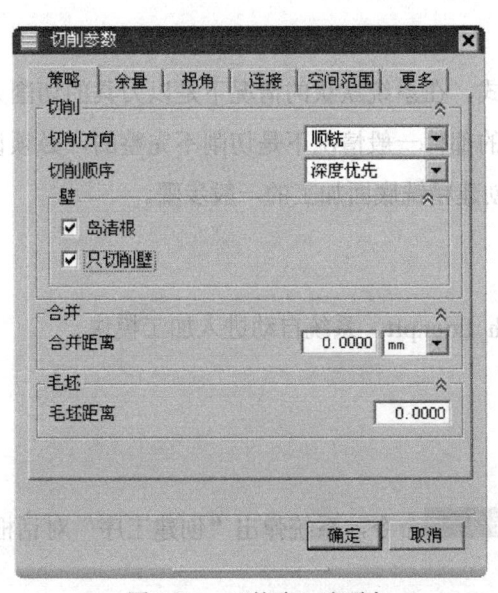

图 2.9.5 "策略"选项卡

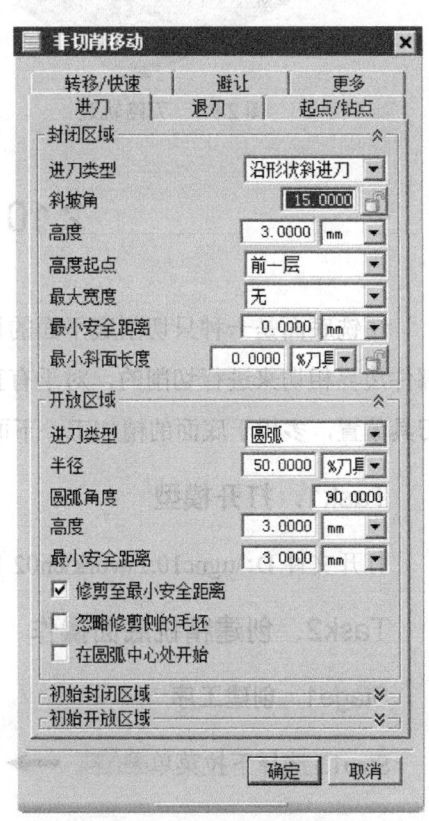

图 2.9.6 "进刀"选项卡

Stage6. 设置进给率和速度

Step1. 在"精加工壁"对话框的 刀轨设置 区域中单击"进给率和速度"按钮,系统弹出"进给率和速度"对话框。

Step2. 在"进给率和速度"对话框中选中 ☑ 主轴速度 (rpm) 复选框,然后在其后的文本框中输入值 3000.0,在 切削 文本框中输入值 250.0,按<Enter>键;单击 按钮,其他参数采用系统默认的设置值。

Step3. 单击"进给率和速度"对话框中的 确定 按钮,完成进给率和速度的设置。

Task3. 生成刀路轨迹并仿真

生成的刀路轨迹如图 2.9.7 所示。2D 动态仿真加工后的零件模型如图 2.9.8 所示。

Task4. 保存文件

选择下拉菜单 文件(F) ➡ 保存(S) 命令,保存文件。

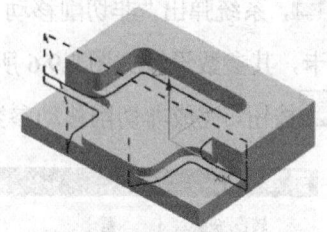
图 2.9.7 刀路轨迹

图 2.9.8 2D 仿真结果

2.10 精 铣 底 面

精铣底面是一种只切削底平面的切削方式,在系统默认的情况下是以刀具的切削刃和部件边界相切来进行切削的,对于有直角边的部件一般情况下是切削不完整的,必须设置刀具偏置,多用于底面的精加工。下面介绍创建精铣底面加工的一般步骤。

Task1. 打开模型

打开文件 D:\ugnc10.1\work\ch02.10\finish_floor.prt,系统自动进入加工模块。

Task2. 创建精铣底面操作

Stage1. 创建工序

Step1. 选择下拉菜单 插入(S) ➡ 工序(E) 命令,系统弹出"创建工序"对话框。

Step2. 确定加工方法。在图 2.10.1 所示的"创建工序"对话框的 类型 下拉列表中选择 mill_planar 选项,在 工序子类型 区域单击"精加工底面"按钮,在 程序 下拉列表中选择 PROGRAM 选项,在 刀具 下拉列表中选择 D8R0 (铣刀-5 参数) 选项,在 几何体 下拉列表中选择 WORKPIECE 选项,在 方法 下拉列表中选择 MILL_FINISH 选项,采用系统默认的名称 FINISH_FLOOR。

Step3. 在"创建工序"对话框中单击 确定 按钮,系统弹出图 2.10.2 所示的"精加工底面"对话框。

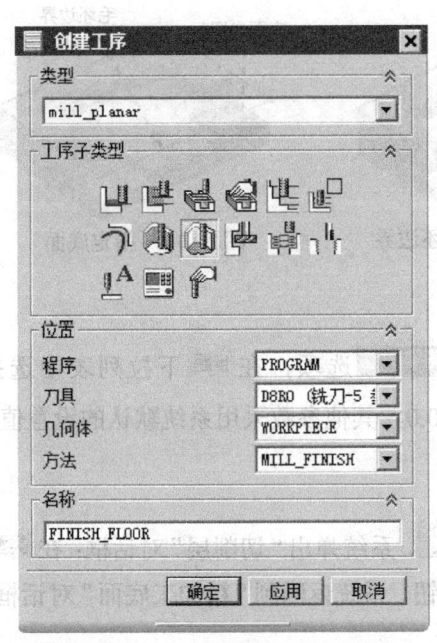

图 2.10.1 "创建工序"对话框

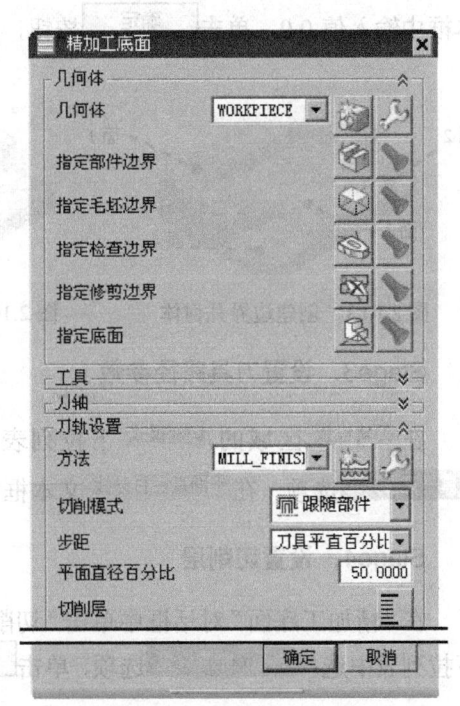

图 2.10.2 "精加工底面"对话框

Stage2. 创建几何体

Step1. 创建边界几何体。

(1)在"精加工底面"对话框的 几何体 区域中单击"选择或编辑部件边界"按钮,系统弹出"边界几何体"对话框。

(2)在"边界几何体"对话框的 模式 下拉列表中选择 面 选项,在 材料侧 下拉列表中选择 内部 选项,在零件模型上选取图 2.10.3 所示的 4 个模型平面;单击 确定 按钮,系统返回到"精加工底面"对话框。

Step2. 指定毛坯边界。

(1)单击"精加工底面"对话框中 指定毛坯边界 右侧的 按钮,系统弹出"边界几何体"对话框;在 模式 下拉列表中选择 曲线/边... 选项,系统弹出"创建边界"对话框。

(2)在"创建边界"对话框的 材料侧 下拉列表中选择 内部 选项,其他参数采用系统默认的设置值,依次选取图 2.10.4 所示的 4 条边线为边界,单击两次 确定 按钮,系统返回到"精加工底面"对话框。

注意：在选取边线时，应先选取 3 条相连的边线，最后选取独立的 1 条边线。

Step3. 指定底面。

（1）在"精加工底面"对话框的 几何体 区域中单击"选择或编辑底平面几何体"按钮 ，系统弹出"平面"对话框。

（2）采用系统的默认设置值，选取图 2.10.5 所示的底面为参照面，在 偏置 区域的 距离 文本框中输入值 0.0，单击 确定 按钮，完成底平面的指定。

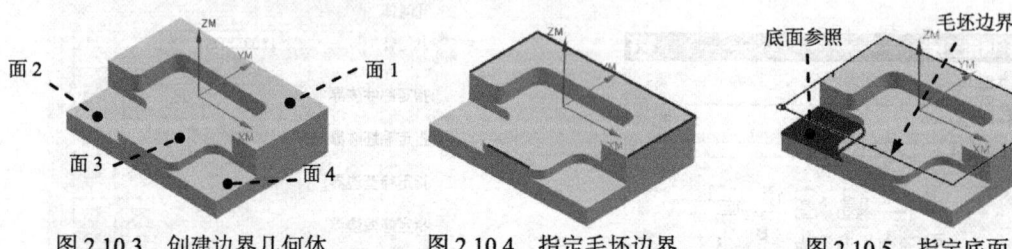

图 2.10.3 创建边界几何体　　图 2.10.4 指定毛坯边界　　图 2.10.5 指定底面

Stage3. 设置刀具路径参数

在 刀轨设置 区域的 切削模式 下拉列表中选择 跟随周边 选项，在 步距 下拉列表中选择 刀具平直百分比 选项，在 平面直径百分比 文本框中输入值 50.0，其他参数采用系统默认的设置值。

Stage4. 设置切削层

在"精加工底面"对话框中单击"切削层"按钮 ，系统弹出"切削层"对话框；在 类型 下拉列表中选择 底面及临界深度 选项，单击 确定 按钮，系统返回到"精加工底面"对话框。

Stage5. 设置切削参数

Step1. 在 刀轨设置 区域中单击"切削参数"按钮 ，系统弹出"切削参数"对话框。

Step2. 在"切削参数"对话框中单击 策略 选项卡，在 刀路方向 下拉列表中选择 向内 选项，其他参数采用系统默认的设置值。

Step3. 在"切削参数"对话框中单击 余量 选项卡，在 部件余量 文本框中输入值 0.10，单击 确定 按钮，系统返回到"精加工底面"对话框。

Stage6. 设置非切削移动参数

Step1. 在 刀轨设置 区域中单击"非切削移动"按钮 ，系统弹出"非切削移动"对话框。

Step2. 单击"非切削移动"对话框中的 进刀 选项卡，在 开放区域 区域的 进刀类型 下拉列表中选择 线性 选项，其他参数采用系统默认的设置值，单击 确定 按钮，完成非切削移动参数的设置。

Stage7. 设置进给率和速度

Step1. 在"精加工底面"对话框中单击"进给率和速度"按钮，系统弹出"进给率和速度"对话框。

Step2. 在"进给率和速度"对话框中选中 ☑ 主轴速度 (rpm) 复选框；在其下的文本框中输入值 3000.0，在 切削 文本框中输入值 250.0，按 Enter 键；单击 按钮，其他参数采用系统默认的设置值。

Step3. 单击"进给率和速度"对话框中的 确定 按钮，系统返回到"精加工底面"对话框。

Task3. 生成刀路轨迹并仿真

生成的刀路轨迹如图 2.10.6 所示。2D 动态仿真加工后的零件模型如图 2.10.7 所示。

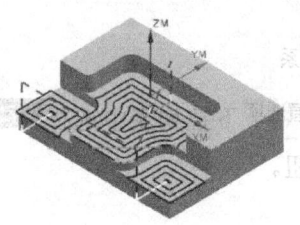
图 2.10.6　刀路轨迹

图 2.10.7　2D 仿真结果

Task4. 保存文件

选择下拉菜单 文件(F) → 保存(S) 命令，保存文件。

2.11　平　面　文　本

在很多情况下，需要在工件的平面上雕刻零件信息和标识，即刻字。UG NX 10.0 提供了这个功能，它使用加工模块中注释编辑器定义的文字来生成刀路轨迹。下面介绍创建平面文本加工的一般步骤。

Task1. 打开模型文件并进入平面铣加工模块

Step1. 打开模型文件 D:\ugnc10.1\work\ch02.11\planar_text.prt。

Step2. 进入加工环境。选择下拉菜单 启动 → 加工(N)... 命令，在系统弹出的"加工环境"对话框中的 要创建的 CAM 设置 列表框中选择 mill_planar 选项；单击 确定 按钮，进入加工环境。

Task2. 创建几何体

Stage1. 创建机床坐标系和安全平面

Step1. 进入几何视图；在工序导航器的空白处右击，在系统弹出的快捷菜单中选择 几何视图 命令，双击节点 MCS_MILL ，系统弹出"MCS 铣削"对话框。

Step2. 创建机床坐标系。在"MCS 铣削"对话框的 机床坐标系 区域中单击"CSYS 对话框"按钮 ，在系统弹出的"CSYS"对话框的 类型 下拉列表中选择 动态 选项。

Step3. 选取图 2.11.1 所示的模型角点（坐标系原点），单击 确定 按钮，完成图 2.11.1 所示的机床坐标系的创建。

图 2.11.1 创建坐标系

Step4. 创建安全平面。在 安全设置 区域的 安全设置选项 下拉列表中选择 自动平面 选项，在 安全距离 文本框中输入值 10.0，然后单击 确定 按钮。

Stage2. 创建部件几何体

Step1. 在工序导航器中单击 MCS_MILL 节点前的"+"，双击节点 WORKPIECE ，系统弹出"工件"对话框。

Step2. 选取部件几何体，在"工件"对话框中单击 按钮，系统弹出"部件几何体"对话框。

Step3. 在"选择条"工具条中确认"类型过滤器"设置为"实体"，在图形区选取整个长方体零件为部件几何体。

Step4. 在"部件几何体"对话框中单击 确定 按钮，完成部件几何体的创建，同时系统返回到"工件"对话框。

Stage3. 创建毛坯几何体

Step1. 在"工件"对话框中单击"选择或编辑毛坯几何体"按钮 ，系统弹出"毛坯几何体"对话框。

Step2. 在"毛坯几何体"对话框的 类型 下拉列表中选择 包容块 选项，其参数采用系统默认的设置值；单击 确定 按钮，系统返回到"工件"对话框。

Step3. 单击"工件"对话框中的 确定 按钮。

Task3. 创建刀具

Step1. 选择下拉菜单 插入(S) ➜ 刀具(T) 命令，系统弹出"创建刀具"对话框。

Step2. 设置刀具类型和参数。在"创建刀具"对话框的 类型 下拉列表中选择 mill_planar 选项，在 刀具子类型 区域中单击"BALL_MILL"按钮，在 位置 区域的 刀具 下拉列表中选择 GENERIC_MACHINE 选项，在 名称 文本框中输入刀具名称 B2；单击 确定 按钮，系统弹出"铣刀-球头铣"对话框；在对话框中设置图 2.11.2 所示的参数，设置完成后单击 确定 按钮，完成刀具的创建。

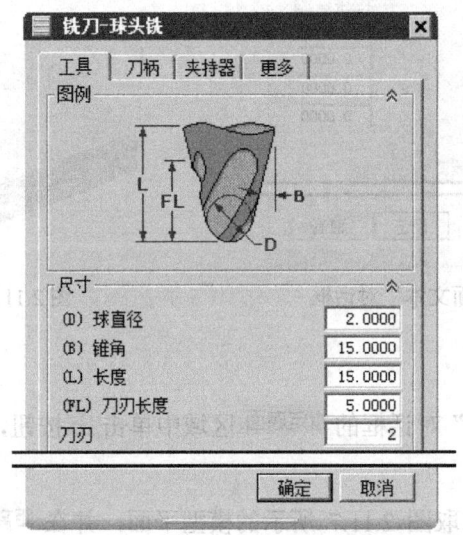

图 2.11.2　"铣刀-球头铣"对话框

Task4．创建刻字操作

Stage1．插入工序

Step1. 选择下拉菜单 插入(S) ➜ 工序(E)... 命令，系统弹出"创建工序"对话框。

Step2. 确定加工方法。在"创建工序"对话框的 类型 下拉列表中选择 mill_planar 选项，在 工序子类型 区域中单击"PLANAR_TEXT"按钮，在 程序 下拉列表中选择 PROGRAM 选项，在 刀具 下拉列表中选择 B2 (铣刀-球头铣) 选项，在 几何体 下拉列表中选择 WORKPIECE 选项，在 方法 下拉列表中选择 MILL_FINISH 选项；单击 确定 按钮，系统弹出图 2.11.3 所示的"平面文本"对话框。

Stage2．指定制图文本

Step1. 在"平面文本"对话框的 指定制图文本 区域中单击 A 按钮，系统弹出图 2.11.4 所示的"文本几何体"对话框。

Step2. 在绘图区中选取图 2.11.5 所示的文本，单击 确定 按钮，系统返回到"平面文本"对话框。

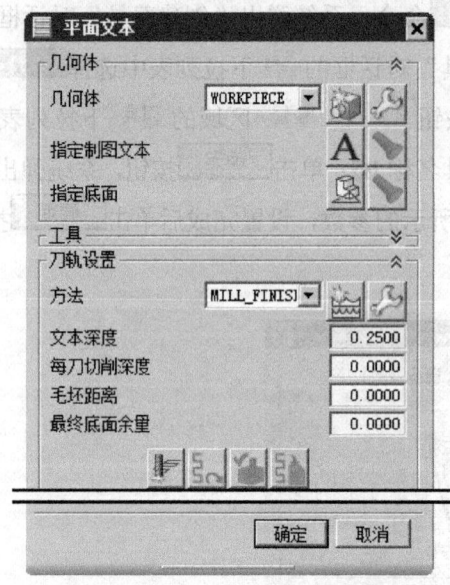
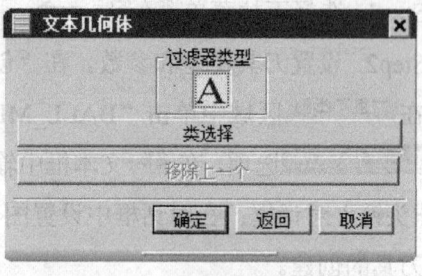

图 2.11.3　"平面文本"对话框

图 2.11.4　"文本几何体"对话框

图 2.11.5　选取制图文本

Stage3. 指定底面

Step1. 在"平面文本"对话框的 指定底面 区域中单击 按钮，系统弹出图 2.11.6 所示的"平面"对话框。

Step2. 在绘图区中选取图 2.11.7 所示的模型平面，并在 距离 文本框中输入值 0，单击 确定 按钮，系统返回到"平面文本"对话框。

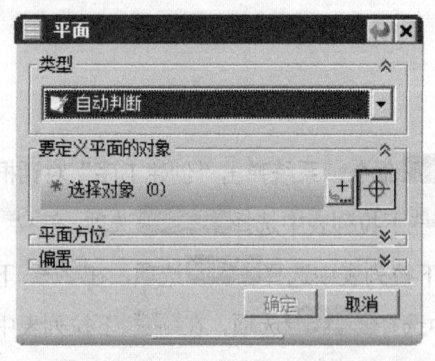
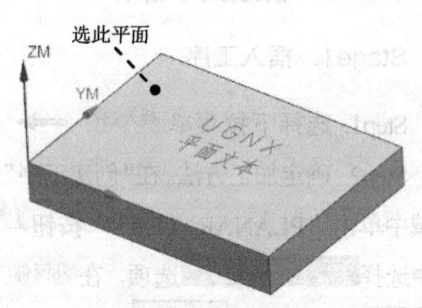

图 2.11.6　"平面"对话框

图 2.11.7　指定底面

Stage4. 设置切削参数

Step1. 设置文本深度。在"平面文本"对话框的 文本深度 文本框中输入值 0.5，其他参数采用系统默认的设置值。

Step2. 单击"平面文本"对话框中的"切削参数"按钮 ，系统弹出"切削参数"对话框。

Step3. 在"切削参数"对话框中单击 策略 选项卡,在 切削顺序 下拉列表中选择 深度优先 选项。

Step4. 在"切削参数"对话框中单击 余量 选项卡,其参数设置如图2.11.8所示,然后单击 确定 按钮。

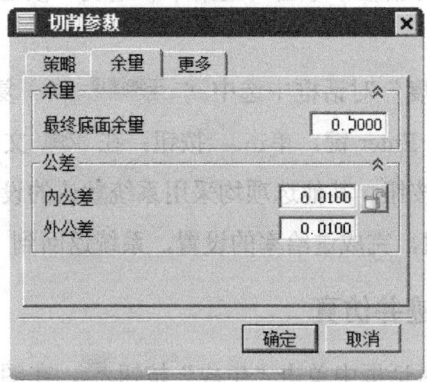

图 2.11.8 "余量"选项卡

Stage5. 设置进刀/退刀参数

Step1. 在"平面文本"对话框中单击"非切削移动"按钮 ,系统弹出"非切削移动"对话框。

Step2. 单击"非切削移动"对话框中的 进刀 选项卡,其参数设置如图2.11.9所示。

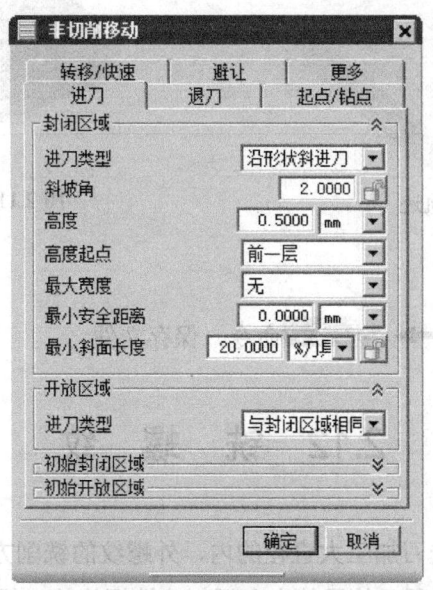

图 2.11.9 "进刀"选项卡

Step3. 单击"非切削移动"对话框中的 转移/快速 选项卡,在 区域内 区域的 转移类型 下拉

列表中选择 最小安全值 Z 选项,其他参数采用系统默认的设置值。

Step4. 单击 确定 按钮,系统返回到"平面文本"对话框。

Stage6. 设置进给率和速度

Step1. 在"平面文本"对话框中单击"进给率和速度"按钮 ,系统弹出"进给率和速度"对话框。

Step2. 在"进给率和速度"对话框中选中 ☑ 主轴速度 (rpm) 复选框,然后在其文本框中输入值 6000,按下键盘上的 Enter 键,单击 按钮;在 切削 文本框中输入值 200.0,按下键盘上的 Enter 键,单击 按钮,其他选项均采用系统默认的设置值。

Step3. 单击 确定 按钮,完成进给率的设置,系统返回到"平面文本"对话框。

Task5. 生成刀路轨迹并仿真

Step1. 在"平面文本"对话框中单击"生成"按钮 ,在图形区中生成图 2.11.10 所示的刀路轨迹。

Step2. 在"平面文本"对话框中单击"确定"按钮 ,在系统弹出的"刀轨可视化"对话框中单击 2D 动态 选项卡,单击"播放"按钮 ,即可演示刀具按刀轨运行。完成演示后的模型如图 2.11.11 所示,仿真完成后单击 确定 按钮,完成操作。

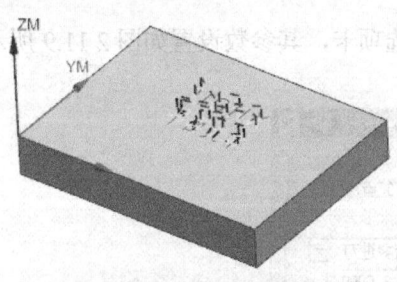
图 2.11.10 刀路轨迹

图 2.11.11 2D 仿真结果

Task6. 保存文件

选择下拉菜单 文件(F) ➝ 保存(S) 命令,保存文件。

2.12 铣 螺 纹

铣螺纹就是利用螺纹铣刀加工大直径的内、外螺纹的铣削方式,通常用于较大直径的螺纹加工。下面以图 2.12.1 所示的零件来介绍创建铣螺纹的一般步骤。

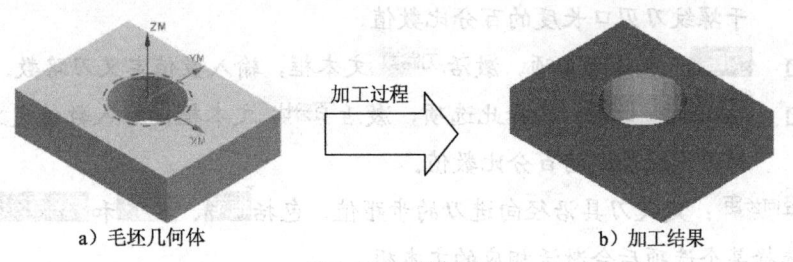

a) 毛坯几何体　　　　　　　b) 加工结果

图 2.12.1　铣螺纹

Task1. 打开模型文件

打开文件 D:\ugnc10.1\work\ch02.12\threading_milling.prt，系统自动进入加工环境。

Task2. 创建铣螺纹工序

Stage1. 创建工序

Step1. 选择下拉菜单 插入(S) ➡ 工序(E) 命令，系统弹出"创建工序"对话框。

Step2. 确定加工方法。在"创建工序"对话框的 类型 下拉列表中选择 mill_planar 选项，在 工序子类型 区域中单击"THREAD_MILLING"按钮，在 程序 下拉列表中选择 PROGRAM 选项，在 刀具 下拉列表中选择 NONE 选项，在 几何体 下拉列表中选择 WORKPIECE 选项，在 方法 下拉列表中选择 METHOD 选项，采用系统默认的名称。

Step3. 单击"创建工序"对话框中的 确定 按钮，系统弹出图 2.12.2 所示的"螺纹铣"对话框（一）。

Stage2. 定义螺纹几何体

Step1. 单击"螺纹铣"对话框中 指定孔或凸台 右侧的 按钮，系统弹出图 2.12.3 所示的"孔或凸台几何体"对话框。

Step2. 选择螺纹几何体。在"孔或凸台几何体"对话框的 类型 下拉列表中选择 螺纹孔 选项，在 牙型和螺距 下拉列表中选择 从模型 选项，然后单击 位置 区域中的 按钮，在图形区中选取螺纹特征所在的孔内圆柱面，此时系统自动提取螺纹尺寸参数并显示螺纹轴的方向，分别如图 2.12.4 和图 2.12.5 所示。

Step3. 单击 确定 按钮，系统返回到"螺纹铣"对话框（一）。

图 2.12.2 所示的"螺纹铣"对话框中部分选项说明如下。

- 轴向步距：定义刀具沿轴线进刀的步距值，包括 牙数 、刀刃长度百分比 、刀路 和 螺纹长度百分比 4 个选项，选择某个选项后会激活相应的文本框。
  - ☑ 牙数：选择此选项，激活 牙数 文本框，牙数×螺距=轴向步距。
  - ☑ 刀刃长度百分比：选择此选项，激活 百分比 文本框，输入数值定义轴向步距相对于螺纹刀刃口长度的百分比数值。
- ☑ 刀路：选择此选项，激活 刀路数 文本框，输入数值定义刀路数。
- ☑ 螺纹长度百分比：选择此选项，激活 百分比 文本框，输入数值定义轴向步距相对于螺纹长度的百分比数值。
- 径向步距：定义刀具沿径向进刀的步距值，包括 恒定 、 多个 和 剩余百分比 3 个选项，选择某个选项后会激活相应的文本框。
  - ☑ 恒定：选择此选项，激活 最大距离 文本框，输入固定的径向切削深度值。
  - ☑ 多个：选择此选项，激活相应列表，可以指定多个不同的径向步距。
  - ☑ 剩余百分比：可以指定每个径向刀路占剩余径向切削总深度的比例。
- 螺旋刀路：定义在铣螺纹最终时添加的刀路数，用来减小刀具偏差等因素对螺纹尺寸的影响。

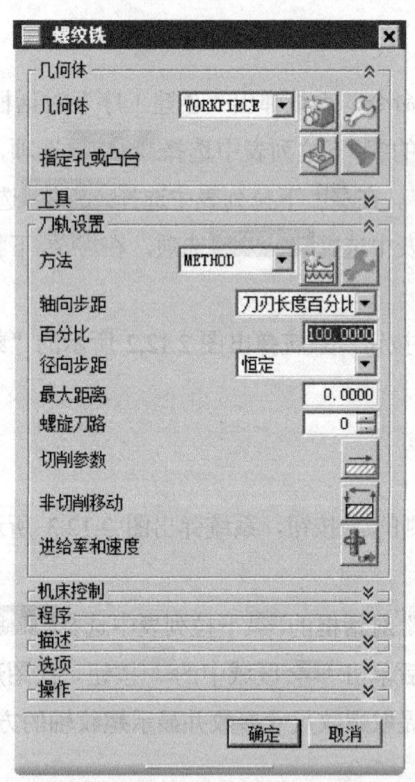

图 2.12.2　"螺纹铣"对话框（一）

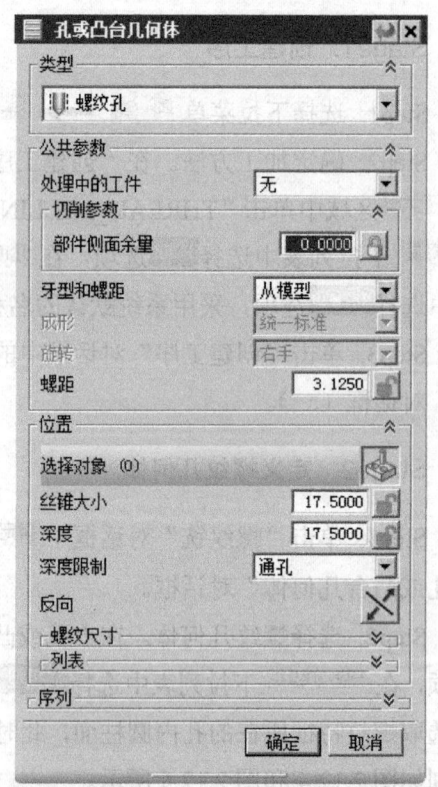

图 2.12.3　"孔或凸台几何体"对话框

图 2.12.4　螺纹尺寸参数

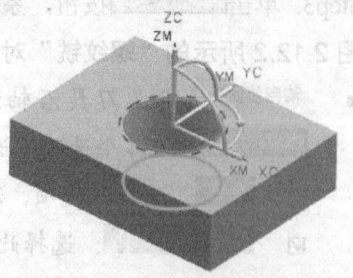

图 2.12.5　螺纹轴方向

Stage3. 定义刀轨参数

Step1. 定义轴向步距。在"螺纹铣"对话框 刀轨设置 区域的 轴向步距 下拉列表中选择 螺纹长度百分比 选项,在 百分比 文本框中输入值 5.0。

Step2. 定义径向步距。在 径向步距 下拉列表中选择 恒定 选项,在 最大距离 文本框中输入值 0.5。

Step3. 定义螺旋刀路数。在 螺旋刀路 文本框中输入值 1。

Stage4. 创建刀具

Step1. 单击"螺纹铣"对话框中 刀具 区域的 按钮,系统弹出图 2.12.6 所示的"新建刀具"对话框。

Step2. 采用系统默认设置值和名称,单击"新建刀具"对话框中的 确定 按钮,系统弹出"螺纹铣"对话框(二)。

Step3. 在"螺纹铣"对话框中设置图 2.12.7 所示的参数,单击 确定 按钮,系统返回到"螺纹铣"对话框(一)。

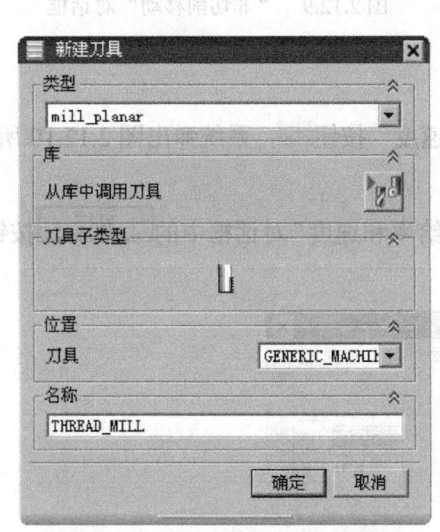

图 2.12.6 "新建刀具"对话框

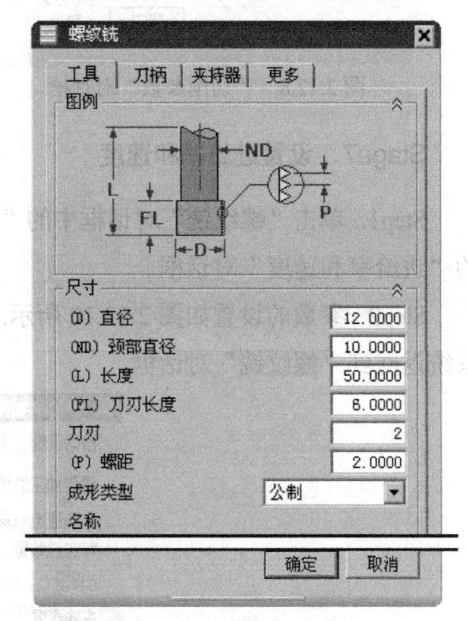

图 2.12.7 "螺纹铣"对话框(二)

Stage5. 定义切削参数

Step1. 单击"螺纹铣"对话框中的"切削参数"按钮,系统弹出"切削参数"对话框,设置参数如图 2.12.8 所示。

Step2. 其他参数采用系统默认的设置值,在"切削参数"对话框中单击 确定 按钮,系统返回到"螺纹铣"对话框。

Stage6. 设置非切削移动参数

Step1. 单击"螺纹铣"对话框 刀轨设置 区域中的"非切削移动"按钮，系统弹出"非切削移动"对话框。

Step2. 单击"非切削移动"对话框中的 进刀 选项卡，其参数的设置如图2.12.9所示。

Step3. 其他选项卡中的参数采用系统默认的设置值，单击 确定 按钮，完成非切削移动参数的设置。

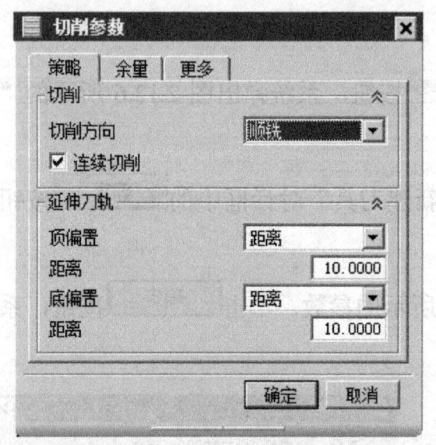

图2.12.8 "切削参数"对话框

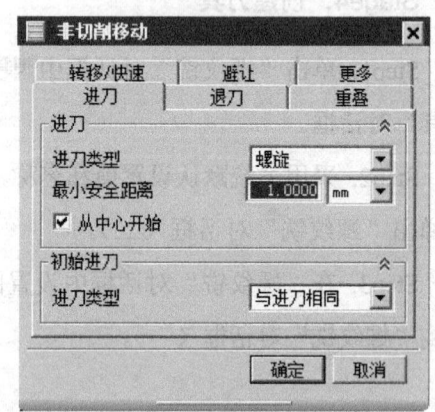

图2.12.9 "非切削移动"对话框

Stage7. 设置进给率和速度

Step1. 单击"螺纹铣"对话框中的"进给率和速度"按钮，系统弹出图2.12.10所示的"进给率和速度"对话框。

Step2. 参数的设置如图2.12.10所示，单击"进给率和速度"对话框中的 确定 按钮，系统返回到"螺纹铣"对话框。

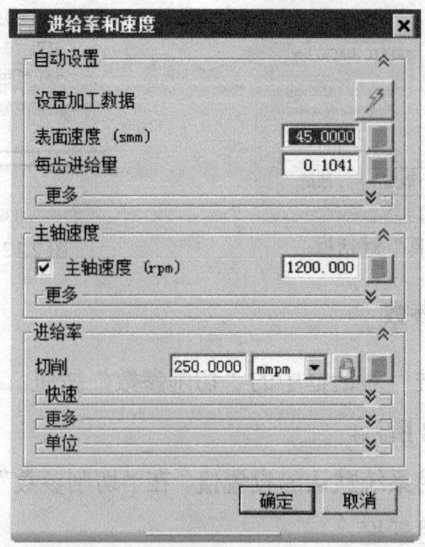

图2.12.10 "进给率和速度"对话框

Task3. 生成刀路轨迹并仿真

生成的刀路轨迹如图 2.12.11 所示。2D 动态仿真加工后的零件模型如图 2.12.12 所示。

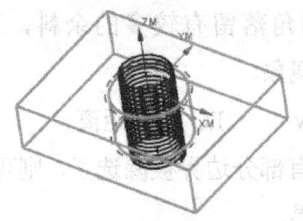

图 2.12.11 刀路轨迹

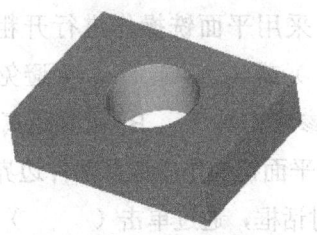

图 2.12.12 2D 仿真结果

Task4. 保存文件

选择下拉菜单 文件(F) ➡ 保存(S) 命令，保存文件。

2.13 习　　题

1．平面铣多用于加工零件的基准面、内腔的底面、内腔的侧壁等，其特点为刀轴固定，底面是平面，且各侧壁（　　　　）底面。

2．平面铣操作中的"毛坯距离"是指（　　　　　　　　　　　　　　　　　　）。

3．平面铣操作中的"部件余量"是指（　　　　　　　　　　　　　　　　　　）。

4．平面铣操作中选择"跟随周边"的切削模式，如果没有选择（　　　　），将可能在岛的周围留下多余的材料。

A．岛清根　　　B．壁清理　　　C．岛清根和壁清理　　　D．以上都不对

5．平面铣中选择修剪边界时"修剪侧"选择"外部"的意思是（　　　　　　　　　　）。

A．不加工的区域　　B．加工的区域　　C．修剪的区域　　D．检查的区域

6．平面铣中选择部件边界时"内部"的意思是（　　　　）。

A．不加工的区域　　B．加工的区域　　C．修剪的区域　　D．检查的区域

7．零件的余量在（　　　）里设定。

A．切削层　　　B．切削参数　　　C．非切削移动　　　D．坐标系

8．平面铣操作中可以通过设定（　　　　），使得切削层的范围随着深度的增加而逐渐减少，这样可以有效地减轻刀具的切削压力。

A．合并距离　　　B．增量侧面余量　　　C．毛坯余量　　　D．参考刀具

9. 平面铣操作中选择（　　　）切削模式后，可以通过设定（　　　）来实现对轮廓线进行多条刀路的加工。

　A. 跟随周边　精加工刀路　　B. 跟随周边　附加刀路　　C. 轮廓加工　附加刀路

10. 采用平面铣操作进行开粗后，如果个别角落留有较多的余料，可以通过设置（　　　）或（　　　）来避免刀具走空刀的现象。

　A. 参考刀具　　　B. 重叠距离　　　C. 2D IPW　　　D. 合并距离

11. 平面铣操作中选择部件边界后，如果发现有部分边界被漏选了，则可以进入"编辑边界"对话框，通过单击（　　　）按钮来补充边界。

　A. 编辑　　　　B. 移除　　　　C. 附加　　　　D. 全部重选

12. 平面铣中设置参考刀具在（　　　）中设置。

　A. "策略"选项卡　B. "余量"选项卡　C. "连接"选项卡　D. "空间范围"选项卡

13. 平面铣中设置切削区域的起点在（　　　）选项卡中设置。

　A. 进刀　　　　B. 退刀　　　　C. 起点/钻点　　　D. 转移/快速

14. 平面铣中设置刀具补偿在（　　　）选项卡中设置。

　A. 起点/钻点　　B. 转移/快速　　C. 避让　　　　D. 更多

15. 简述壁几何体的含义或作用。

16. 简述毛坯边界的含义或作用。

17. 简述使用边界面铣削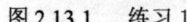和平面铣 PLANAR_MILL 的加工特点和区别。

18. 简述什么是加工坐标系（MCS）。

19. 使用本章所述知识内容，完成以下零件的加工。

【练习1】加工要求（图 2.13.1）：除底面外，加工所有表面。合理定义毛坯尺寸，加工后不能有过切或余量。加工操作中体现粗、精工序。

【练习2】加工要求（图 2.13.2）：除底面和四周的外侧面外，加工所有表面。合理定义毛坯尺寸，加工后不能有过切或余量。加工操作中体现粗、精工序。

图 2.13.1　练习 1

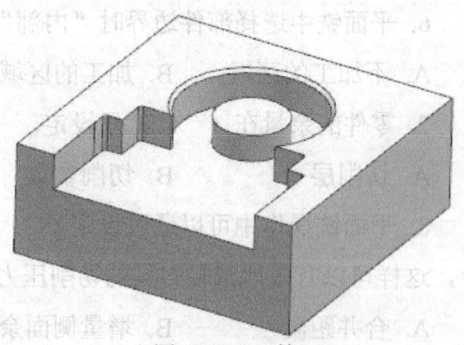

图 2.13.2　练习 2

【练习3】加工要求（图2.13.3）：除底面和四周的最大外侧面外，加工所有表面。合理定义毛坯尺寸，加工后不能有过切或余量。加工操作中体现粗、精工序。

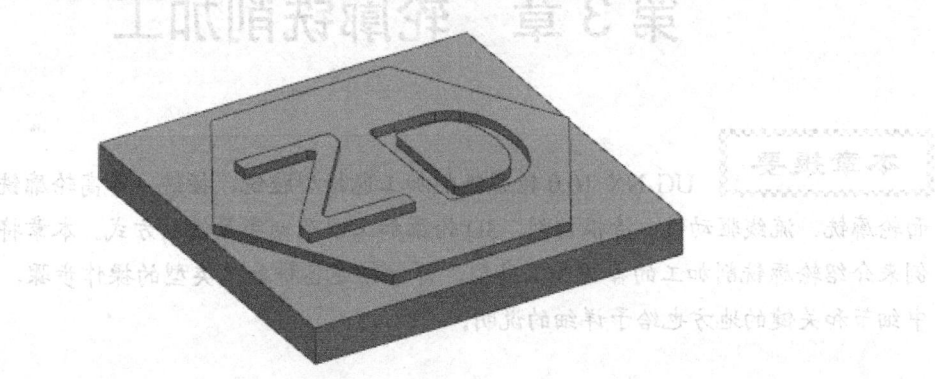

图 2.13.3　练习 3

第 3 章 轮廓铣削加工

本章提要 UG NX 10.0 轮廓铣削加工包括型腔铣、插铣、等高轮廓铣、固定轴曲面轮廓铣、流线驱动铣、清根切削、3D 轮廓加工以及刻字等铣削方式。本章将通过典型范例来介绍轮廓铣削加工的各种加工类型，详细描述各种加工类型的操作步骤，并且对于其中细节和关键的地方也给予详细的说明。

3.1 概　　述

3.1.1 型腔轮廓铣简介

型腔铣在数控加工应用上最为广泛，可用于大部分的粗加工，以及直壁或者斜度不大的侧壁的精加工。型腔轮廓铣加工的特点是刀具路径在同一高度内完成一层切削，遇到曲面时将其绕过，下降一个高度进行下一层的切削。系统按照零件在不同深度的截面形状来计算各层的刀路轨迹。型腔铣在每一个切削层上，根据切削层平面与毛坯和零件几何体的交线来定义切削范围。通过限定高度值，只作一层切削，型腔铣可用于平面的精加工及清角加工等。

3.1.2 轮廓铣的子类型

进入加工模块后，选择下拉菜单 插入(S) → 工序(E)... 命令，系统弹出图 3.1.1 所示的"创建工序"对话框。在"创建工序"对话框的 类型 下拉列表中选择 mill_contour 选项，此时对话框中出现轮廓铣削加工的 20 种子类型。

图 3.1.1 所示的"创建工序"对话框 工序子类型 区域中各按钮说明如下：

- A1 （CAVITY_MILL）：型腔铣。
- A2 （PLUNGE_MILLING）：插铣。
- A3 （CORNER_ROUGH）：轮廓粗加工。
- A4 （REST_MILLING）：剩余铣。
- A5 （ZLEVEL_PROFILE）：深度加工轮廓。
- A6 （ZLEVEL_CORNER）：深度加工拐角。
- A7 （FIXED_CONTOUR）：固定轮廓铣。

第 3 章 轮廓铣削加工

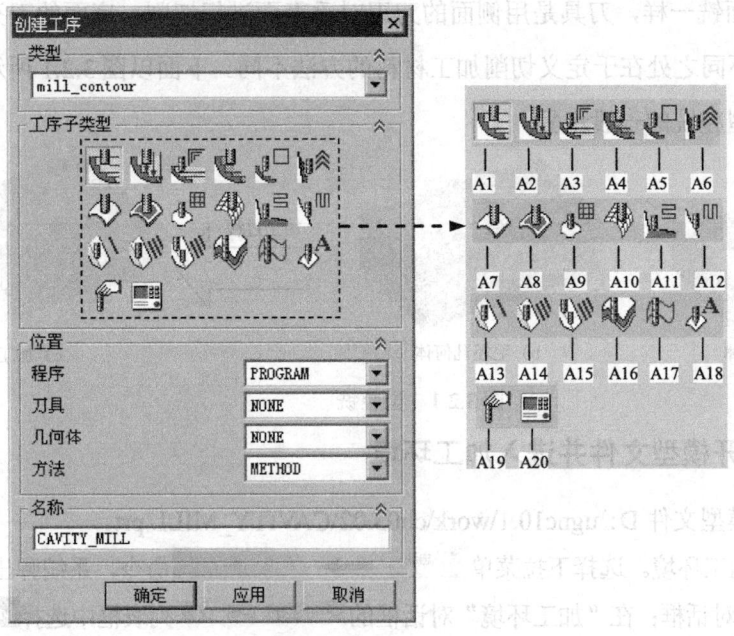

图 3.1.1 "创建工序"对话框

- A8 （COUNTOUR_AREA）：区域轮廓铣。
- A9 （CONTOUR_SURFACE_AREA）：曲面区域轮廓铣。
- A10 （STREAMLINE）：流线。
- A11 （CONTOUR_AREA_NON_STEEP）：非陡峭区域轮廓铣。
- A12 （CONTOUR_AREA_DIR_STEEP）：方向陡峭区域轮廓铣。
- A13 （FLOWCUT_SINGLE）：单刀路清根铣。
- A14 （FLOWCUT_MULTIPLE）：多刀路清根铣。
- A15 （FLOWCUT_REF_TOOL）：参考刀具清根铣。
- A16 （SOLID_PROFILE_3D）：实体轮廓 3D 铣。
- A17 （PROFILE_3D）：轮廓 3D 铣。
- A18 （CONTOUR_TEXT）：曲面文本铣削。
- A19 （MILL_USER）：自定义方式。
- A20 （MILL_CONTROL）：机床控制。

3.2 型 腔 铣

型腔铣（标准型腔铣）主要用于粗加工，可以切除大部分毛坯材料，几乎适用于加工任意形状的几何体，可以应用于大部分的粗加工和直壁或者是斜度不大的侧壁的精加工，也可以用于清根操作。型腔铣以固定刀轴快速而高效地粗加工平面和曲面类的几何体。型腔铣和平面铣一样，刀具是用侧面的刀刃对垂直面进行切削，底面的刀刃切削工件底面的材料，不同之处在于定义切削加工材料的方法不同。下面以图 3.2.1 所示的模型为例，讲解创建型腔铣的一般步骤。

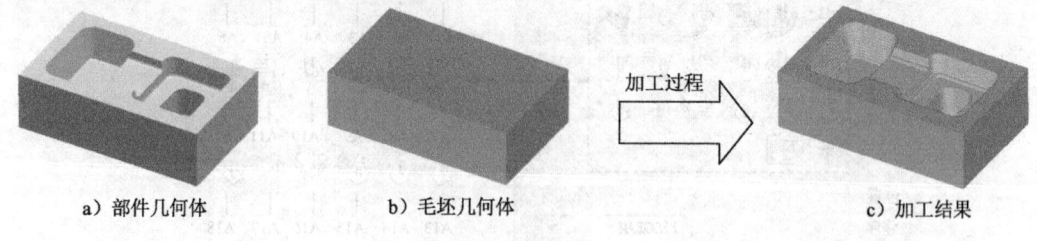

a) 部件几何体　　　　b) 毛坯几何体　　　　c) 加工结果

图 3.2.1　型腔铣

Task1. 打开模型文件并进入加工环境

Step1. 打开模型文件 D:\ugnc10.1\work\ch03.02\CAVITY_MILL.prt。

Step2. 进入加工环境。选择下拉菜单 启动 → 加工(N)... 命令，系统弹出图 3.2.2 所示的"加工环境"对话框；在"加工环境"对话框 要创建的 CAM 设置 列表框中选择 mill_contour 选项；单击 确定 按钮，进入加工环境。

Task2. 创建几何体

Stage1. 创建机床坐标系和安全平面

Step1. 创建机床坐标系。

(1) 选择下拉菜单 插入(S) → 几何体(G)... 命令，系统弹出图 3.2.3 所示的"创建几何体"对话框。

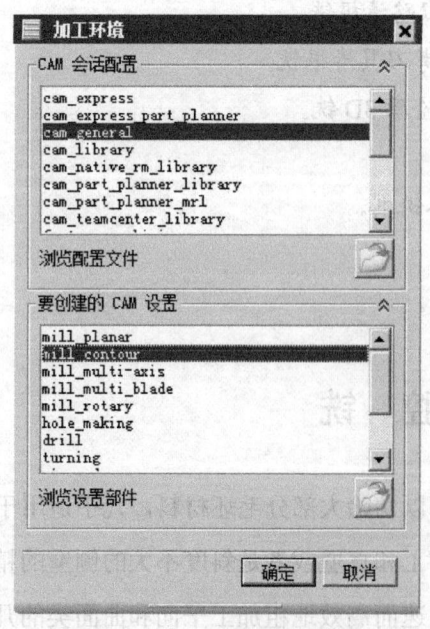

图 3.2.2　"加工环境"对话框

图 3.2.3　"创建几何体"对话框

(2)在"创建几何体"对话框的 类型 下拉列表中选择 mill_contour 选项，在 几何体子类型 区域中选择 MCS，在 几何体 下拉列表中选择 GEOMETRY 选项，在 名称 文本框中采用系统默认名称MCS。

(3)单击"创建几何体"对话框中的 确定 按钮，系统弹出图3.2.4所示的"MCS"对话框。

Step2. 在"MCS"对话框的 机床坐标系 区域中单击"CSYS对话框"按钮 ，在系统弹出的"CSYS"对话框的 类型 下拉列表中选择 动态 选项。

Step3. 单击"CSYS"对话框 操控器 区域中的 + 按钮，在"点"对话框的 参考 下拉列表中选择 WCS 选项，然后在 XC 文本框中输入值-100.0，在 YC 文本框中输入值-60.0，在 ZC 文本框中输入值0.0；单击 确定 按钮，系统返回到"CSYS"对话框；单击 确定 按钮，完成机床坐标系的创建。

Step4. 创建安全平面。

(1)在 安全设置 区域的 安全设置选项 下拉列表中选择 平面 选项。

(2)单击"平面对话框"按钮 ，系统弹出"平面"对话框；选取图3.2.5所示的模型表面为参考平面；在"平面"对话框 偏置 区域的 距离 文本框中输入值10.0。

(3)单击"平面"对话框中的 确定 按钮，完成安全平面的创建，然后再单击"MCS"对话框中的 确定 按钮。

图3.2.4 "MCS"对话框

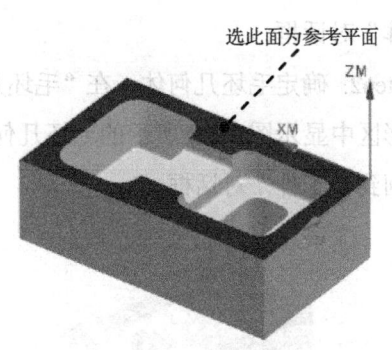

图3.2.5 选择参考平面

Stage2. 创建部件几何体

Step1. 选择下拉菜单 插入(S) → 几何体(G)... 命令，系统弹出图3.2.3所示的"创建几何体"对话框。

Step2. 在"创建几何体"对话框的 类型 下拉列表中选择 mill_contour 选项，在 几何体子类型 区域中单击"WORKPIECE"按钮 ，在 几何体 下拉列表中选择 MCS 选项，在 名称 文本框中采用系统默认的名称WORKPIECE_1。

Step3. 单击 确定 按钮，系统弹出图3.2.6所示的"工件"对话框。

Step4. 在"工件"对话框中单击"选择或编辑部件几何体"按钮 ，系统弹出图 3.2.7 所示的"部件几何体"对话框；在图形区选取整个零件实体为部件几何体，结果如图 3.2.8 所示。

Step5. 单击"部件几何体"对话框中的 确定 按钮，系统返回到"工件"对话框。

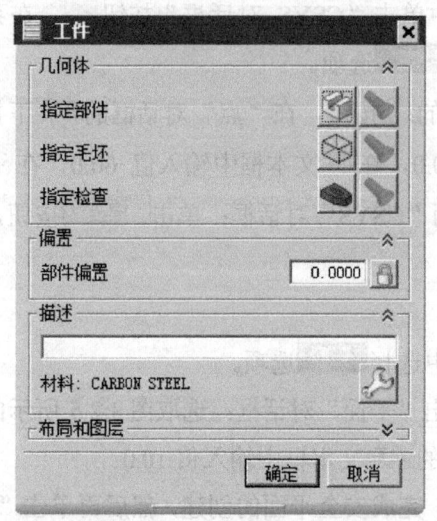

图 3.2.6 "工件"对话框

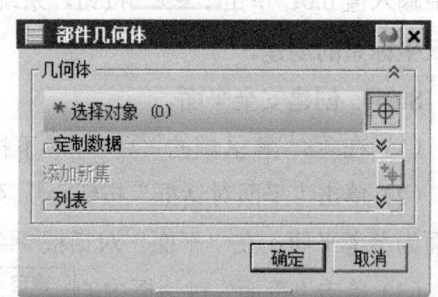

图 3.2.7 "部件几何体"对话框

Stage3. 创建毛坯几何体

Step1. 在"工件"对话框中单击"选择或编辑毛坯几何体"按钮 ，系统弹出"毛坯几何体"对话框。

Step2. 确定毛坯几何体。在"毛坯几何体"对话框的 类型 下拉列表中选择 包容块 选项，在图形区中显示图 3.2.9 所示的毛坯几何体；单击 确定 按钮，完成毛坯几何体的创建，系统返回到"工件"对话框。

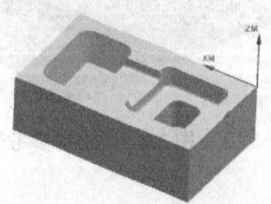

图 3.2.8 部件几何体

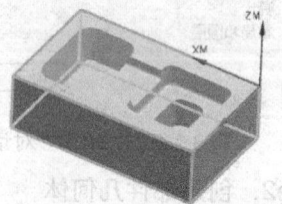

图 3.2.9 毛坯几何体

Step3. 单击"工件"对话框中的 确定 按钮。

Task3. 创建刀具

Step1. 选择下拉菜单 插入(S) → 刀具(T)... 命令，系统弹出图 3.2.10 所示的"创建刀具"对话框。

Step2. 确定刀具类型。在"创建刀具"对话框的 类型 下拉列表中选择 mill_contour 选项，在 刀具子类型 区域中单击"MILL"按钮，在 刀具 下拉列表中选择 GENERIC_MACHINE 选项，在 名称 文本框中输入 D12R1；单击 确定 按钮，系统弹出"铣刀-5 参数"对话框。

Step3. 设置刀具参数。在"铣刀-5 参数"对话框中设置图 3.2.11 所示的刀具参数，单击 确定 按钮，完成刀具的创建。

图 3.2.10 "创建刀具"对话框

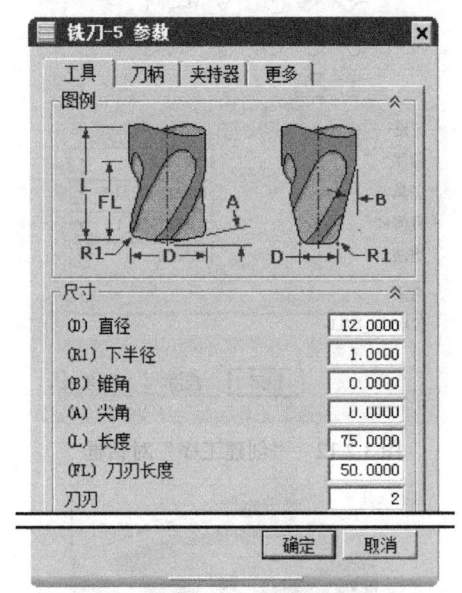
图 3.2.11 "铣刀-5 参数"对话框

Task4. 创建型腔铣操作

Stage1. 创建工序

Step1. 选择下拉菜单 插入(S) → 工序(E)... 命令，系统弹出"创建工序"对话框。

Step2. 确定加工方法。在图 3.2.12 所示的"创建工序"对话框的 类型 下拉列表中选择 mill_contour 选项，在 工序子类型 区域中单击"型腔铣"按钮，在 程序 下拉列表中选择 PROGRAM 选项，在 刀具 下拉列表中选择 D12R1 (铣刀-5 参数) 选项，在 几何体 下拉列表中选择 WORKPIECE_1 选项，在 方法 下拉列表中选择 METHOD 选项；单击 确定 按钮，系统弹出图 3.2.13 所示的"型腔铣"对话框。

Stage2. 显示刀具和几何体

Step1. 显示刀具。在 刀具 区域中单击"编辑/显示"按钮，系统会弹出"铣刀-5 参数"对话框，同时在图形区显示当前刀具的形状及大小，然后在该对话框中单击 确定 按钮。

Step2. 显示几何体。在 几何体 区域中单击 指定部件 右侧的"显示"按钮，在图形区会显示与之相对应的几何体，如图 3.2.14 所示。

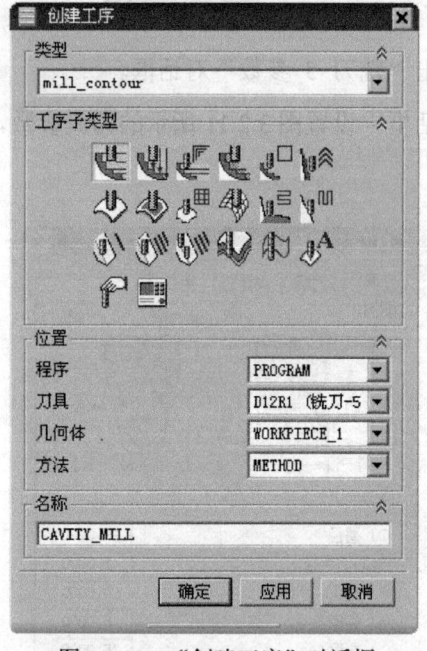

图 3.2.12 "创建工序"对话框

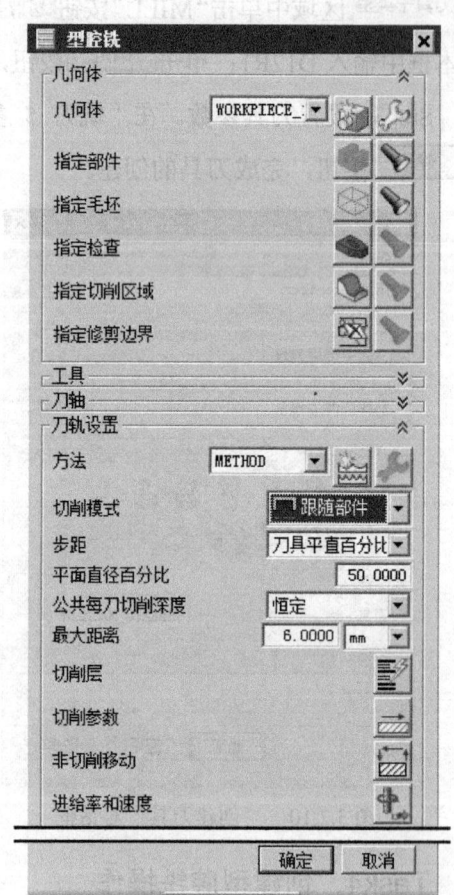

图 3.2.13 "型腔铣"对话框

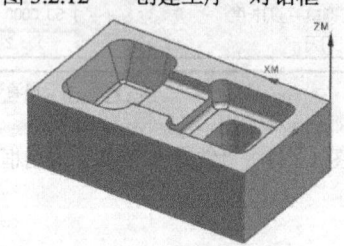

图 3.2.14 显示几何体

Stage3. 设置刀具路径参数

Step1. 在"型腔铣"对话框的 切削模式 下拉列表中选择 跟随周边 选项。

Step2. 在 步距 下拉列表中选择 刀具平直百分比 选项，在 平面直径百分比 文本框中输入值 50.0。

Step3. 在 公共每刀切削深度 下拉列表中选择 恒定 选项，然后在 最大距离 文本框中输入值 3.0。

Stage4. 设置切削参数

Step1. 单击"型腔铣"对话框中的"切削参数"按钮 ，系统弹出"切削参数"对话框。

Step2. 在"切削参数"对话框中单击 策略 选项卡，设置图 3.2.15 所示的参数。

图 3.2.15 所示的"切削参数"对话框 策略 选项卡 切削 区域的 切削顺序 下拉列表中 层优先 和 深度优先 选项的说明如下。

● 深度优先：每次将一个切削区中的所有层切削完后再进行下一个切削区的切削，如

● 层优先：每次切削完工件上所有同一高度的切削层后再进入下一层的切削，如图 3.2.17 所示。

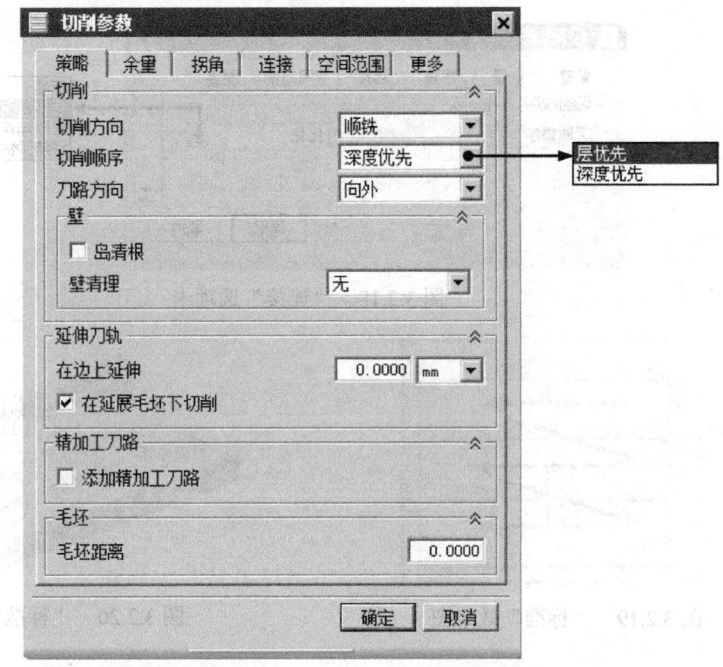

图 3.2.15 "策略"选项卡

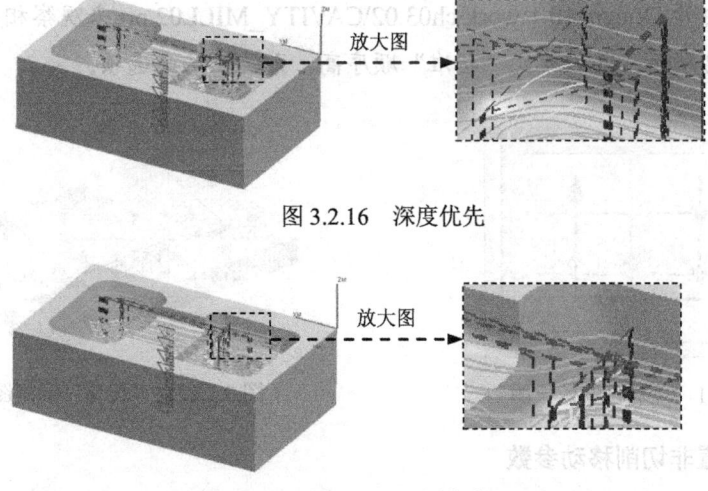

图 3.2.16 深度优先

图 3.2.17 层优先

Step3. 在"切削参数"对话框中单击 连接 选项卡，其参数设置如图 3.2.18 所示；单击 确定 按钮，系统返回到"型腔铣"对话框。

图 3.2.18 所示的"切削参数"对话框 连接 选项卡 切削顺序 区域的 区域排序 下拉列表中部分选项的说明如下：

- 标准：根据切削区域的创建顺序来确定各切削区域的加工顺序，如图 3.2.19 所示。读者可打开 D:\ugnc10.1\work\ch03.02\CAVITY_MILL01.prt 来观察相应的模型，如图 3.2.20 所示。

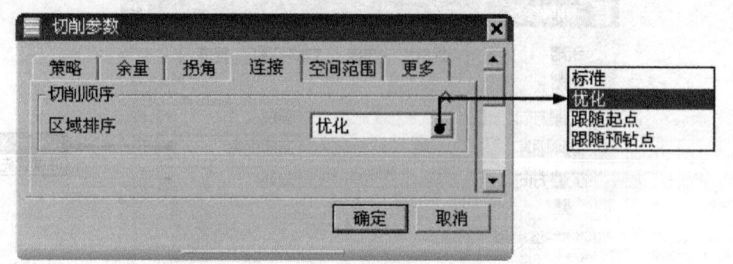

图 3.2.18 "连接"选项卡

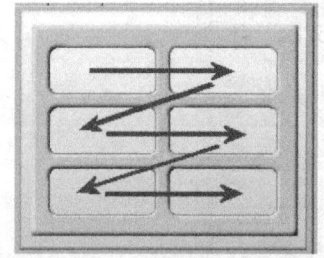

图 3.2.19 "标准"效果图

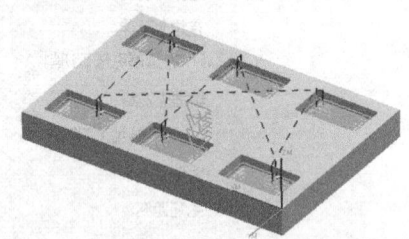

图 3.2.20 "标准"示例图

- 优化：根据抬刀后横越运动最短的原则决定切削区域的加工顺序，如图 3.2.21 所示。读者可打开 D:\ugnc10.1\work\ch03.02\CAVITY_MILL02.prt 来观察相应的模型，如图 3.2.22 所示。其效率比"标准"顺序高，系统默认此选项。

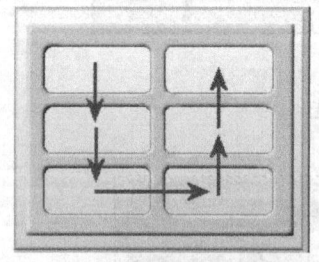

图 3.2.21 "优化"效果图

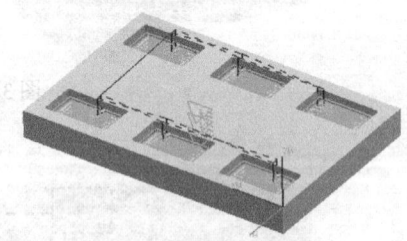

图 3.2.22 "优化"示例图

Stage5. 设置非切削移动参数

Step1. 在"型腔铣"对话框中单击"非切削移动"按钮，系统弹出"非切削移动"对话框。

Step2. 单击"非切削移动"对话框中的 进刀 选项卡，在 封闭区域 的 进刀类型 下拉列表中选择 螺旋 选项，在 封闭区域 的 高度 文本框中输入值 10.0，其他参数设置如图 3.2.23 所示；单击 确定 按钮，完成非切削移动参数的设置。

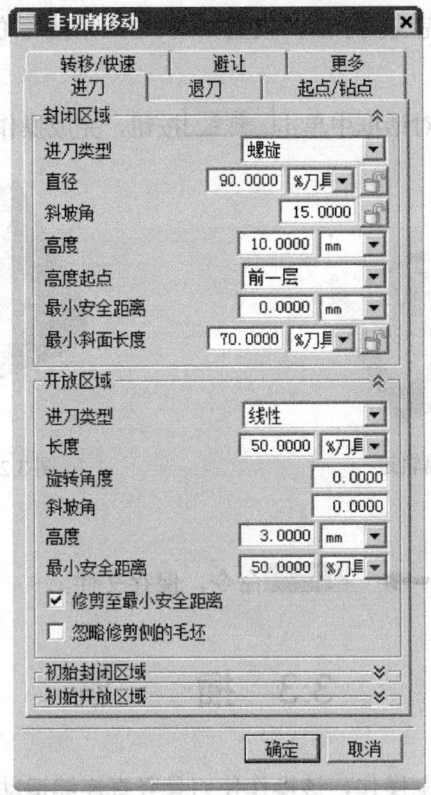

图 3.2.23 "非切削移动"对话框

Stage6. 设置进给率和速度

Step1. 单击"型腔铣"对话框中的"进给率和速度"按钮 ![], 系统弹出"进给率和速度"对话框。

Step2. 在"进给率和速度"对话框中选中 ☑ 主轴速度 (rpm) 复选框, 然后在其文本框中输入值 1200.0, 在 切削 文本框中输入值 250.0; 按 Enter 键, 单击 ![] 按钮, 其他参数采用系统默认的设置值。

注意: 这里不设置表面速度和每齿进给并不表示其值为 0, 系统会根据主轴转速计算表面速度, 会根据剪切值计算每齿进给量。

Step3. 单击"进给率和速度"对话框中的 确定 按钮, 完成进给率和速度的设置, 系统返回到"型腔铣"对话框。

Task5. 生成刀路轨迹并仿真

Step1. 在"型腔铣"对话框中单击"生成"按钮 ![], 在图形区中生成图 3.2.24 所示的刀路轨迹。

Step2. 在"型腔铣"对话框中单击"确认"按钮 ![], 系统弹出"刀轨可视化"对话框。在"刀轨可视化"对话框中单击 2D 动态 选项卡, 调整动画速度后单击"播放"按钮 ![], 即可演示刀具按刀轨运行。完成演示后的模型如图3.2.25所示,仿真完成后单击 确定 按钮,完成仿真操作。

Step3. 在"型腔铣"对话框中单击 确定 按钮,完成操作。

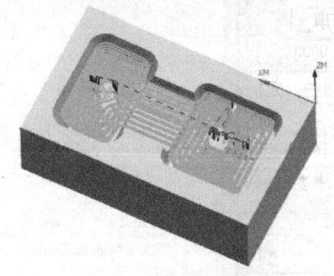
图3.2.24 刀路轨迹

图3.2.25 2D仿真结果

Task6. 保存文件

选择下拉菜单 文件(F) → 保存(S) 命令,保存文件。

3.3 插 铣

插铣是一种独特的铣削操作,该操作使刀具竖直连续运动,高效地对毛坯进行粗加工。在切除大量材料(尤其在非常深的区域)时,插铣比型腔铣削的效率更高。插铣加工的径向力较小,这样就有可能使用更细长的刀具,而且保持较高的材料切削速度。它是金属切削最有效的加工方法之一,对于难加工材料的曲面加工、切槽加工以及刀具悬伸长度较大的加工,插铣的加工效率远远高于常规的层铣削加工。

下面以图3.3.1所示的模型为例来讲解创建插铣的一般步骤。

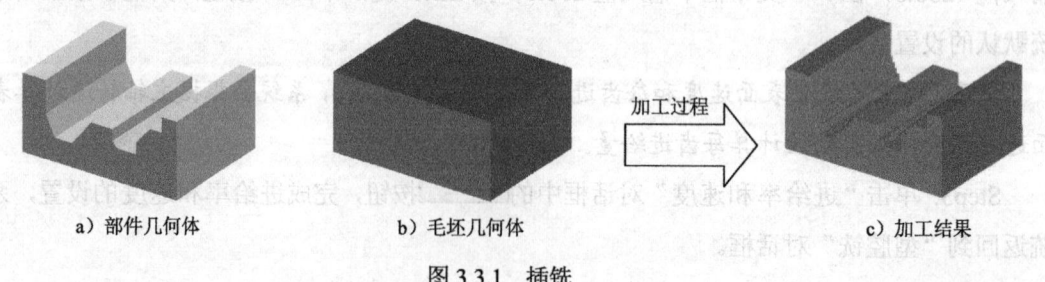
图3.3.1 插铣

Task1. 打开模型文件并进入加工模块

Step1. 打开模型文件 D:\ugnc10.1\work\ch03.03\plunge.prt。

Step2. 进入加工环境。选择下拉菜单 启动 → 加工(N)... 命令,系统弹出"加工环境"对话框;在此对话框的 要创建的 CAM 设置 列表框中选择 mill_contour 选项,单击 确定 按钮,

第 3 章 轮廓铣削加工

进入加工环境。

Task2. 创建几何体

Stage1. 创建机床坐标系

Step1. 进入几何视图。在工序导航器的空白处右击，在系统弹出的快捷菜单中选择 几何视图 命令，在工序导航器中双击节点 MCS_MILL，系统弹出图3.3.2所示的"MCS 铣削"对话框。

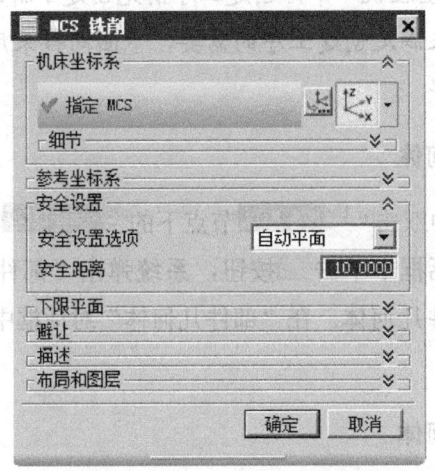

图 3.3.2　"MCS 铣削"对话框

Step2. 在"MCS 铣削"对话框的 机床坐标系 区域中单击"CSYS 对话框"按钮，系统弹出"CSYS"对话框，确认在 类型 下拉列表中选择 动态 选项。

Step3. 单击图3.3.3所示"CSYS"对话框 操控器 区域中的 + 按钮，系统弹出"点"对话框，在"点"对话框的 参考 下拉列表中选择 WCS 选项，然后在 XC 文本框中输入值-80.0，在 YC 文本框中输入值-60.0，在 ZC 文本框中输入值 73.0；单击 确定 按钮，系统返回到"CSYS"对话框；单击 确定 按钮，完成图3.3.4所示机床坐标系的创建，系统返回到"MCS 铣削"对话框。

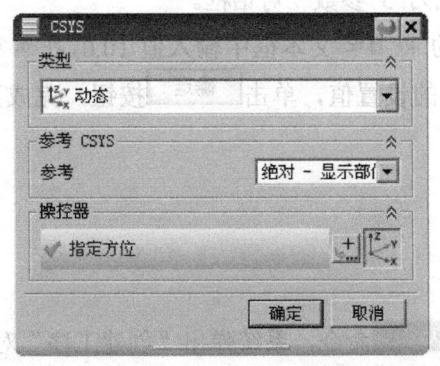

图 3.3.3　"CSYS"对话框

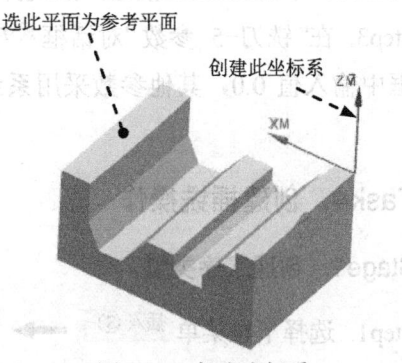

图 3.3.4　机床坐标系

Stage2. 创建安全平面

Step1. 在 安全设置 区域的 安全设置选项 下拉列表中选择 平面 选项，单击"平面对话框"按钮，系统弹出"平面"对话框。

Step2. 选取图 3.3.4 所示的模型表面为参考平面，在 偏置 区域的 距离 文本框中输入值 10.0，单击 确定 按钮，再单击"MCS 铣削"对话框中的 确定 按钮，完成安全平面的创建。

说明：在上一节"3.2 型腔铣"中，创建工序前先创建了新的机床坐标系，这是通过修改模板自带的机床坐标系来满足创建工序的需要，下面同样采用修改的方法来创建铣削几何体来满足创建工序的需要。

Stage3. 创建部件几何体

Step1. 在工序导航器中双击 MCS_MILL 节点下的 WORKPIECE，系统弹出"工件"对话框。

Step2. 在"工件"对话框中单击 按钮，系统弹出"部件几何体"对话框，在图形区选取整个零件实体为部件几何体。在"部件几何体"对话框中单击 确定 按钮，完成部件几何体的创建。

Stage4. 创建毛坯几何体

Step1. 在"工件"对话框中单击 按钮，系统弹出"毛坯几何体"对话框。

Step2. 在"毛坯几何体"对话框的 类型 下拉列表中选择 包容块 选项，然后单击 确定 按钮，系统返回到"工件"对话框；单击 确定 按钮，完成工件的创建。

Task3. 创建刀具

Step1. 选择下拉菜单 插入(S) → 刀具(T) 命令，系统弹出"创建刀具"对话框。

Step2. 确定刀具类型。在"创建刀具"对话框的 类型 下拉列表中选择 mill_contour 选项，在 刀具子类型 区域中单击"MILL"按钮，在 刀具 下拉列表中选择 NONE 选项，在 名称 文本框中输入 D10，单击 确定 按钮，系统弹出"铣刀-5 参数"对话框。

Step3. 在"铣刀-5 参数"对话框 尺寸 区域的 (D) 直径 文本框中输入值 10.0，在 (R1) 下半径 文本框中输入值 0.0，其他参数采用系统默认的设置值，单击 确定 按钮，完成刀具的创建。

Task4. 创建插铣操作

Stage1. 创建工序类型

Step1. 选择下拉菜单 插入(S) → 工序(E)... 命令，系统弹出"创建工序"对话框。

Step2. 确定加工方法。在"创建工序"对话框的 类型 下拉列表中选择 mill_contour 选项，

在 工序子类型 区域中单击"PLUNGE_MILLING"按钮,在 程序 下拉列表中选择 PROGRAM 选项,在 刀具 下拉列表中选择 D10(铣刀-5 参数) 选项,在 几何体 下拉列表中选择 WORKPIECE 选项,在 方法 下拉列表中选择 METHOD 选项,单击 确定 按钮,系统弹出图 3.3.5 所示的"插铣"对话框。

Stage2. 显示刀具和几何体

Step1. 显示刀具。在 刀具 区域中单击"编辑/显示"按钮,系统会弹出"铣刀-5 参数"对话框,同时在图形区显示当前刀具的形状及大小,然后在弹出的对话框中单击 确定 按钮。

Step2. 显示几何体。在 几何体 区域中单击 指定部件 右侧的"显示"按钮,在图形区会显示与之相对应的几何体,如图 3.3.6 所示。

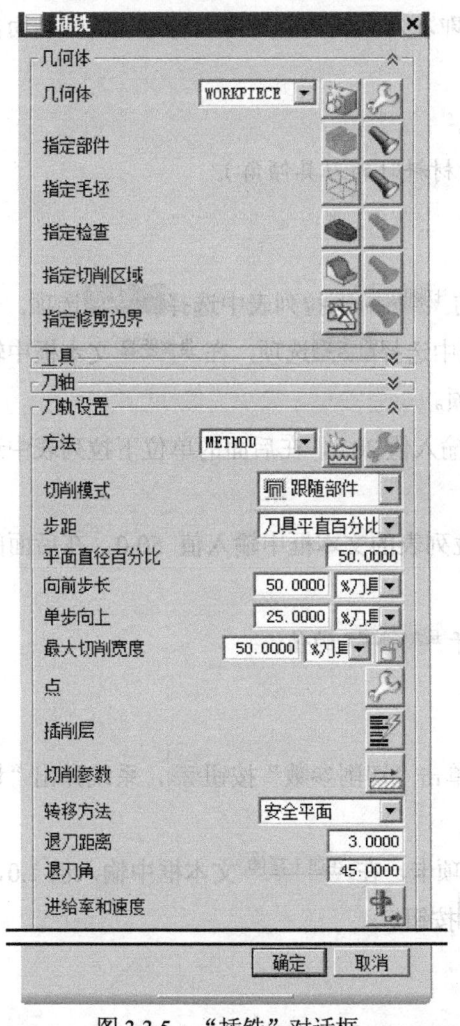

图 3.3.5 "插铣"对话框

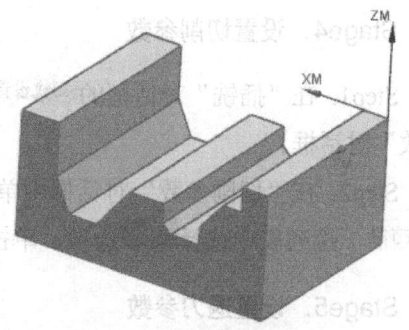

图 3.3.6 显示几何体

图 3.3.5 所示的"插铣"对话框中部分选项的说明如下。

- 向前步长:指定刀具从一次插铣到下一次插铣时向前移动的步长,可以是刀具直径的百分比值，也可以是指定的步进值。在一些切削工况中，横向步长距离或向前步长距离必须小于指定的最大切削宽度值。必要时，系统会减小应用的向前步长，以使其在最大切削宽度值内。

- 单步向上：是指切削层之间的最小距离，用来控制插削层的数目。
- 最大切削宽度：是指刀具可切削的最大宽度（俯视刀轴时），通常由刀具制造商决定。
- 点 选项后的"点"按钮：用于设置插铣削的进刀点以及切削区域的起点。
- 插削层 后面的 按钮：用来设置插削深度，默认是到工件底部。
- 转移方法：每次进刀完毕后刀具退刀至设置的平面上，然后进行下一次的进刀。此下拉菜单有如下两种选项可供选择。
  - ☑ 安全平面：每次都退刀至设置的安全平面高度。
  - ☑ 自动：自动退刀至最低安全高度，即在刀具不过切且不碰撞时 ZC 轴轴向高度和设置的安全距离之和。
- 退刀距离：设置退刀时刀具的退刀距离。
- 退刀角：设置退刀时刀具的倾角（切出材料时的刀具倾角）。

Stage3．设置刀具路径参数

Step1．设置切削方式。在"插铣"对话框的 切削模式 下拉列表中选择 往复 选项。

Step2．设置切削步进方式。在 步距 下拉列表中选择 恒定 选项，在 最大距离 文本框中输入值 30.0，在后面的单位下拉列表中选择 %刀具 选项。

Step3．设置向前步长。在 向前步长 文本框中输入值 20.0，在后面的单位下拉列表中选择 %刀具 选项。

Step4．设置最大切削宽度。在 最大切削宽度 下拉列表的文本框中输入值 50.0，在后面的单位下拉列表中选择 %刀具 选项。

注意：设置的 向前步长 和 步距 的值均不能大于 最大切削宽度 的值。

Stage4．设置切削参数

Step1．在"插铣"对话框的 刀轨设置 区域中单击"切削参数"按钮 ，系统弹出"切削参数"对话框。

Step2．在"切削参数"对话框中单击 策略 选项卡，在 在边上延伸 文本框中输入值 1.0，在 切削方向 下拉列表中选择 顺铣 选项，单击 确定 按钮。

Stage5．设置退刀参数

在 刀轨设置 区域的 转移方法 下拉列表中选择 安全平面 选项，在 退刀距离 文本框中输入值 3.0，在 退刀角 文本框中输入值 45.0。

Stage6. 设置进给率和速度

Step1. 在"插铣"对话框中单击"进给率和速度"按钮，系统弹出"进给率和速度"对话框。

Step2. 在"进给率和速度"对话框选中 ☑ 主轴速度 (rpm) 复选框，然后在其文本框中输入值 1200.0，在 切削 文本框中输入值 1250.0，按 Enter 键，然后单击 按钮。

Step3. 在 更多 区域的 进刀 文本框中输入值 600.0，在 第一刀切削 文本框中输入值 300.0，在其后面的单位下拉列表中选择 mmpm 选项；其他选项均采用系统默认的设置值。

Step4. 单击 确定 按钮，完成进给率和速度的设置，系统返回到"插铣"对话框。

Task5. 生成刀路轨迹并仿真

Step1. 在"插铣"对话框中单击"生成"按钮，在图形区中生成图 3.3.7 所示的刀路轨迹（一），将模型调整为后视图查看刀路轨迹，如图 3.3.8 所示。

Step2. 在"插铣"对话框中单击"确定"按钮，系统弹出"刀轨可视化"对话框。

Step3. 使用 2D 动态仿真。在"刀轨可视化"对话框中单击 2D 动态 选项卡，采用系统默认的设置值，调整动画速度后单击"播放"按钮 ▶，即可演示刀具按刀轨运行，完成演示后的模型如图 3.3.9 所示。仿真完成后单击 确定 按钮，完成操作。

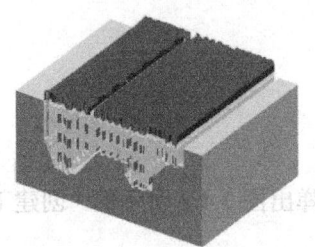
图 3.3.7 刀路轨迹（一）

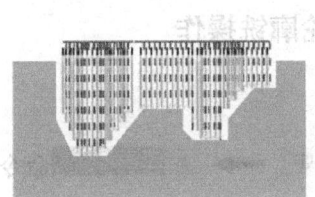
图 3.3.8 刀路轨迹（二）

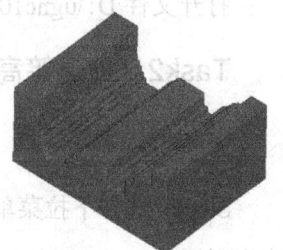
图 3.3.9 2D 仿真结果

Step4. 在"插铣"对话框中单击 确定 按钮，完成操作。

Task6. 保存文件

选择下拉菜单 文件(F) ➡ 保存(S) 命令，保存文件。

3.4 等高轮廓铣

等高轮廓铣是一种固定的轴铣削操作，通过多个切削层来加工零件表面轮廓。在等高轮廓铣操作中，除了可以指定部件几何体外，还可以指定切削区域作为部件几何体的子集，方便限制切削区域。如果没有指定切削区域，则将对整个零件进行切削。在创建等高轮廓铣削路径时,系统自动追踪零件几何,检查几何的陡峭区域,定制追踪形状,识别可加工的切削区域,并在所有的切削层上生成不过切的刀具路径。等高轮廓铣的一个重要功能就是能够指定"陡角",以区分陡峭与非陡峭区域,因此可以分为一般等高轮廓铣和陡峭区域等高轮廓铣。

3.4.1 一般等高轮廓铣

对于没有陡峭区域的零件,则进行一般等高轮廓铣加工。下面以图 3.4.1 所示的模型为例,讲解创建一般等高轮廓铣的一般步骤。

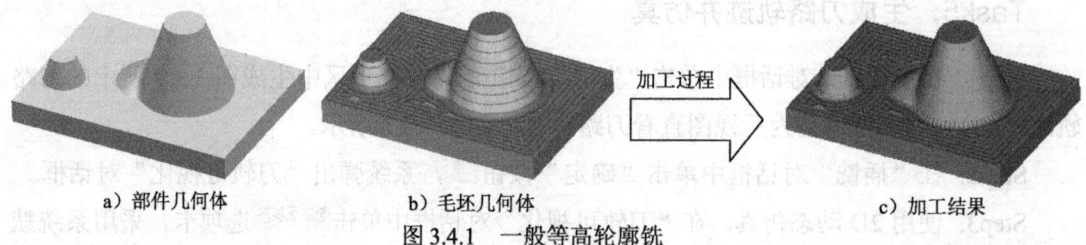

图 3.4.1　一般等高轮廓铣

Task1. 打开模型文件

打开文件 D:\ugnc10.1\work\ch03.04\zlevel_profile.prt。

Task2. 创建等高线轮廓铣操作

Stage1. 创建工序

Step1. 选择下拉菜单 插入(S) ➡ 工序(E)... 命令,系统弹出图 3.4.2 所示的"创建工序"对话框。

Step2. 在"创建工序"对话框的 类型 下拉列表中选择 mill_contour 选项,在 工序子类型 区域中单击"深度轮廓加工"按钮 ,在 程序 下拉列表中选择 NC_PROGRAM 选项,在 刀具 下拉列表中选择 D12 (铣刀-球头铣) 选项,在 几何体 下拉列表中选择 WORKPIECE 选项,在 方法 下拉列表中选择 MILL_FINISH 选项,单击 确定 按钮,此时系统弹出图 3.4.3 所示的"深度轮廓加工"对话框。

图 3.4.3 所示的"深度轮廓加工"对话框中部分选项说明如下:

- 陡峭空间范围:这是等高轮廓铣区别于其他型腔铣的一个重要参数。如果在其右边的下拉菜单中选择 仅陡峭的 选项,就可以在被激活的 角度 文本框中输入角度值,这个角度称为陡峭角。零件上任意一点的陡峭角是刀轴与该点处法向矢量所形成的夹角。选择 仅陡峭的 选项后,只有陡峭角度大于或等于给定的角度的区域才能被加工。

- 合并距离 文本框:用于定义在不连贯的切削运动切除时,在刀具路径中出现的缝隙的距离。

- 最小切削长度 文本框：该文本框用于定义生成刀具路径时的最小长度值。当切削运动的距离比指定的最小切削长度值小时，系统不会在该处创建刀具路径。
- 公共每刀切削深度 文本框：用于设置加工区域内每次切削的深度。系统将计算等于且不超出指定的 公共每刀切削深度 值的实际切削层。

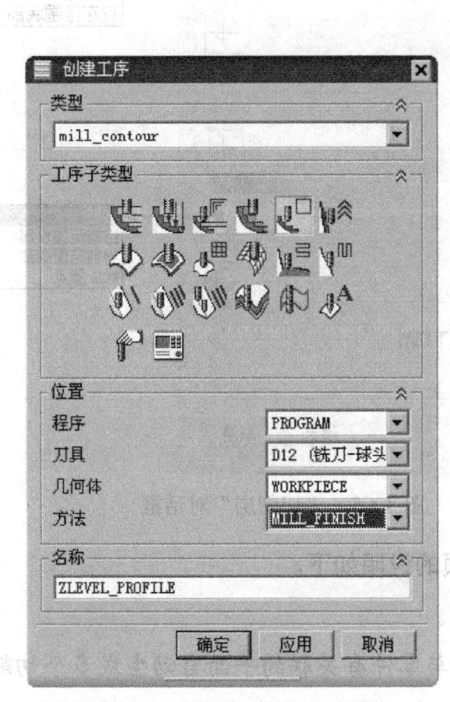

图 3.4.2　"创建工序"对话框

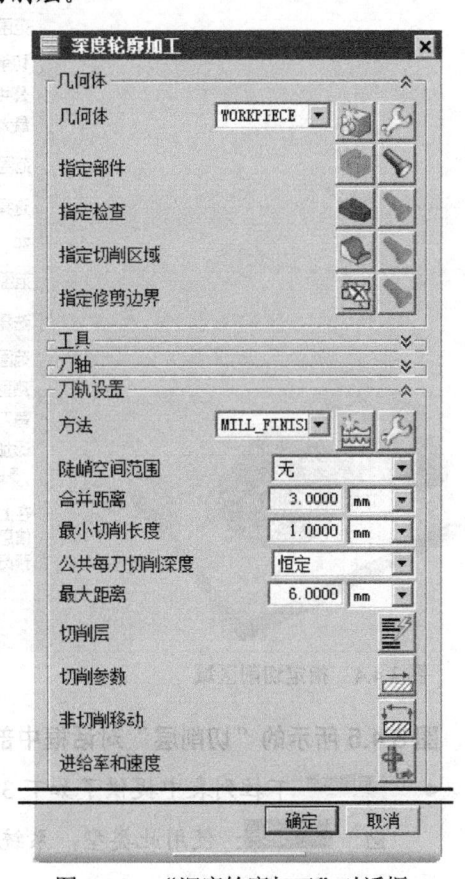

图 3.4.3　"深度轮廓加工"对话框

Stage2. 指定切削区域

Step1. 单击"深度轮廓加工"对话框中 指定切削区域 右侧的 按钮，系统弹出"切削区域"对话框。

Step2. 在绘图区中选取图 3.4.4 所示的切削区域，单击 确定 按钮，系统返回到"深度轮廓加工"对话框。

Stage3. 设置刀具路径参数和切削层

Step1. 设置刀具路径参数。在"深度轮廓加工"对话框中的 合并距离 文本框中输入值 2.0，在 最小切削长度 文本框中输入值 1.0，在 公共每刀切削深度 下拉列表中选择 恒定 选项，然后在 最大距离 文本框中输入值 0.2。

Step2. 设置切削层。单击"深度轮廓加工"对话框中的"切削层"按钮 ，系统弹出

图 3.4.5 所示的"切削层"对话框,其参数采用系统默认的设置值,单击 确定 按钮,系统返回到"深度轮廓加工"对话框。

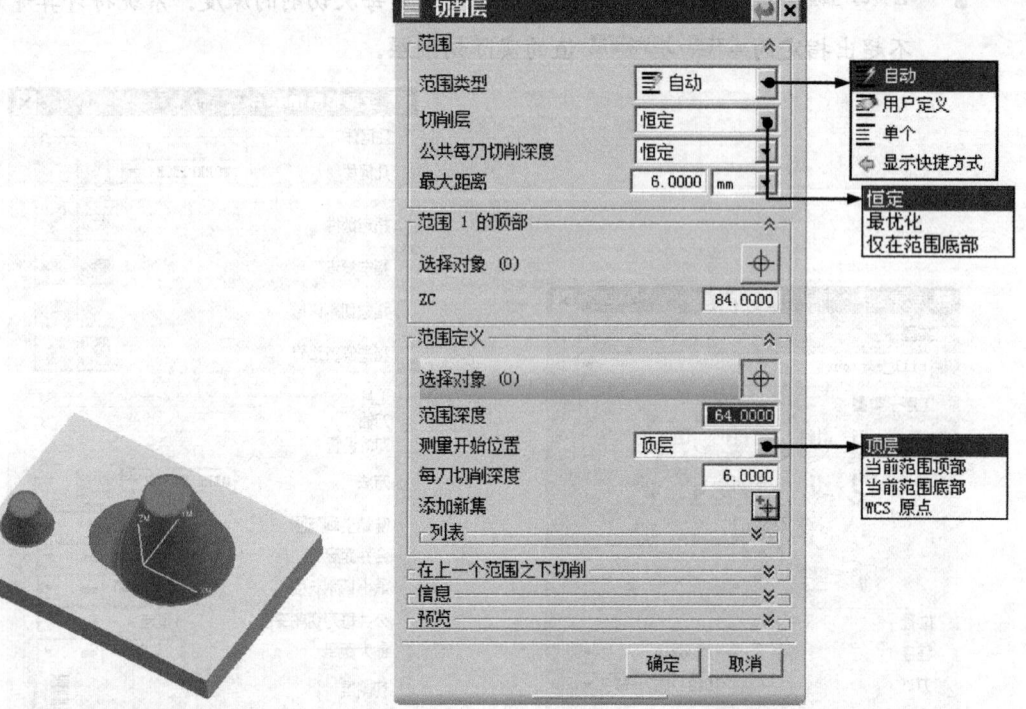

图 3.4.4 指定切削区域　　　　图 3.4.5 "切削层"对话框

图 3.4.5 所示的"切削层"对话框中部分选项的说明如下。

- 范围类型 下拉列表中提供了如下 3 种选项。
  - ☑ 自动:使用此类型,系统将通过与零件有关联的平面自动生成多个切削深度区间。
  - ☑ 用户定义:使用此类型,用户可以通过定义每一个区间的底面生成切削层。
  - ☑ 单个:使用此类型,用户可以通过零件几何和毛坯几何定义切削深度。
- 公共每刀切削深度:用于设置每个切削层的最大深度。通过对 公共每刀切削深度 进行设置,系统将自动计算分几层进行切削。
- 切削层 下拉列表中提供了如下 3 种选项。
  - ☑ 恒定:将切削深度恒定保持在 公共每刀切削深度 的设置值。
  - ☑ 最优化:优化切削深度,以便在部件间距和残余高度方面更加一致。最优化在斜度从陡峭或几乎竖直变为表面或平面时创建其他切削,最大切削深度不超过全局每刀深度值,仅用于深度加工操作。
  - ☑ 仅在范围底部:仅在范围底部切削不细分切削范围,选择此选项将使全局每刀深

第 3 章　轮廓铣削加工

度选项处于非活动状态。

- 测量开始位置 下拉列表中提供了如下 4 种选项。
  - ☑ 顶层：选择该选项后，测量切削范围深度从第一个切削顶部开始。
  - ☑ 当前范围顶部：选择该选项后，测量切削范围深度从当前切削顶部开始。
  - ☑ 当前范围底部：选择该选项后，测量切削范围深度从当前切削底部开始。
  - ☑ WCS 原点：选择该选项后，测量切削范围深度从当前工作坐标系原点开始。
- 范围深度 文本框：在该文本框中，通过输入一个正值或负值距离，定义的范围在指定的测量位置的上部或下部。也可以利用范围深度滑块来改变范围深度，当移动滑块时，范围深度值跟着变化。
- 每刀切削深度 文本框：用来定义当前范围的切削层深度。

Stage4．设置切削参数

Step1. 单击"深度加工轮廓"对话框中的"切削参数"按钮 ![icon]，系统弹出"切削参数"对话框。

Step2. 单击"切削参数"对话框中的 策略 选项卡，在 切削顺序 下拉列表中选择 深度优先 选项。

Step3. 单击"切削参数"对话框中的 连接 选项卡，参数设置如图 3.4.6 所示，单击 确定 按钮，系统返回到"深度轮廓加工"对话框。

图 3.4.6 所示的"切削参数"对话框中 连接 选项卡部分选项的说明如下。

- 层到层 下拉列表中提供了如下 4 种选项。
  - ☑ 使用转移方法：使用进刀/退刀的设定信息，默认刀路会抬刀到安全平面。
  - ☑ 直接对部件进刀：将以跟随部件的方式来定位移动刀具。
  - ☑ 沿部件斜进刀：将以跟随部件的方式，从一个切削层到下一个切削层，需要指定 斜坡角，此时刀路较完整。
  - ☑ 沿部件交叉斜进刀：与 沿部件斜进刀 相似，不同的是在斜削进下一层之前完成每个刀路。
- ☑ 在层之间切削 复选框：可在深度铣中的切削层间存在间隙时创建额外的切削，消除在标准层到层加工操作中留在浅区域中的非常大的残余高度。

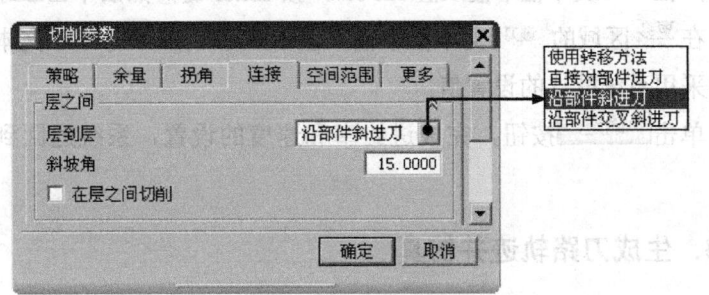

图 3.4.6　"连接"选项卡

Stage5. 设置非切削移动参数

Step1. 在"深度轮廓加工"对话框中单击"非切削移动"按钮,系统弹出"非切削移动"对话框。

Step2. 单击"非切削移动"对话框中的 进刀 选项卡,其参数设置值如图 3.4.7 所示,单击 确定 按钮,完成非切削移动参数的设置。

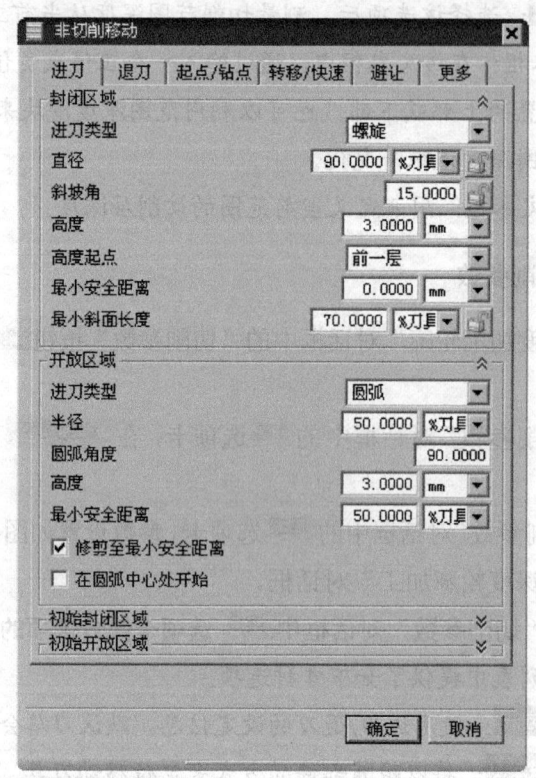

图 3.4.7 "进刀"选项卡

Stage6. 设置进给率和速度

Step1. 在"深度轮廓加工"对话框中单击"进给率和速度"按钮,系统弹出"进给率和速度"对话框。

Step2. 在"进给率和速度"对话框中选中 ☑ 主轴速度(rpm) 复选框,然后在其文本框中输入值 1200.0,在 切削 文本框中输入值 1250.0,按 Enter 键,然后单击 按钮。

Step3. 在 更多 区域的 进刀 文本框中输入值 1000.0,在 第一刀切削 文本框中输入值 300.0,其他选项均采用系统默认的设置值。

Step4. 单击 确定 按钮,完成进给率和速度的设置,系统返回到"深度轮廓加工"对话框。

Task3. 生成刀路轨迹并仿真

Step1. 在"深度轮廓加工"对话框中单击"生成"按钮![ ],在图形区中生成图 3.4.8 所示的刀路轨迹。

Step2. 在"深度轮廓加工"对话框中单击"确定"按钮![ ],系统弹出"刀轨可视化"对话框;在"刀轨可视化"对话框中单击 2D 动态 选项卡,采用系统默认的设置值,调整动画速度后单击"播放"按钮![ ],即可演示刀具按刀轨运行。完成演示后的模型如图 3.4.9 所示。仿真完成后单击 确定 按钮,完成仿真操作。

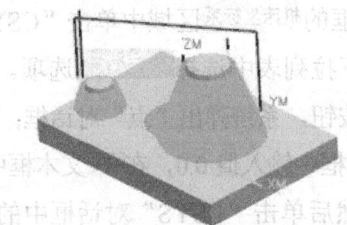
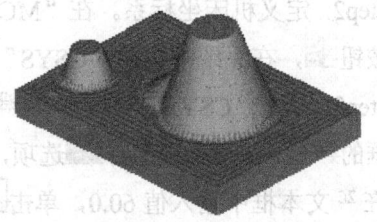

图 3.4.8 刀路轨迹   图 3.4.9 2D 仿真结果

Step3. 在"深度轮廓加工"对话框中单击 确定 按钮,完成操作。

Task4. 保存文件

选择下拉菜单 文件(F) ➡ 保存(S) 命令,保存文件。

3.4.2 陡峭区域等高轮廓铣

陡峭区域等高轮廓铣是一种能够指定陡峭角度的等高轮廓铣,通过多个切削层来加工零件表面轮廓,是一种固定轴铣操作。如果需要加工的零件表面既有平缓的曲面又有陡峭的曲面或者是非常陡峭的斜面,则特别适合这种加工方式。下面以图 3.4.10 所示的模型为例,讲解创建陡峭区域等高轮廓铣的一般步骤。

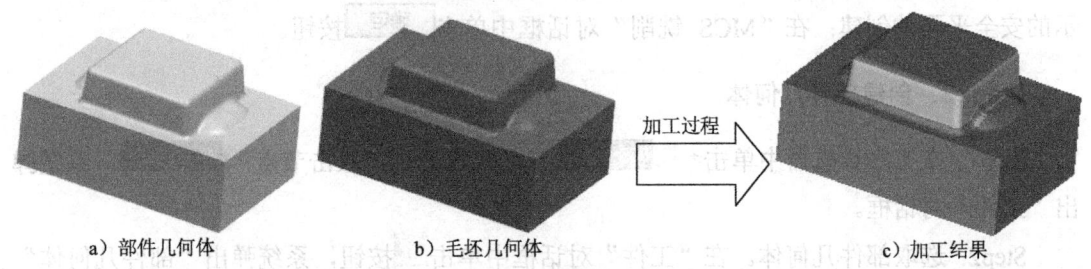

a) 部件几何体   b) 毛坯几何体   c) 加工结果

图 3.4.10 陡峭区域等高轮廓铣

Task1. 打开模型文件并进入加工模块

Step1. 打开文件 D:\ugnc10.1\work\ch03.04\ zlevel_profile_steep.prt。

Step2. 进入加工环境。选择下拉菜单 启动▼ ➡ 加工(R)... 命令,在系统弹出的"加工环境"对话框的 要创建的 CAM 设置 列表框中选择 mill_contour 选项,然后单击 确定 按钮,进入加工环境。

Task2. 创建几何体

Stage1. 创建机床坐标系和安全平面

Step1. 进入几何体视图。在工序导航器的空白处右击,在弹出的快捷菜单中选择 几何视图 命令,在工序导航器中双击节点 MCS_MILL,系统弹出"MCS 铣削"对话框。

Step2. 定义机床坐标系。在"MCS 铣削"对话框的 机床坐标系 区域中单击"CSYS 对话框"按钮,在系统弹出的"CSYS"对话框的 类型 下拉列表中选择 动态 选项。

Step3. 单击"CSYS"对话框 操控器 区域中的 按钮,系统弹出"点"对话框;在"点"对话框的 参考 下拉列表中选择 WCS 选项,然后在 XC 文本框中输入值 0.0,在 YC 文本框中输入值 0.0,在 ZC 文本框中输入值 60.0,单击 确定 按钮,然后单击"CSYS"对话框中的 确定 按钮,系统返回到"MCS 铣削"对话框,完成图 3.4.11 所示的机床坐标系的创建。

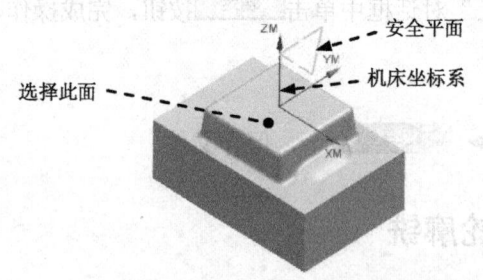

图 3.4.11 创建机床坐标系及安全平面

Step4. 创建安全平面。在 安全设置 区域的 安全设置选项 下拉列表中选择 平面 选项,单击"平面对话框"按钮,系统弹出"平面"对话框;选取图 3.4.11 所示的模型平面为参照,在 偏置 区域的 距离 文本框中输入值 20.0,单击"平面"对话框中的 确定 按钮,完成图 3.4.11 所示的安全平面的创建;在"MCS 铣削"对话框中单击 确定 按钮。

Stage2. 创建部件几何体

Step1. 在工序导航器中单击 MCS_MILL 节点前的"+",双击节点 WORKPIECE,系统弹出"工件"对话框。

Step2. 选取部件几何体。在"工件"对话框中单击 按钮,系统弹出"部件几何体"对话框,在图形区选取整个零件实体为部件几何体。

Step3. 单击 确定 按钮,完成部件几何体的创建,同时系统返回到"工件"对话框。

Stage3. 创建毛坯几何体

Step1. 在"工件"对话框中单击 按钮,系统弹出"毛坯几何体"对话框。

Step2. 确定毛坯几何体。在"毛坯几何体"对话框的 类型 下拉列表中选择 部件的偏置 选项,在 偏置 文本框中输入值 0.5;单击 确定 按钮,完成毛坯几何体的创建。

Step3. 单击"工件"对话框中的 确定 按钮。

Stage4. 创建切削区域几何体

Step1. 右击工序导航器中的节点 WORKPIECE,在弹出的快捷菜单中选择 插入 → 几何体 命令,系统弹出"创建几何体"对话框。

Step2. 在"创建几何体"对话框的 类型 下拉列表中选择 mill_contour 选项,在 几何体子类型 区域中单击"MILL_AREA"按钮,在 几何体 下拉列表中选择 WORKPIECE 选项,采用系统默认名称 MILL_AREA;单击 确定 按钮,系统弹出"铣削区域"对话框。

Step3. 在"铣削区域"对话框中单击 按钮,系统弹出"切削区域"对话框;采用系统默认的选项,选取图 3.4.12 所示的切削区域;单击 确定 按钮,系统返回到"铣削区域"对话框。

Step4. 单击"铣削区域"对话框中的 确定 按钮。

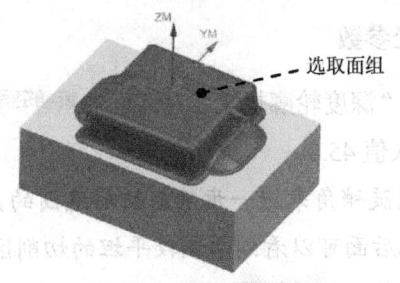

图 3.4.12 指定切削区域

Task3. 创建刀具

Step1. 选择下拉菜单 插入(S) → 刀具(T) 命令,系统弹出"创建刀具"对话框。

Step2. 在"创建刀具"对话框的 类型 下拉列表中选择 mill_contour 选项,在 刀具子类型 区域中单击"MILL"按钮,在 位置 区域的 刀具 下拉列表中选择 GENERIC_MACHINE 选项,在 名称 文本框中输入刀具名称 D10R2,然后在该对话框中单击 确定 按钮,系统弹出"铣刀-5 参数"对话框。

Step3. 设置刀具参数。在"铣刀-5 参数"对话框 尺寸 区域的 (D) 直径 文本框中输入值 10.0,在 (R1) 下半径 文本框中输入值 2.0,其他参数采用系统默认的设置值,设置完成后单击 确定 按钮,完成刀具的创建。

Task4. 创建工序

Stage1. 创建工序

Step1. 选择下拉菜单 插入(S) → 工序(E)... 命令,系统弹出"创建工序"对话框。

Step2. 确定加工方法。在"创建工序"对话框的 类型 下拉列表中选择 mill_contour 选项，在 工序子类型 区域中单击"深度轮廓加工"按钮，在 刀具 下拉列表中选择 D10R2（铣刀-5 参数）选项，在 几何体 下拉列表中选择 MILL_AREA 选项，在 方法 下拉列表中选择 MILL_FINISH 选项，采用系统默认的名称。

Step3. 单击"创建工序"对话框中的 确定 按钮，系统弹出"深度轮廓加工"对话框。

Stage2. 显示刀具和几何体

Step1. 显示刀具。在 刀具 区域中单击"编辑/显示"按钮，系统会弹出"铣刀-5 参数"对话框，同时在图形区会显示当前刀具的形状及大小；单击 确定 按钮，系统返回到"深度轮廓加工"对话框。

Step2. 显示几何体。在 几何体 区域中单击相应"显示"按钮，在图形区会显示当前的部件几何体以及切削区域。

Stage3. 设置刀具路径参数

Step1. 设置陡峭角。在"深度轮廓加工"对话框的 陡峭空间范围 下拉列表中选择 仅陡峭的 选项，并在 角度 文本框中输入值 45.0。

说明：这里是通过设置陡峭角来进一步确定切削范围的，只有陡峭角大于设定值的切削区域才能被加工到，因此后面可以看到两侧较平坦的切削区域部分没有被切削。

Step2. 设置刀具路径参数。在 合并距离 文本框中输入值 3.0，在 最小切削长度 文本框中输入值 1.0，在 公共每刀切削深度 下拉列表中选择 恒定 选项，然后在 最大距离 文本框中输入值 1.0。

Stage4. 设置切削参数

Step1. 单击"深度轮廓加工"对话框中的"切削参数"按钮，系统弹出"切削参数"对话框。

Step2. 在"切削参数"对话框中单击 策略 选项卡，在 切削顺序 下拉列表中选择 层优先 选项。

Step3. 在"切削参数"对话框中单击 余量 选项卡，取消选中 □ 使底面余量与侧面余量一致 复选框，在 部件底面余量 文本框中输入值 0.5，其他参数采用系统默认设置。

Step4. 单击 确定 按钮，返回"深度轮廓加工"对话框。

Stage5. 设置非切削移动参数

Step1. 在"深度轮廓加工"对话框中单击"非切削移动"按钮，系统弹出"非切削移动"对话框。

Step2. 单击"非切削移动"对话框中的 进刀 选项卡，其参数设置如图 3.4.13 所示，单击 确定 按钮，完成非切削移动参数的设置。

第3章 轮廓铣削加工

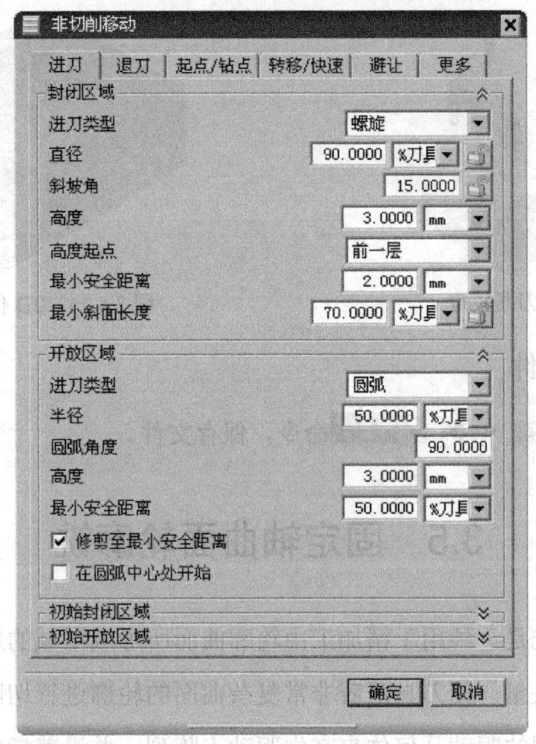

图3.4.13 "进刀"选项卡

Stage6. 设置进给率和速度

Step1. 在"深度轮廓加工"对话框中单击"进给率和速度"按钮，系统弹出"进给率和速度"对话框。

Step2. 在"进给率和速度"对话框中选中 ☑ 主轴速度 (rpm) 复选框，然后在其文本框中输入值1800.0，在 切削 文本框中输入值1250.0，按Enter键，然后单击 按钮。

Step3. 在 更多 区域的 进刀 文本框中输入值500.0，在 第一刀切削 文本框中输入值2000.0，在其后面的单位下拉列表中选择 mmpm 选项；其他选项均采用系统默认的设置值。

Step4. 单击 确定 按钮，完成进给率的设置，系统返回到"深度轮廓加工"对话框。

Task5. 生成刀路轨迹并仿真

Step1. 在"深度轮廓加工"对话框中单击"生成"按钮，在图形区中生成图3.4.14所示的刀路轨迹。

Step2. 在"深度轮廓加工"对话框中单击"确定"按钮，系统弹出"刀轨可视化"对话框；在"刀轨可视化"对话框中单击 2D 动态 选项卡，调整动画速度后单击"播放"按钮 ▶ ，即可演示2D动态仿真加工，完成演示后的模型如图3.4.15所示；单击 确定 按钮，完成仿真操作。

Step3. 在"深度轮廓加工"对话框中单击 确定 按钮，完成操作。

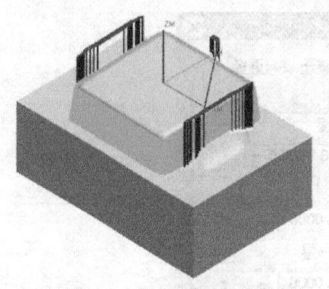
图 3.4.14 刀路轨迹

图 3.4.15 2D 仿真结果

Task6. 保存文件

选择下拉菜单 文件(F) —— 保存(S) 命令，保存文件。

3.5 固定轴曲面轮廓铣

固定轴曲面轮廓铣是一种用于精加工由轮廓曲面所形成区域的加工方式。它通过精确控制刀具轴和投影矢量，使刀具沿着非常复杂曲面的轮廓进行切削运动。固定轴曲面轮廓铣是通过定义不同的驱动几何体来产生驱动点阵列，并沿着指定的投影矢量方向投影到部件几何体上，然后将刀具定位到部件几何体以生成刀轨。

区域铣削驱动方法是固定轴曲面轮廓铣中常用到的驱动方式，其特点是驱动几何体由切削区域来产生，并且可以指定陡峭角度等多种不同的驱动设置，应用十分广泛。下面以图 3.5.1 所示的模型为例来讲解创建固定轴曲面轮廓铣的一般步骤。

a）部件几何体   b）毛坯几何体   c）加工结果
图 3.5.1 固定轴曲面轮廓铣削

Task1. 打开模型文件并进入加工模块

Step1. 打开模型文件 D:\ugnc10.1\work\ch03.05\fixed_contour.prt。

Step2. 进入加工环境。选择下拉菜单 启动 —— 加工(N)... 命令，系统弹出"加工环境"对话框；在"加工环境"对话框的 要创建的 CAM 设置 列表框中选择 mill_contour 选项，单击 确定 按钮，进入加工环境。

Task2. 创建几何体

Stage1. 创建机床坐标系和安全平面

Step1. 进入几何体视图。在工序导航器中右击，在弹出的快捷菜单中选择 几何视图 命令，双击节点 MCS_MILL，系统弹出"MCS 铣削"对话框。

Step2. 创建机床坐标系。在"MCS 铣削"对话框的 机床坐标系 区域中单击"CSYS 对话框"按钮，在系统弹出的"CSYS"对话框的 类型 下拉列表中选择 动态 选项。

Step3. 单击"CSYS"对话框 操控器 区域中的 + 按钮，系统弹出"点"对话框；在"点"对话框的 参考 下拉列表中选择 WCS 选项，在 ZC 文本框中输入值 80.0，单击 确定 按钮；在"CSYS"对话框中单击 确定 按钮，完成图 3.5.2 所示的机床坐标系的创建。

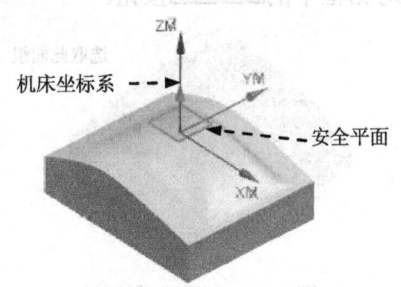

图 3.5.2　创建机床坐标系及安全平面

Step4. 创建安全平面。在 安全设置 区域的 安全设置选项 下拉列表中选择 平面 选项，单击"平面对话框"按钮，系统弹出"平面"对话框；在 类型 下拉列表中选择 XC-YC 平面 选项，在 距离 文本框中输入值 90.0，单击"平面"对话框中的 确定 按钮，完成图 3.5.2 所示安全平面的创建；在"MCS 铣削"对话框中单击 确定 按钮。

Stage2. 创建部件几何体

Step1. 在工序导航器中单击 MCS_MILL 节点前的"+"，双击节点 WORKPIECE，系统弹出"工件"对话框。

Step2. 选取部件几何体，在"工件"对话框中单击 按钮，系统弹出"部件几何体"对话框；在图形区选取整个零件实体为部件几何体，在"部件几何体"对话框中单击 确定 按钮，完成部件几何体的创建，同时系统返回到"工件"对话框。

Stage3. 创建毛坯几何体

Step1. 在"工件"对话框中单击 按钮，系统弹出"毛坯几何体"对话框。

Step2. 确定毛坯几何体。在"毛坯几何体"对话框的 类型 下拉列表中选择 部件的偏置 选项，在 偏置 文本框中输入值 0.5；单击 确定 按钮，完成毛坯几何体的定义。

Step3. 单击"工件"对话框中的 确定 按钮，完成铣削几何体的定义。

Stage4. 创建切削区域几何体

Step1. 在工序导航器的节点 WORKPIECE 上右击,在弹出的快捷菜单中选择 插入 → 几何体 命令,系统弹出"创建几何体"对话框。

Step2. 在"创建几何体"对话框的 类型 下拉列表中选择 mill_contour 选项,在 几何体子类型 区域中单击"MILL_AREA"按钮,在 几何体 下拉列表中选择 WORKPIECE 选项,采用系统默认名称 MILL_AREA,单击 确定 按钮,系统弹出"铣削区域"对话框。

Step3. 在"铣削区域"对话框中单击 按钮,系统弹出"切削区域"对话框;采用系统默认的选项,选取图 3.5.3 所示的切削区域;单击 确定 按钮,系统返回到"铣削区域"对话框;单击"铣削区域"对话框中的 确定 按钮。

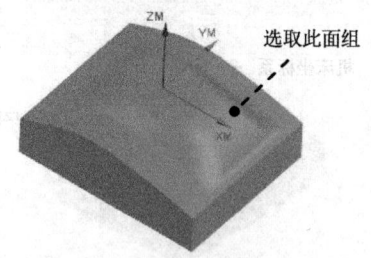

图 3.5.3 选取切削区域

Task3. 创建刀具

Step1. 选择下拉菜单 插入(S) → 刀具(T) 命令,系统弹出"创建刀具"对话框。

Step2. 设置刀具类型和参数。在"创建刀具"对话框的 类型 下拉列表中选择 mill_contour 选项,在 刀具子类型 区域中单击"BALL_MILL"按钮,在 位置 区域的 刀具 下拉列表中选择 NONE 选项,在 名称 文本框中输入刀具名称 B6,单击 确定 按钮,系统弹出"铣刀-球头铣"对话框。

Step3. 在"铣刀-球头铣"对话框 尺寸 区域的 (D) 球直径 文本框中输入值 6.0,其他参数采用系统默认的设置值,设置完成后单击 确定 按钮,完成刀具的创建。

Task4. 创建固定轴曲面轮廓铣操作

Stage1. 创建工序

Step1. 选择下拉菜单 插入(S) → 工序(E)... 命令,系统弹出"创建工序"对话框。

Step2. 确定加工方法。在"创建工序"对话框的 类型 下拉列表中选择 mill_contour 选项,在 工序子类型 区域中单击"固定轮廓铣"按钮,在 刀具 下拉列表中选择 B6 (铣刀-球头铣) 选项,在 几何体 下拉列表中选择 MILL_AREA 选项,在 方法 下拉列表中选择 MILL_FINISH 选项,单击 确定 按钮,系统弹出图 3.5.4 所示的"固定轮廓铣"对话框。

第 3 章 轮廓铣削加工

Stage2. 设置驱动几何体

设置驱动方式。在"固定轮廓铣"对话框 驱动方法 区域的 方法 下拉列表中选择 区域铣削 选项，系统弹出"区域铣削驱动方法"对话框；在此对话框中设置图 3.5.5 所示的参数；完成后单击 确定 按钮，系统返回到"固定轮廓铣"对话框。

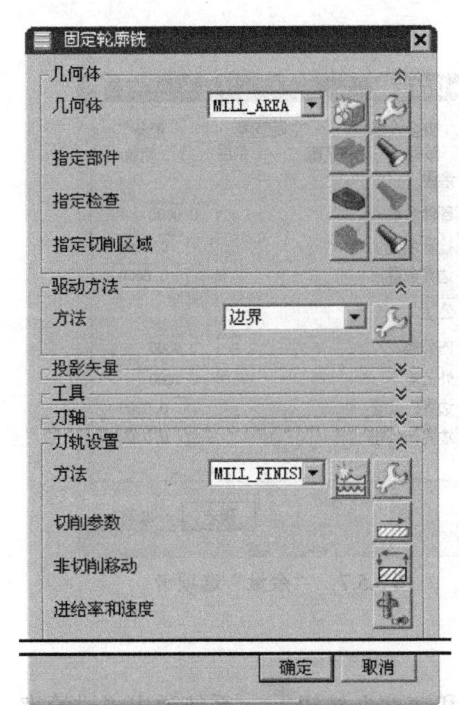

图 3.5.4 "固定轮廓铣"对话框

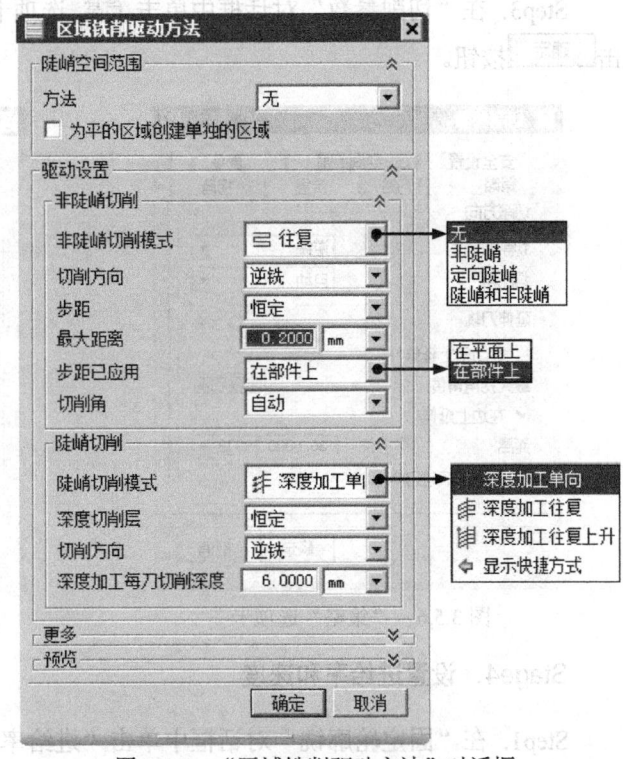

图 3.5.5 "区域铣削驱动方法"对话框

图 3.5.5 所示"区域铣削驱动方法"对话框中部分选项的说明如下。

陡峭空间范围：用来指定陡峭的范围。

- 无：不区分陡峭，加工整个切削区域。
- 非陡峭：只加工部件表面角度小于陡峭角的切削区域。
- 定向陡峭：只加工部件表面角度大于陡峭角的切削区域。
- ☑ 为平的区域创建单独的区域：选中该复选框，则将平面区域与其他区域分开来进行加工，否则平面区域和其他区域混在一起进行计算。

非陡峭切削：用于定义非陡峭区域的切削参数。

- 步距已应用：用于定义步距的测量沿平面还是沿部件。
  - ☑ 在平面上：沿垂直于刀轴的平面测量步距，适合非陡峭区域。
  - ☑ 在部件上：沿部件表面测量步距，适合陡峭区域。

陡峭切削：用于定义陡峭区域的切削参数。各参数含义可参考其他工序。

Stage3. 设置切削参数

Step1. 单击"固定轮廓铣"对话框中的"切削参数"按钮，系统弹出"切削参数"对话框。

Step2. 在"切削参数"对话框中单击 策略 选项卡，其参数设置值如图 3.5.6 所示。

Step3. 在"切削参数"对话框中单击 余量 选项卡，其参数设置值如图 3.5.7 所示，单击 确定 按钮。

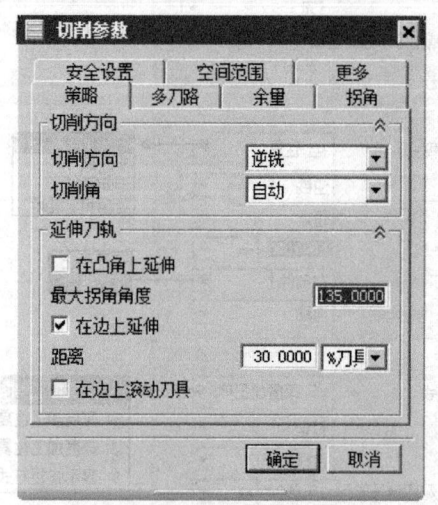

图 3.5.6 "策略"选项卡

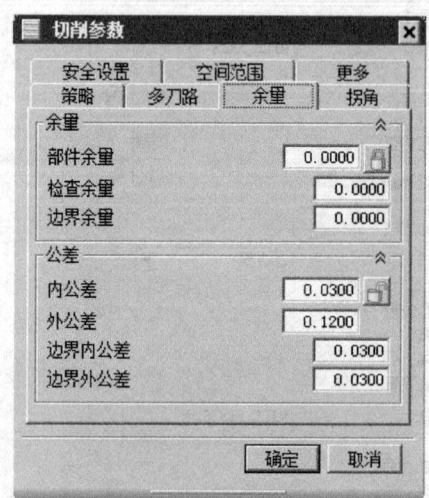

图 3.5.7 "余量"选项卡

Stage4. 设置进给率和速度

Step1. 在"固定轮廓铣"对话框中单击"进给率和速度"按钮，系统弹出"进给率和速度"对话框。

Step2. 在"进给率和速度"对话框中选中 主轴速度 (rpm) 复选框，然后在其文本框中输入值 1600.0，在 切削 文本框中输入值 1250.0，按下 Enter 键，然后单击 按钮。

Step3. 在 更多 区域的 进刀 文本框中输入值 600.0，其他选项均采用系统默认的设置值。

Step4. 单击 确定 按钮，系统返回到"固定轮廓铣"对话框。

Task5. 生成刀路轨迹并仿真

Step1. 在"固定轮廓铣"对话框中单击"生成"按钮，在图形区中生成图 3.5.8 所示的刀路轨迹。

Step2. 在"固定轮廓铣"对话框中单击"确定"按钮，在系统弹出的"刀轨可视化"对话框中单击 2D 动态 选项卡，单击"播放"按钮，即可演示刀具按刀轨运行。完成演示后的模型如图 3.5.9 所示，单击 确定 按钮，完成仿真操作。

Step3. 在"固定轮廓铣"对话框中单击 确定 按钮，完成操作。

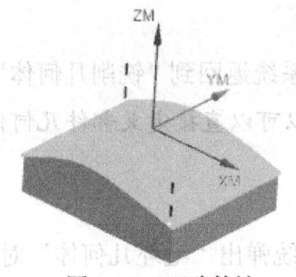 

图 3.5.8　刀路轨迹　　　　　　　　图 3.5.9　2D 仿真结果

Task6. 保存文件

选择下拉菜单 文件(F) ➡ 保存(S) 命令，保存文件。

3.6　流线驱动铣削

流线驱动铣削也是一种曲面轮廓铣。创建工序时，需要指定流曲线和交叉曲线来形成网格驱动。加工时刀具沿着曲面的 U-V 方向或是曲面的网格方向进行加工，其中流曲线确定刀具的单个行走路径，交叉曲线确定刀具的行走范围。下面以图 3.6.1 所示的模型为例，讲解创建流线驱动铣削的一般步骤。

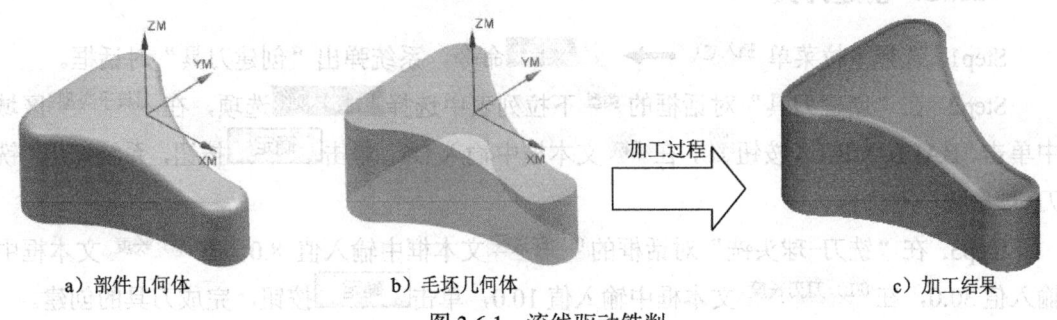

a）部件几何体　　　　　　b）毛坯几何体　　　　　　c）加工结果
图 3.6.1　流线驱动铣削

Task1. 打开模型文件并进入加工模块

打开模型文件 D:\ugnc10.1\work\ch03.06\streamline.prt，系统进入加工环境。

Task2. 创建几何体

Stage1. 创建部件几何体

Step1. 在工序导航器中单击 ⊞ ⌖MCS_MILL 选项，使其显示机床坐标系，然后单击 ⊞ ⌖MCS_MILL 节点前的"+"；双击节点 WORKPIECE，系统弹出"铣削几何体"对话框。

Step2. 在"铣削几何体"对话框中单击 按钮，系统弹出"部件几何体"对话框；在图形区选取图 3.6.2 所示的部件几何体。

Step3. 单击 确定 按钮,完成部件几何体的创建,系统返回到"铣削几何体"对话框。

说明:模型文件中的机床坐标系已经创建好了,所以可以直接定义部件几何体。

Stage2. 创建毛坯几何体

Step1. 在"铣削几何体"对话框中单击 按钮,系统弹出"毛坯几何体"对话框;选取图 3.6.3 所示的毛坯几何体,单击 确定 按钮,系统返回到"铣削几何体"对话框。

Step2. 单击"铣削几何体"对话框中的 确定 按钮,完成毛坯几何体的定义。

Step3. 完成后在图 3.6.3 所示的毛坯几何体上右击,在弹出的快捷菜单中选择 隐藏(H) 命令,将该几何体隐藏起来。

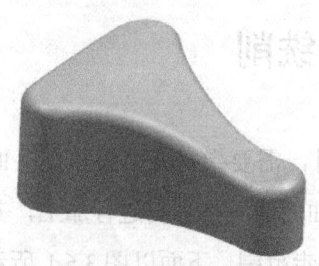
图 3.6.2 部件几何体

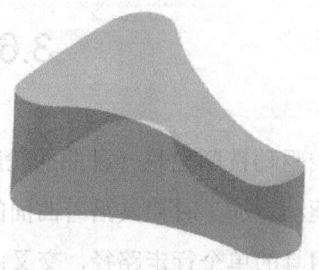
图 3.6.3 毛坯几何体

Task3. 创建刀具

Step1. 选择下拉菜单 插入(S) → 刀具(T) 命令,系统弹出"创建刀具"对话框。

Step2. 在"创建刀具"对话框的 类型 下拉列表中选择 mill_contour 选项,在 刀具子类型 区域中单击"BALL_MILL"按钮 ,在 名称 文本框中输入 D8,单击 确定 按钮,系统弹出"铣刀-球头铣"对话框。

Step3. 在"铣刀-球头铣"对话框的 (D) 球直径 文本框中输入值 8.0,在 (L) 长度 文本框中输入值 30.0,在 (FL) 刀刃长度 文本框中输入值 10.0,单击 确定 按钮,完成刀具的创建。

Task4. 创建流线驱动铣操作

Stage1. 创建工序

Step1. 选择下拉菜单 插入(S) → 工序(E)... 命令,系统弹出"创建工序"对话框。

Step2. 在"创建工序"对话框的 类型 下拉列表中选择 mill_contour 选项,在 工序子类型 区域中单击"流线"按钮 ,在 程序 下拉列表中选择 NC_PROGRAM 选项,在 刀具 下拉列表中选择 D8 (铣刀-球头铣) 选项,在 几何体 下拉列表中选择 WORKPIECE 选项,在 方法 下拉列表中选择 MILL_FINISH 选项,使用系统默认的名称。

Step3. 单击"创建工序"对话框中的 确定 按钮,系统弹出图 3.6.4 所示的"流线"对话框。

Stage2. 指定切削区域

在"流线"对话框中单击 按钮，系统弹出"切削区域"对话框；采用系统默认的选项，选取图 3.6.5 所示的切削区域；单击 确定 按钮，系统返回到"流线"对话框。

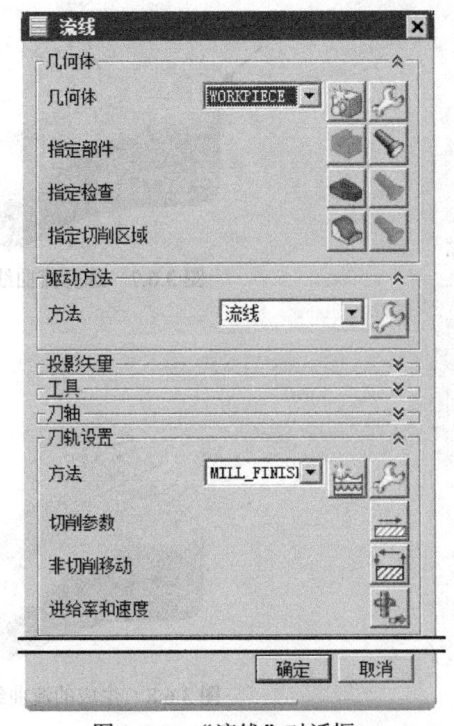

图 3.6.4 "流线"对话框

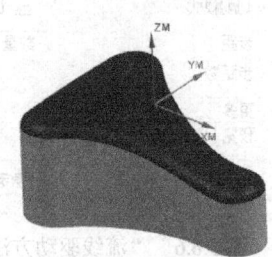

图 3.6.5 切削区域

Stage3. 设置驱动几何体

Step1. 单击"流线"对话框中 驱动方法 区域 流线 右侧的"编辑"按钮 ，系统弹出图 3.6.6 所示的"流线驱动方法"对话框。

Step2. 单击"流线驱动方法"对话框中 流曲线 区域的 *选择曲线 (0) 按钮，在图形区中选取图 3.6.7 所示的曲线 1，单击鼠标中键确定；选取曲线 2，单击鼠标中键确定，此时在图形区中生成图 3.6.8 所示的流曲线。

说明：选取曲线 1 和曲线 2 时，需要靠近曲线相同的一端选取，此时曲线上的箭头方向才会一致。

Step3. 在"流线驱动方法"对话框的 刀具位置 下拉列表中选择 对中 选项，在 切削模式 下拉列表中选择 往复 选项，在 步距 下拉列表中选择 数量 选项，在 步距数 文本框中输入值 50.0，单击 确定 按钮，系统返回到"流线"对话框。

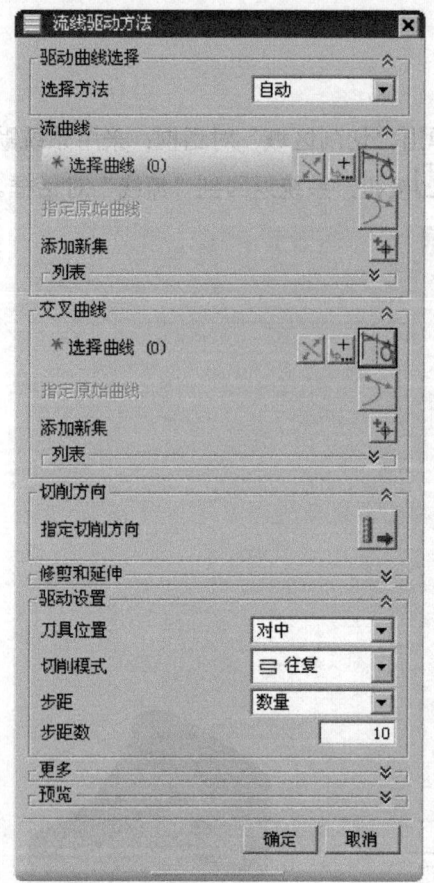

图 3.6.6 "流线驱动方法"对话框

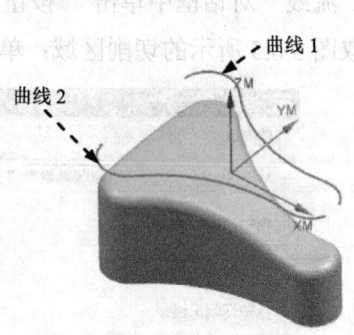

图 3.6.7 选择流曲线

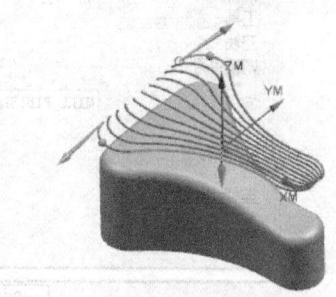

图 3.6.8 生成的流曲线

Stage4. 设置投影矢量和刀轴

在"流线"对话框 投影矢量 区域的 矢量 下拉列表中选择 刀轴 选项,在 刀轴 区域的 轴 下拉列表中选择 +ZM 轴 选项。

Stage5. 设置切削参数

Step1. 单击"流线"对话框中的"切削参数"按钮 ,系统弹出"切削参数"对话框。

Step2. 在"切削参数"对话框中单击 多刀路 选项卡,其参数设置值如图 3.6.9 所示;单击 确定 按钮,系统返回到"流线"对话框。

说明:设置多条刀路选项是为了控制刀具的每次切削深度,避免一次性切削过深,同时减小刀具压力。

Stage6. 设置非切削移动参数

Step1. 在"流线"对话框中单击"非切削移动"按钮 ,系统弹出"非切削移动"对话框。

Step2. 单击"非切削移动"对话框中的 进刀 选项卡，其参数设置值如图 3.6.10 所示。单击"非切削移动"对话框中的 确定 按钮，完成非切削移动参数的设置。

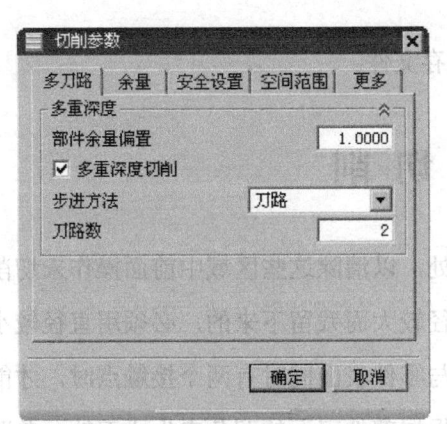

图 3.6.9 "多刀路"选项卡

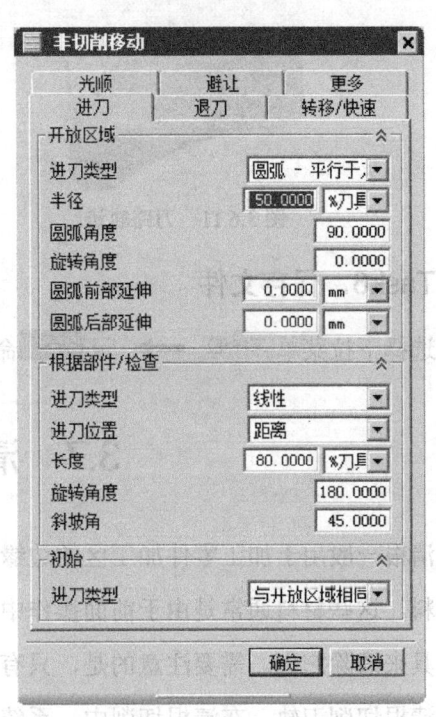

图 3.6.10 "进刀"选项卡

Stage7. 设置进给率和速度

Step1. 单击"流线"对话框中的"进给率和速度"按钮 ，系统弹出"进给率和速度"对话框。

Step2. 在"进给率和速度"对话框中选中 ☑ 主轴速度 (rpm) 复选框，然后在其文本框中输入值 1600.0，在 切削 文本框中输入值 1250.0，按 Enter 键，单击 按钮，在 更多 区域的 进刀 文本框中输入值 600.0，其他选项采用系统默认的设置值。

Step3. 单击 确定 按钮，系统返回到"流线"对话框。

Task5. 生成刀路轨迹并仿真

Step1. 单击"流线"对话框中的"生成"按钮 ，在系统弹出的"刀轨生成"对话框中单击 确定 按钮后，图形区中生成图 3.6.11 所示的刀路轨迹。

Step2. 单击"流线"对话框中的"确定"按钮 ，在系统弹出的"刀轨可视化"对话框中单击 2D 动态 选项卡，单击"播放"按钮 ，即可演示 2D 仿真加工；完成演示后的模型如图 3.6.12 所示；单击 确定 按钮，完成仿真操作。

Step3. 在"流线"对话框中单击 确定 按钮，完成操作。

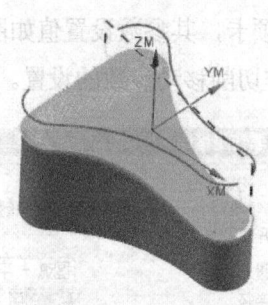
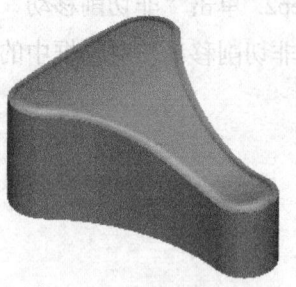

图 3.6.11 刀路轨迹　　　　图 3.6.12 2D 仿真结果

Task6. 保存文件

选择下拉菜单 文件(F) —→ 保存(S) 命令，保存文件。

3.7 清 根 切 削

清根一般用于加工零件加工区的边缘和凹部处，以清除这些区域中前面操作未切削的材料。这些材料通常是由于前面操作中刀具直径较大而残留下来的，必须用直径较小的刀具来清除它们。需要注意的是，只有当刀具与零件表面同时有两个接触点时，才能产生清根切削刀轨。在清根切削中，系统会自动根据部件表面的凹角来生成刀轨，单路清根只能生成一条切削刀路。下面以图 3.7.1 所示的模型为例，讲解创建单路清根切削的一般步骤。

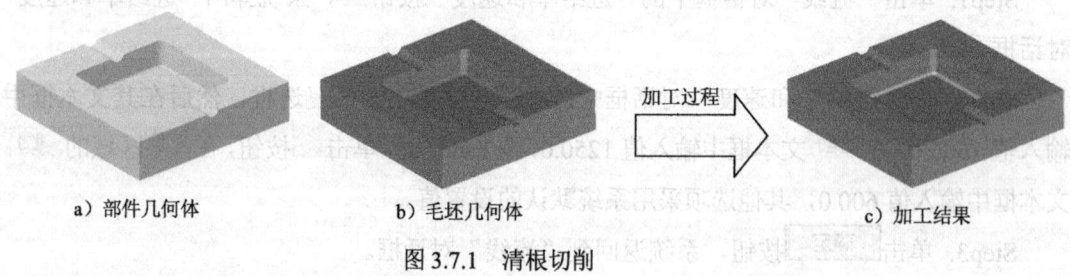

a) 部件几何体　　　b) 毛坯几何体　　　c) 加工结果

图 3.7.1 清根切削

Task1. 打开模型文件并进入加工模块

打开模型文件 D:\ugnc10.1\work\ch03.07\ashtray01.prt，系统进入加工环境。

Task2. 创建刀具

Step1. 选择下拉菜单 插入(S) —→ 刀具(T)... 命令，系统弹出"创建刀具"对话框。

Step2. 确定刀具类型。在"创建刀具"对话框中的 类型 下拉列表中选择 mill_contour 选项，在 刀具子类型 区域中单击"BALL_MILL"按钮 ，在 刀具 下拉列表中选择 GENERIC_MACHINE 选项，

在 名称 文本框中输入 D4，单击 确定 按钮，系统弹出"铣刀-球头铣"对话框。

Step3. 设置刀具参数。在"铣刀-球头铣"对话框的 (D)球直径 文本框中输入值 4.0，其他参数采用系统默认的设置值，单击 确定 按钮，完成刀具的创建。

Task3. 创建单路清根操作

Stage1. 创建工序

Step1. 选择下拉菜单 插入(S) → 工序(E)... 命令，系统弹出"创建工序"对话框。

Step2. 确定加工方法。在图 3.7.2 所示的"创建工序"对话框的 类型 下拉列表中选择 mill_contour 选项，在 工序子类型 区域中单击"单刀路清根"按钮，在 刀具 下拉列表中选择 D4 (铣刀-球头铣) 选项，在 几何体 下拉列表中选择 WORKPIECE 选项，在 方法 下拉列表中选择 MILL_FINISH 选项，单击 确定 按钮，系统弹出图 3.7.3 所示的"单刀路清根"对话框。

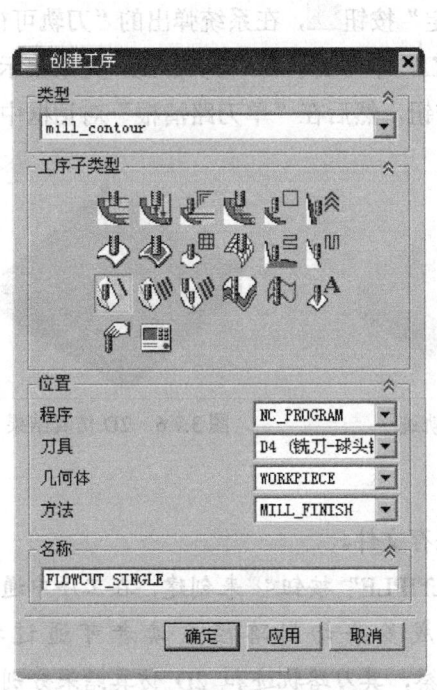

图 3.7.2 "创建工序"对话框

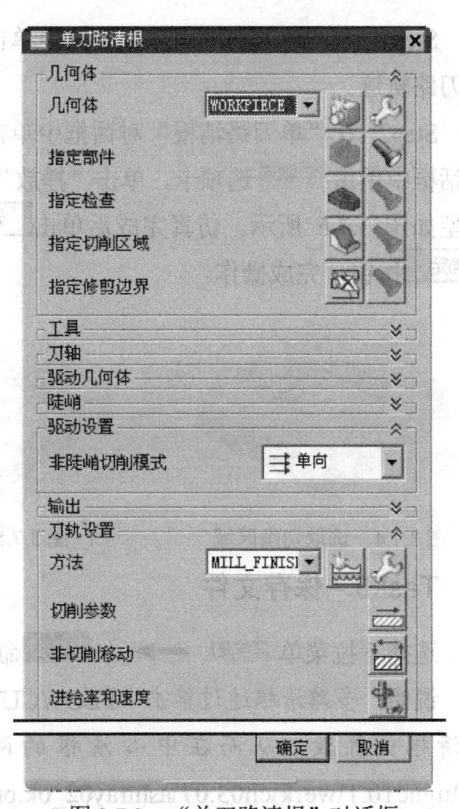

图 3.7.3 "单刀路清根"对话框

Stage2. 指定切削区域

Step1. 单击"单刀路清根"对话框中的"切削区域"按钮，系统弹出"切削区域"对话框。

Step2. 在图形区中选取图 3.7.4 所示的切削区域，单击 确定 按钮，系统返回到"单刀路清根"对话框。

Stage3. 设置进给率和速度

Step1. 单击"单刀路清根"对话框中的"进给率和速度"按钮，系统弹出"进给率和速度"对话框。

Step2. 在"进给率和速度"对话框中选中 ☑ 主轴速度 (rpm) 复选框，然后在其文本框中输入值 1600.0，在 切削 文本框中输入值 1250.0，按 Enter 键，然后单击 按钮，在 更多 区域的 进刀 文本框中输入值 500.0，其他选项均采用系统默认的设置值。

Step3. 单击"进给率和速度"对话框中的 确定 按钮，完成切削参数的设置，系统返回到"单刀路清根"对话框。

Task4. 生成刀路轨迹并仿真

Step1. 在"单刀路清根"对话框中单击"生成"按钮，在图形区中生成图 3.7.5 所示的刀路轨迹。

Step2. 在"单刀路清根"对话框中单击"确定"按钮，在系统弹出的"刀轨可视化"对话框中单击 2D 动态 选项卡，单击"播放"按钮 ▶，即可演示 2D 仿真加工，完成演示后的模型如图 3.7.6 所示。仿真完成后单击 确定 按钮，然后在"单刀路清根"对话框中单击 确定 按钮，完成操作。

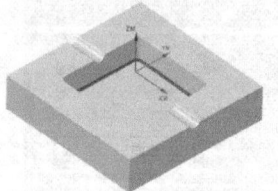 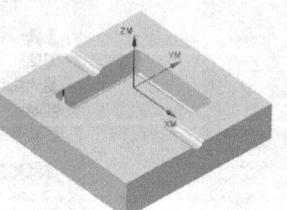 

图 3.7.4　选取切削区域　　　　图 3.7.5　刀路轨迹　　　　图 3.7.6　2D 仿真结果

Task5. 保存文件

选择下拉菜单 文件(F) ➡ 保存(S) 命令，保存文件。

说明：多路清根通过单击"FLOWCUT_MULTIPLE"按钮 来创建，在工序中通过设置清根偏置数，从而在中心清根的两侧生成多条切削路径，读者可通过打开 D:\ugnc10.1\work\ch03.07\ashtray02_ok.prt 来观察，其刀路轨迹和 2D 仿真结果分别如图 3.7.7 和图 3.7.8 所示。

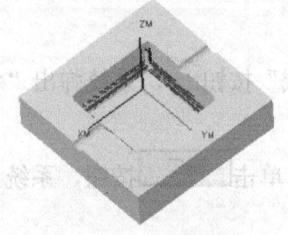 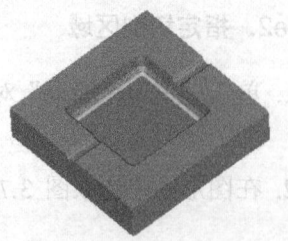

图 3.7.7　刀路轨迹　　　　　　　　图 3.7.8　2D 仿真结果

3.8 3D 轮廓加工

3D 轮廓加工是一种特殊的三维轮廓铣削，常用于修边，它的切削路径取决于模型中的边或曲线。刀具到达指定的边或曲线时，通过设置刀具在 ZC 方向的偏置来确定加工深度。下面以图 3.8.1 所示的模型为例，来讲解创建 3D 轮廓加工操作的一般步骤。

a）部件几何体　　　　b）毛坯几何体　　　　c）加工结果
图 3.8.1　3D 轮廓加工

Task1. 打开模型文件

打开模型文件 D:\ugnc10.1\work\ch03.08\profile_3d.prt。

Task2. 创建刀具

Step1. 选择下拉菜单 插入(S) → 刀具(T) 命令，系统弹出"创建刀具"对话框。

Step2. 在"创建刀具"对话框的 类型 下拉列表中选择 mill_contour 选项，在 刀具子类型 区域中单击"MILL"按钮 ，在 名称 文本框中输入 D5R1，单击 确定 按钮，系统弹出"铣刀-5 参数"对话框。

Step3. 设置刀具参数。在"铣刀-5 参数"对话框的 (D) 直径 文本框中输入值 5.0，在 (R1) 下半径 文本框中输入值 1.0，在 (L) 长度 文本框中输入值 30.0，在 (FL) 刀刃长度 文本框中输入值 20.0，其他参数采用系统默认的设置值，单击 确定 按钮，完成刀具的创建。

Task3. 创建 3D 轮廓加工操作

Stage1. 创建工序

Step1. 选择下拉菜单 插入(S) → 工序(E)... 命令，系统弹出"创建工序"对话框。

Step2. 确定加工方法。在"创建工序"对话框的 类型 下拉列表中选择 mill_contour 选项，在 工序子类型 区域中单击"PROFILE_3D"按钮 ，在 刀具 下拉列表中选择 D5R1 (铣刀-5 参数) 选项，在 几何体 下拉列表中选择 WORKPIECE 选项，在 方法 下拉列表中选择 METHOD 选项，单击 确定 按钮，系统弹出图 3.8.2 所示的"轮廓 3D"对话框。

Stage2. 指定部件边界

Step1. 单击"轮廓 3D"对话框中的"指定部件边界"右侧的按钮，系统弹出"边界几何体"对话框。

Step2. 在"边界几何体"对话框的 材料侧 下拉列表中选择 内部 选项，在 模式 下拉列表中选择 曲线/边... 选项，系统弹出"创建边界"对话框；在模型中选取图 3.8.3 所示的边线串为边界，单击 确定 按钮，系统返回到"边界几何体"对话框。

Step3. 单击"边界几何体"对话框中的 确定 按钮，系统返回到"轮廓 3D"对话框。

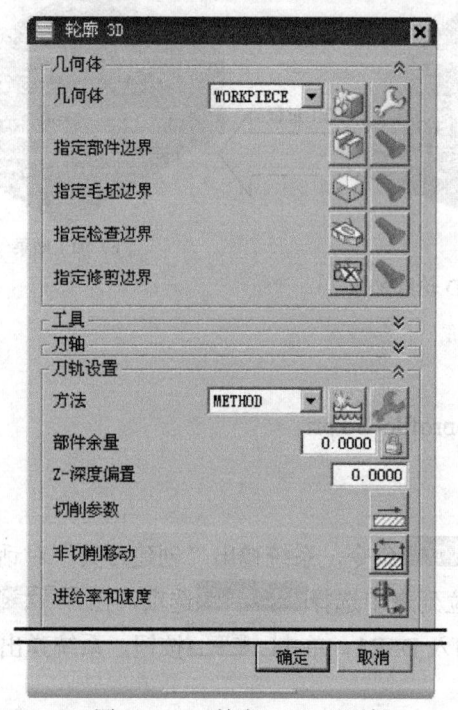

图 3.8.2 "轮廓 3D"对话框

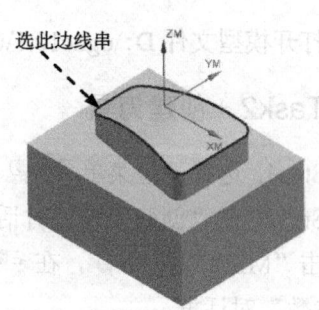

图 3.8.3 指定边界曲线

Stage3. 设置深度偏置

在"轮廓 3D"对话框的 部件余量 文本框中输入值 0.0，在 Z-深度偏置 文本框中输入值 5.0。

Stage4. 设置切削参数

Step1. 单击"轮廓 3D"对话框中的"切削参数"按钮，系统弹出"切削参数"对话框。

Step2. 单击"切削参数"对话框中的 多刀路 选项卡，其参数设置值如图 3.8.4 所示；单击"切削参数"对话框中的 确定 按钮，系统返回到"轮廓 3D"对话框。

Stage5. 设置非切削移动参数

Step1. 单击"轮廓 3D"对话框中的"非切削移动"按钮，系统弹出"非切削移动"

对话框。

Step2. 单击"非切削移动"对话框中的 进刀 选项卡，在 封闭区域 区域的 进刀类型 下拉列表中选择 沿形状斜进刀 选项，在 开放区域 区域的 进刀类型 下拉列表中选择 圆弧 选项。

Step3. 单击"非切削移动"对话框中的 确定 按钮，完成非切削移动参数的设置。

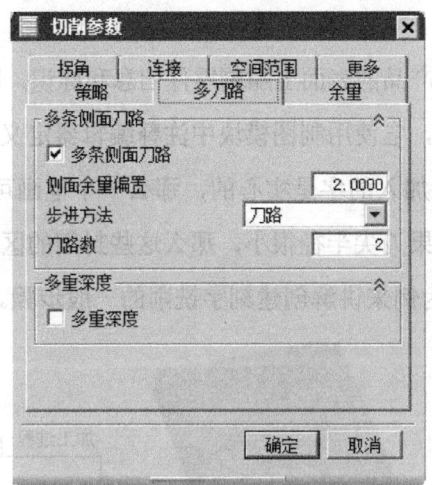

图 3.8.4 "多刀路"选项卡

Stage6. 设置进给率和速度

Step1. 单击"轮廓 3D"对话框中的"进给率和速度"按钮，系统弹出"进给率和速度"对话框。

Step2. 在"进给率和速度"对话框中选中 ☑ 主轴速度 (rpm) 复选框，然后在其文本框中输入值 1200.0，在 切削 文本框中输入值 1000.0，按 Enter 键，然后单击 按钮，在 更多 区域的 进刀 文本框中输入值 300.0，其他参数采用系统默认的设置值。

Step3. 单击"进给率和速度"对话框中的 确定 按钮，完成进给率和速度的设置，系统返回到"轮廓 3D"对话框。

Task4. 生成刀路轨迹并仿真

生成的刀路轨迹如图 3.8.5 所示。2D 动态仿真加工后的零件模型如图 3.8.6 所示。

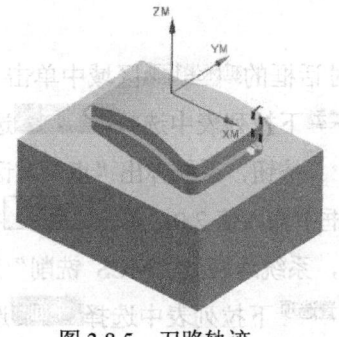

图 3.8.5 刀路轨迹

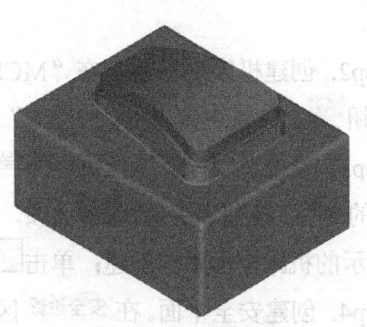

图 3.8.6 2D 仿真结果

Task5. 保存文件

选择下拉菜单 文件(F) —→ 保存(S) 命令，保存文件。

3.9 刻 字

在很多情况下，需要在产品的表面上雕刻零件信息和标识，即刻字。UG NX 10.0 中的刻字操作提供了这个功能，它使用制图模块中注释编辑器定义的文字来生成刀路轨迹。创建刻字操作应注意，如果加入的字是实心的，那么一个笔画可能是由好几条线组成的一个封闭的区域，这时候如果刀尖半径很小，那么这些封闭的区域很可能不被完全切掉。下面以图 3.9.1 所示的模型为例来讲解创建刻字铣削的一般步骤。

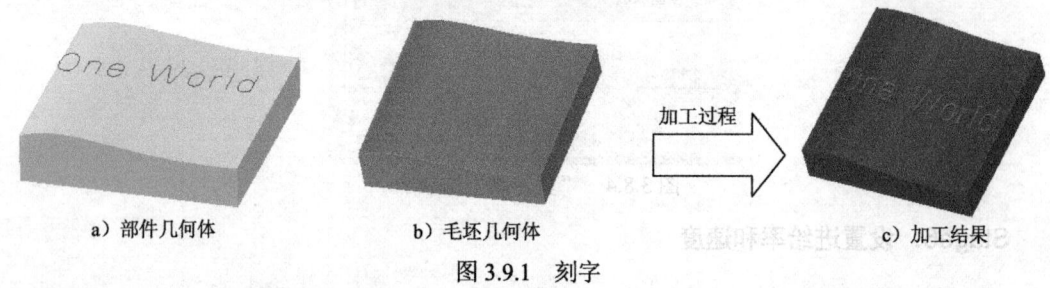

a) 部件几何体　　　　b) 毛坯几何体　　　　c) 加工结果

图 3.9.1 刻字

Task1. 打开模型文件并进入加工模块

Step1. 打开模型文件 D:\ugnc10.1\work\ch03.09\text.prt。

Step2. 进入加工环境。选择下拉菜单 启动 —→ 加工(N)... 命令，在系统弹出的"加工环境"对话框的 要创建的 CAM 设置 列表框中选择 mill contour 选项；单击 确定 按钮，进入加工环境。

Task2. 创建几何体

Stage1. 创建机床坐标系和安全平面

Step1. 在工序导航器的几何体视图中双击节点 MCS_MILL，系统弹出"MCS 铣削"对话框。

Step2. 创建机床坐标系。在"MCS 铣削"对话框的 机床坐标系 区域中单击"CSYS 对话框"按钮，在系统弹出的"CSYS"对话框的 类型 下拉列表中选择 动态 选项。

Step3. 单击"CSYS"对话框 操控器 区域中的 + 按钮，系统弹出"点"对话框；在"点"对话框的 参考 下拉列表中选择 WCS 选项，在 ZC 文本框中输入值 2.0；单击 确定 按钮，完成图 3.9.2 所示的机床坐标系的创建；单击 确定 按钮，系统返回到"MCS 铣削"对话框。

Step4. 创建安全平面。在 安全设置 区域的 安全设置选项 下拉列表中选择 平面 选项，单击"平面对话框"按钮，系统弹出"平面"对话框；在 类型 的下拉列表中选择 XC-YC 平面，然后在 距离 文本框中输入值 5.0，单击"平面"对话框中的 确定 按钮，完成图 3.9.3 所示的安全平面的创建，系统返回到"MCS 铣削"对话框，单击 确定 按钮。

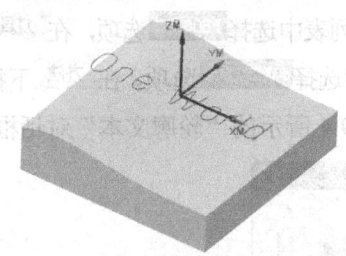
图 3.9.2 创建坐标系

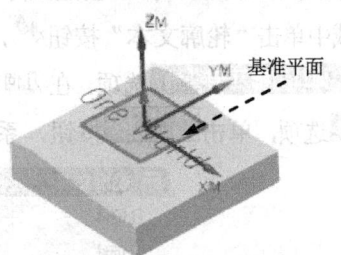
图 3.9.3 创建安全平面

Stage2．创建部件几何体

Step1. 在工序导航器中单击 MCS_MILL 节点前的"+"，然后双击节点 WORKPIECE，系统弹出"工件"对话框。

Step2. 选取部件几何体。在"工件"对话框中单击 按钮，系统弹出"部件几何体"对话框，在图形区选取整个零件作为部件几何体。

Step3. 在"部件几何体"对话框中单击 确定 按钮，完成部件几何体的创建，同时系统返回到"工件"对话框。

Stage3．创建毛坯几何体

Step1. 在"工件"对话框中单击"选择或编辑毛坯几何体"按钮 ，系统弹出"毛坯几何体"对话框，在图形区选取整个零件为毛坯几何体；单击 确定 按钮，系统返回到"工件"对话框。

Step2. 单击"工件"对话框中的 确定 按钮。

Task3．创建刀具

Step1. 选择下拉菜单 插入(S) → 刀具(T)... 命令，系统弹出"创建刀具"对话框。

Step2. 设置刀具类型和参数。在"创建刀具"对话框的 类型 下拉列表中选择 mill_contour 选项，在 刀具子类型 区域中单击"BALL_MILL"按钮 ，在 位置 区域的 刀具 下拉列表中选择 NONE 选项，在 名称 文本框中输入刀具名称 BALL_MILL；单击 确定 按钮，系统弹出"铣刀-球头铣"对话框。

Step3. 在"铣刀-球头铣"对话框 尺寸 区域 (D) 球直径 文本框中输入值 5.0，在 (B) 锥角 文本框中输入值 15.0，其他参数采用系统默认的设置值，设置完成后单击 确定 按钮，完成刀具的创建。

Task4．创建刻字操作

Stage1. 创建工序

Step1. 选择下拉菜单 插入(S) ➔ 工序(E)... 命令，系统弹出"创建工序"对话框。

Step2. 确定加工方法。在"创建工序"对话框的 类型 下拉列表中选择 mill_contour 选项，在 工序子类型 区域中单击"轮廓文本"按钮，在 程序 下拉列表中选择 PROGRAM 选项，在 刀具 下拉列表中选择 BALL_MILL (铣刀-球头铣) 选项，在 几何体 下拉列表中选择 WORKPIECE 选项，在 方法 下拉列表中选择 MILL_FINISH 选项，单击 确定 按钮，系统弹出图 3.9.4 所示的"轮廓文本"对话框。

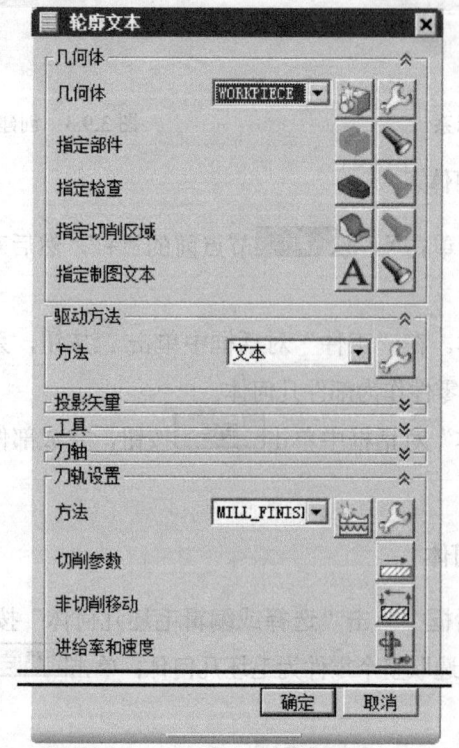

图 3.9.4　"轮廓文本"对话框

Stage2. 显示刀具和几何体

Step1. 显示刀具。在"轮廓文本"对话框 刀具 选项卡的 刀具 区域中单击"编辑/显示"按钮，系统弹出"铣刀-球头铣"对话框，同时在图形区中显示刀具的形状及大小，如图 3.9.5 所示，然后单击 确定 按钮。

Step2. 显示部件几何体。在"轮廓文本"对话框 几何体 区域中单击 指定部件 右侧的"显示"按钮，在图形区中显示部件几何体，如图 3.9.6 所示。

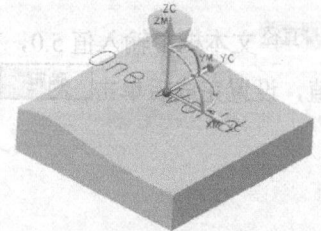

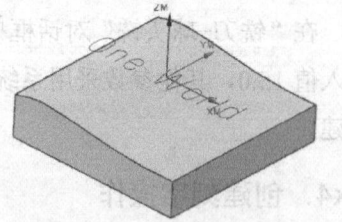

图 3.9.5　显示刀具　　　　　　图 3.9.6　显示部件几何体

Stage3. 指定制图文本

Step1. 在"轮廓文本"对话框中单击 指定制图文本 右侧的 A 按钮，系统弹出图3.9.7所示的"文本几何体"对话框。

Step2. 在图形区中选取图3.9.8所示的文本，单击 确定 按钮，系统返回到"轮廓文本"对话框。

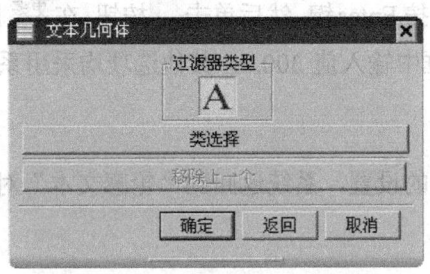

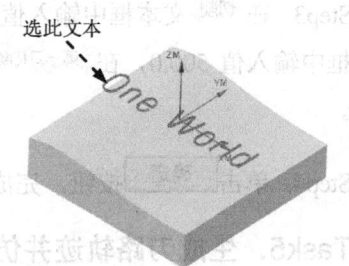

图3.9.7 "文本几何体"对话框　　　　　图3.9.8 选取制图文本

Stage4. 设置切削参数

Step1. 单击"轮廓文本"对话框中的"切削参数"按钮，系统弹出"切削参数"对话框；单击 策略 选项卡，在 文本深度 文本框中输入值0.25。

Step2. 在"切削参数"对话框中单击 余量 选项卡，其参数设置值如图3.9.9所示，单击 确定 按钮。

Stage5. 设置非切削移动参数

Step1. 在"轮廓文本"对话框中单击"非切削移动"按钮，系统弹出"非切削移动"对话框。

Step2. 单击"非切削移动"对话框中的 进刀 选项卡，其参数设置值如图3.9.10所示，完成后单击 确定 按钮。

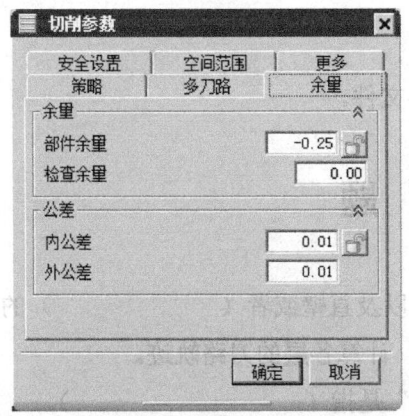

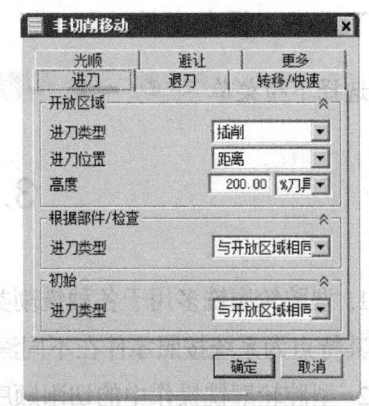

图3.9.9 "余量"选项卡　　　　　图3.9.10 "进刀"选项卡

Stage6. 设置进给率和速度

Step1. 在"轮廓文本"对话框中单击"进给率和速度"按钮，系统弹出"进给率和速度"对话框。

Step2. 在"进给率和速度"对话框中选中 主轴速度 (rpm) 复选框，然后在其文本框中输入值 1200.0。

Step3. 在 切削 文本框中输入值 3000.0，按 Enter 键，然后单击 按钮，在 更多 区域的 进刀 文本框中输入值 500.0，在 第一刀切削 文本框中输入值 300.0，其他选项均采用系统默认的设置值。

Step4. 单击 确定 按钮，完成进给率的设置，系统返回到"轮廓文本"对话框。

Task5. 生成刀路轨迹并仿真

Step1. 在"轮廓文本"对话框中单击"生成"按钮，在图形区中生成图 3.9.11 所示的刀路轨迹。

Step2. 在"轮廓文本"对话框中单击"确定"按钮，在系统弹出的"刀轨可视化"对话框中单击 2D 动态 选项卡，单击"播放"按钮，即可演示刀具按刀轨运行，完成演示后的模型如图 3.9.12 所示。仿真完成后单击 确定 按钮，然后在"轮廓文本"对话框中单击 确定 按钮，完成操作。

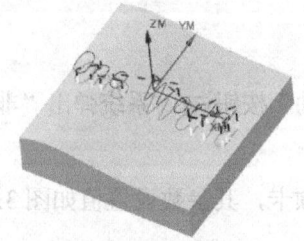
图 3.9.11 刀路轨迹

图 3.9.12 2D 仿真结果

Task6. 保存文件

选择下拉菜单 文件(F) → 保存(S) 命令，保存文件。

3.10 习 题

1. 型腔轮廓铣多用于各种铣削类零件的粗加工以及直壁或者（　　　　）的精加工。其特点为系统按照零件在不同深度的截面形状，计算各层的刀路轨迹。
2. 型腔轮廓铣操作中的切削顺序的"深度优先"是指（　　　　　　　）。
3. 型腔铣操作中的"部件余量"是指（　　　　　　　　　　）。

4. 当精加工曲面类的零件时，选择（　　）操作类型。
   A. 平面铣　　　　　　B. 固定轴曲面轮廓铣
   C. 型腔铣　　　　　　D. 面铣

5. 当粗加工曲面类的零件时，选择（　　）操作类型。
   A. 平面铣　　　　　　B. 固定轴曲面轮廓铣
   C. 型腔铣　　　　　　D. 面铣

6. 在型腔铣中定义修剪边界时，"忽略孔"的意思是（　　）。
   A. 忽略面上的圆形孔　　　　　B. 忽略面上一定直径的圆孔
   C. 忽略面上所有形状的孔　　　D. 不加工面上所有形状的孔

7. 零件的加工公差在（　　）选项里设定。
   A. 切削层　　　B. 切削参数　　　C. 非切削移动　　　D. 坐标系

8. 型腔铣中每个切削区域的默认区域起点是（　　）。
   A. 某个直边的中点　B. 某个拐角点　C. 用户自定义的点　D. 随机产生的点

9. 型腔铣中设置区域排序在（　　）选项卡中设置。
   A. 策略　　　B. 余量　　　C. 连接　　　D. 空间范围

10. 型腔铣中设置拐角处的进给减速在（　　）选项卡中设置。
    A. 策略　　　B. 拐角　　　C. 连接　　　D. 空间范围

11. 型腔铣中设置刀具夹持器的安全距离在（　　）选项卡中设置。
    A. 余量　　　B. 拐角　　　C. 空间范围　　　D. 更多

12. 型腔铣中设置预钻孔点在（　　）选项卡中设置。
    A. 进刀　　　B. 退刀　　　C. 起点/钻点　　　D. 避让

13. 在型腔加工中，为了保证加工表面的表面粗糙度，设置切削层的技巧中（　　）正确。
    A. 陡峭面一刀铣到底　　　　　B. 陡峭面设置小的切削深度
    C. 平坦面设置小的切削深度　　D. 竖直面设置小的切削深度

14. 型腔铣操作中，如果选择"单向"或"往复"的切削模式，可以通过设定（　　）来实现对曲面轮廓上锯齿状余料的额外加工。
    A. 较小的步距　B. 较小的切削深度　C. 添加精加工刀路　D. 较小的余量

15. 采用型腔铣操作进行开粗后，如果个别角落留有较多的余料，则不能通过设置（　　）来避免刀具走空刀的现象。
    A. 重叠距离　　B. 参考刀具　　C. 使用基于层的的 IPW　　D. 使用 3D 的 IPW

16. 深度加工轮廓又称为等高铣，在该操作中通过设定（　　）来加工陡峭角度大于或等于给定角度的区域。
    A. 陡峭空间范围　B. 仅陡峭的空间范围　C. 合并距离　D. 最大距离

17. 通常用球头刀加工比较平滑的曲面时，表面粗糙度的质量不会很高，这是因为（　　）造成的。

A. 行距不够密　　　　　B. 步距太大
C. 球刀刀刃不太锋利　　D. 球刀尖部的切削速度几乎为零

18. 使用本章所述知识内容，完成图 3.10.1~图 3.10.5 所示零件的加工。

【练习1】 加工要求：除底面外，加工所有表面。合理定义毛坯尺寸，加工后不能有过切或余量。加工操作中体现粗、精工序。

【练习2】加工要求：除底面和四周的最大外侧面外，加工所有表面。合理定义毛坯尺寸，加工后不能有过切或余量。加工操作中体现粗、精工序。

图 3.10.1　练习 1

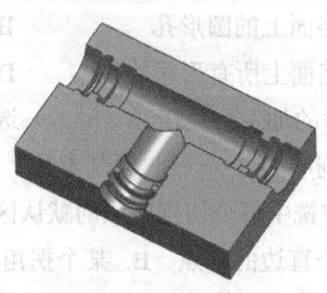
图 3.10.2　练习 2

【练习3】 加工要求：除底面和四周的外侧面外，加工所有表面。半透明显示为毛坯，加工后不能有过切或余量。加工操作中体现粗、精工序。

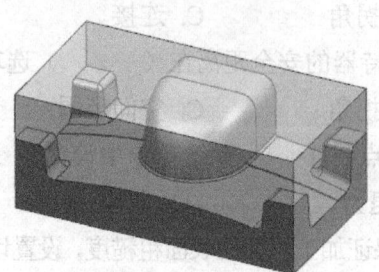
图 3.10.3　练习 3

【练习4】 加工要求：除底面和四周的最大外侧面外，加工所有表面。合理定义毛坯尺寸，加工后不能有过切或余量。加工操作中体现粗、精工序。

【练习5】 加工要求：除底面和四周的最大外侧面以及孔外，加工所有表面。合理定义毛坯尺寸，加工后不能有过切或余量。加工操作中体现粗、精工序。

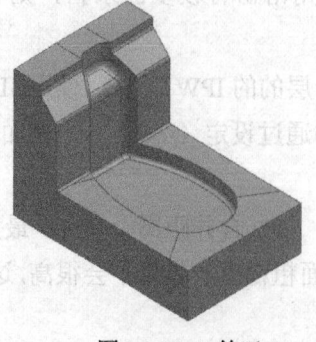
图 3.10.4　练习 4

图 3.10.5　练习 5

第 4 章 孔 加 工

本章提要 UG NX 10.0 孔加工包含钻孔加工、镗孔加工和攻螺纹加工等。本章将通过一些范例来介绍 UG NX 10.0 孔加工的各种加工类型。希望读者阅读后,可以掌握孔加工的操作步骤以及技术参数的设置等。

4.1 概　　述

4.1.1 孔加工简介

孔加工也称为点位加工,可以创建钻孔、攻螺纹、镗孔、平底扩孔和扩孔等加工操作。在孔加工中刀具首先快速移动至加工位置上方,然后切削零件,完成切削后迅速退回到安全平面。

钻孔加工的数控程序较为简单,通常可以直接在机床上输入程序。如果使用 UG 进行孔加工的编程,就可以直接生成完整的数控程序,然后传送到机床中进行加工。特别在零件的孔数比较多的时候,可以大量节省人工输入所占用的时间,同时能大大降低人工输入产生的错误率,提高机床的工作效率。

4.1.2 孔加工的子类型

进入加工模块后,选择下拉菜单 插入(S) ➡ 工序(E) 命令,系统弹出"创建工序"对话框。在"创建工序"对话框的 类型 下拉列表中选择 drill 选项,此时对话框中出现孔加工的 14 种子类型,如图 4.1.1 所示。

图 4.1.1 所示的"创建工序"对话框 工序子类型 区域中各按钮说明如下。

- A1 (SPOP_FACING):孔加工(锪平方式)。
- A2 (SPOP_DRILLING):中心钻。
- A3 (DRILLING):钻孔。
- A4 (PEAK_DRILLING):啄孔。
- A5 (BREAKCHIP_DRILLING):断屑钻。
- A6 (BORING):镗孔。
- A7 (REAMING):铰孔。
- A8 (COUNTERBORING):沉头孔加工。

- A9 (COUNTERSINKING):埋头孔加工。
- A10 (TAPPING):攻螺纹。
- A11 (HOLE_MILLING):铣孔。
- A12 (THEAD_MILLING):铣螺纹。
- A13 (MILL_CONTROL):机床控制。
- A14 (MILL_USER):铣削用户。

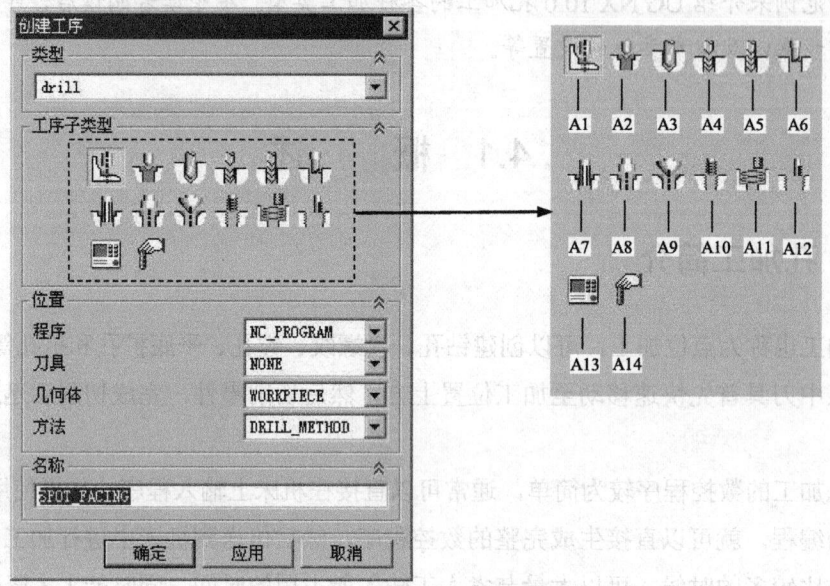

图 4.1.1 "创建工序"对话框

4.2 钻孔加工

创建钻孔加工操作的一般步骤如下。
(1)创建几何体以及刀具。
(2)设置参数,如循环类型、进给率、进刀和退刀运动、部件表面等。
(3)指定几何体,如选择点或孔、优化加工顺序、避让障碍等。
(4)生成刀路轨迹及仿真加工。

下面以图 4.2.1 所示的模型为例,说明创建钻孔加工操作的一般步骤。

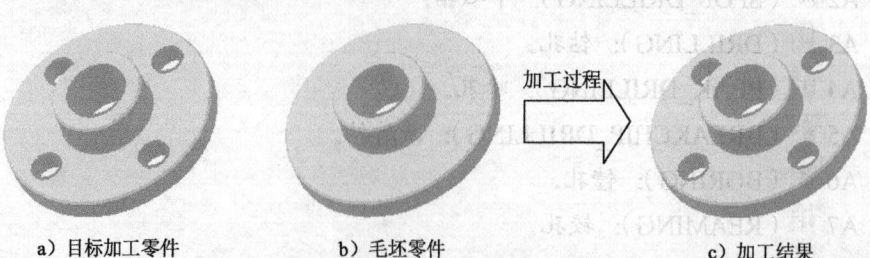

a)目标加工零件　　　　b)毛坯零件　　　　c)加工结果

图 4.2.1 钻孔加工

Task1. 打开模型文件并进入加工模块

Step1. 打开模型文件 D:\ugnc10.1\work\ch04.02\drilling.prt。

Step2. 进入加工环境。选择下拉菜单 启动 → 加工(N)... 命令，在系统弹出的"加工环境"对话框的 要创建的 CAM 设置 列表框中选择 drill 选项，单击 确定 按钮，进入加工环境。

Task2. 创建几何体

Stage1. 创建机床坐标系

Step1. 在工序导航器中进入几何体视图，然后双击节点 MCS_MILL，系统弹出"MCS 铣削"对话框。

Step2. 创建机床坐标系。在"MCS 铣削"对话框的 机床坐标系 区域中单击"CSYS 对话框"按钮，在系统弹出的"CSYS"对话框的 类型 下拉列表中选择 动态。

Step3. 单击"CSYS"对话框 操控器 区域中的操控器按钮，在"点"对话框的 Z 文本框中输入值 13.0；单击 确定 按钮，此时系统返回到"CSYS"对话框；单击 确定 按钮，完成机床坐标系的创建，如图 4.2.2 所示，系统返回到"MCS 铣削"对话框，然后单击 确定 按钮。

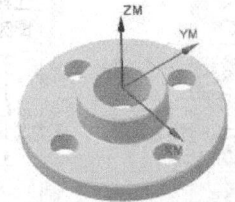

图 4.2.2 创建机床坐标系

Stage2. 创建部件几何体

Step1. 在工序导航器中单击 MCS_MILL 节点前的"+"，双击节点 WORKPIECE，系统弹出"工件"对话框。

Step2. 选取部件几何体。在"工件"对话框中单击 按钮，系统弹出"部件几何体"对话框。

Step3. 选取全部零件为部件几何体，然后在"部件几何体"对话框中单击 确定 按钮，完成部件几何体的创建，同时系统返回到"工件"对话框。

Stage3. 创建毛坯几何体

Step1. 进入模型的部件导航器，单击父节点 模型历史记录 展开模型历史记录，在 体 (0) 节点上右击，在弹出的快捷菜单中选择 隐藏(H) 命令，在 体 (1) 节点上右击，在弹出的快捷菜单中选择 显示(S) 命令。

Step2. 在"工件"对话框中单击 按钮,系统弹出"毛坯几何体"对话框。
Step3. 选取 为毛坯几何体,完成后单击 确定 按钮。
Step4. 单击"工件"对话框中的 确定 按钮,完成毛坯几何体的创建。
Step5. 进入模型的部件导航器,在 节点上右击,在弹出的快捷菜单中选择 显示(S) 命令,在 节点上右击,在弹出的快捷菜单中选择 隐藏(H) 命令。
Step6. 切换到工序导航器。

Task3. 创建刀具

Step1. 选择下拉菜单 插入(S) → 刀具(T)... 命令,系统弹出"创建刀具"对话框。

Step2. 在图 4.2.3 所示的"创建刀具"对话框的 类型 下拉列表中选择 drill 选项,在 刀具子类型 区域中单击"DRILLING_TOOL"按钮 ,在 名称 文本框中输入 Z7,单击 确定 按钮,系统弹出图4.2.4所示的"钻刀"对话框。

Step3. 设置刀具参数。在"钻刀"对话框的 (D) 直径 文本框中输入值 7.0,在 刀具号 文本框中输入值 1,其他参数采用系统默认的设置值,单击 确定 按钮,完成刀具的创建。

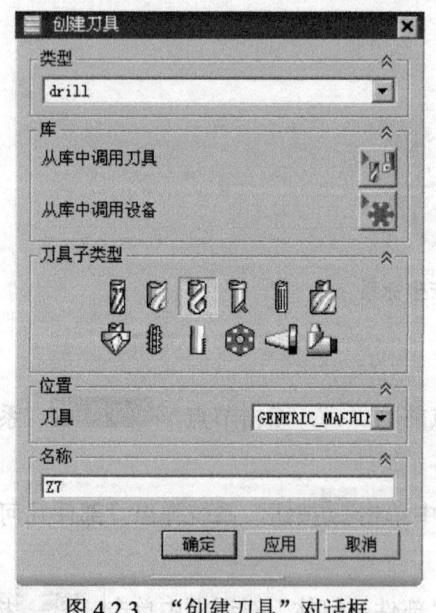

图 4.2.3 "创建刀具"对话框

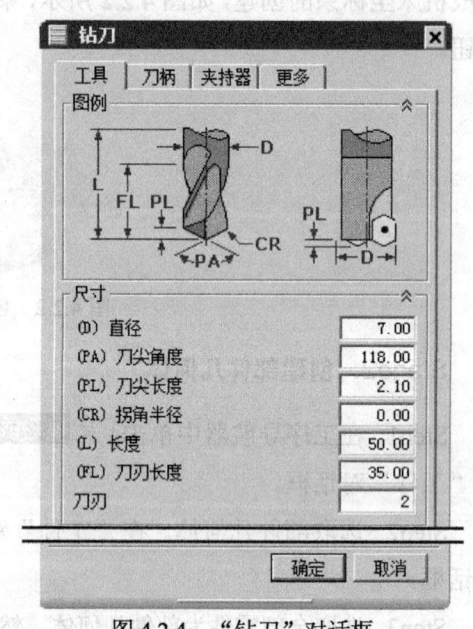

图 4.2.4 "钻刀"对话框

Task4. 创建工序

Stage1. 插入工序

Step1. 选择下拉菜单 插入(S) → 工序(E)... 命令,系统弹出"创建工序"对话框。

Step2. 在图4.2.5所示的"创建工序"对话框的 类型 下拉列表中选择 drill 选项,在 工序子类型 区域中单击"DRILLING"按钮 ,在 刀具 下拉列表中选择前面设置的刀具 Z7 (钻刀) 选项,

在 几何体 下拉列表中选择 WORKPIECE 选项，其他参数可参考图 4.2.5。

Step3. 单击"创建工序"对话框中的 确定 按钮，系统弹出图 4.2.6 所示的"钻孔"对话框。

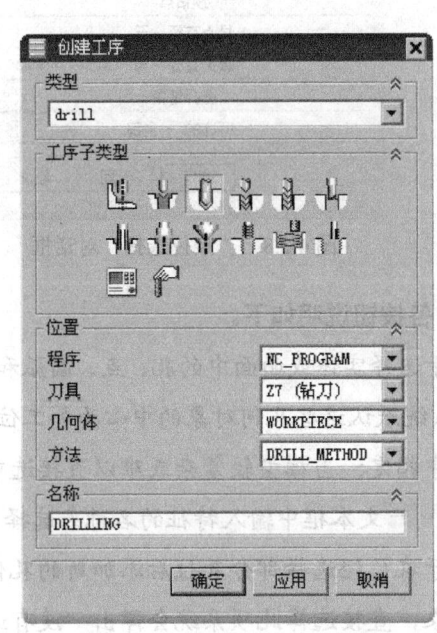

图 4.2.5 "创建工序"对话框

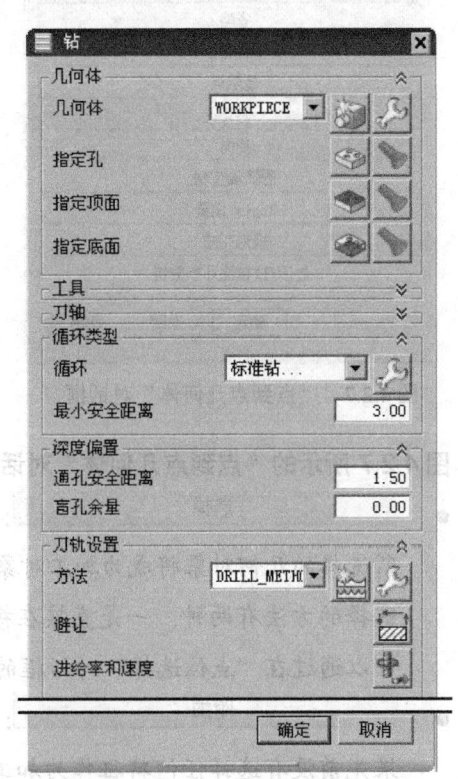

图 4.2.6 "钻"对话框

图 4.2.6 所示的"钻"对话框中部分选项说明如下。

- 最小安全距离：最小安全距离是刀具沿刀轴方向离开零件加工表面的最小距离。最小安全距离定义了每个操作的安全点。在这点上，刀具由快速运动或进刀运动改变为切削速度运动。
- 通孔安全距离：通孔安全距离是钻通孔时刀具的刀肩穿过加工底面的穿透量，以确保孔被钻穿，只对通孔加工有效。
- 盲孔余量：盲孔余量是钻孔时孔的底部保留材料量，便于以后对孔进行精加工，只对孔加工有效。

Stage2. 指定钻孔点

Step1. 指定钻孔点。

（1）单击"钻孔"对话框中 指定孔 右侧的 按钮，系统弹出图 4.2.7 所示的"点到点几何体"对话框，单击 选择 按钮，系统弹出图 4.2.8 所示的"点位选择"对话框。

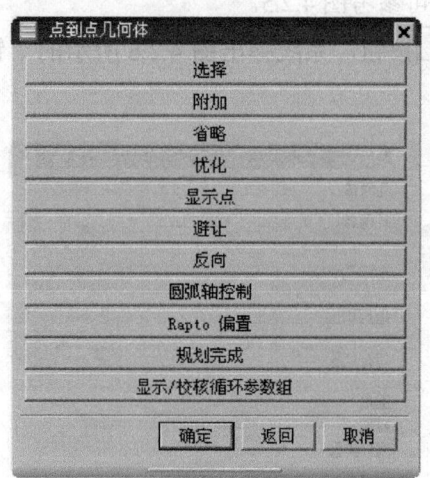 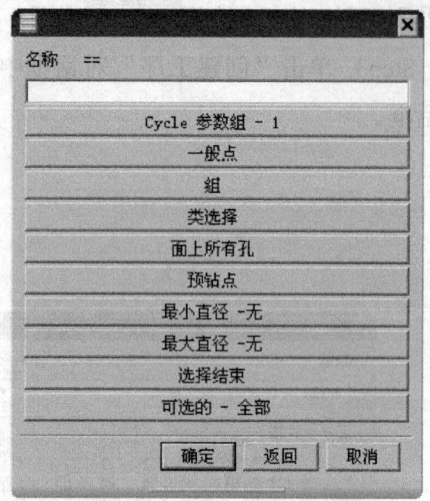

图 4.2.7 "点到点几何体"对话框　　　　图 4.2.8 "点位选择"对话框

图 4.2.7 所示的 "点到点几何体" 对话框中各按钮说明如下。

- **选择**：用于选择实体或曲面中的孔、点、圆弧和椭圆，所选择的几何对象将成为加工对象，系统默认这些几何对象的中心为加工位置点。选择的方法有两种：一是直接在模型中指定；当模型较复杂或难以直接选中时，可以通过在 "点位选择" 对话框的 名称 == 文本框中输入特征的名称来选择。

- **附加**：用于在已经选择部分孔位后添加新的孔位。如果先前没有选择任何特征作为加工对象，直接选择此项系统会弹出 "没有选择添加的点——选新点" 消息对话框。

- **省略**：用于省略先前选定的加工位置，被省略的几何将不再作为加工对象。如果先前没有选择任何几何作为加工对象，直接选择此项系统会弹出 "没有要省略的点" 消息对话框。

- **优化**：利用此选项，系统将根据用户的设定计算各孔的加工顺序，自动生成最短的刀轨，缩短加工的时间。优化后，为了关联夹具方位、工作台范围和机床行程等约束，选定的所有加工位置点可能会处于同一水平平面或竖直平面内，因此先前设置的避让参数已经不起作用，所以需要优化刀具路径时，一般是先优化，然后再设定避让参数。

- **显示点**：用于显示已选择加工对象的加工点位置，并且显示加工点的顺序号。

- **避让**：用于设定孔加工时刀具避让的动作，即避开夹具、工作台或其他障碍的距离。需要设定避让的开始点、结束点及安全距离 3 个选项。如果在优化刀具路径前设置了避让参数，则需要再次设定。

- **反向**：在完成刀具避让的设置后，可单击该按钮反向编排加工点顺序，但刀具的避让参数仍会保留。
- **圆弧轴控制**：该按钮可以显示并翻转先前选定的弧线和片体的轴线，可用于确定刀具方向。
- **Rapto 偏置**：用于设置刀具的快速移动位置偏置距离，可以为每个选定的对象设置一个偏置值。加工实体中的孔一般选择实体最上层的平面为部件表面，在加工某些沉孔或阶梯孔时，表面孔径较大，可以设置一个负的偏置值，即将刀具的快速移动轨迹延长至部件的表面内，使刀具能够快速地进入孔内，开始加工。
- **规划完成**：单击该按钮，则表示"点到点几何体"对话框中的设置全部完成。
- **显示/校核 循环 参数组**：单击该按钮可以显示点参数或校核参数的设置。

图 4.2.8 所示的"点位选择"对话框中各按钮说明如下。

- **Cycle 参数组 - 1**：该按钮用于选择已经设置好的循环参数组。这些参数包括孔的加工深度、刀具进给量、刀具停留时间和退刀距离等。对于不同类型的孔或者是直径相同而深度不同的孔，都需要设置关联一组循环参数。如果不进行设置，所选的加工位置则默认关联第一循环参数组。循环参数可以在工序对话框的 循环 区域中进行设置。
- **一般点**：单击此按钮，系统弹出"点"对话框，可以通过自动判断点和构造点等方法来指定加工位置。
- **组**：系统将通过用户指定组（点或圆弧组）中的所有的点或圆弧确定加工位置。读者可以通过选择下拉菜单 格式(R) ➔ 分组(G) 命令创建和编辑组。
- **类选择**：单击此按钮，系统弹出"类选择"对话框，通过类选择方法指定加工位置。
- **面上所有孔**：单击此按钮，系统弹出"选择面"对话框，在图形区中选择一个模型表面，系统将默认此面中的所有孔作为加工对象，同时可以设置孔的最大直径和最小直径来进一步限制选择范围。
- **预钻点**：将平面铣或型腔铣设置的预钻点指定为加工位置。
- **最小直径 -无**：通过设置一个最小直径值，来使通过选择面选取到的孔大于该最小直径值。

- 最大直径 -无：通过设置一个最大直径值，来使通过选择面选取到的孔小于该最大直径值。
- 选择结束：完成选择后，返回上一级对话框。
- 可选的 - 全部：单击此按钮，系统弹出"类选择器"对话框，可以单击其中的 仅点 （只能选中点）按钮、仅圆弧 （只能选中圆弧）按钮、仅孔 （只能选中孔）按钮、点和圆弧 （只能选中点和圆弧）按钮和 全部 （可以选中全部几何）按钮来设定选择范围为某一类几何或某一组几何，然后在这一类或一组几何中指定加工位置。

（2）在图形区依次选取图 4.2.9 所示的孔边线，分别单击"点位选择"对话框和"点到点几何体"对话框中的 确定 按钮，系统返回到"钻孔"对话框。

Step2. 定义顶面。

（1）单击"钻孔"对话框中 指定顶面 右侧的 按钮，系统弹出"顶部曲面"对话框。

（2）在"顶部曲面"对话框的 顶面选项 下拉列表中选择 面 选项，然后选取图 4.2.10 所示的面。

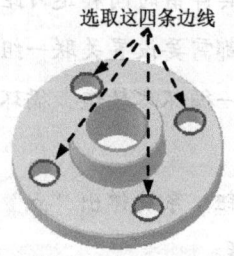 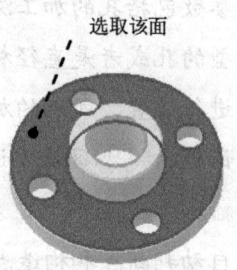

图 4.2.9　选择孔　　　　　　　图 4.2.10　指定部件表面

（3）单击"顶部曲面"对话框中的 确定 按钮，系统返回到"钻孔"对话框。

图 4.2.11 所示的"顶部曲面"对话框 顶面选项 下拉列表中的各选项说明如下。

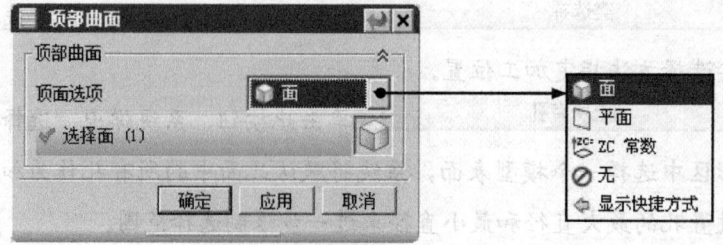

图 4.2.11　"顶部曲面"对话框

- 面：选择零件的表面作为顶部曲面。
- 平面：创建一个基准平面作为部件的顶部曲面。

- ZC 常数：通过指定 Z 坐标值来定义部件表面或底面，定义的面和 XY 平面平行。
- 无：取消先前指定的顶部曲面。

Step3. 定义底面。

（1）单击"钻孔"对话框中 指定底面 右侧的 按钮，系统弹出图 4.2.12 所示的"底面"对话框。

（2）在"底面"对话框的 底面选项 下拉列表中选择 面 选项，选取图 4.2.13 所示的面。

（3）单击"底面"对话框中的 确定 按钮，系统返回到"钻孔"对话框。

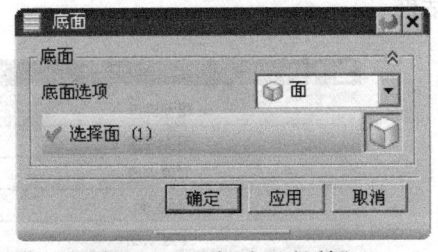

图 4.2.12 "底面"对话框

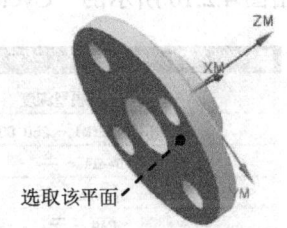

图 4.2.13 指定底面

Stage3. 设置刀轴

在"钻孔"对话框的 刀轴 区域中选择系统默认的 +ZM 轴 作为要加工孔的轴线方向。

说明：如果当前加工坐标系的 ZM 轴与要加工孔的轴线方向不同，可选择 刀轴 区域 轴 下拉列表中的 指定矢量 选项重新指定刀具轴线的方向。

Stage4. 设置循环控制参数

Step1. 在"钻孔"对话框 循环类型 区域的 循环 下拉列表中选择 标准钻 选项，单击"编辑参数"按钮，系统弹出图 4.2.14 所示的"指定参数组"对话框。

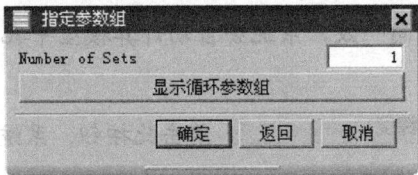

图 4.2.14 "指定参数组"对话框

说明：

- 在孔加工中，不同类型的孔的加工需要采用不同的加工方式。这些加工方式有的属于连续加工，有的属于断续加工，它们的刀具运动参数也各不相同。为了满足这些要求，用户可以选择不同的循环类型（如啄钻循环、标准钻循环、标准镗循环等）来控制刀具切削运动过程。对于同类型但深度不同，或者是同类型同深度但加工精度要求不同的孔，它们的循环类型虽然相同，但加工深度或进给速度不同，此时也需要设置不同的参数组来实现不同的切削运动。

- UG NX 10.0 提供了 14 种循环类型。根据不同类型的孔，首先在下拉列表中选择合适的循环类型，系统弹出图 4.2.14 所示的"指定参数组"对话框，可在其中的 Number of Sets 文本框中输入循环参数组的总数量，单击 确定 按钮进行该组循环参数的设置，每种循环类型都可以设置 5 组循环参数，设置好的循环参数可以通过图 4.2.8 所示的"点位选择"对话框关联到每个加工对象。

Step2. 在"指定参数组"对话框中采用系统默认的参数组序号 1，单击 确定 按钮，系统弹出图 4.2.15 所示的"Cycle 参数"对话框；单击 Depth -模型深度 按钮，系统弹出图 4.2.16 所示的"Cycle 深度"对话框。

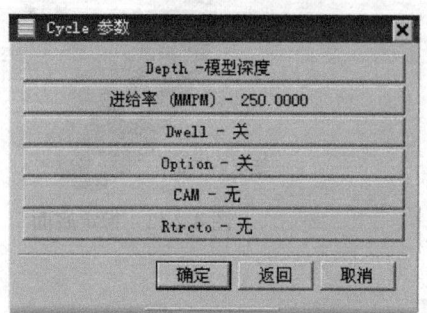
图 4.2.15 "Cycle 参数"对话框

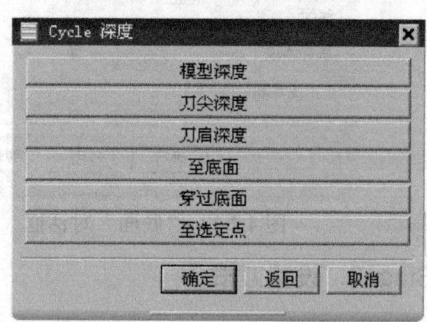
图 4.2.16 "Cycle 深度"对话框

图 4.2.15 所示的"Cycle 参数"对话框中各按钮说明如下。

- Depth -模型深度：用于设置钻孔加工的深度，即刀具退刀前零件表面与刀尖的距离。单击此按钮，系统弹出图 4.2.16 所示的"Cycle 深度"对话框，在此对话框中系统提供了 6 种设置加工深度的方法。

  ☑ 模型深度：单击此按钮，系统设置模型中孔的深度为钻孔的加工深度。如果刀具的直径小于或等于加工孔的直径，并且加工孔的轴线方向和刀轴方向一致，系统会自动计算模型中孔的深度，并将这个深度默认为加工深度。

  ☑ 刀尖深度：单击此按钮，系统弹出"深度"对话框，可以在此对话框中设置退刀前刀具刀尖沿刀轴方向与零件表面的距离，系统将默认此距离为加工深度。

  ☑ 刀肩深度：单击此按钮，系统弹出"深度"对话框，可以在此对话框中设置退刀前刀具刀肩沿刀轴方向与零件表面的距离，系统将默认此距离为加工深度。

  ☑ 至底面：单击此按钮，将根据刀尖刚好到达模型底面的距离来确定钻孔的加工深度。

  ☑ 穿过底面：单击此按钮，将根据刀肩刚好到达模型底面的

第4章 孔加工

距离来确定钻孔的加工深度。如果需要刀肩完全穿透底面，则可以在操作对话框的 [通孔安全距离] 文本框中设置刀肩穿过底面的穿透量。

- ☑ [至选定点]：单击此按钮，刀尖将到达指定孔位置时所选定的点。

- [进给率 (MMPM) - 250.0000]：用于设置刀具的进给量，可以通过毫米/分（mmpm）或毫米/转（mmpr）两种单位进行设置。

- [Dwell - 关]：单击此按钮，系统弹出"Cycle Dwell"对话框，可以设置刀具到达指定深度后的暂停参数。

  - ☑ [关]：设置刀具到达指定深度后不停留。
  - ☑ [开]：设置刀具到达指定深度后停留，仅用于各种标准循环。
  - ☑ [秒]：单击此按钮，系统弹出"秒"对话框，可以设置刀具到达指定深度后的停留秒数。
  - ☑ [转]：单击此按钮，系统弹出"转"对话框，可以设置刀具到达指定深度后停留期间主轴的转数。

- [Option - 关]：激活使用机床的特有加工特征。

- [CAM - 无]：单击此按钮，系统弹出"CAM"对话框，可以在此对话框中指定一个预设的 CAM 停止位置是使用的数字。

- [Rtrcto - 无]：单击此按钮，系统弹出"安全高度设置类型"对话框，用于设置退刀距离。

  - ☑ [距离]：单击此按钮，系统弹出"退刀"对话框，可以用于设置退刀距离。
  - ☑ [自动]：设置刀具沿刀轴方向退回到当前循环之前的退刀位置。
  - ☑ [设置为空]：不使用 Rtrcto 选项设置退刀距离。

Step3. 在"Cycle 深度"对话框中单击 [模型深度] 按钮，系统自动计算实体中孔的深度，系统返回到"Cycle 参数"对话框。

Step4. 单击"Cycle 参数"对话框中的 [Rtrcto - 无] 按钮，系统弹出图 4.2.17 所示的"安全高度设置类型"对话框；单击 [距离] 按钮，系统弹出图 4.2.18 所示的"退刀"对话框；在文本框中输入值 20.0，单击 [确定] 按钮，系统返回到"Cycle 参数"对话框。

Step5. 在"Cycle 参数"对话框中单击 [确定] 按钮，系统返回到"钻孔"对话框。

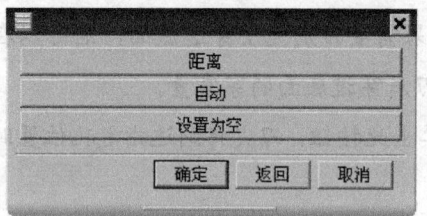
图 4.2.17 "安全高度设置类型"对话框

图 4.2.18 "退刀"对话框

Stage5. 设置一般参数

Step1. 设置最小安全距离。在 最小安全距离 文本框中输入值 3.0。
Step2. 设置通孔安全距离。在 通孔安全距离 文本框中输入值 1.5。

Stage6. 避让设置

Step1. 单击"钻孔"对话框中的"避让"按钮，系统弹出图 4.2.19 所示的"避让几何体"对话框。

Step2. 单击"避让几何体"对话框中的 Clearance Plane -无 按钮，系统弹出图 4.2.20 所示的"安全平面"对话框。

图 4.2.19 "避让几何体"对话框

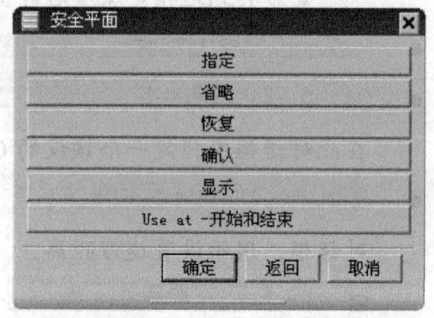
图 4.2.20 "安全平面"对话框

图 4.2.19 所示的"避让几何体"对话框中各按钮说明如下。

- From 点 -无 ：用于指定加工轨迹起始段的刀具位置。
- Start Point -无 ：用于指定刀具移动到加工位置上方的位置。这个刀具起始加工位置的指定可以避让夹具或避免产生碰撞。
- Return Point -无 ：用于指定切削完成后，刀具移动到的位置。
- Gohome 点 -无 ：用于指定刀具的最终位置，即刀路轨迹中的回零点。
- Clearance Plane -无 ：用于指定在切削的开始、切削的过程中或完成切削后，刀具为了避让所需要的安全距离。
- Lower Limit Plane -无 ：用于指定一个最低的安全平面，若刀具在运动过程中超过该平面,则报警,并在刀位文件(CLSF 文件)中显示报警信息。

- Redisplay Avoidance Geometry：在图形区中显示设置的避让几何体。

Step3. 单击"安全平面"对话框中的 指定 按钮,系统弹出图 4.2.21 所示的"平面"对话框;选取图 4.2.22 所示的平面为参照,然后在 偏置 区域的 距离 文本框中输入值 10.0;单击 确定 按钮,系统返回到"安全平面"对话框并创建一个安全平面;单击"安全平面"对话框中的 显示 按钮可以查看创建的安全平面,如图 4.2.23 所示。

Step4. 单击"安全平面"对话框中的 确定 按钮,系统返回到"避让几何体"对话框;单击"避让几何体"对话框中的 确定 按钮,完成安全平面的设置,系统返回到"钻孔"对话框。

图 4.2.21 "平面"对话框

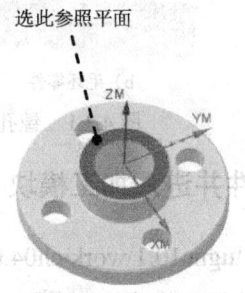
图 4.2.22 选取参照平面

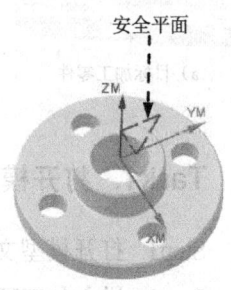
图 4.2.23 创建安全平面

Stage7. 设置进给率和速度

Step1. 单击"钻孔"对话框中的"进给率和速度"按钮 ,系统弹出"进给率和速度"对话框。

Step2. 在"进给率和速度"对话框中选中 ☑ 主轴速度 (rpm) 复选框,然后在其文本框中输入值 500.0,按 Enter 键;单击 按钮,在 切削 文本框中输入值 50.0,按 Enter 键;单击 按钮,其他选项采用系统默认的设置值,单击 确定 按钮。

Task5. 生成刀路轨迹并仿真

生成的刀路轨迹如图 4.2.24 所示。2D 动态仿真加工后结果如图 4.2.25 所示。

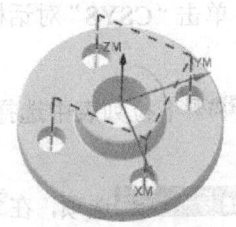
图 4.2.24 刀路轨迹

图 4.2.25 2D 仿真结果

Task6. 保存文件

选择下拉菜单 文件(F) —→ 保存(S) 命令，保存文件。

4.3 镗孔加工

创建镗孔加工和创建钻孔加工的步骤大致一样，需要特别注意的是要根据加工的孔径和深度设置好镗刀的参数。下面以图 4.3.1 所示的模型为例，说明创建镗孔加工操作的一般步骤。

a) 目标加工零件　　　　　b) 毛坯零件　　　　　c) 加工结果

图 4.3.1　镗孔加工

Task1. 打开模型文件并进入加工模块

Step1. 打开模型文件 D:\ugnc10.1\work\ch04.03\boring.prt。

Step2. 进入加工环境。选择下拉菜单 启动 —→ 加工(N) 命令，在系统弹出的"加工环境"对话框的 要创建的 CAM 设置 列表框中选择 drill 选项，单击 确定 按钮，进入加工环境。

Task2. 创建几何体

Stage1. 创建机床坐标系和安全平面

Step1. 在工序导航器中进入几何体视图，然后双击节点 MCS_MILL，系统弹出"MCS 铣削"对话框。

Step2. 在"MCS 铣削"对话框的 机床坐标系 区域中单击"CSYS 对话框"按钮，在系统弹出的"CSYS"对话框的 类型 下拉列表中选择 动态 。

Step3. 单击"CSYS"对话框 操控器 区域中的"操控器"按钮，在"点"对话框的 X 文本框中输入值 210.0，在 Y 文本框中输入值 255.0，在 Z 文本框中输入值 189.0；单击 确定 按钮，然后绕 XM 轴旋转-90°，如图 4.3.2 所示；单击"CSYS"对话框中的 确定 按钮，系统返回到"MCS 铣削"对话框。

Step4. 在"MCS 铣削"对话框 安全设置 区域的 安全设置选项 下拉列表中选择 平面 选项，单击"平面对话框"按钮，系统弹出"平面"对话框。

Step5. 在"平面"对话框 类型 区域的下拉列表中选择 按某一距离 选项，在 平面参考 区域中

单击 ⊕ 按钮，先在选择条工具栏中选择 整个装配 选项，然后选取图 4.3.3 所示的平面为对象平面；在 偏置 区域的 距离 文本框中输入值为 30.0，并按 Enter 键确认；单击 确定 按钮，系统返回到"MCS 铣削"对话框，完成图 4.3.3 所示安全平面的创建。

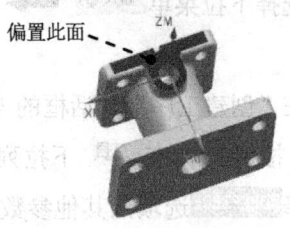

图 4.3.2 机床坐标系　　　　　　　图 4.3.3 选取偏置面

Step6. 单击"MCS 铣削"对话框中的 确定 按钮，完成机床坐标系和安全平面的创建。

Stage2．创建部件几何体

Step1. 在工序导航器中单击 ⊞ MCS_MILL 节点前的"+"，双击节点 WORKPIECE，系统弹出"工件"对话框。

Step2. 选取部件几何体。在"工件"对话框中单击 按钮，系统弹出"部件几何体"对话框。

Step3. 选取全部零件为部件几何体，在"部件几何体"对话框中单击 确定 按钮，完成部件几何体的创建，同时系统返回到"工件"对话框。

Stage3．创建毛坯几何体

Step1. 在"工件"对话框中单击 按钮，系统弹出"毛坯几何体"对话框。

Step2. 首先在装配导航器中将 down_base1 调整到隐藏状态，将 down_base2 调整到显示状态，然后在图形区中选取 down_base2 为毛坯几何体，单击"毛坯几何体"对话框中的 确定 按钮，系统返回到"工件"对话框。

Step3. 单击"工件"对话框中的 确定 按钮，然后在装配导航器中将 down_base1 调整到显示状态，将 down_base2 调整到隐藏状态。

Task3．创建刀具

Step1. 选择下拉菜单 插入(S) → 刀具(T) 命令，系统弹出"创建刀具"对话框。

Step2. 在"创建刀具"对话框的 类型 下拉列表中选择 drill 选项，在 刀具子类型 区域中选择"BORING_BAR"按钮 ，在 名称 文本框中输入 D45；单击 确定 按钮，系统弹出"钻刀"对话框。

Step3. 设置刀具参数。在"钻刀"对话框的 (D)直径 文本框中输入值 45.0，在 (L)长度 文本框中输入值 150.0，在 刀具号 文本框中输入值 1，其他参数采用系统默认的设置值，单击 确定 按钮，完成刀具的创建。

Task4. 创建镗孔工序

Stage1. 创建工序

Step1. 选择下拉菜单 插入(S) → 工序(E)... 命令，系统弹出图4.3.4所示的"创建工序"对话框。

Step2. 在"创建工序"对话框的 类型 下拉列表中选择 drill 选项，在 工序子类型 区域中单击"BORING"按钮，在 刀具 下拉列表中选择前面设置的刀具 D45（钻刀）选项，在 几何体 下拉列表中选择 WORKPIECE 选项，其他参数采用系统默认的设置值。

Step3. 单击"创建工序"对话框中的 确定 按钮，系统弹出图4.3.5所示的"镗孔"对话框。

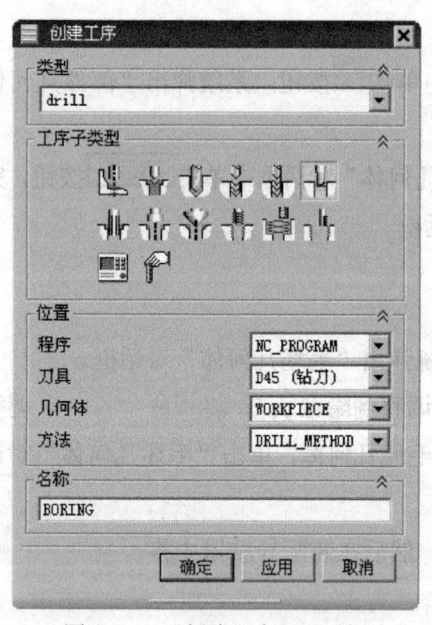
图4.3.4 "创建工序"对话框

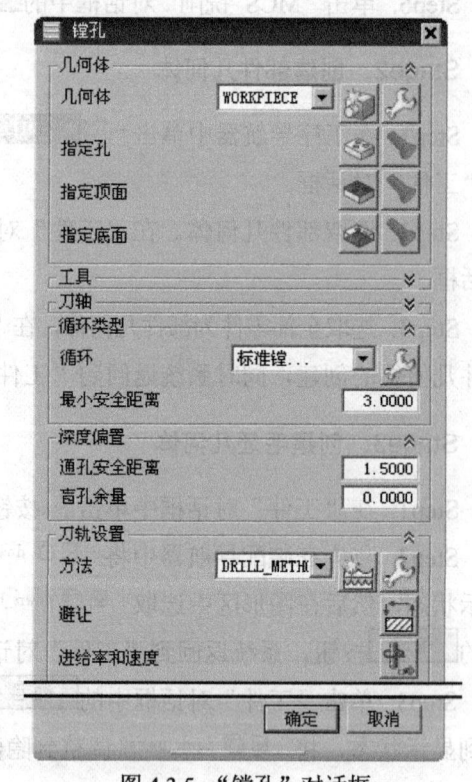
图4.3.5 "镗孔"对话框

Stage2. 指定镗孔点

Step1. 指定镗孔点。

（1）单击"镗孔"对话框中 指定孔 右侧的 按钮，系统弹出"点到点几何体"对话框，单击 选择 按钮，系统弹出"点位选择"对话框。

（2）在图形区选取图4.3.6所示的孔边线，分别在"点位选择"对话框和"点到点几何体"对话框中单击 确定 按钮，系统返回到"镗孔"对话框。

Step2. 定义顶面。

（1）单击"镗孔"对话框中 指定顶面 右侧的 按钮，系统弹出"顶部曲面"对话框。

（2）在"顶部曲面"对话框的 顶面选项 下拉列表中选择 面 选项，然后选取图4.3.7所示的面。

（3）单击"顶部曲面"对话框中的 确定 按钮，系统返回到"镗孔"对话框。

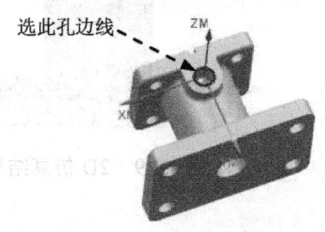
图 4.3.6 指定镗孔点

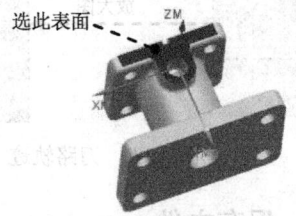
图 4.3.7 指定顶面

Stage3. 设置刀轴

在"镗孔"对话框的 刀轴 区域选择系统默认的 +ZM 轴 作为要加工孔的轴线方向。

Stage4. 设置循环控制参数

Step1. 在"镗孔"对话框 循环类型 区域的 循环 下拉列表中选择 标准镗… 选项，单击"编辑参数"按钮 ，系统弹出"指定参数组"对话框。

Step2. 在"指定参数组"对话框中采用系统默认的参数设置值，单击 确定 按钮，系统弹出"Cycle 参数"对话框；单击 Depth -模型深度 按钮，系统弹出"Cycle 深度"对话框。

Step3. 在"Cycle 深度"对话框中单击 刀尖深度 按钮，系统弹出"深度"对话框，在 深度 文本框中输入值 80.0；单击 确定 按钮，返回到"Cycle 参数"对话框。

Step4. 单击"Cycle 参数"对话框中的 确定 按钮，系统返回到"镗孔"对话框。

Stage5. 设置一般参数

Step1. 设置最小安全距离。在 最小安全距离 文本框中输入值 3.0。

Step2. 设置通孔安全距离。在 通孔安全距离 文本框中输入值 1.5。

Stage6. 设置进给率和速度

Step1. 单击"镗孔"对话框中的"进给率和速度"按钮 ，系统弹出"进给率和速度"对话框。

Step2. 在"进给率和速度"对话框中选中 主轴速度 (rpm) 复选框，在其文本框中输入值 600.0，按 Enter 键；单击 按钮，在"进给率"区域的 切削 文本框中输入值 100.0，按 Enter 键；单击 按钮，其他参数采用系统默认的设置值，单击 确定 按钮。

Task5. 生成刀路轨迹并仿真

生成的刀路轨迹如图 4.3.8 所示。2D 动态仿真加工结果如图 4.3.9 所示。

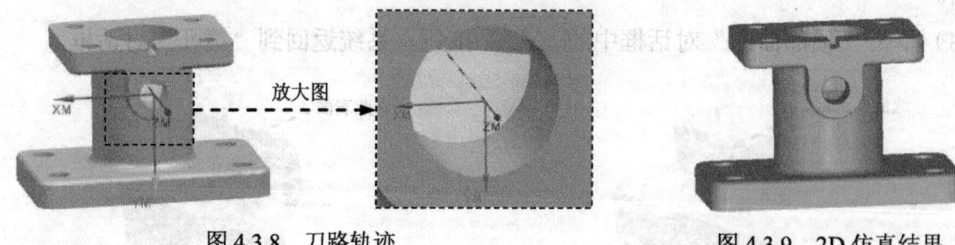

图 4.3.8　刀路轨迹　　　　　　　　图 4.3.9　2D 仿真结果

Task6. 保存文件

选择下拉菜单 文件(F) → 保存(S) 命令，保存文件。

4.4　攻　螺　纹

攻螺纹，即用丝锥加工孔的内螺纹。下面以图 4.4.1 所示的模型为例来说明创建攻螺纹加工操作的一般步骤。

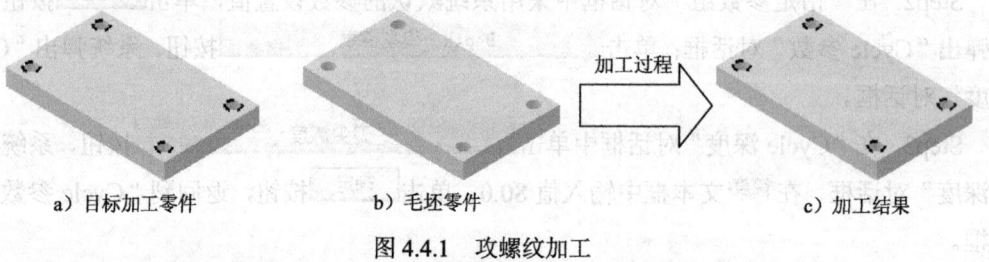

a) 目标加工零件　　　　　b) 毛坯零件　　　　　c) 加工结果

图 4.4.1　攻螺纹加工

Task1. 打开模型文件并进入加工模块

Step1. 打开模型文件 D:\ugnc10.1\work\ch04.04\tapping.prt。

Step2. 进入加工环境。选择下拉菜单 启动 → 加工(N)... 命令，在系统弹出的"加工环境"对话框中 要创建的 CAM 设置 列表框中选择 drill 选项，单击 确定 按钮，进入加工环境。

Task2. 创建几何体

Step1. 创建机床坐标系。将默认的机床坐标系沿 ZC 方向偏置，偏置值为 10.0。

Step2. 在工序导航器中单击 MCS_MILL 节点前的"+"，双击节点 WORKPIECE，系统弹出"工件"对话框。

Step3. 在"工件"对话框中单击 按钮，系统弹出"部件几何体"对话框，选取全部零件为部件几何体。

Step4. 在"部件几何体"对话框中单击 确定 按钮,完成部件几何体的创建,同时系统返回到"工件"对话框。

Step5. 在"工件"对话框中单击 按钮,系统弹出"毛坯几何体"对话框,选取全部零件为毛坯几何体,完成后单击 确定 按钮。

Step6. 单击"工件"对话框中的 确定 按钮,完成几何体的创建。

Task3. 创建刀具

Step1. 选择下拉菜单 插入(S) → 刀具(T) 命令,系统弹出图 4.4.2 所示的"创建刀具"对话框。

Step2. 在 类型 下拉列表中选择 drill 选项,在 刀具子类型 区域中单击"TAP"按钮 ,在 名称 文本框中输入 D6;单击 确定 按钮,系统弹出图 4.4.3 所示的"钻刀"对话框。

Step3. 在"钻刀"对话框的 (D) 直径 文本框中输入值 6.0,在 刀具号 文本框中输入值 1,其他参数采用系统默认的设置值;单击 确定 按钮,完成刀具的设置。

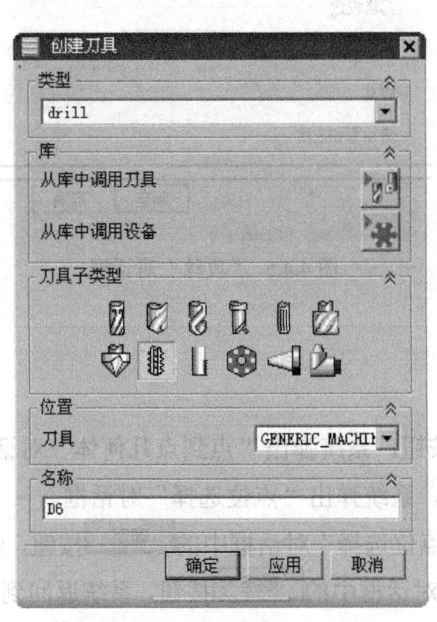

图 4.4.2 "创建刀具"对话框

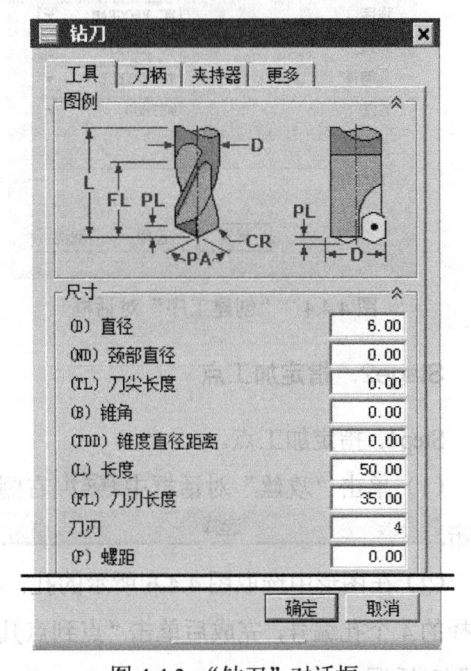

图 4.4.3 "钻刀"对话框

Task4. 创建工序

Stage1. 创建工序

Step1. 选择下拉菜单 插入(S) → 工序(E)... 命令,系统弹出图 4.4.4 所示的"创建工序"对话框。

Step2. 在"创建工序"对话框的 工序子类型 区域中单击"攻丝"按钮，在 刀具 下拉列表中选用前面设置的刀具 D6（钻刀）选项，其他参数可参考图4.4.4。

Step3. 单击"创建工序"对话框中的 确定 按钮，系统弹出图4.4.5所示的"攻丝"对话框。

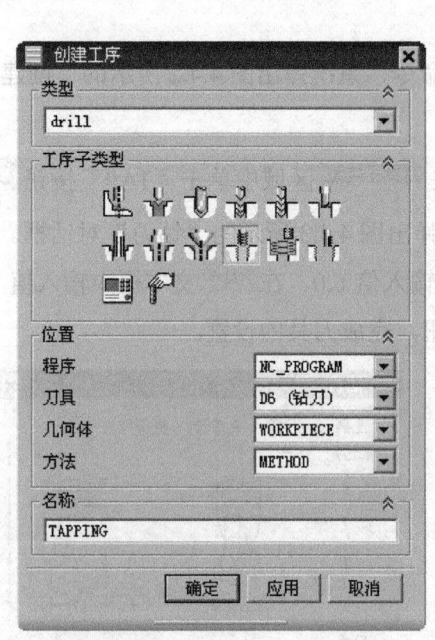

图4.4.4 "创建工序"对话框

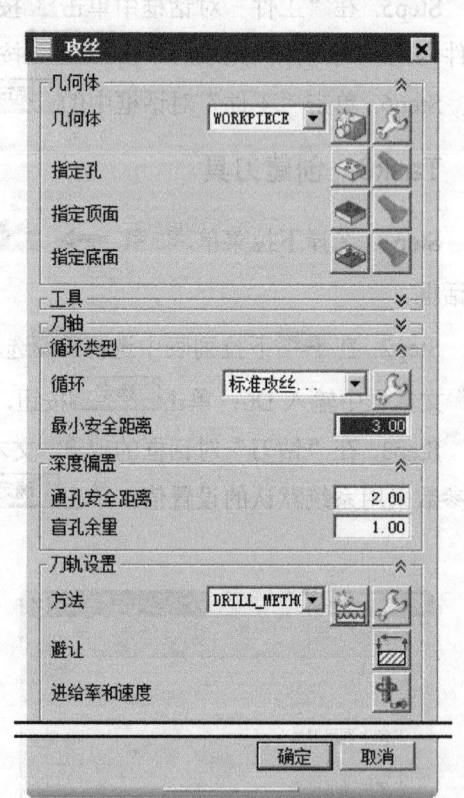

图4.4.5 "攻丝"对话框

Stage2. 指定加工点

Step1. 指定加工点。

（1）单击"攻丝"对话框中 指定孔 右侧的按钮，系统弹出"点到点几何体"对话框；单击 选择 按钮，系统弹出"点位选择"对话框。

（2）在图形中选取图4.4.6所示的孔，单击"点位选择"对话框中的 确定 按钮，给被选择的4个孔编号，完成后单击"点到点几何体"对话框中的 确定 按钮，系统返回到"攻丝"对话框。

Step2. 定义顶面。

（1）单击"攻丝"对话框中 指定顶面 右侧的按钮，系统弹出"顶部曲面"对话框。

（2）在"顶部曲面"对话框的 顶面选项 下拉列表中选择 面 选项，选取图4.4.7所示的平面为部件表面。

（3）单击"顶部曲面"对话框中的 确定 按钮，系统返回到"攻丝"对话框。

第 4 章 孔加工

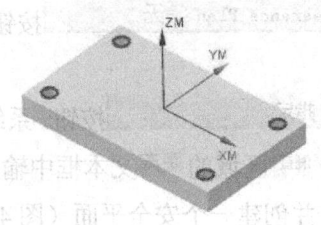

图 4.4.6 指定加工点

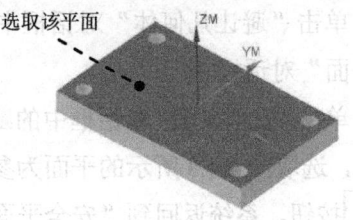

图 4.4.7 指定部件表面

Step3. 定义底面。

（1）单击"攻丝"对话框中 指定底面 右侧的 按钮，系统弹出"底面"对话框。

（2）在"底面"对话框的 底面选项 下拉列表中选择 平面 选项，单击 按钮，在下拉列表中选择 ，指定 XC-YC 平面为底面。

（3）单击"底面"对话框中的 确定 按钮，系统返回到"攻丝"对话框。

Stage3. 设置刀轴

选择系统默认的 +ZM 轴 作为要加工孔的轴线方向。

Stage4. 设置循环控制参数

Step1. 在"攻丝"对话框 循环类型 区域的 循环 下拉列表中选择 标准攻丝... 选项，单击"编辑参数"按钮 ，系统弹出"指定参数组"对话框。

Step2. 在"指定参数组"对话框中采用系统默认的参数设置值，单击 确定 按钮，系统弹出"Cycle 参数"对话框；单击 Depth (Tip) - 0.0000 按钮，系统弹出"Cycle 深度"对话框。

Step3. 在"Cycle 深度"对话框中单击 穿过底面 按钮，系统返回到"Cycle 参数"对话框。

Step4. 单击"Cycle 参数"对话框中的 Rtrcto - 无 按钮，系统弹出"安全高度设置类型"对话框；单击 距离 按钮，系统弹出"退刀"对话框，在 退刀 文本框中输入值 10.0；单击 确定 按钮，系统返回到"Cycle 参数"对话框。

Step5. 在"Cycle 参数"对话框中单击 确定 按钮，系统返回到"攻丝"对话框。

Stage5. 设置一般参数

Step1. 定义最小安全距离。在 最小安全距离 文本框中输入值 3.0。

Step2. 设置通孔安全距离。在 通孔安全距离 文本框中输入值 2.0。

Stage6. 设置避让

Step1. 单击"攻丝"对话框中的"避让"按钮 ，系统弹出"避让几何体"对话框。

165

Step2. 单击"避让几何体"对话框中的 Clearance Plane -无 按钮，系统弹出"安全平面"对话框。

Step3. 单击"安全平面"对话框中的 指定 按钮，系统弹出"平面"对话框，选取图 4.4.8 所示的平面为参照平面，在 偏置 区域的 距离 文本框中输入值 10.0，单击 确定 按钮，系统返回到"安全平面"对话框，并创建一个安全平面（图 4.4.9）。

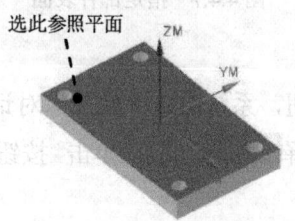
图 4.4.8 选取参照平面

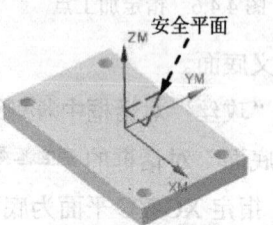
图 4.4.9 创建安全平面

Step4. 单击"安全平面"对话框中的 确定 按钮，系统返回到"避让几何体"对话框；单击"避让几何体"对话框中的 确定 按钮，完成安全平面的设置，系统返回到"攻丝"对话框。

Stage7. 设置进给率和速度

Step1. 单击"攻丝"对话框中的"进给率和速度"按钮，系统弹出"进给率和速度"对话框。

Step2. 在 自动设置 区域的 表面速度 (smm) 文本框中输入值 8.0，按 Enter 键；单击 按钮，系统会根据此设置同时完成主轴速度的设置；在"进给率"区域的 切削 文本框中输入值 50.0，按 Enter 键；单击 按钮，其他参数采用系统默认的设置值。

Task5. 生成刀路轨迹

生成的刀路轨迹如图 4.4.10 所示。

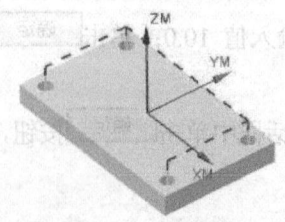
图 4.4.10 刀路轨迹

Task6. 保存文件

选择下拉菜单 文件(F) → 保存(S) 命令，保存文件。

4.5 钻孔加工综合范例

Task1. 打开模型文件并进入加工模块

Step1. 打开模型文件 D:\ugnc10.1\work\ch04.05\drilling.prt。

Step2. 进入加工环境。选择下拉菜单 启动 → 加工(N)... 命令，在系统弹出的"加工环境"对话框的 要创建的CAM设置 列表框中选择 drill 选项，单击 确定 按钮，进入加工环境。

Task2. 创建几何体

Stage1. 创建机床坐标系和安全平面

Step1. 在工序导航器中进入几何体视图，双击节点 MCS_MILL，系统弹出"MCS 铣削"对话框。

Step2. 在"MCS 铣削"对话框的 机床坐标系 区域中单击"CSYS 对话框"按钮，在系统弹出的"CSYS"对话框的 类型 下拉列表中选择 动态 选项。

Step3. 单击"CSYS"对话框 操控器 区域中的"操控器"按钮，在"点"对话框的 X 文本框中输入值 200.0，在 Y 文本框中输入值 200.0，在 Z 文本框中输入值 0.0；单击 确定 按钮，以 YM 轴为轴线旋转 180°，结果如图 4.5.1 所示；单击"CSYS"对话框中的 确定 按钮，系统返回到"MCS 铣削"对话框。

Step4. 在"MCS 铣削"对话框 安全设置 区域的 安全设置选项 下拉列表中选择 平面 选项，单击"平面对话框"按钮，系统弹出"平面"对话框。

Step5. 在"平面"对话框 类型 区域的下拉列表中选择 按某一距离 选项，在 平面参考 区域中单击 按钮，选取图 4.5.1 所示的平面为对象平面；在 偏置 区域的 距离 文本框中输入值为 10.0，并按 Enter 键确认，单击 确定 按钮，完成安全平面的创建。

Step6. 单击"MCS 铣削"对话框中的 确定 按钮，完成机床坐标系和安全平面的创建。

Stage2. 创建部件几何体

Step1. 将工序导航器调整到几何视图状态，单击 MCS_MILL 节点前的"+"，双击节点 WORKPIECE，系统弹出"工件"对话框。

Step2. 在"工件"对话框中单击 按钮，系统弹出"部件几何体"对话框，选取全部零件为部件几何体；单击 确定 按钮，系统返回到"工件"对话框。

Step3. 在"工件"对话框中单击 按钮，系统弹出"毛坯几何体"对话框；在"毛坯几何体"对话框的 类型 下拉列表中选择 包容块 选项，系统自动创建毛坯几何体，如图 4.5.2 所示，完成后单击 确定 按钮。

Step4. 单击"工件"对话框中的 确定 按钮，完成几何体的创建。

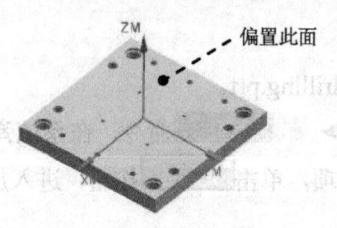
图 4.5.1 机床坐标系

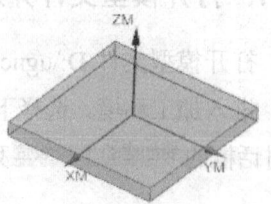
图 4.5.2 毛坯几何体

Task3. 创建刀具

Stage1. 创建刀具（一）

Step1. 选择下拉菜单 插入(S) → 刀具(T) 命令，系统弹出图 4.5.3 所示的"创建刀具"对话框。

Step2. 确定刀具类型。在"创建刀具"对话框的 类型 下拉列表中选择 drill 选项，在 刀具子类型 区域中单击"DRILLING_TOOL"按钮 ，在 名称 文本框中输入 D6，然后单击 确定 按钮，系统弹出图 4.5.4 所示的"钻刀"对话框。

Step3. 设置刀具参数。在"钻刀"对话框的 (D) 直径 文本框中输入值 6.0，在 刀具号 文本框中输入值 1，其他参数采用系统默认的设置值，单击 确定 按钮，完成刀具的设置。

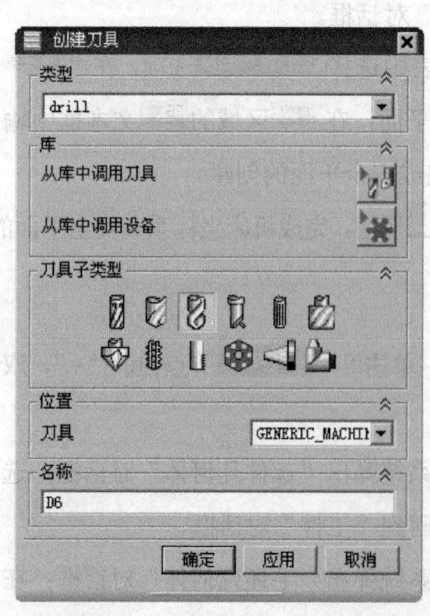
图 4.5.3 "创建刀具"对话框

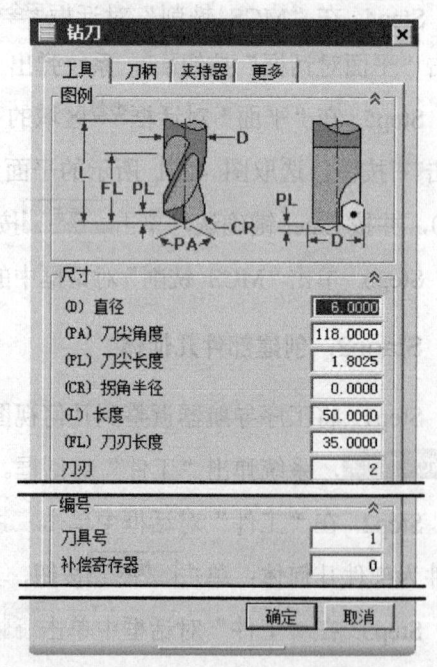
图 4.5.4 "钻刀"对话框

Stage2. 创建刀具（二）

参照 Stage1 操作步骤，选择刀具类型为 `drill` 选项，选择 `刀具子类型` 为 "DRILLING_TOOL"，输入刀具名称 D9，设置刀具 `(D)直径` 为 9.0，设置 `刀具号` 为 2；创建刀具 D9。

Stage3. 创建刀具（三）

参照 Stage1 操作步骤，选择刀具类型为 `drill` 选项，选择 `刀具子类型` 为 "DRILLING_TOOL"，输入刀具名称 D25，设置刀具 `(D)直径` 为 25.0，设置 `刀具号` 为 3；创建刀具 D25。

Stage4. 创建刀具（四）

参照 Stage1 操作步骤，选择刀具类型为 `drill` 选项，选择 `刀具子类型` 为 "DRILLING_TOOL"，输入刀具名称 D35，设置刀具 `(D)直径` 为 35.0，设置 `刀具号` 为 4；创建刀具 D35。

Stage5. 创建刀具（五）

参照 Stage1 操作步骤，选择刀具类型为 `drill` 选项，选择 `刀具子类型` 为 "DRILLING_TOOL"，输入刀具名称 D15，设置刀具 `(D)直径` 为 15.0，设置 `刀具号` 为 5；创建刀具 D15。

Stage6. 创建刀具（六）

参照 Stage1 操作步骤，选择刀具类型为 `drill` 选项，选择 `刀具子类型` 为 "COUNTERBORING_TOOL"，输入刀具名称 D7，设置刀具 `(D)直径` 为 7.0，设置 `刀具号` 为 6；创建刀具 D7。

Stage7. 创建刀具（七）

参照 Stage1 操作步骤，选择刀具类型为 `drill` 选项，选择 `刀具子类型` 为 "COUNTERBORING_TOOL"，输入刀具名称 D16，设置刀具 `(D)直径` 为 16.0，设置 `刀具号` 为 7；创建刀具 D16。

Stage8. 创建刀具（八）

参照 Stage1 操作步骤，选择刀具类型为 `drill` 选项，选择 `刀具子类型` 为 "COUNTERBORING_TOOL"，输入刀具名称 D41，设置刀具 `(D)直径` 为 41.0，设置 `刀具号` 为 8；创建刀具 D41。

说明：本范例包括钻孔和沉孔。首先设置 8 把不同参数的刀，在后面创建工序过程中直接调用即可。

Task4. 创建钻孔工序 1

Stage1. 插入工序

Step1. 选择下拉菜单 `插入(S)` → `工序(E)...` 命令，系统弹出图 4.5.5 所示的"创建工序"对话框。

Step2. 确定加工方法。在"创建工序"对话框的 `工序子类型` 区域中单击"DRILLING"按

钮 ⬆️，在 刀具 下拉列表中选择 D6（钻刀）选项，在 几何体 下拉列表中选择 WORKPIECE 选项，其他参数可参考图 4.5.5；单击 确定 按钮，系统弹出图 4.5.6 所示的"钻孔"对话框。

Stage2. 指定钻孔点

Step1. 单击"钻孔"对话框中 指定孔 右侧的 🔲 按钮，系统弹出"点到点几何体"对话框；单击 选择 按钮，系统弹出"点位选择"对话框。

Step2. 在图形区选取图 4.5.7 所示的圆，单击"点位选择"对话框中的 确定 按钮，然后单击"点到点几何体"对话框中的 确定 按钮，系统返回到"钻孔"对话框。

Stage3. 指定部件表面和底面

Step1. 单击"钻孔"对话框中 指定顶面 右侧的 🔲 按钮，系统弹出"顶部曲面"对话框。

图 4.5.5 "创建工序"对话框

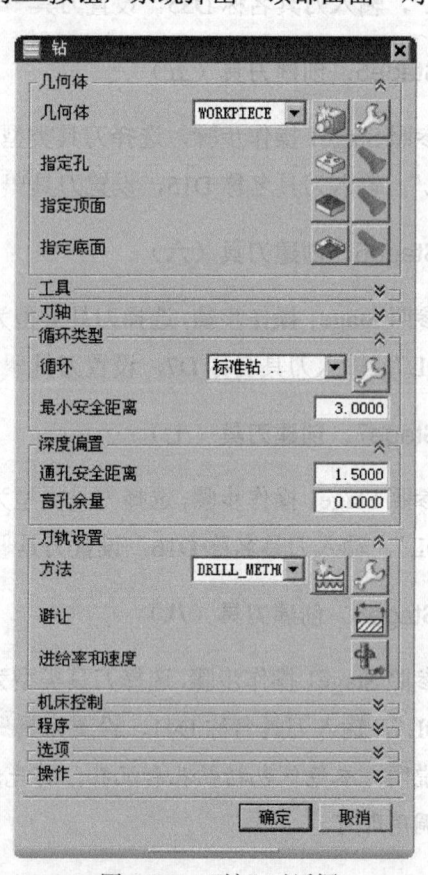

图 4.5.6 "钻"对话框

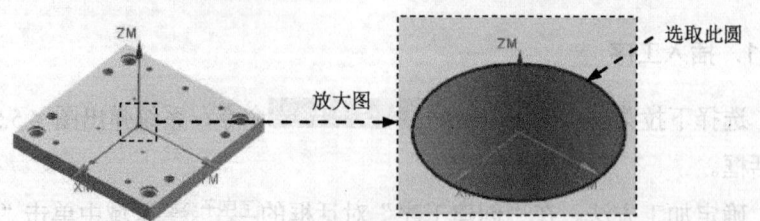

图 4.5.7 指定钻孔点

Step2. 在"顶部曲面"对话框的 顶面选项 下拉列表中选择 面 选项,选取图4.5.8所示的面为顶部曲面,完成后单击"顶部曲面"对话框中的 确定 按钮,系统返回到"钻孔"对话框。

Step3. 单击"钻孔"对话框中 指定底面 右侧的 按钮,系统弹出"底面"对话框。

Step4. 在"底面"对话框的 底面选项 下拉列表中选择 面 选项,选取图4.5.9所示的面为底面,完成后单击"底面"对话框中的 确定 按钮,系统返回到"钻孔"对话框。

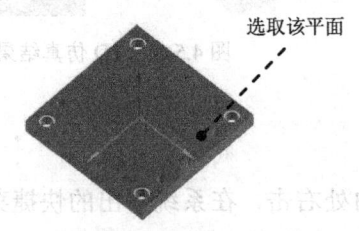
图 4.5.8 指定部件表面

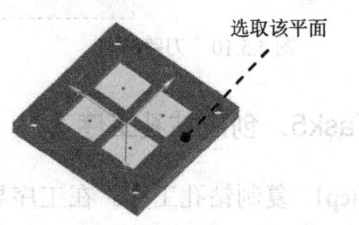
图 4.5.9 指定底面

Stage4. 设置刀轴

选择系统默认的 +ZM轴 作为要加工孔的轴线方向。

Stage5. 设置循环控制参数

Step1. 在"钻孔"对话框 循环类型 区域的 循环 下拉列表中选择 标准钻... 选项,单击"编辑参数"按钮 ,系统弹出"指定参数组"对话框。

Step2. 在"指定参数组"对话框中设定 Number of Sets 文本框的值为1,单击 确定 按钮,系统弹出"Cycle 参数"对话框;单击 Depth -模型深度 按钮,系统弹出"Cycle 深度"对话框。

Step3. 在"Cycle 深度"对话框中单击 穿过底面 按钮,系统返回到"Cycle 参数"对话框,单击 确定 按钮,直到系统返回到"钻孔"对话框。

Stage6. 设置一般参数

在"钻孔"对话框的 最小安全距离 文本框中输入值10.0,在 通孔安全距离 文本框中输入值2.0。

Stage7. 设置进给率和速度

Step1. 单击"钻孔"对话框中的"进给率和速度"按钮 ,系统弹出"进给率和速度"对话框。

Step2. 在 自动设置 区域的 表面速度 (smm) 文本框中输入值10.0,按 Enter 键;单击 按钮,系统会根据此设置同时完成主轴速度的设置,在 切削 文本框中输入值50.0,按 Enter 键;单击 按钮,其他参数采用系统默认的设置值,单击 确定 按钮。

Stage8. 生成刀路轨迹并仿真

生成的刀路轨迹如图 4.5.10 所示。2D 动态仿真加工后结果如图 4.5.11 所示。

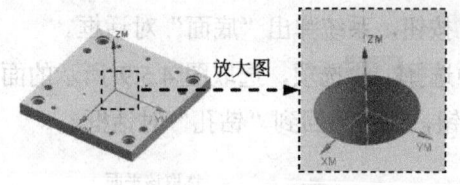
图 4.5.10　刀路轨迹

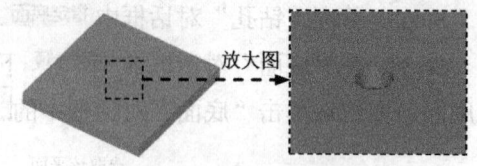
图 4.5.11　2D 仿真结果

Task5. 创建钻孔工序 2

Step1. 复制钻孔工序。在工序导航器的空白处右击，在系统弹出的快捷菜单中选择 程序顺序视图 命令，然后在 DRILLING 节点上右击，在系统弹出的快捷菜单中选择 复制 命令。

Step2. 粘贴钻孔工序。在工序导航器的 DRILLING 节点上右击，在系统弹出的快捷菜单中选择 粘贴 命令。

Step3. 修改操作名称。在工序导航器的 DRILLING_COPY 节点上右击，在系统弹出的快捷菜单中选择 重命名 命令，将其名称改为 "DRILLING_D9"。

Step4. 重新定义操作。

（1）双击 Step3 改名的 DRILLING_D9 节点，系统弹出"钻孔"对话框。

（2）在"钻孔"对话框中单击 指定孔 右侧的 按钮，系统弹出"点到点几何体"对话框；单击 选择 按钮，系统消息区出现提示"省略现有点吗？"；在系统弹出的对话框中单击 是 按钮，系统弹出"点位选择"对话框。

（3）在图形区中选取图 4.5.12 所示的 4 个孔的边线，单击"点位选择"对话框中的 确定 按钮，被选择的 4 个孔被自动编号。

（4）单击"点到点几何体"对话框中的 确定 按钮，系统返回到"钻孔"对话框。

（5）在"钻孔"对话框 刀具 区域的 刀具 下拉列表中选择前面创建的 2 号刀具 D9 (钻刀) 。

Step5. 单击"生成"按钮 ，生成的刀路轨迹如图 4.5.13 所示。

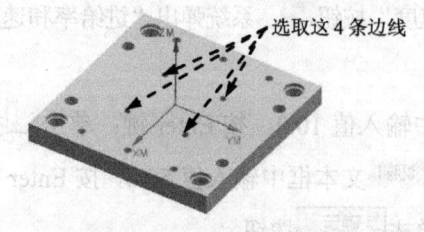
图 4.5.12　指定孔位置

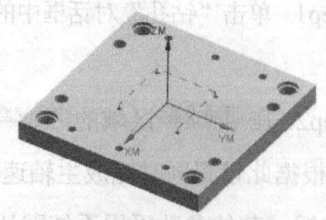
图 4.5.13　刀路轨迹

Task6. 创建钻孔工序 3

参照 Task5 的操作步骤再次复制钻孔工序并粘贴，将复制粘贴后的操作名称改为"DRILLING_D25"，刀具选择 3 号刀具 D25（钻刀），选取图 4.5.14 所示的孔边线，生成的刀路轨迹如图 4.5.15 所示。

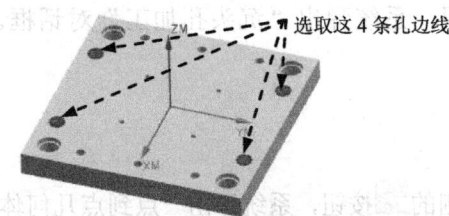 

图 4.5.14　指定孔位置　　　　　　　　　图 4.5.15　刀路轨迹

Task7. 创建钻孔工序 4

参照 Task5 的操作步骤复制钻孔工序并粘贴，将复制粘贴后的操作名称改为"DRILLING_D35"，刀具选择 4 号刀具 D35（钻刀），选取图 4.5.16 所示的孔边线，生成的刀路轨迹如图 4.5.17 所示。

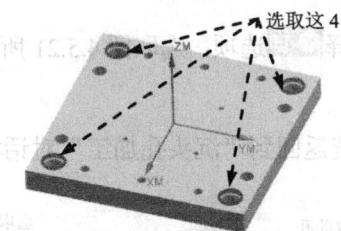 

图 4.5.16　指定孔位置　　　　　　　　　图 4.5.17　刀路轨迹

Task8. 创建钻孔工序 5

参照 Task5 的操作步骤，刀具选择 5 号刀具 D15（钻刀），操作名称为"DRILLING_D15"，选取图 4.5.18 所示的 6 个孔的边线。与前面不同的是，在 Stage5 设置循环控制参数时，采用系统默认的 Depth -模型深度 选项，生成的刀路轨迹如图 4.5.19 所示。

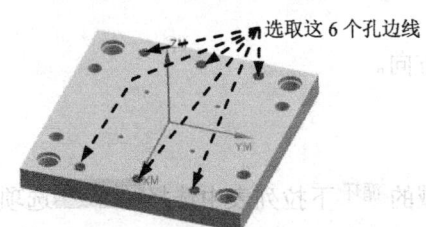 

图 4.5.18　指定孔位置　　　　　　　　　图 4.5.19　刀路轨迹

Task9. 创建沉孔工序 1

Stage1. 创建工序

Step1. 选择下拉菜单 插入(S) → 工序(E) 命令，系统弹出"创建工序"对话框。

Step2. 在"创建工序"对话框的 工序子类型 区域中单击"COUNTERBORING"按钮 ，在 刀具 下拉列表中选择 D7 (铣刀-5 参数) 选项，在 几何体 下拉列表中选择 WORKPIECE 选项，其他参数采用系统默认的设置值；单击 确定 按钮，系统弹出"沉头孔加工"对话框。

Stage2. 指定加工点

Step1. 选择加工点。

（1）单击"沉头孔加工"对话框中 指定孔 右侧的 按钮，系统弹出"点到点几何体"对话框；单击 选择 按钮，系统弹出"点位选择"对话框。

（2）在图形区中选取图 4.5.20 所示的孔，单击"点位选择"对话框中的 确定 按钮，完成后单击"点到点几何体"对话框中的 确定 按钮，系统返回到"沉头孔加工"对话框。

Step2. 定义顶面。

（1）单击"沉头孔加工"对话框中的"定义顶面"按钮 ，系统弹出"顶部曲面"对话框。

（2）在"顶部曲面"对话框的 顶面选项 下拉列表中选择 面 选项，选取图 4.5.21 所示的平面为顶部曲面。

（3）单击"顶部曲面"对话框中的 确定 按钮，系统返回到"沉头孔加工"对话框。

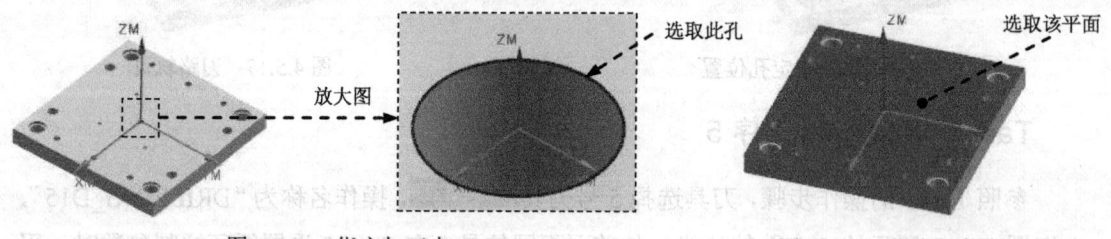

图 4.5.20 指定加工点　　　　图 4.5.21 指定部件表面

Stage3. 指定刀轴

选择系统默认的 +ZM 轴 作为要加工孔的轴线方向。

Stage4. 设置循环控制参数

Step1. 在"沉头孔加工"对话框 循环类型 区域的 循环 下拉列表中选择 标准钻 选项，单击"编辑参数"按钮 ，系统弹出"指定参数组"对话框。

Step2. 在"指定参数组"对话框中采用系统默认的参数设置值，单击 确定 按钮，系统弹出"Cycle 参数"对话框；单击 Depth -模型深度 按钮，系统弹出"Cycle

Step3. 在"Cycle 深度"对话框中单击 **刀尖深度** 按钮,系统弹出"深度"对话框;在其中的文本框中输入值 32.0;单击 **确定** 按钮,系统返回到"Cycle 参数"对话框。

Step4. 单击"Cycle 参数"对话框中的 **Rtrcto - 无** 按钮,在系统弹出的对话框中单击 **距离** 按钮,系统弹出"退刀"对话框;在文本框中输入值 10.0;单击 **确定** 按钮,系统返回到"Cycle 参数"对话框。

Step5. 在"Cycle 参数"对话框中单击 **确定** 按钮,系统返回到"沉头孔加工"对话框。

Stage5. 设置最小安全距离

在"沉头孔加工"对话框的 **最小安全距离** 文本框中输入值 5.0。

Stage6. 设置进给率和速度

Step1. 单击"沉头孔加工"对话框中的"进给率和速度"按钮,系统弹出"进给率和速度"对话框。

Step2. 在 **自动设置** 区域的 **表面速度(smm)** 文本框中输入值 7.0,按 Enter 键;单击 **按钮,系统会根据此设置同时完成主轴速度的设置;在 **切削** 文本框中输入值 100.0,按 Enter 键,然后单击 **按钮,其他参数采用系统默认的设置值,单击 **确定** 按钮。

Stage7. 生成刀路轨迹并仿真

生成的刀路轨迹如图 4.5.22 所示。2D 动态仿真加工后结果如图 4.5.23 所示。

图 4.5.22 刀路轨迹　　　　　　　　图 4.5.23 2D 仿真结果

Task10. 创建沉孔工序 2

此步骤为 7 号刀具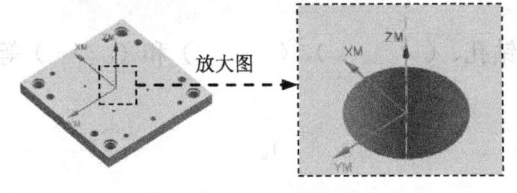创建沉孔工序,具体步骤及相应参数可参照 Task9,选取的孔边线如图 4.5.18 所示。不同点是在"定义刀尖深度"中将值改为 27.0。生成的刀路轨迹如图 4.5.24 所示。2D 动态仿真加工后结果如图 4.5.25 所示。

Task11. 创建沉孔工序 3

此步骤为 8 号刀具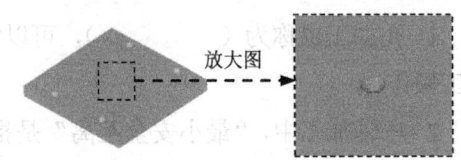创建沉孔工序,具体步骤及相应参数可参照 Task9,

选取的孔边线如图 4.5.16 所示。不同点是在"定义刀尖深度"中将值改为 8.0。生成的刀路轨迹如图 4.5.26 所示。2D 动态仿真加工后结果如图 4.5.27 所示。

图 4.5.24 刀路轨迹　　　　　　　　图 4.5.25 2D 仿真结果

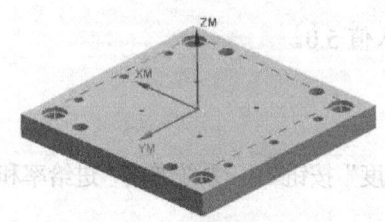　　　　　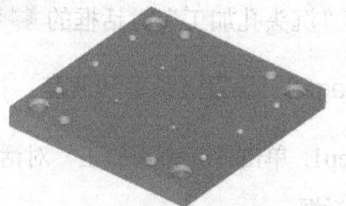

图 4.5.26 刀路轨迹　　　　　　　　图 4.5.27 2D 仿真结果

Task12. 保存文件

选择下拉菜单 文件(F) ➡ 保存(S) 命令，保存文件。

4.6 习　　题

1. 孔加工也称为（　　　　），可以实现钻孔、（　　　）、（　　　）和（　　　）等加工操作。

2. 在钻加工中，"最小安全距离"是指（　　　　　　　　）。

3. 在钻加工中，"通孔安全距离"是指（　　　　　　　　　　　　　　　　）。

4. 在钻加工中，"盲孔余量"是指（　　　　　　　　　　　　　　　　），该参数多应用于（　　　）操作。

5. 当定义钻孔点位时，不可以选择（　　　）来定义加工对象。

　A. 圆弧　　　　B. 点　　　　C. 椭圆　　　　D. 线

6. 当定义钻孔点位时，"附加"按钮的作用是（　　　　）。

　A. 添加孔位　　　　　　　　B. 添加新的孔位
　C. 忽略已有孔位并添加新的孔位　　D. 不加工面上的所有形状的孔

7. 当定义钻孔点位时，"省略"按钮的作用是（　　　　）。

A. 去除已有的部分孔位　　　　　B. 添加新的孔位
C. 忽略已有孔位并添加新的孔位　　D. 不加工面上的所有形状的孔

8. 当定义钻孔点位时，"优化"按钮的作用是（　　）。
A. 重新选择孔位　　　　　　　　B. 沿水平方向优化孔位的顺序
C. 沿竖直方向优化孔位的顺序　　D. 按照某种规则优化孔位的顺序

9. 在定义循环参数时，最多可以定义（　　）组不同的参数。
A. 2　　　　　B. 3　　　　　C. 4　　　　　D. 5

10. 在钻孔加工中，如果循环参数的深度值设为（　　），则要保证加工模型参数的准确。
A. 模型深度　　B. 刀肩深度　　C. 刀尖深度　　D. 穿过底面

11. 使用本章所述知识内容，分别完成图 4.6.1 和图 4.6.2 所示零件的加工。
加工要求：只加工所有的圆孔，加工操作中体现粗、精工序。

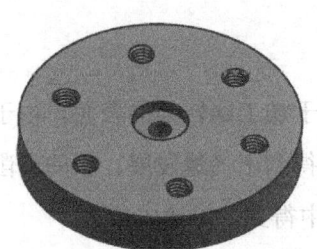

图 4.6.1　练习 1

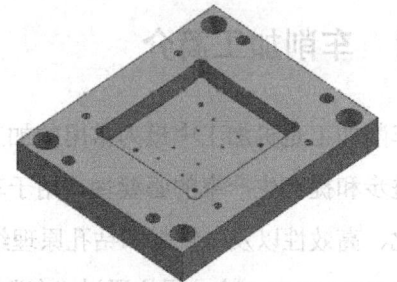

图 4.6.2　练习 2

第 5 章 车削加工

本章提要 UG NX 10.0 车削加工包括粗车加工、精车加工、沟槽车削和螺纹加工等。本章将通过一些范例来介绍 UG NX 10.0 车削加工的各种加工类型。希望读者阅读完本章后，可以了解车削加工的基本原理，掌握车削加工的主要操作步骤，并能熟练地对车削加工参数进行设置。

5.1 概 述

5.1.1 车削加工简介

车削加工是机加工中最为常用的加工方法之一，用于加工回转体的表面。由于科学技术的进步和提高生产率的必要性，用于车削作业的机械得到了飞速发展。新的车削设备在自动化、高效性以及与铣削和钻孔原理结合的普遍应用中得到了迅速成长。

在 UG NX 10.0 中，用户通过"车削"模块的工序导航器可以方便地管理加工操作方法及参数。例如：在工序导航器中可以创建粗加工、精加工、示教模式、中心线钻孔和螺纹等操作方法；加工参数（如主轴定义、工件几何体、加工方式和刀具）则按组指定，这些参数在操作方法中共享，其他参数在单独的操作中定义。当工件完成整个加工程序时，处理中的工件将跟踪计算并以图形方式显示所有移除材料后所剩余的材料。

5.1.2 车削加工的子类型

进入加工模块后，选择下拉菜单 插入(S) → 工序(E)... 命令，系统弹出图 5.1.1 所示的"创建工序"对话框；在"创建工序"对话框的 类型 下拉列表中选择 turning 选项，对话框中将出现车削加工的 21 种子类型。

图 5.1.1 所示的"创建工序"对话框 工序子类型 区域中各按钮说明如下。

- A1 (CENTERLINE_SPOTDRILL)：中心线点钻。
- A2 (CENTERLINE_DRILLING)：中心线钻孔。
- A3 (CENTERLINE_PECKDRILL)：中心线啄钻。

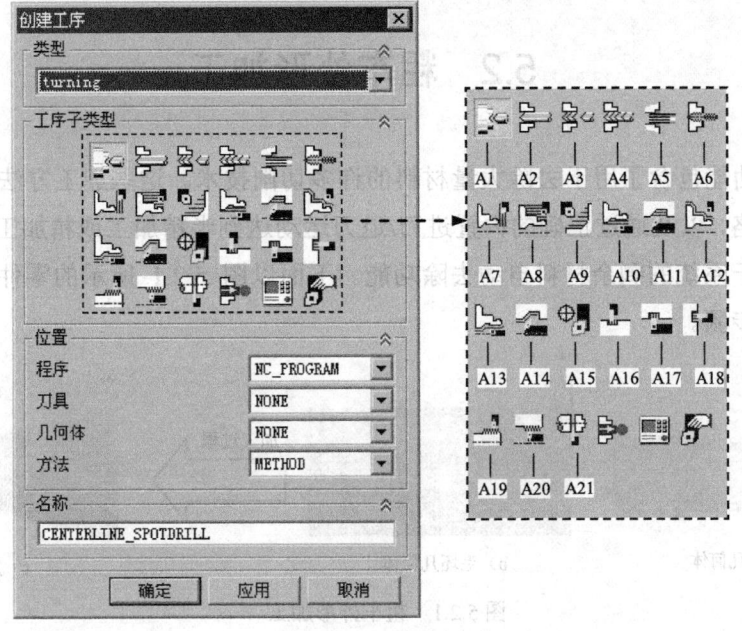

图 5.1.1 "创建工序"对话框

- A4 (CENTERLINE_BREAKCHIP):中心线断屑钻。
- A5 (CENTERLINE_REAMING):中心线铰孔。
- A6 (CENTERLINE_TAPPING):中心线螺纹。
- A7 (FACING):端面加工。
- A8 (ROUGH_TURN_OD):粗车外形轮廓。
- A9 (ROUGH_BACK_TURN):反向粗车外形轮廓。
- A10 (ROUGH_BORE_ID):粗车内孔轮廓。
- A11 (ROUGH_BACK_BORE):反向粗车内孔轮廓。
- A12 (FINISH_TURN_OD):精车外形轮廓。
- A13 (FINISH_BORE_ID):精车内孔轮廓。
- A14 (FINISH_BACK_BORE):反向精车内孔轮廓。
- A15 (TEACH_MODE):示教模式。
- A16 (GROOVE_OD):外径开槽。
- A17 (GROOVE_ID):内径开槽。
- A18 (GROOVE_FACE):车端面槽。
- A19 (THREAD_OD):外径螺纹加工。
- A20 (THREAD_ID):内径螺纹加工。
- A21 (PARTOFF):部件分离。

5.2 粗车外形加工

粗加工功能包含了用于去除大量材料的许多切削技术。这些加工方法包括用于高速粗加工的策略，以及通过正确的内置进刀/退刀运动达到半精加工或精加工的质量。车削粗加工依赖于系统的剩余材料自动去除功能。下面以图 5.2.1 所示的零件介绍粗车外形加工的一般步骤。

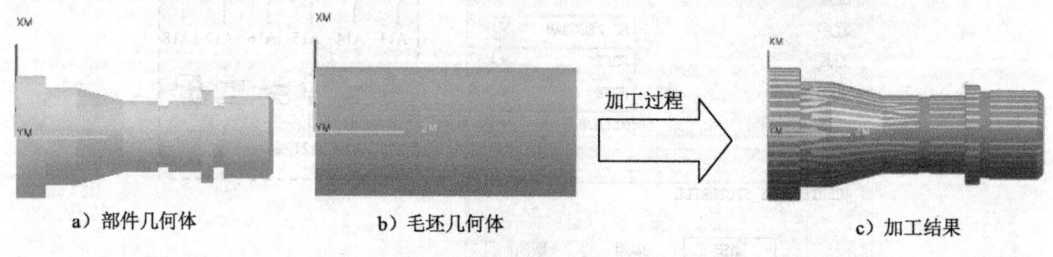

a) 部件几何体　　　　b) 毛坯几何体　　　　c) 加工结果

图 5.2.1　粗车外形加工

Task1. 打开模型文件并进入加工模块

Step1. 打开文件 D:\ugnc10.1\work\ch05.02\turning1.prt。

Step2. 选择下拉菜单 启动 → 加工(N)... 命令，系统弹出"加工环境"对话框；在"加工环境"对话框的 要创建的 CAM 设置 列表框中选择 turning 选项；单击 确定 按钮，进入加工环境。

Task2. 创建几何体

Stage1. 创建机床坐标系

Step1. 在工序导航器中调整到几何视图状态，双击节点 MCS_SPINDLE，系统弹出"MCS 主轴"对话框，如图 5.2.2 所示。

Step2. 在图形区观察机床坐标系方位，若无需调整，则在"MCS 主轴"对话框中单击 确定 按钮，完成坐标系的创建，如图 5.2.3 所示。

图 5.2.2　"MCS 主轴"对话框

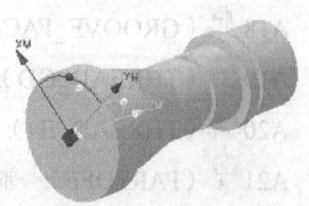

图 5.2.3　创建坐标系

Stage2. 创建部件几何体

Step1. 在工序导航器中双击 MCS_SPINDLE 节点下的 WORKPIECE，系统弹出图 5.2.4 所示的"工件"对话框。

Step2. 单击"工件"对话框中的 按钮，系统弹出"部件几何体"对话框，选取整个零件为部件几何体。

Step3. 依次单击"部件几何体"对话框和"工件"对话框中的 确定 按钮，完成部件几何体的创建。

Stage3. 创建毛坯几何体

Step1. 在工序导航器中的几何视图状态下双击 WORKPIECE 节点下的子菜单节点 TURNING_WORKPIECE，系统弹出图 5.2.5 所示的"车削工件"对话框。

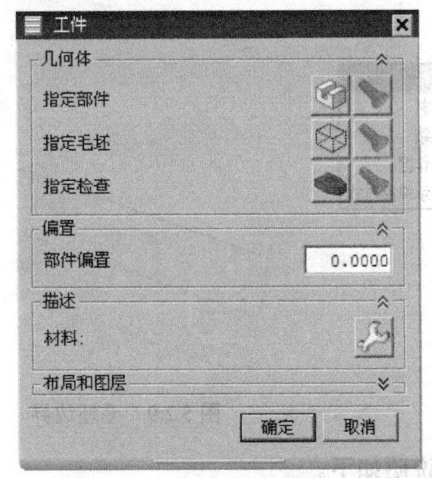

图 5.2.4 "工件"对话框

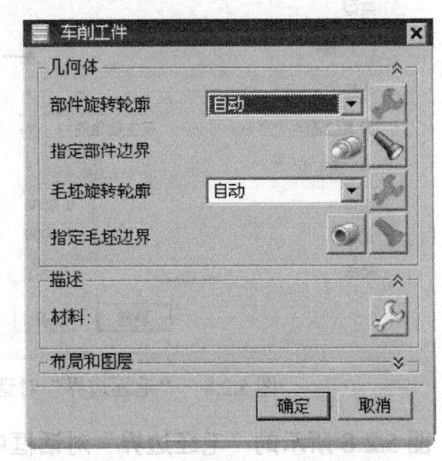

图 5.2.5 "车削工件"对话框

Step2. 单击 指定部件边界 右侧的 按钮，系统弹出图 5.2.6 所示的"部件边界"对话框，此时系统会自动指定部件边界，并在图形区显示，如图 5.2.7 所示，单击 确定 按钮，完成部件边界的定义。

Step3. 单击"车削工件"对话框中的"指定毛坯边界"按钮 ，系统弹出"毛坯边界"对话框，如图 5.2.8 所示。

Step4. 在 类型 下拉列表中选择 棒料 选项，在 毛坯 区域的 安装位置 下拉列表中选择 在主轴箱处 选项，然后单击 按钮，系统弹出"点"对话框，在图形区中选择机床坐标系的原点为毛坯放置位置，单击 确定 按钮，完成安装位置的定义，并返回到"毛坯边界"对话框。

Step5. 在 长度 文本框中输入值 530.0，在 直径 文本框中输入值 250.0，单击 确定 按钮，在图形区中显示毛坯边界，如图 5.2.9 所示。

Step6. 单击"车削工件"对话框中的 确定 按钮，完成毛坯几何体的定义。

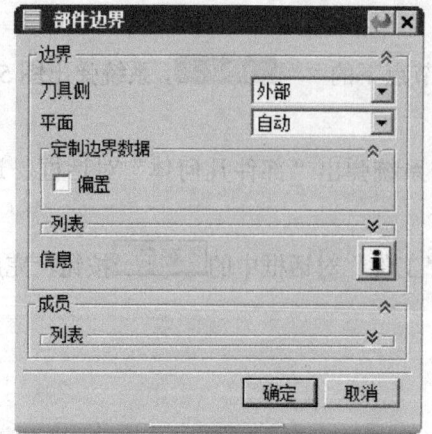

图 5.2.6 "部件边界"对话框

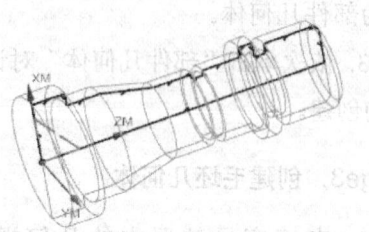

图 5.2.7 部件边界

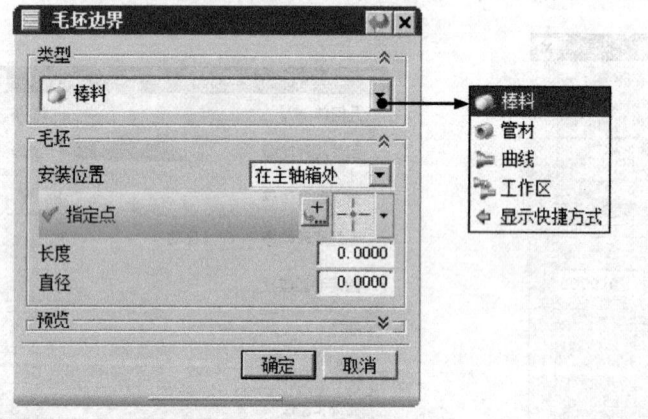

图 5.2.8 "毛坯边界"对话框

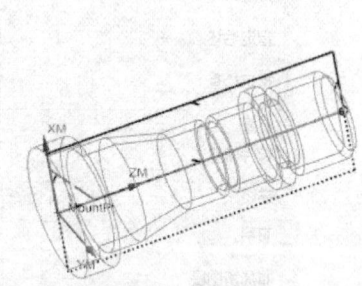

图 5.2.9 毛坯边界

图 5.2.8 所示的"毛坯边界"对话框中各选项说明如下。

- 棒料：如果加工部件的几何体是实心的，则选择此选项。
- 管材：如果加工部件带有中心线钻孔，则选择此选项。
- 曲线：通过从图形区定义一组曲线边界来定义旋转体形状的毛坯。
- 工作区：从工作区中选择一个毛坯，这种方式可以选择上步加工后的工件作为毛坯。
- 安装位置 下拉列表：用于确定毛坯相对于工件的放置方向。若选择 在主轴箱处 选项，则毛坯将沿坐标轴在正方向放置；若选择 远离主轴箱 选项，则毛坯沿坐标轴的负方向放置。
- 按钮：用于设置毛坯相对于工件的位置参考点。如果选取的参考点不在工件轴线上，系统会自动找到该点在轴线上的投射点，然后将杆料毛坯一端的圆心与该投射点对齐。

Task3. 创建 1 号刀具

Step1. 选择下拉菜单 插入(S) → 刀具(T) 命令，系统弹出"创建刀具"对话框。

Step2. 在图 5.2.10 所示的"创建刀具"对话框的 类型 下拉列表中选择 turning 选项，在 刀具子类型 区域中单击"OD_80_L"按钮，在 位置 区域的 刀具 下拉列表中选择 GENERIC_MACHINE 选项，采用系统默认的名称，单击 确定 按钮，系统弹出"车刀-标准"对话框。

Step3. 在"车刀-标准"对话框中单击 工具 选项卡，设置图 5.2.11 所示的参数。

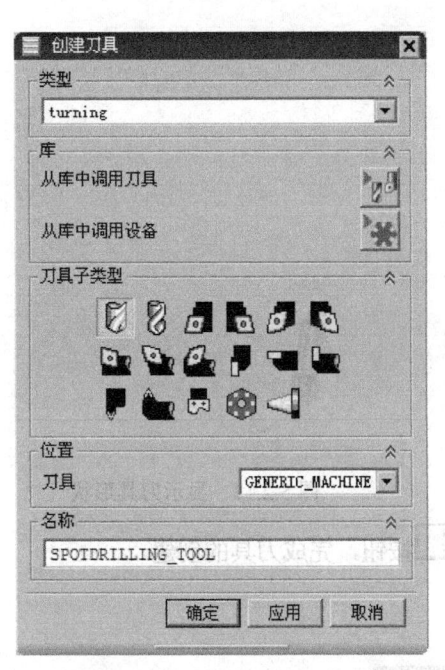
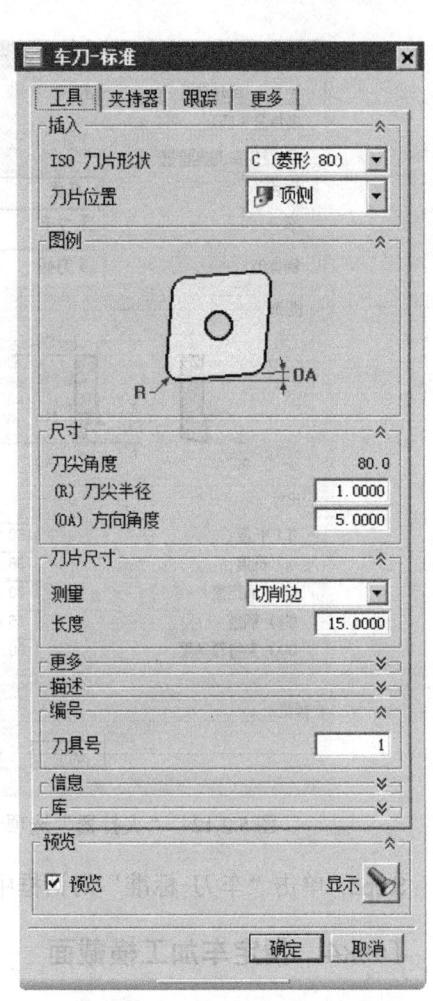

图 5.2.10 "创建刀具"对话框　　图 5.2.11 "车刀-标准"对话框

图 5.2.11 所示的"车刀-标准"对话框中各选项卡说明如下。

- 工具 选项卡：用于设置车刀的刀片。常见的车刀刀片按 ISO/ANSI/DIN 或刀具厂商标准划分。
- 夹持器 选项卡：该选项卡用于设置车刀夹持器的参数。
- 跟踪 选项卡：该选项卡用于设置跟踪点。系统使用刀具上的参考点来计算刀轨，这个参考点被称为跟踪点。跟踪点与刀具的拐角半径相关联，这样，当用户选择跟踪点时，车削处理器将使用关联拐角半径来确定切削区域、碰撞检测、刀轨、处理中的工件（IPW），并定位到避让几何体。

- 更多 选项卡：该选项卡用于设置车刀其他参数。

Step4. 单击"车刀-标准"对话框中的 夹持器 选项卡，选中 ☑ 使用车刀夹持器 复选框，采用系统默认的参数设置值，如图 5.2.12 所示；调整到静态线框视图状态，显示出刀具的形状，如图 5.2.13 所示。

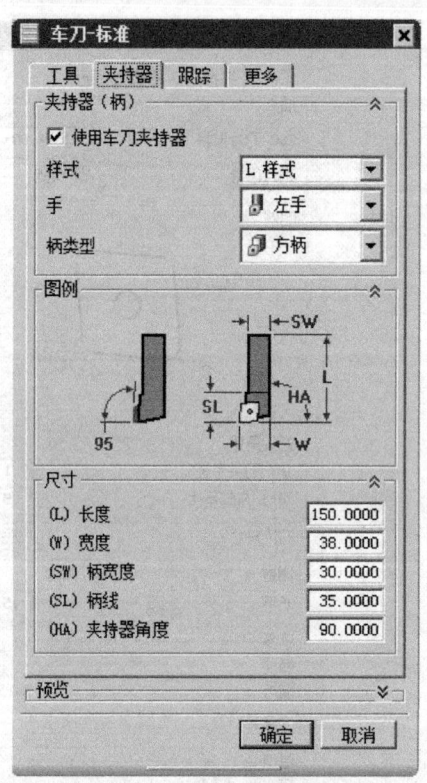

图 5.2.12　"夹持器"选项卡　　　图 5.2.13　显示刀具形状

Step5. 单击"车刀-标准"对话框中的 确定 按钮，完成刀具的创建。

Task4. 指定车加工横截面

Step1. 选择下拉菜单 工具(T) —→ 车加工横截面(X) 命令，系统弹出图 5.2.14 所示的"车加工横截面"对话框。

Step2. 单击 选择步骤 区域中的"体"按钮 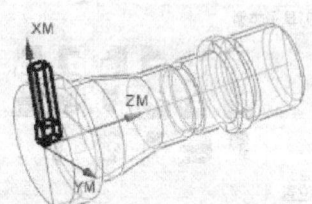，在图形区中选取零件模型。

Step3. 单击 选择步骤 区域中的"剖切平面"按钮，确认"简单截面"按钮 被按下。

Step4. 单击 确定 按钮，完成车加工横截面的定义，结果如图 5.2.15 所示，然后单击 取消 按钮。

说明：车加工横截面是通过定义截面，从实体模型创建 2D 横截面曲线。这些曲线可以用在所有车削中来创建边界。横截面曲线是关联曲线，这意味着如果实体模型的大小或形状发生变化，则该曲线也将发生变化。

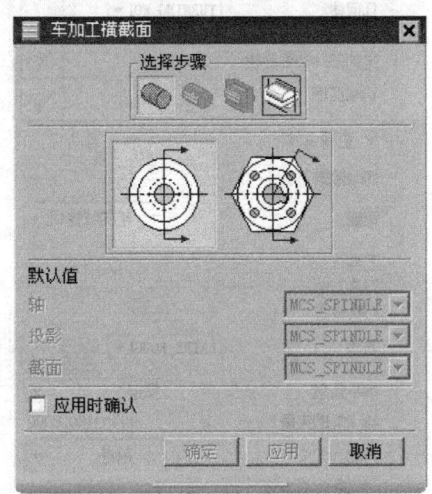

图 5.2.14 "车加工横截面"对话框

图 5.2.15 完成车加工横截面

Task5. 创建车削操作 1

Stage1. 创建工序

Step1. 选择下拉菜单 插入(S) → 工序(E)... 命令，系统弹出"创建工序"对话框。

Step2. 在图 5.2.16 所示的"创建工序"对话框的 类型 下拉列表中选择 turning 选项，在 工序子类型 区域中单击"外径粗车"按钮，在 程序 下拉列表中选择 PROGRAM 选项，在 刀具 下拉列表中选择 OD_80_L (车刀-标准) 选项，在 几何体 下拉列表中选择 TURNING_WORKPIECE 选项，在 方法 下拉列表中选择 LATHE_ROUGH 选项，采用系统默认的名称。

Step3. 单击"创建工序"对话框中的 确定 按钮，系统弹出图 5.2.17 所示的"外径粗车"对话框。

Stage2. 显示切削区域

单击"外径粗车"对话框中 切削区域 右侧的"显示"按钮，在图形区中显示出切削区域，如图 5.2.18 所示。

Stage3. 设置切削参数

Step1. 在"外径粗车"对话框 步进 区域的 切削深度 下拉列表中选择 恒定 选项，在 深度 文本框中输入值 3.0。

Step2. 单击"外径粗车"对话框中的 更多 区域，选中 ☑ 附加轮廓加工 复选框，如图 5.2.19 所示。

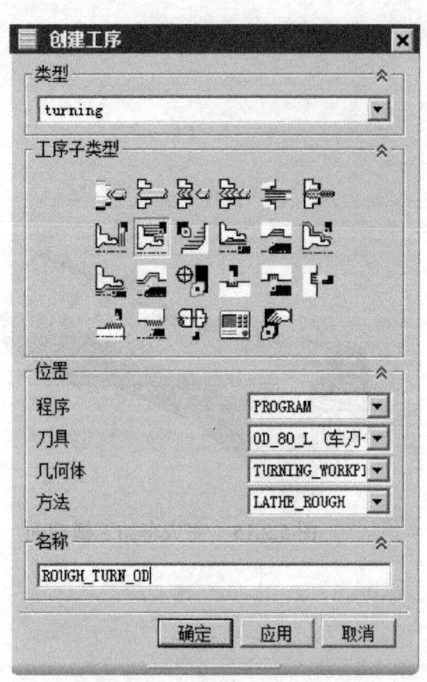

图 5.2.16 "创建工序"对话框

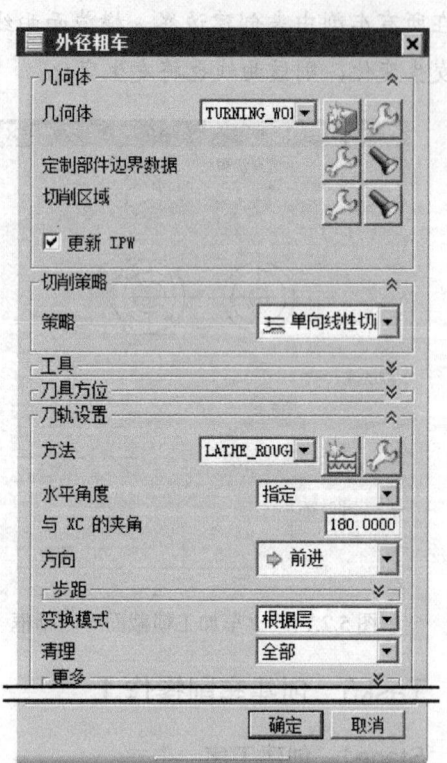

图 5.2.17 "外径粗车"对话框

图 5.2.18 显示切削区域

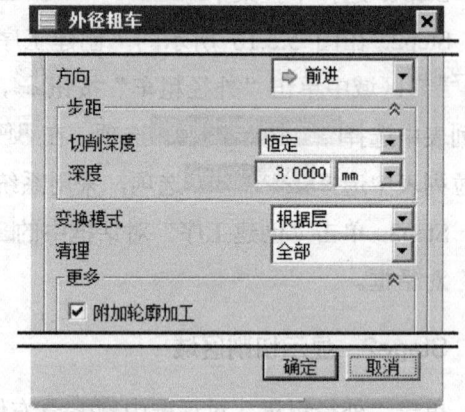

图 5.2.19 设置参数

Step3. 设置切削参数。

（1）单击"外径粗车"对话框中的"切削参数"按钮 ,系统弹出"切削参数"对话框；在该对话框中选择 余量 选项卡，然后在 公差 区域的 内公差 和 外公差 文本框中都输入值 0.01，其他参数采用系统默认的设置值，如图 5.2.20 所示。

（2）在"切削参数"对话框中选择 轮廓加工 选项卡，在 策略 下拉列表中选择 全部精加工 选项，其他参数采用系统默认的设置值，如图 5.2.21 所示，单击 确定 按钮，系统返回到"外径粗车"对话框。

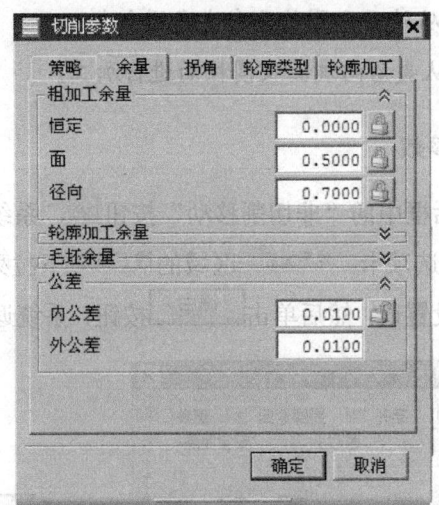

图 5.2.20 "余量"选项卡

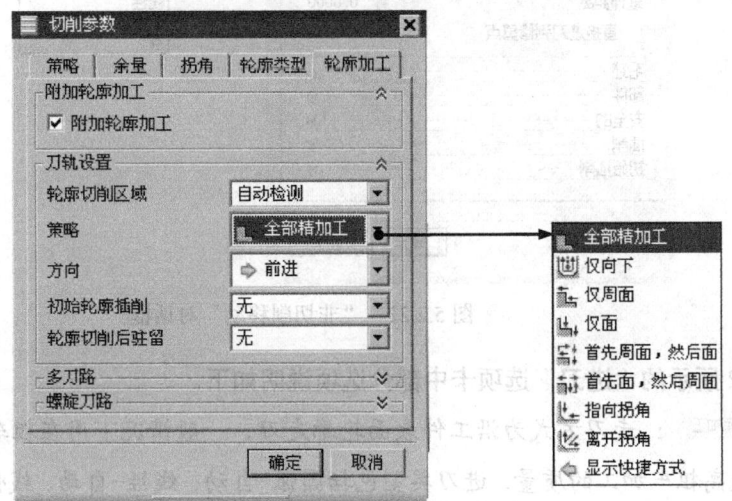

图 5.2.21 "轮廓加工"选项卡

图 5.2.21 所示的"轮廓加工"选项卡中部分选项说明如下。

- 附加轮廓加工 复选框：用来产生附加轮廓刀路，以便清理部件表面。
- 策略 下拉列表：用来控制附加轮廓加工的部位。
  - ☑ 全部精加工：所有的表面都进行精加工。
  - ☑ 仅向下：只加工垂直于轴线方向的区域。
  - ☑ 仅周面：只对圆柱面区域进行加工。
  - ☑ 仅面：只对端面区域进行加工。
  - ☑ 首先周面，然后面：先加工圆柱面区域，然后对端面进行加工。

☑ **首先面，然后周面**：先加工端面区域，然后对圆柱面进行加工。

☑ **指向拐角**：从端面和圆柱面向夹角进行加工。

☑ **离开拐角**：从夹角向端面及圆柱面进行加工。

Stage4．设置非切削参数

单击"外径粗车"对话框中的"非切削移动"按钮，系统弹出图 5.2.22 所示的"非切削移动"对话框；在 **进刀** 选项卡 **轮廓加工** 区域的 **进刀类型** 下拉列表中选择 **圆弧 - 自动** 选项，其他参数采用系统默认的设置值，然后单击 **确定** 按钮，系统返回到"外径粗车"对话框。

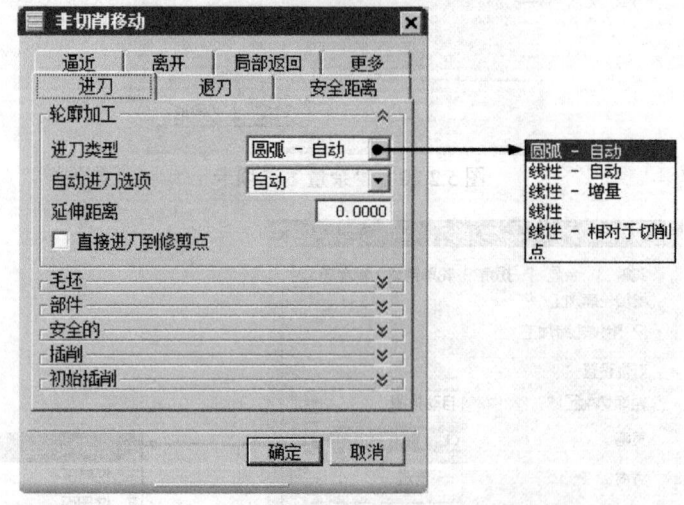

图 5.2.22 "非切削移动"对话框

图 5.2.22 所示的"进刀"选项卡中部分选项说明如下。

- **轮廓加工**：走刀方式为沿工件表面轮廓走刀，一般情况下用在粗车加工之后，可以提高粗车加工的质量。进刀类型包括圆弧-自动、线性-自动、线性-增量、线性、线性-相对于切削和点 6 种方式。

  ☑ **圆弧 - 自动**：使刀具沿光滑的圆弧曲线切入工件，从而不产生刀痕，这种进刀方式十分适合精加工或加工表面质量要求较高的曲面。

  ☑ **线性 - 自动**：这种进刀方式使刀具沿工件或毛坯的起始点到终止点的方向，以直线方式进刀。

  ☑ **线性 - 增量**：这种进刀方式通过用户指定 X 值和 Y 值，来确定进刀位置及进刀方向。

  ☑ **线性**：这种进刀方式通过用户指定角度值和距离值，来确定进刀位置及进刀方向。

  ☑ **线性 - 相对于切削**：这种进刀方式通过用户指定距离值和角度值，来确定进刀方

第 5 章 车削加工

向及刀具的起始点。

- ☑ 点：这种进刀方式需要指定进刀的起始点来控制进刀运动。
- 毛坯：走刀方式为"直线方式"，走刀的方向平行于轴线，进刀的终止点在毛坯表面。进刀类型包括线性-自动、线性-增量、线性、点和两个圆周 5 种方式。
- 部件：走刀方式为平行于轴线的直线走刀，进刀的终止点在工件的表面。进刀类型包括线性-自动、线性-增量、线性、点和两点相切 5 种方式。
- 安全的：走刀方式为平行于轴线的直线走刀，一般情况下用于精加工，防止进刀时刀具划伤工件的加工区域。进刀类型包括线性-自动、线性-增量、线性和点 4 种方式。

Task6．生成刀路轨迹

Step1．单击"外径粗车"对话框中的"生成"按钮，生成刀路轨迹如图 5.2.23 所示。

Step2．在图形区通过旋转、平移、放大视图，再单击"重播"按钮 重新显示路径，可以从不同角度对刀路轨迹进行查看，以判断其路径是否合理。

Task7．3D 动态仿真

Step1．在"外径粗车"对话框中单击"确定"按钮，系统弹出"刀轨可视化"对话框。

Step2．在"刀轨可视化"对话框中单击 3D 动态 选项卡，采用系统默认的参数设置值，调整动画速度后单击"播放"按钮 ，观察 3D 动态仿真加工，加工后结果如图 5.2.24 所示。

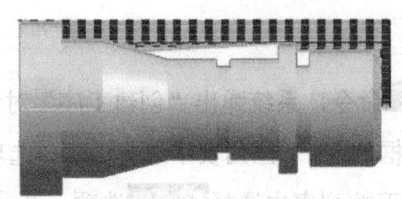
图 5.2.23　刀路轨迹

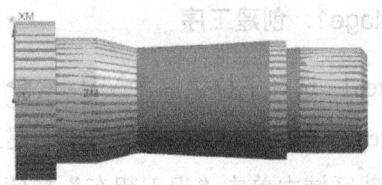
图 5.2.24　3D 仿真结果

Step3．分别在"刀轨可视化"对话框和"外径粗车"对话框中单击 确定 按钮，完成粗车加工。

Task8．创建 2 号刀具

Step1．选择下拉菜单 插入(S) → 刀具(T) 命令，系统弹出"创建刀具"对话框。

Step2．在图 5.2.25 所示的"创建刀具"对话框的 类型 下拉列表中选择 turning 选项，在 刀具子类型 区域中单击"OD_55_R"按钮，在 位置 区域的 刀具 下拉列表中选择 GENERIC_MACHINE 选项，采用系统默认的名称，单击 确定 按钮，系统弹出"车刀-标准"对话框。

Step3．在"车刀-标准"对话框中设置图 5.2.26 所示的参数，并单击 夹持器 选项卡，选中

☑ 使用车刀夹持器 复选框，其他参数采用系统默认的设置值；单击 确定 按钮，完成2号刀具的创建。

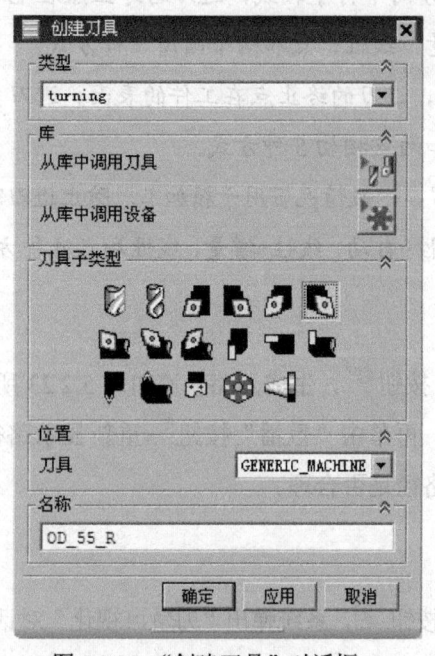

图 5.2.25 "创建刀具"对话框

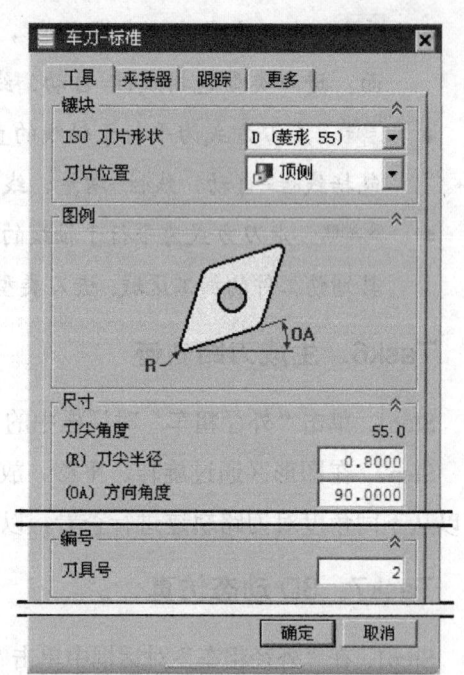

图 5.2.26 "车刀-标准"对话框

Task9. 创建车削操作 2

Stage1. 创建工序

Step1. 选择下拉菜单 插入(S) → 工序(E)... 命令，系统弹出"创建工序"对话框。

Step2. 在图 5.2.27 所示的"创建工序"对话框的 类型 下拉列表中选择 turning 选项，在 工序子类型 区域中单击"退刀粗车"按钮，在 程序 下拉列表中选择 PROGRAM 选项，在 刀具 下拉列表中选择 OD_55_R (车刀-标准) 选项，在 几何体 下拉列表中选择 TURNING_WORKPIECE 选项，在 方法 下拉列表中选择 LATHE_ROUGH 选项，采用系统默认的名称。

Step3. 单击"创建工序"对话框中的 确定 按钮，系统弹出图 5.2.28 所示的"退刀粗车"对话框。

Stage2. 指定切削区域

Step1. 单击"退刀粗车"对话框中 切削区域 右侧的"编辑"按钮，系统弹出图 5.2.29 所示的"切削区域"对话框。

Step2. 在"切削区域"对话框 径向修剪平面 1 区域的 限制选项 下拉列表中选择 点 选项，在图形区中选取图 5.2.30 所示的边线的端点，单击"显示"按钮，显示出切削区域，如图

5.2.30 所示。

Step3. 单击 确定 按钮,系统返回到"退刀粗车"对话框。

Stage3. 设置切削参数

在"退刀粗车"对话框 步距 区域的 切削深度 下拉列表中选择 恒定 选项,在 深度 文本框中输入值 3.0;单击 更多 区域,选中 ☑附加轮廓加工 复选框。

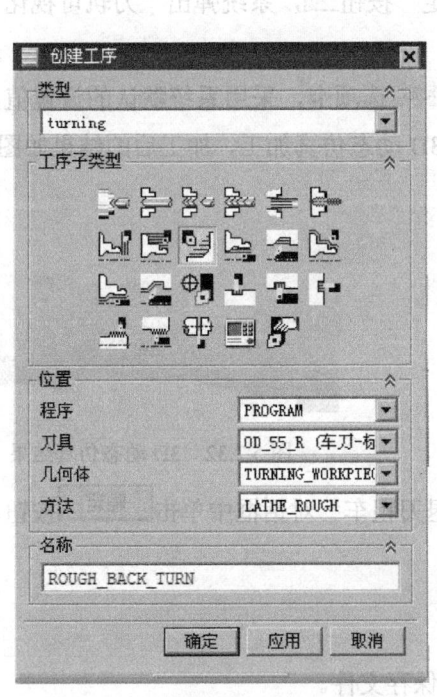

图 5.2.27 "创建工序"对话框

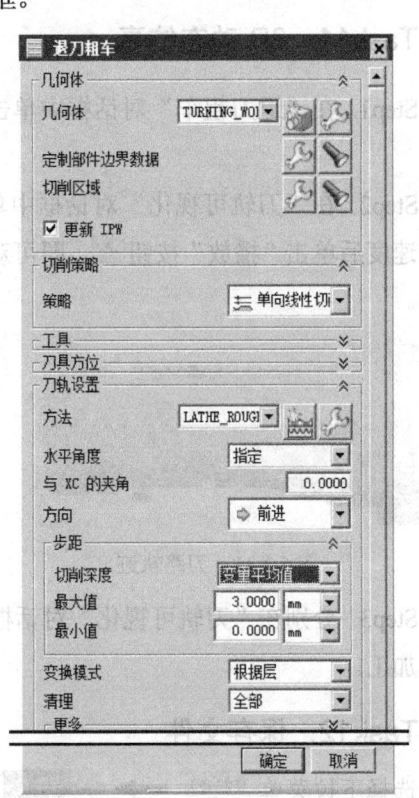

图 5.2.28 "退刀粗车"对话框

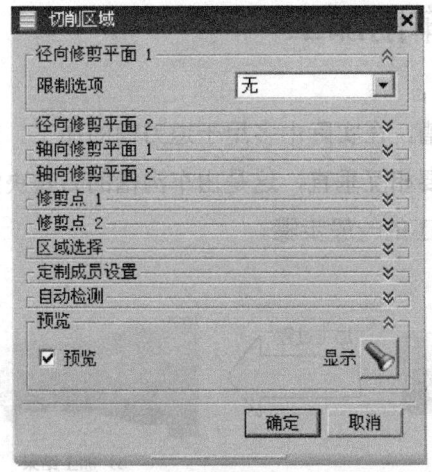

图 5.2.29 "切削区域"对话框

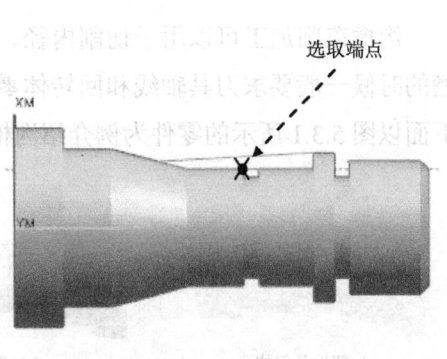

图 5.2.30 显示切削区域

Task10. 生成刀路轨迹

Step1. 单击"退刀粗车"对话框中的"生成"按钮 ，生成的刀路轨迹如图 5.2.31 所示。

Step2. 在图形区通过旋转、平移、放大视图，再单击"重播"按钮 重新显示路径，即可以从不同角度对刀路轨迹进行查看，以判断其路径是否合理。

Task11. 3D 动态仿真

Step1. 在"退刀粗车"对话框中单击"确定"按钮 ，系统弹出"刀轨可视化"对话框。

Step2. 在"刀轨可视化"对话框中单击 选项卡，采用系统默认的设置值，调整动画速度后单击"播放"按钮 ，即可观察到 3D 动态仿真加工，加工后的结果如图 5.2.32 所示。

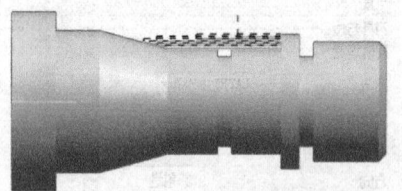
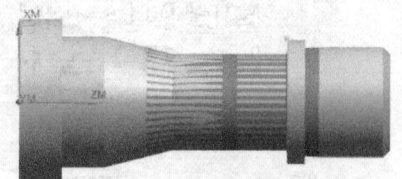

图 5.2.31　刀路轨迹　　　　　　　图 5.2.32　3D 动态仿真结果

Step3. 分别在"刀轨可视化"对话框和"退刀粗车"对话框中单击 确定 按钮，完成粗车加工。

Task12. 保存文件

选择下拉菜单 文件(F) → 保存(S) 命令，保存文件。

5.3　沟槽车削加工

沟槽车削加工可以用于切削内径、外径沟槽，在实际中多用于退刀槽的加工。在车沟槽的时候一般要求刀具轴线和回转体零件轴线要相互垂直，这是由车沟槽的刀具决定的。下面以图 5.3.1 所示的零件为例介绍沟槽车削加工的一般步骤。

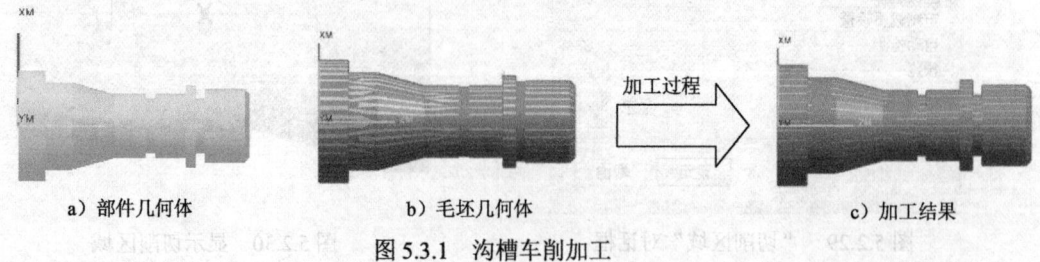

a）部件几何体　　　　　b）毛坯几何体　　　　　c）加工结果

图 5.3.1　沟槽车削加工

Task1. 打开模型文件并进入加工模块

打开文件 D:\ugnc10.1\work\ch05.03\rough_turning.prt，系统进入加工环境。

Task2. 创建刀具

Step1. 选择下拉菜单 插入(S) —— 刀具(T). 命令，系统弹出"创建刀具"对话框。

Step2. 在图 5.3.2 所示的"创建刀具"对话框的 类型 下拉列表中选择 turning 选项，在 刀具子类型 区域中单击"OD_GROOVE_L"按钮 ，在 名称 文本框中输入 OD_GROOVE_L，单击 确定 按钮，系统弹出"槽刀-标准"对话框。

Step3. 在"槽刀-标准"对话框中单击 工具 选项卡，然后在 刀片形状 下拉列表中选择 标准 选项，其他参数采用系统默认的设置值。

Step4. 单击"槽刀-标准"对话框中的 夹持器 选项卡，选中 ☑ 使用车刀夹持器 复选框，设置图 5.3.3 所示的参数。

 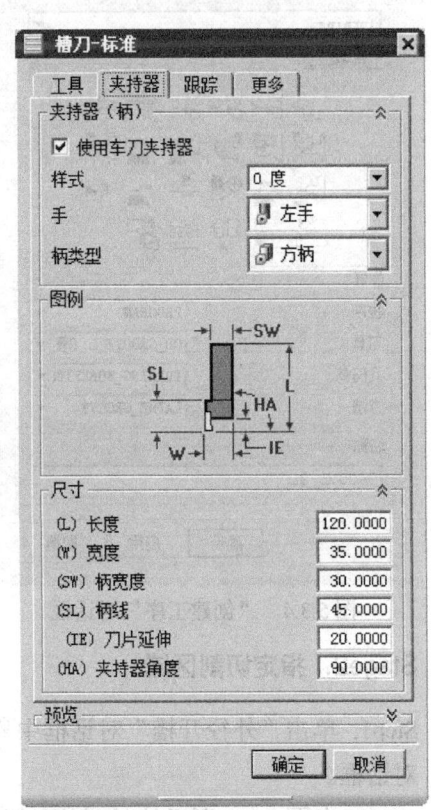

图 5.3.2 "创建刀具"对话框   图 5.3.3 "槽刀-标准"对话框

Step5. 单击"槽刀-标准"对话框中的 确定 按钮，完成刀具的创建。

Task3. 创建工序

Stage1. 创建工序

Step1. 选择下拉菜单 插入(S) —— 工序(E)... 命令，系统弹出"创建工序"对话框。

Step2. 在图 5.3.4 所示的"创建工序"对话框的 类型 下拉列表中选择 turning 选项,在 工序子类型 区域中单击"外径开槽"按钮 ,在 程序 下拉列表中选择 PROGRAM 选项,在 刀具 下拉列表中选择 OD_GROOVE_L (槽刀-标准) 选项,在 几何体 下拉列表中选择 TURNING_WORKPIECE 选项,在 方法 下拉列表中选择 LATHE_GROOVE 选项,在 名称 文本框中输入 GROOVE_OD。

Step3. 单击"创建工序"对话框中的 确定 按钮,系统弹出"外径开槽"对话框,在 切削策略 区域的 策略 下拉列表中选择切削类型为 单向插削 ,如图 5.3.5 所示。

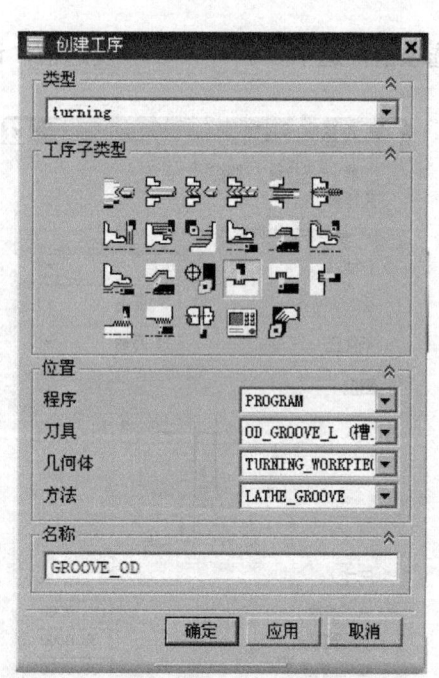
图 5.3.4 "创建工序"对话框

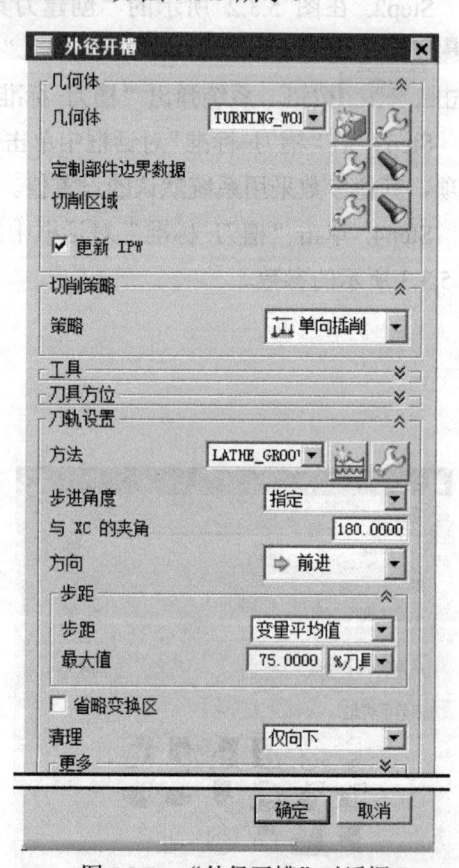
图 5.3.5 "外径开槽"对话框

Stage2. 指定切削区域

Step1. 单击"外径开槽"对话框中 切削区域 右侧的"编辑"按钮 ,系统弹出"切削区域"对话框。

Step2. 在图 5.3.6 所示的"切削区域"对话框 区域选择 区域的 区域选择 下拉列表中选择 指定 选项,在 区域加工 下拉列表中选择 多个 选项,在 区域序列 下拉列表中选择 单向 选项,单击 * 指定点 按钮,然后在图形区选取图 5.3.7 所示的 RSP 点(鼠标点击位置大致相近即可)。

Step3. 在"切削区域"对话框 自动检测 区域的 最小面积 文本框中输入值 1.0。

Step4. 单击"切削区域"对话框中的 按钮,可以观察到图 5.3.7 所示的切削区域,完成切削区域的定义;单击 确定 按钮,系统返回到"外径开槽"对话框。

第 5 章 车削加工

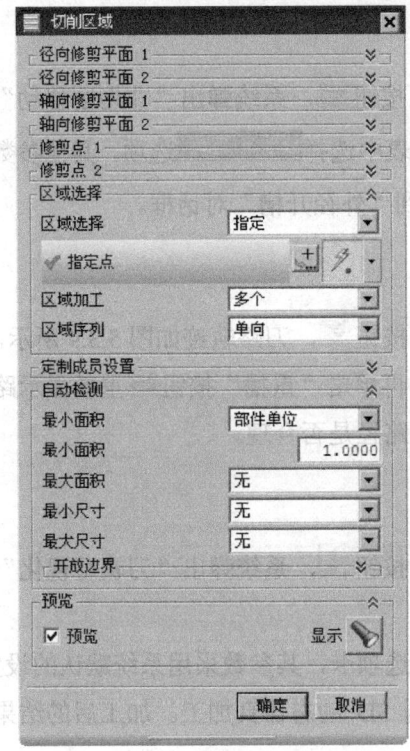

图 5.3.6 "切削区域"对话框

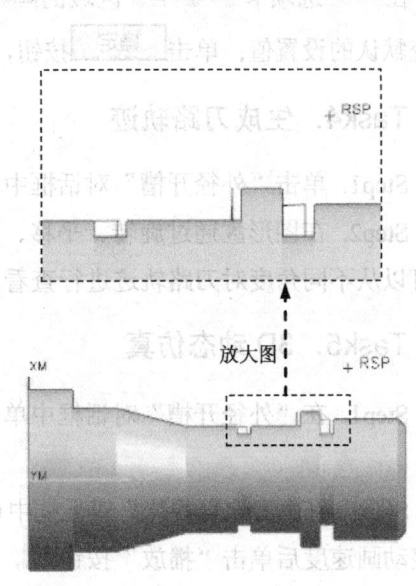

图 5.3.7 RSP 点和切削区域

Stage3. 设置切削参数

Step1. 单击"外径开槽"对话框中的"切削参数"按钮，系统弹出"切削参数"对话框。

Step2. 在"切削参数"对话框中单击 轮廓加工 选项卡，选中 ☑附加轮廓加工 复选框，其他参数采用系统默认的设置值，如图 5.3.8 所示；单击 确定 按钮，系统返回到"外径开槽"对话框。

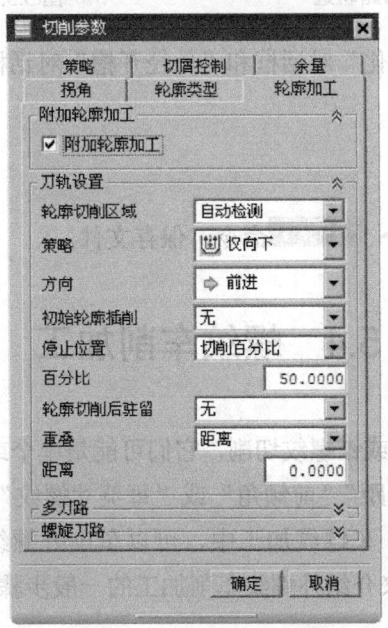

图 5.3.8 "切削参数"对话框

Stage4. 设置非切削参数

单击"外径开槽"对话框中的"非切削移动"按钮,系统弹出"非切削移动"对话框;在 进刀 选项卡 轮廓加工 区域的进刀类型下拉列表中选择 线性-自动 选项,其他参数采用系统默认的设置值;单击 确定 按钮,系统返回到"外径开槽"对话框。

Task4. 生成刀路轨迹

Step1. 单击"外径开槽"对话框中的"生成"按钮,刀路轨迹如图 5.3.9 所示。

Step2. 在图形区通过旋转、平移、放大视图,再单击"重播"按钮 重新显示路径,就可以从不同角度对刀路轨迹进行查看,以判断其路径是否合理。

Task5. 3D 动态仿真

Step1. 在"外径开槽"对话框中单击"确定"按钮,系统弹出"刀轨可视化"对话框。

Step2. 在"刀轨可视化"对话框中单击 3D 动态 选项卡,其参数采用系统默认的设置值,调整动画速度后单击"播放"按钮 ,即可观察到 3D 动态仿真加工。加工后的结果如图 5.3.10 所示。

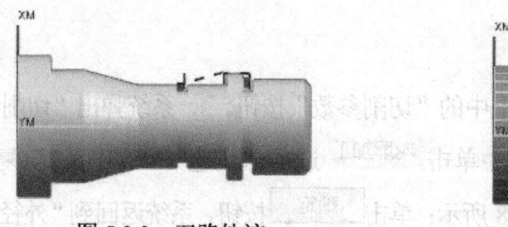

图 5.3.9 刀路轨迹　　　　　图 5.3.10 3D 仿真结果

Step3. 分别在"刀轨可视化"对话框和"外径开槽"对话框中单击 确定 按钮,完成车槽操作。

Task6. 保存文件

选择下拉菜单 文件(F) → 保存(S) 命令,保存文件。

5.4 螺纹车削加工

螺纹操作允许进行直螺纹或锥螺纹切削,它们可能是单个或多个内部、外部或面螺纹。在车削螺纹时,必须指定"螺距""前倾角"或"每英寸螺纹",并选择顶线和根线(或深度)以生成螺纹刀轨。在 UG 车螺纹加工中,可以车削外螺纹,也可以车削内螺纹。下面以图 5.4.1 所示的零件为例来介绍外螺纹车削加工的一般步骤。

第 5 章 车削加工

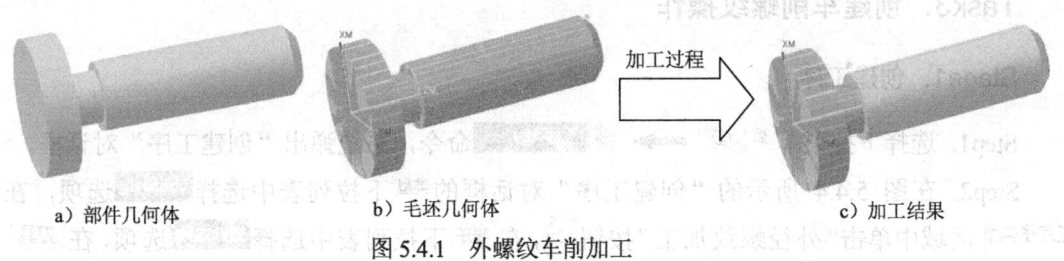

a）部件几何体　　　b）毛坯几何体　　　c）加工结果

图 5.4.1 外螺纹车削加工

Task1. 打开模型文件

打开模型文件 D:\ugnc10.1\work\ch05.04\thread.prt，系统自动进入加工模块。

说明：本节模型中已经创建了粗车外形和车槽操作，因此沿用前面设置的工件坐标系等几何体。

Task2. 创建刀具

Step1. 选择下拉菜单 插入(S) ➡ 刀具(T) 命令，系统弹出"创建刀具"对话框。

Step2. 在图 5.4.2 所示的"创建刀具"对话框的 类型 下拉列表中选择 turning 选项，在 刀具子类型 区域中单击"OD_THREAD_L"按钮 ；单击 确定 按钮，系统弹出"螺纹刀-标准"对话框。

Step3. 在"螺纹刀-标准"对话框中设置图 5.4.3 所示的参数，单击 确定 按钮，完成刀具的创建。

图 5.4.2 "创建刀具"对话框

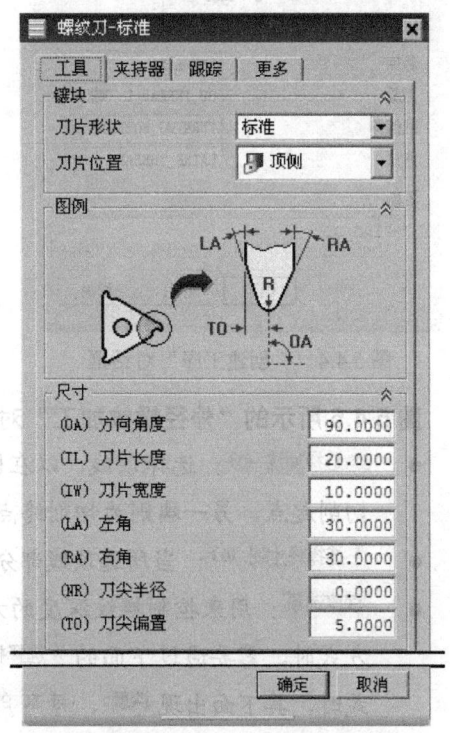

图 5.4.3 "螺纹刀-标准"对话框

Task3. 创建车削螺纹操作

Stage1. 创建工序

Step1. 选择下拉菜单 插入(S) —— 工序(E)... 命令，系统弹出"创建工序"对话框。

Step2. 在图 5.4.4 所示的"创建工序"对话框的 类型 下拉列表中选择 turning 选项，在 工序子类型 区域中单击"外径螺纹加工"按钮，在 程序 下拉列表中选择 PROGRAM 选项，在 刀具 下拉列表中选择 OD_THREAD_L (螺纹刀-标准) 选项，在 几何体 下拉列表中选择 TURNING_WORKPIECE 选项，在 方法 下拉列表中选择 LATHE_THREAD 选项。

Step3. 单击"创建工序"对话框中的 确定 按钮，系统弹出"外径螺纹加工"对话框，如图 5.4.5 所示。

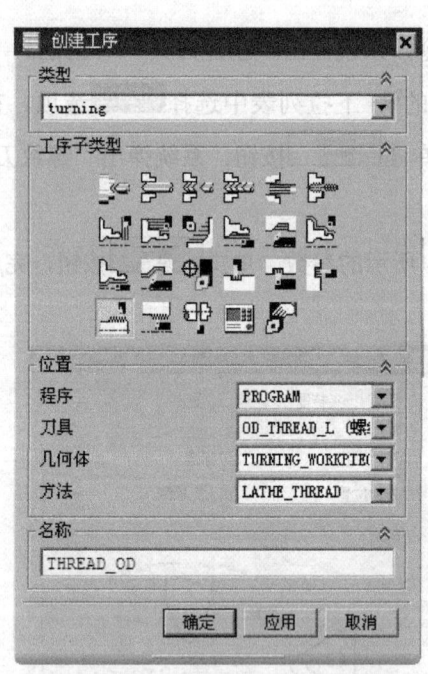

图 5.4.4 "创建工序"对话框

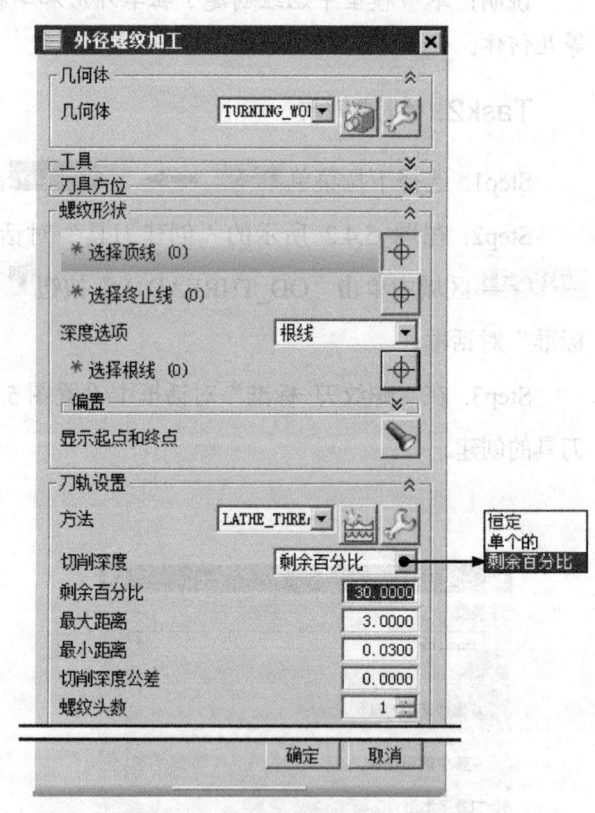

图 5.4.5 "外径螺纹加工"对话框

图 5.4.5 所示的"外径螺纹加工"对话框中部分选项说明如下。

- *选择顶线 (0)：选择顶线，以在图形区选取螺纹顶线。注意将靠近选择的一端作为切削起点，另一端则为切削终点。

- *选择终止线 (0)：当所选顶线部分不是全螺纹时，此选项用来选择螺纹的终止线。

- 深度选项：用来控制螺纹深度的方法，它包含 根线 、 深度和角度 两种方式。当选择 根线 方式时，需要通过下面的 *选择根线 (0) 选项来选择螺纹的根线；当选择 深度和角度 方式时，其下面出现 深度 、 与 XC 的夹角 文本框，输入相应数值即可指定螺纹深度。

- 切削深度：指定达到粗加工螺纹深度的方法，包括下面 3 个选项。
  - ☑ 恒定：可以指定数值进行每个深度的切削。
  - ☑ 单个的：可以指定增量组和每组的重复次数。
  - ☑ 剩余百分比：可以指定每个刀路占剩余切削总深度的比例。

Stage2. 定义螺纹几何体

Step1. 选取螺纹起始线。单击"外径螺纹加工"对话框的 * 选择顶线 (0) 区域，在模型上选取图 5.4.6 所示的边线。

Step2. 选取根线。在 深度选项 下拉列表中选择 根线 选项，单击 * 选择根线 (0) 区域，然后选取图 5.4.7 所示的边线。

Stage3. 设置螺纹参数

Step1. 单击 偏置 区域使其显示出来，然后设置图 5.4.8 所示的参数。

图 5.4.8 所示的"外径螺纹加工"对话框中部分选项说明如下。

- 起始偏置：用来控制车刀切入螺纹前的距离，一般为 1 倍以上的螺距。
- 终止偏置：用来控制车刀切出螺纹后的距离，应根据实际退刀槽等确定。
- 顶线偏置：用来偏置前面选定的螺纹顶线。
- 根偏置：用来偏置前面选定的螺纹根线。

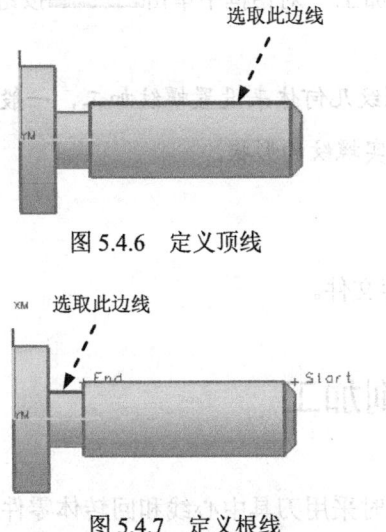

图 5.4.6 定义顶线

图 5.4.7 定义根线

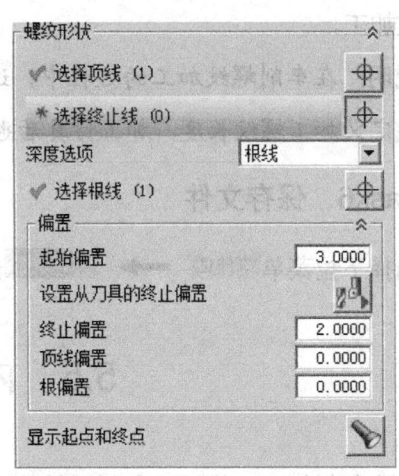

图 5.4.8 螺纹形状参数

Step2. 设置刀轨参数。在 切削深度 下拉列表中选择 恒定 选项，在 深度 文本框中输入值 1.0，在 螺纹头数 文本框中输入值 1。

Step3. 设置切削参数。单击"外径螺纹加工"对话框中的"切削参数"按钮，系统弹出"切削参数"对话框；单击 螺距 选项卡，然后在 距离 文本框中输入值 2.5，单击 确定 按钮。

Task4. 生成刀路轨迹

Step1. 单击"外径螺纹加工"对话框中的"生成"按钮 ,系统生成的刀路轨迹如图 5.4.9 所示。

Step2. 在图形区通过旋转、平移、放大视图,再单击"重播"按钮 重新显示路径,就可以从不同角度对刀路轨迹进行查看,以判断其路径是否合理。

Task5. 3D 动态仿真

Step1. 单击"外径螺纹加工"对话框中的"确定"按钮 ,系统弹出"刀轨可视化"对话框。

Step2. 在"刀轨可视化"对话框中单击 3D 动态 选项卡,采用系统默认的参数设置值,调整动画速度后单击"播放"按钮 ,即可观察到 3D 动态仿真加工,加工后的结果如图 5.4.10 所示。

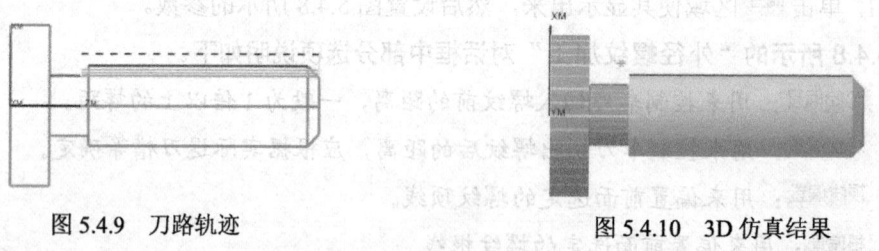

图 5.4.9 刀路轨迹   图 5.4.10 3D 仿真结果

Step3. 在"刀轨可视化"对话框和"外径螺纹加工"对话框中单击 确定 按钮,完成外螺纹加工。

说明:在车削螺纹加工的过程中,通过选择螺纹几何体来设置螺纹加工,一般通过选择顶线定义加工螺纹长度,加工仿真后也看不到真实螺纹的形狀。

Task6. 保存文件

选择下拉菜单 文件(F) ➡ 保存(S) 命令,保存文件。

5.5 内孔车削加工

内孔车削加工一般用于车削回转体内径,加工时采用刀具中心线和回转体零件的中心线相互平行的方式来切削工件的内侧,可以有效地避免在内部的曲面中生成残余波峰。如果车削的是内部端面,一般采用的方式是让刀具轴线和回转体零件的中心平行,而运动方式采用垂直于零件中心线的方式。

下面以图 5.5.1 所示的零件为例介绍内孔车削加工的一般步骤。

第 5 章 车削加工

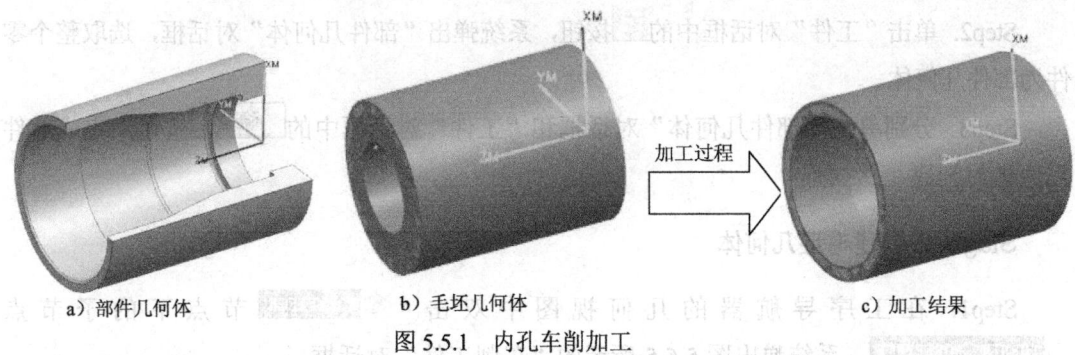

图 5.5.1 内孔车削加工

Task1. 打开模型文件并进入加工模块

Step1. 打开文件 D:\ugnc10.1\work\ch05.05\borehole.prt。

Step2. 选择下拉菜单 启动 → 加工(R)... 命令，系统弹出"加工环境"对话框；在"加工环境"对话框 要创建的 CAM 设置 列表框中选择 turning 选项，单击 确定 按钮，进入加工环境。

Task2. 创建几何体

Stage1. 创建机床坐标系

Step1. 在工序导航器中调整到几何视图状态，双击节点 MCS_SPINDLE，系统弹出"MCS 主轴"对话框，如图 5.5.2 所示。

Step2. 在图形区观察机床坐标系方位，如无需调整，则在"MCS 主轴"对话框中单击 确定 按钮，完成坐标系的创建，如图 5.5.3 所示。

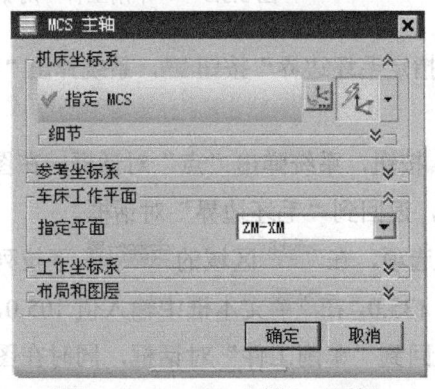

图 5.5.2 "MCS 主轴"对话框

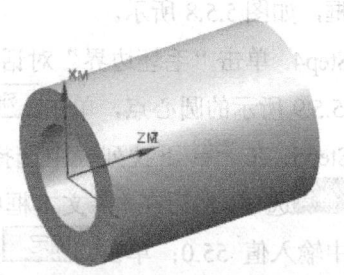

图 5.5.3 定义机床坐标系

Stage2. 创建部件几何体

Step1. 在工序导航器中双击 MCS_SPINDLE 节点下的 WORKPIECE，系统弹出图 5.5.4 所示的"工件"对话框。

Step2. 单击"工件"对话框中的 按钮，系统弹出"部件几何体"对话框，选取整个零件为部件几何体。

Step3. 分别单击"部件几何体"对话框和"工件"对话框中的 确定 按钮，完成部件几何体的创建。

Stage3. 创建毛坯几何体

Step1. 在工序导航器的几何视图中双击 WORKPIECE 节点下的子节点 TURNING_WORKPIECE，系统弹出图 5.5.5 所示的"车削工件"对话框。

Step2. 单击"车削工件"对话框中的"指定部件边界"按钮 ，系统弹出图 5.5.6 所示的"部件边界"对话框，系统会自动指定部件边界，如图 5.5.7 所示；单击 确定 按钮，完成部件边界的定义。

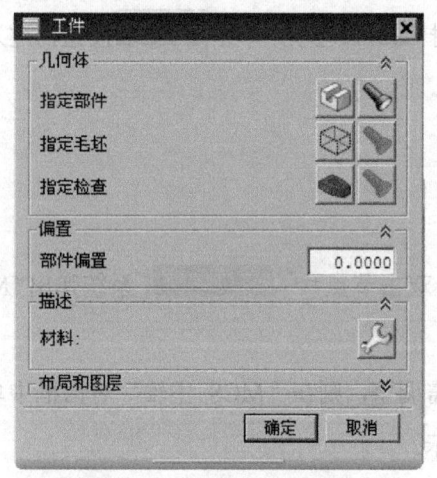
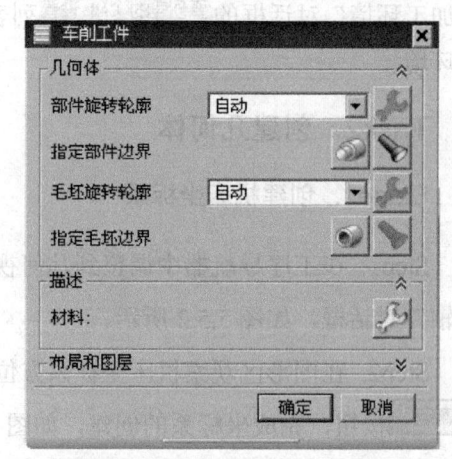

图 5.5.4　"工件"对话框　　　　　图 5.5.5　"车削工件"对话框

Step3. 单击"车削工件"对话框中的"指定毛坯边界"按钮 ，系统弹出"毛坯边界"对话框，如图 5.5.8 所示。

Step4. 单击"毛坯边界"对话框中的 按钮，系统弹出"点"对话框；在图形区中选取图 5.5.9 所示的圆心点，单击 确定 按钮，返回到"毛坯边界"对话框。

Step5. 在 类型 下拉列表中选择 管材 选项，在 毛坯 区域的 安装位置 下拉列表中选择 远离主轴箱 选项，然后在 长度 文本框中输入值 135.0，在 外径 文本框中输入值 105.0，在 内径 文本框中输入值 55.0；单击 确定 按钮，返回到"车削工件"对话框，同时在图形区中显示毛坯边界，如图 5.5.10 所示。

Step6. 单击"车削工件"对话框中的 确定 按钮，完成毛坯几何体的定义。

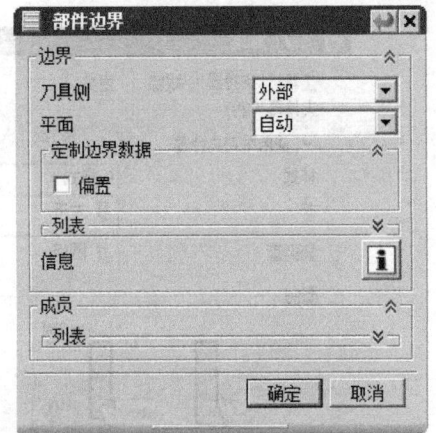

图 5.5.6 "部件边界"对话框

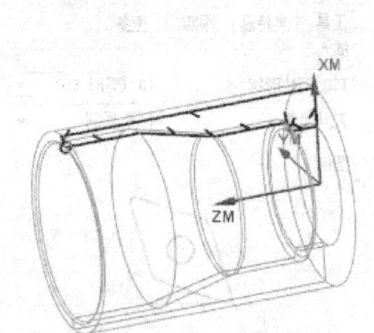

图 5.5.7 部件边界

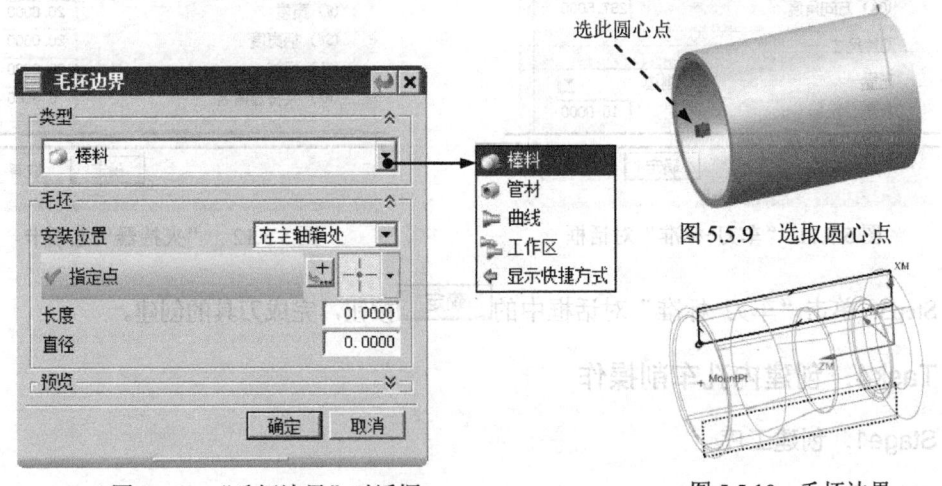

图 5.5.8 "毛坯边界"对话框

图 5.5.9 选取圆心点

图 5.5.10 毛坯边界

Task3. 创建刀具

Step1. 选择下拉菜单 插入(S) → 刀具(T) 命令,系统弹出"创建刀具"对话框。

Step2. 在"创建刀具"对话框的 类型 下拉列表中选择 turning 选项,在 刀具子类型 区域中单击"ID_55_L"按钮,在 位置 区域 刀具 下拉列表中选择 GENERIC_MACHINE 选项,接受系统默认的名称,单击 确定 按钮,系统弹出"车刀-标准"对话框。

Step3. 在"车刀-标准"对话框中设置图 5.5.11 所示的参数。

Step4. 单击"车刀-标准"对话框中的 夹持器 选项卡,选中 ☑ 使用车刀夹持器 复选框,设置图 5.5.12 所示的参数。

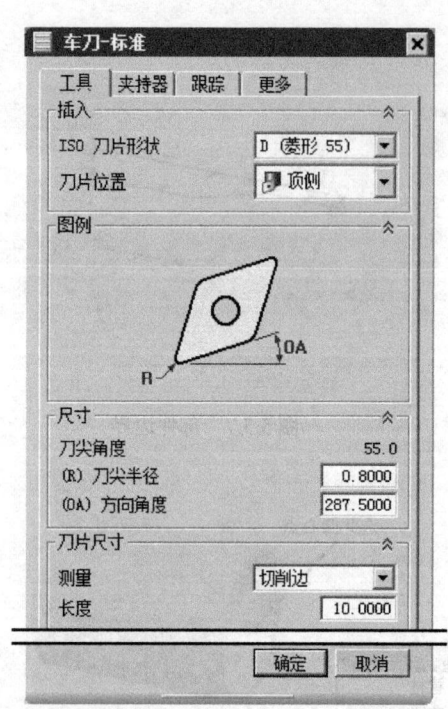
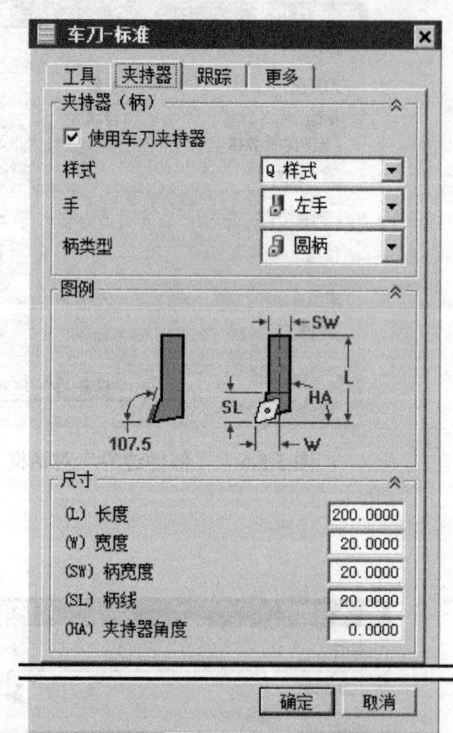

图 5.5.11 "车刀-标准"对话框　　　　图 5.5.12 "夹持器"选项卡

Step5. 单击"车刀-标准"对话框中的 确定 按钮，完成刀具的创建。

Task4. 创建内孔车削操作

Stage1. 创建工序

Step1. 选择下拉菜单 插入(S) → 工序(E)... 命令，系统弹出"创建工序"对话框。

Step2. 在"创建工序"对话框的 类型 下拉列表中选择 turning 选项，在 工序子类型 区域中单击"内径粗镗"按钮 ，在 程序 下拉列表中选择 PROGRAM 选项，在 刀具 下拉列表中选择 ID_55_L (车刀-标准) 选项，在 几何体 下拉列表中选择 TURNING_WORKPIECE 选项，在 方法 下拉列表中选择 LATHE_ROUGH 选项，如图 5.5.13 所示。

Step3. 单击"创建工序"对话框中的 确定 按钮，系统弹出"内径粗镗"对话框，然后在 切削策略 区域的 策略 下拉列表中选择 单向线性切削 选项，如图 5.5.14 所示。

Stage2. 显示切削区域

单击"内径粗镗"对话框中 切削区域 右侧的"显示"按钮 ，在图形区中显示出切削区域，如图 5.5.15 所示。

第 5 章 车削加工

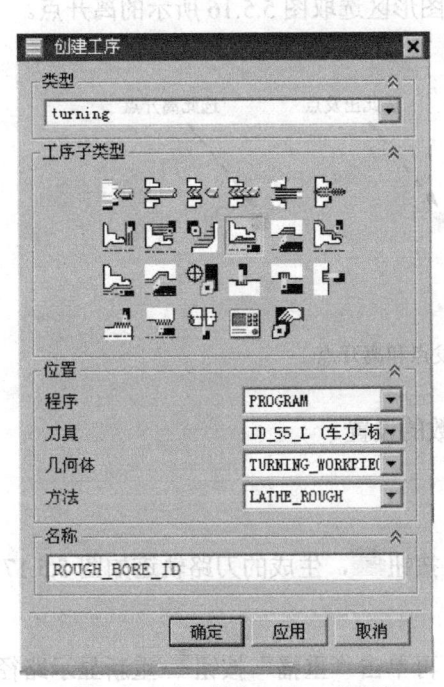

图 5.5.13 "创建工序"对话框

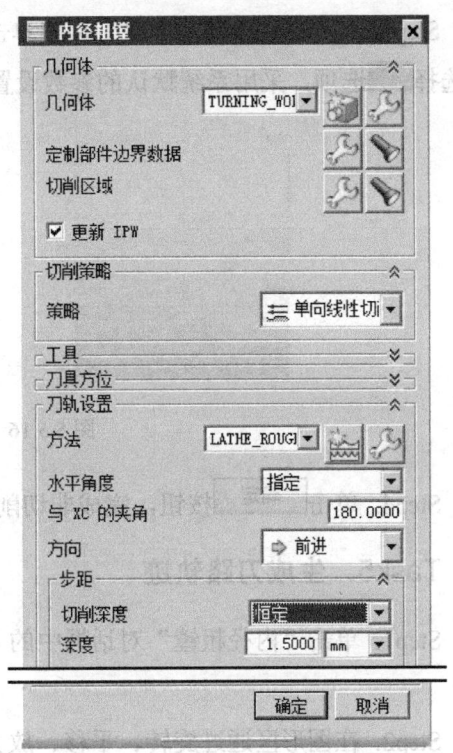

图 5.5.14 "内径粗镗"对话框

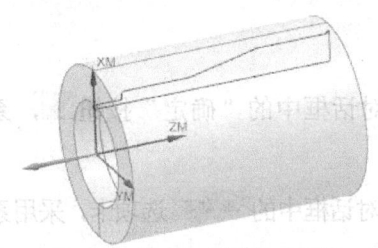

图 5.5.15 显示切削区域

Stage3. 设置切削参数

Step1. 在"内径粗镗"对话框 步进 区域的 切削深度 下拉列表中选择 恒定 选项，在 深度 文本框中输入值 1.5。

Step2. 单击"内径粗镗"对话框中的 更多 区域，打开隐藏选项，选中 ☑ 附加轮廓加工 复选框。

Stage4. 设置非切削移动参数

Step1. 单击"内径粗镗"对话框中的"非切削移动"按钮 ，系统弹出"非切削移动"对话框。

Step2. 在"非切削移动"对话框中单击 逼近 选项卡，然后在 出发点 区域的 点选项 下拉列表中选择 指定 选项，在模型上选取图 5.5.16 所示的出发点。

Step3. 在"非切削移动"对话框中单击 离开 选项卡，在 离开刀轨 区域的 刀轨选项 下拉列表中选择 点 选项，采用系统默认的参数设置值，在图形区选取图5.5.16所示的离开点。

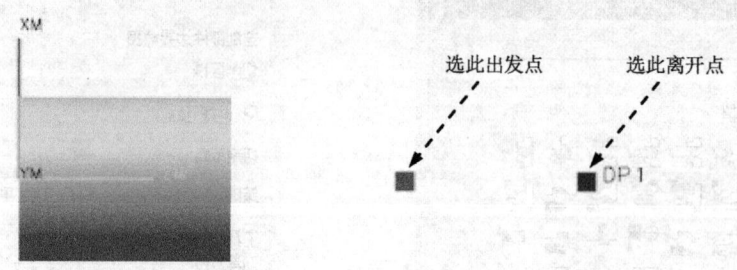

图5.5.16 选取出发点和离开点

Step4. 单击 确定 按钮，完成非切削移动参数的设置。

Task5. 生成刀路轨迹

Step1. 单击"内径粗镗"对话框中的"生成"按钮，生成的刀路轨迹如图5.5.17所示。

Step2. 在图形区通过旋转、平移、放大视图，再单击"重播"按钮 重新显示路径，就可以从不同角度对刀路轨迹进行查看，以判断其路径是否合理。

Task6. 3D动态仿真

Step1. 单击"内径粗镗"对话框中的"确定"按钮，系统弹出"刀轨可视化"对话框。

Step2. 单击"刀轨可视化"对话框中的 3D动态 选项卡，采用系统默认的参数设置值，调整动画速度后单击"播放"按钮，即可观察到3D动态仿真加工。加工后的结果如图5.5.18所示。

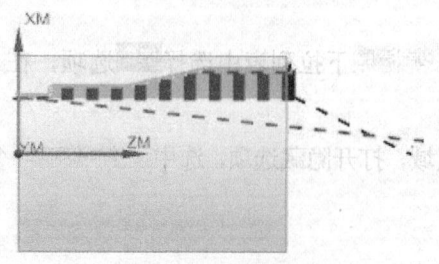
图5.5.17 刀路轨迹

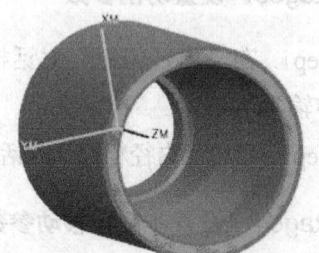
图5.5.18 3D仿真结果

Step3. 在"刀轨可视化"对话框和"粗镗ID"对话框中单击 确定 按钮，完成内孔车削加工。

Task7. 保存文件

选择下拉菜单 文件(F) —→ 保存(S) 命令，保存文件。

5.6 车削加工综合范例

本范例讲述的是一个轴类零件的车削加工过程，如图 5.6.1 所示，其中包括车端面、粗车外形、精车外形等加工内容。在学完本节后，希望读者能够举一反三，灵活运用前面介绍的车削操作，熟练掌握 UG NX 中车削加工的各种方法。下面介绍该零件车削加工的操作步骤。

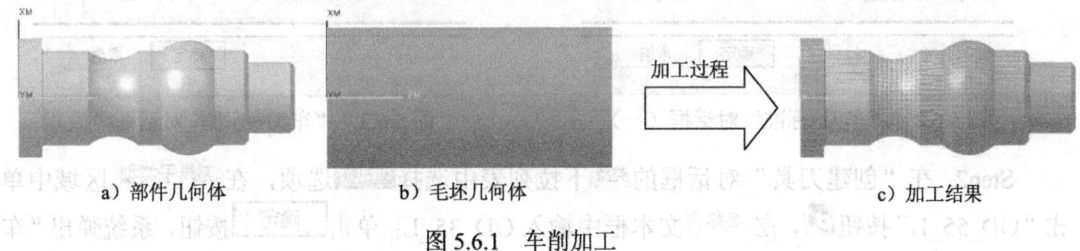

a）部件几何体　　　　b）毛坯几何体　　　　c）加工结果

图 5.6.1　车削加工

Task1. 打开模型文件并进入加工模块

打开文件 D:\ugnc10.1\work\ch05.06\turning_finish.prt，系统自动进入加工环境。

说明：模型文件中已经创建了相关的几何体。创建几何体的具体操作步骤可参看前面示例。

Task2. 创建刀具 1

Step1. 选择下拉菜单 插入(S) —→ 刀具(T) 命令，系统弹出"创建刀具"对话框。

Step2. 在"创建刀具"对话框的 类型 下拉列表中选择 turning 选项，在 刀具子类型 区域中单击"OD_80_L"按钮，在 名称 文本框中输入 OD_80_L；单击 确定 按钮，系统弹出"车刀-标准"对话框。

Step3. 在"车刀-标准"对话框中设置图 5.6.2 所示的参数。

Step4. 单击"车刀-标准"对话框中的 夹持器 选项卡，选中 ☑ 使用车刀夹持器 复选框，设置图 5.6.3 所示的参数。

Step5. 单击"车刀-标准"对话框中的 确定 按钮，完成刀具的创建。

Task3. 创建刀具 2

Step1. 选择下拉菜单 插入(S) —→ 刀具(T) 命令，系统弹出"创建刀具"对话框。

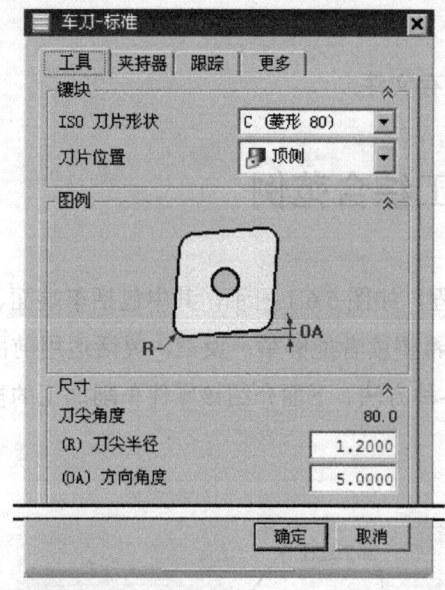

图 5.6.2 "车刀-标准"对话框(一)

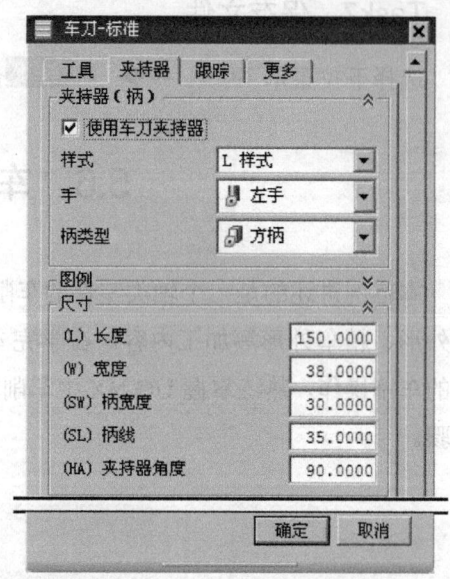

图 5.6.3 "车刀-标准"对话框(二)

Step2. 在"创建刀具"对话框的 类型 下拉列表中选择 turning 选项,在 刀具子类型 区域中单击"OD_55_L"按钮,在 名称 文本框中输入 OD_35_L;单击 确定 按钮,系统弹出"车刀-标准"对话框。

Step3. 在"车刀-标准"对话框中设置图 5.6.4 所示的参数。

Step4. 单击"车刀-标准"对话框中的 夹持器 选项卡,选中 ☑ 使用车刀夹持器 复选框,设置图 5.6.5 所示参数。

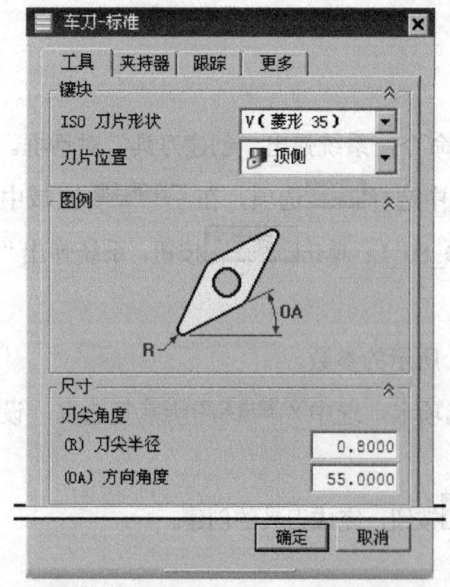

图 5.6.4 "车刀-标准"对话框(三)

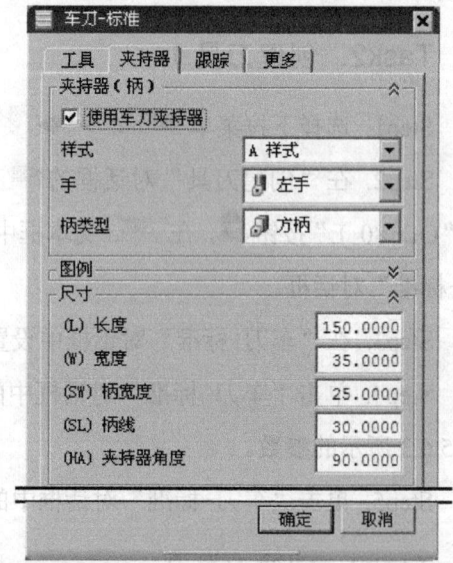

图 5.6.5 "车刀-标准"对话框(四)

Step5. 单击"车刀-标准"对话框中的 确定 按钮,完成刀具的创建。

Task4. 创建车端面操作

Stage1. 创建工序

Step1. 选择下拉菜单 插入(S) → 工序(E)... 命令，系统弹出"创建工序"对话框。

Step2. 在"创建工序"对话框的 类型 下拉列表中选择 turning 选项，在 工序子类型 区域中单击"面加工"按钮，在 程序 下拉列表中选择 PROGRAM 选项，在 刀具 下拉列表中选择 OD_80_L (车刀-标准) 选项，在 几何体 下拉列表中选择 TURNING_WORKPIECE 选项，在 方法 下拉列表中选择 LATHE_FINISH 选项。

Step3. 单击"创建工序"对话框中的 确定 按钮，系统弹出"面加工"对话框。

Stage2. 设置切削区域

Step1. 单击"面加工"对话框中 切削区域 右侧的"编辑"按钮，系统弹出"切削区域"对话框。

Step2. 在"切削区域"对话框 轴向修剪平面 1 区域的 限制选项 下拉列表中选择 点 选项，在图形区中选取图 5.6.6 所示的端点，单击"显示"按钮，显示出的切削区域如图 5.6.6 所示。

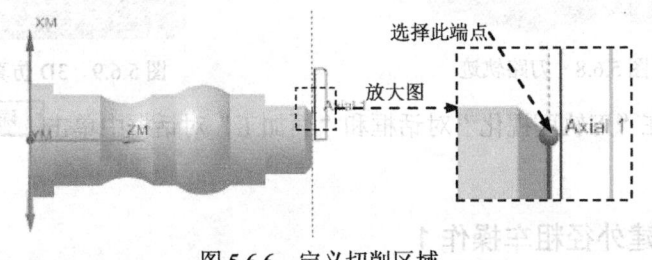

图 5.6.6 定义切削区域

Step3. 单击 确定 按钮，系统返回到"面加工"对话框。

Stage3. 设置非切削移动参数

Step1. 单击"面加工"对话框中的"非切削移动"按钮，系统弹出"非切削移动"对话框。

Step2. 在"非切削移动"对话框中单击 逼近 选项卡，然后在 出发点 区域的 点选项 下拉列表中选择 指定 选项，在模型上选取图 5.6.7 所示的出发点。

Step3. 在"非切削移动"对话框中单击 离开 选项卡，在 离开刀轨 区域的 刀轨选项 下拉列表中选择 点 选项，其参数采用系统默认的设置值，在图形区选取图 5.6.7 所示的离开点。

Step4. 单击 确定 按钮，完成非切削移动参数的设置。

Stage4. 生成刀路轨迹并 3D 仿真

Step1. 单击"面加工"对话框中的"生成"按钮，生成刀路轨迹如图 5.6.8 所示。

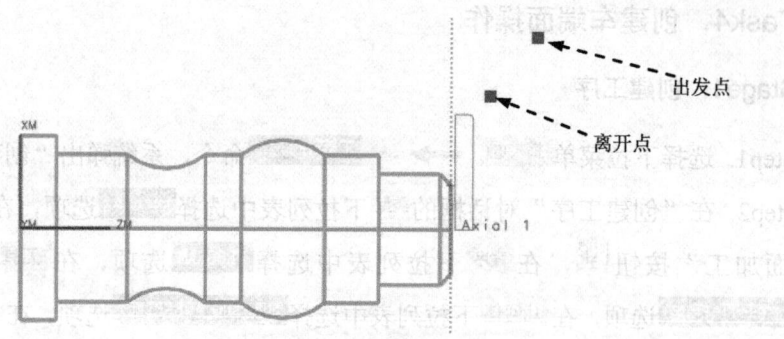

图 5.6.7 设置出发点和离开点

Step2. 单击"面加工"对话框中的"确定"按钮，系统弹出"刀轨可视化"对话框。

Step3. 在"刀轨可视化"对话框中单击 3D 动态 选项卡，其参数采用系统默认的设置值，调整动画速度后单击"播放"按钮，即可观察到 3D 动态仿真加工。加工后结果如图 5.6.9 所示。

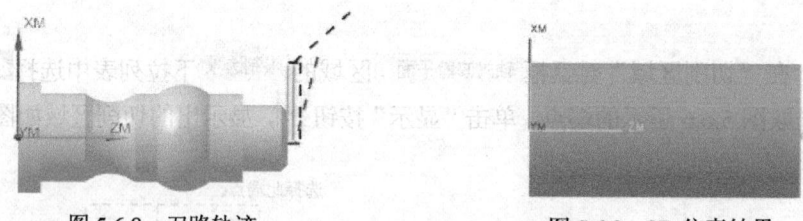

图 5.6.8 刀路轨迹　　　　　　图 5.6.9 3D 仿真结果

Step4. 分别在"刀轨可视化"对话框和"面加工"对话框中单击 确定 按钮，完成车端面加工。

Task5. 创建外径粗车操作 1

Stage1. 创建工序

Step1. 选择下拉菜单 插入(S) → 工序(E)... 命令，系统弹出"创建工序"对话框。

Step2. 在"创建工序"对话框的 类型 下拉列表中选择 turning 选项，在 工序子类型 区域中单击"外径粗车"按钮，在 程序 下拉列表中选择 PROGRAM 选项，在 刀具 下拉列表中选择 OD_80_L (车刀-标准) 选项，在 几何体 下拉列表中选择 TURNING_WORKPIECE 选项，在 方法 下拉列表中选择 LATHE_ROUGH 选项，采用系统默认的名称。

Step3. 单击"创建工序"对话框中的 确定 按钮，系统弹出"外径粗车"对话框。

Stage2. 显示切削区域

单击"外径粗车"对话框中 切削区域 右侧的"显示"按钮，在图形区中显示出切削区域，如图 5.6.10 所示。

Stage3. 设置非切削参数

Step1. 单击"外径粗车"对话框中的"非切削移动"按钮，系统弹出"非切削移动"对话框。

Step2. 在"非切削移动"对话框中单击 离开 选项卡，在 离开刀轨 区域的 刀轨选项 下拉列表中选择 点 选项，其参数采用系统默认的设置值，在图形区选取图 5.6.11 所示的离开点。

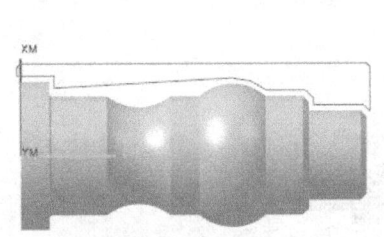
图 5.6.10 切削区域

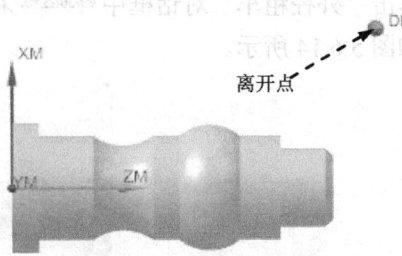
图 5.6.11 设置离开点

Step3. 单击 确定 按钮，完成非切削参数的设置。

Stage4. 生成刀路轨迹并 3D 仿真

Step1. 单击"外径粗车"对话框中的"生成"按钮，生成刀路轨迹如图 5.6.12 所示。

Step2. 单击"外径粗车"对话框中的"确定"按钮，系统弹出"刀轨可视化"对话框。

Step3. 在"刀轨可视化"对话框中单击 3D 动态 选项卡，其参数采用系统默认的设置值，调整动画速度后单击"播放"按钮，即可观察到 3D 动态仿真加工。加工后结果如图 5.6.13 所示。

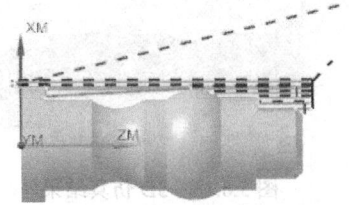
图 5.6.12 刀路轨迹

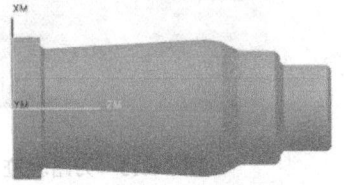
图 5.6.13 3D 仿真结果

Step4. 分别在"刀轨可视化"对话框和"外径粗车"对话框中单击 确定 按钮，完成粗车加工。

Task6. 创建外径粗车操作 2

Stage1. 创建工序

Step1. 选择下拉菜单 插入(S) → 工序(E)... 命令，系统弹出"创建工序"对话框。

Step2. 在"创建工序"对话框的 类型 下拉列表中选择 turning 选项，在 工序子类型 区域中单击"外径粗车"按钮，在 程序 下拉列表中选择 PROGRAM 选项，在 刀具 下拉列表中选择 OD_35_L (车刀-标准) 选项，在 几何体 下拉列表中选择 TURNING_WORKPIECE 选项，在 方法 下拉列表中选

择 `LATHE_ROUGH` 选项，采用系统默认的名称。

Step3. 单击"创建工序"对话框中的 `确定` 按钮，系统弹出"外径粗车"对话框。

Stage2. 显示切削区域

单击"外径粗车"对话框中 `切削区域` 右侧的"显示"按钮，在图形区中显示出切削区域，如图 5.6.14 所示。

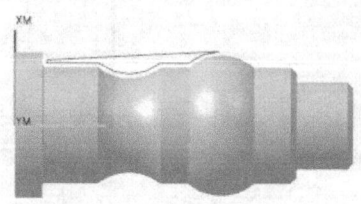

图 5.6.14 显示切削区域

Stage3. 生成刀路轨迹并 3D 仿真

Step1. 单击"外径粗车"对话框中的"生成"按钮，生成的刀路轨迹如图 5.6.15 所示。

Step2. 单击"外径粗车"对话框中的"确定"按钮，系统弹出"刀轨可视化"对话框。

Step3. 在"刀轨可视化"对话框中单击 `3D 动态` 选项卡，其参数采用系统默认的设置值，调整动画速度后单击"播放"按钮，即可观察到 3D 动态仿真加工。加工后结果如图 5.6.16 所示。

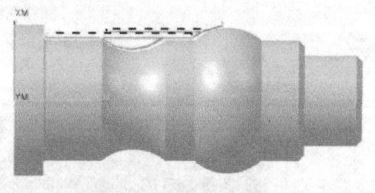

图 5.6.15 刀路轨迹

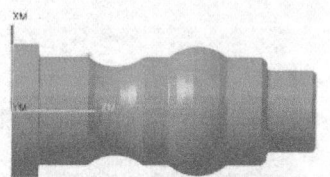

图 5.6.16 3D 仿真结果

Step4. 分别在"刀轨可视化"对话框和"外径粗车"对话框中单击 `确定` 按钮，完成粗车加工。

Task7. 创建外径精车操作

Stage1. 创建工序

Step1. 选择下拉菜单 `插入(S)` → `工序(E)...` 命令，系统弹出"创建工序"对话框。

Step2. 在"创建工序"对话框的 `类型` 下拉列表中选择 `turning` 选项，在 `工序子类型` 区域中单击"外径精车"按钮，在 `程序` 下拉列表中选择 `PROGRAM` 选项，在 `刀具` 下拉列表中选择 `OD_35_L (车刀-标准)` 选项，在 `几何体` 下拉列表中选择 `TURNING_WORKPIECE` 选项，在 `方法` 下拉列表中选

择 `LATHE_FINISH` 选项。

Step3. 单击"创建工序"对话框中的 确定 按钮，系统弹出"外径精车"对话框。

Stage2. 显示切削区域

单击"外径精车"对话框中 切削区域 右侧的"显示"按钮，在图形区中显示出切削区域，如图5.6.17所示。

Stage3. 设置切削参数

Step1. 单击"外径精车"对话框中的"切削参数"按钮，系统弹出"切削参数"对话框；在该对话框中单击 策略 选项卡，在 刀具安全角 区域的 首先切削边 文本框中输入值0.0，其他参数采用系统默认的设置值。

Step2. 单击 余量 选项卡，然后在 公差 区域的 内公差 文本框中输入值0.01，在 外公差 文本框中输入值0.01，其他参数采用系统默认的设置值。

Step3. 单击 确定 按钮，完成切削参数的设置。

Stage4. 设置非切削参数

Step1. 单击"外径精车"对话框中的"非切削移动"按钮，系统弹出"非切削移动"对话框。

Step2. 在"非切削移动"对话框中单击 离开 选项卡，在 离开刀轨 区域的 刀轨选项 下拉列表中选择 点 选项，在图形区选取图5.6.18所示的离开点。

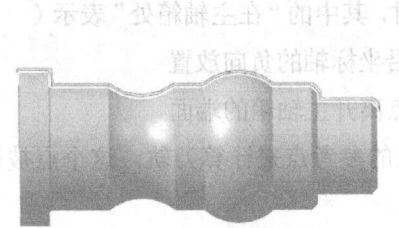 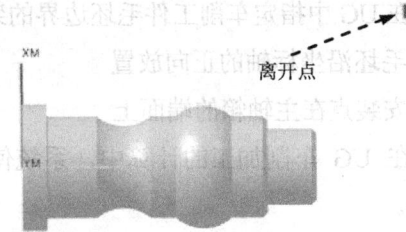

图5.6.17 显示切削区域　　　　图5.6.18 选择离开点

Step3. 单击 确定 按钮，完成非切削参数的设置。

Stage5. 生成刀路轨迹并3D仿真

Step1. 单击"外径精车"对话框中的"生成"按钮，生成刀路轨迹如图5.6.19所示。

Step2. 单击"外径精车"对话框中的"确定"按钮，系统弹出"刀轨可视化"对话框。

Step3. 在"刀轨可视化"对话框中单击 3D 动态 选项卡，采用系统默认的参数设置值，调整动画速度后单击"播放"按钮，即可观察到3D动态仿真加工。加工后结果如图5.6.20

所示。

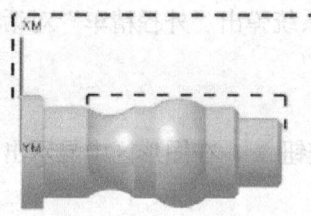

图 5.6.19 刀路轨迹

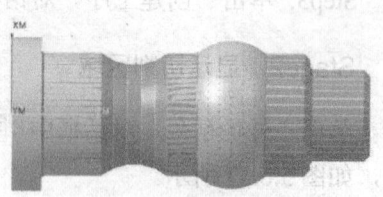

图 5.6.20 3D 仿真结果

Step4. 分别在"刀轨可视化"对话框和"外径精车"对话框中单击 确定 按钮，完成精车加工。

Task8. 保存文件

选择下拉菜单 文件(F) ➡ 保存(S) 命令，保存文件。

5.7 习　　题

1. 车削加工是机加工中最为常用的加工方法之一，主要用于加工（　　　）。
2. 在 UG 中创建车削坐标系时，通常车床工作平面选择为（　　　）或 XM-YM 平面。
3. 在 UG 中指定车削工件的毛坯边界时，系统提供了 4 种毛坯类型，分别是（　　）、（　　）、（　　）和从工作区。
4. 在 UG 中指定车削工件毛坯边界的装夹位置时，其中的"在主轴箱处"表示（　　）。
   A. 毛坯沿坐标轴的正向放置　　B. 毛坯沿坐标轴的负向放置
   C. 安装点在主轴箱的端面上　　D. 安装点离开主轴箱的端面
5. 在 UG 车削加工的计算中，系统使用刀具上的参考点来计算刀轨，这个点被称为（　　）。
   A. 修剪点　　B. 逼近点　　C. 跟踪点　　D. 刀尖点
6. 车削粗加工中使用（　　）选项可以产生额外的清理部件表面的刀路。
   A. 附加轮廓加工　　B. 添加精加工刀路
   C. 全部精加工　　D. 添加多刀路
7. 车削零件的刀具安全角在（　　）选项卡里设定。
   A. 策略　　B. 拐角　　C. 余量　　D. 轮廓加工
8. 车削刀具的步进角度是指刀具运动方向和（　　）的夹角。
   A. XM 轴　　B. ZM 轴　　C. XC 轴　　D. YC 轴
9. 车削粗加工中如果变换模式选择"以后切削"选项，此时其含义是（　　）。

A. 不考虑使用当前刀具来加工　　　　B. 使用当前刀具在适当的时候加工
C. 忽略掉该部分，以后再考虑是否加工　　D. 以后使用合适的刀具来加工

10. （　　）几何体不属于车削加工的几何体设置内容。
A. MCS_SPINDLE　　B. AVOIDANCE　　C. TURNING_PART　　D. MILL_BND

11. 车削加工中设置刀轨的运动起点在（　　）选项卡中设置。
A. 进刀　　B. 退刀　　C. 安全距离　　D. 逼近

12. 车削加工中设置刀具补偿在（　　）选项卡中设置。
A. 进刀　　B. 退刀　　C. 局部返回　　D. 更多

13. 在螺纹加工中定义螺距有 3 种方式，不属于这 3 种方式的是（　　）。
A. 螺距　　B. 螺纹头数　　C. 每毫米螺纹圈数　　D. 导程角

14. 螺纹加工操作中如果切削深度选择"%剩余"的切削模式，并设定"剩余百分比"为 50，最大距离为 5，最小距离为 1。若总的切削深度为 10，且余量设为 0，则可以计算走刀次数为（　　）。
A. 4　　B. 5　　C. 6　　D. 7

15. 使用本章所述知识内容，完成图 5.7.1 和图 5.7.2 所示零件的加工。

【练习 1】　加工要求：加工所有表面。合理定义毛坯尺寸，加工后不能有过切或余量。加工操作中体现粗、精工序。

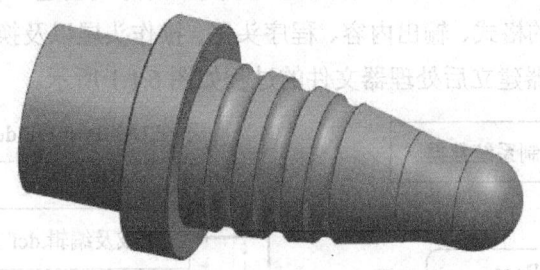

图 5.7.1　练习 1

【练习 2】　加工要求：除去键槽外，加工所有表面。合理定义毛坯尺寸，加工后不能有过切或余量。加工操作中体现粗、精工序。

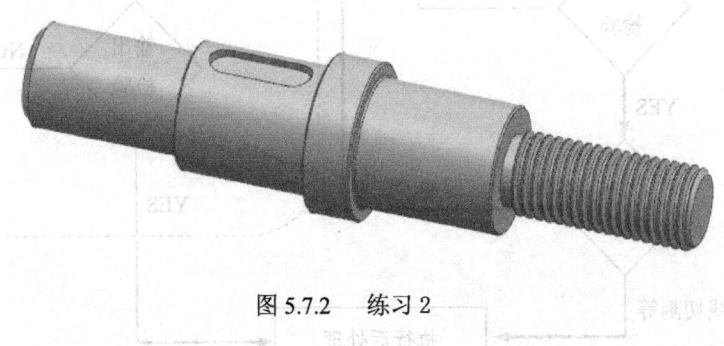

图 5.7.2　练习 2

第 6 章 后置处理

本章提要 本章将介绍有关数控后置处理的知识。由于各个厂家机床的数控系统都是不同的，UG NX 10.0 生成的刀路轨迹文件并不能被所有的机床识别，因而需要对其进行必要的后置处理，转换成机床可识别的代码文件后才可以进行加工。通过对本章的学习，相信读者会了解数控加工的后置处理功能。

6.1 概 述

在 UG NX 10.0 中，在生成了包括切削刀具位置及机床控制指令的加工刀轨文件后，因为刀轨文件不能直接驱动机床，所以必须处理这些文件，将其转换成特定机床控制器所能接受的 NC 程序，这个处理的过程就是"后处理"。在 UG NX 10.0 软件中，一般是用 ugpost 后处理器进行后处理的。

UG 后处理构造器（Post Bulider）可以通过图形交互的方式创建二轴到五轴的后处理器，并能灵活定义 NC 程序的格式、输出内容、程序头尾、操作头尾以及换刀等每个事件的处理方式。利用后处理构造器建立后处理器文件的过程如图 6.1.1 所示。

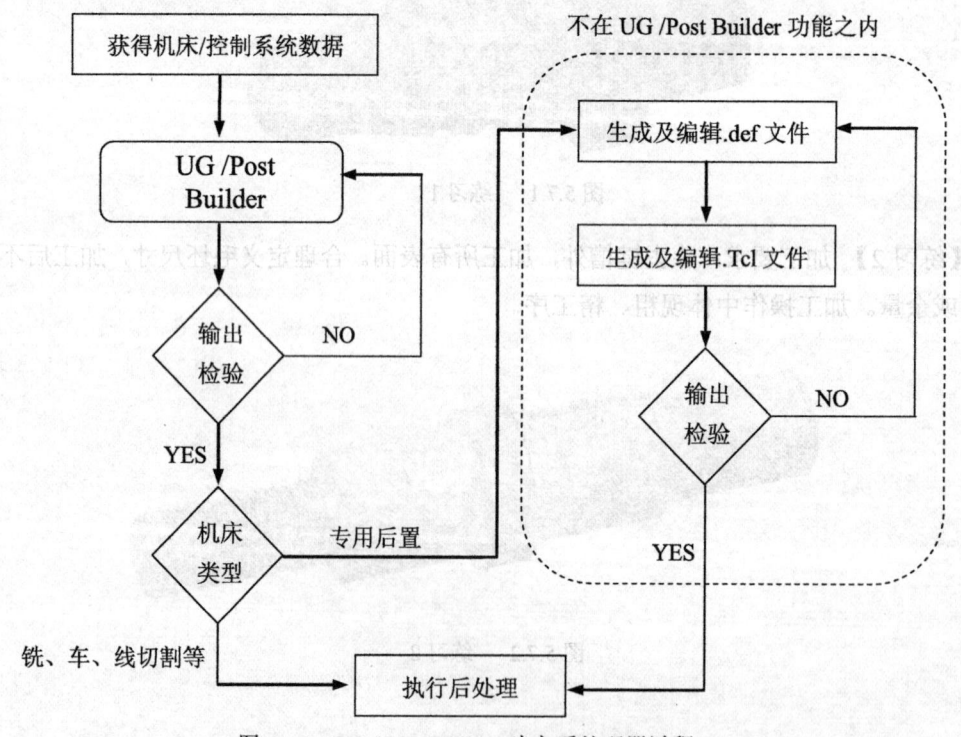

图 6.1.1 UG / Post Builder 建立后处理器过程

6.2 创建后处理器文件

6.2.1 进入 UG 后处理构造器工作环境

Step1. 进入 UG 后处理构造器工作环境。选择菜单 开始 ➡ 所有程序 ➡ Siemens NX 10.0 ➡ Manufacturing ➡ Post Builder 命令，启动 UG 后处理构造器，如图 6.2.1 所示。

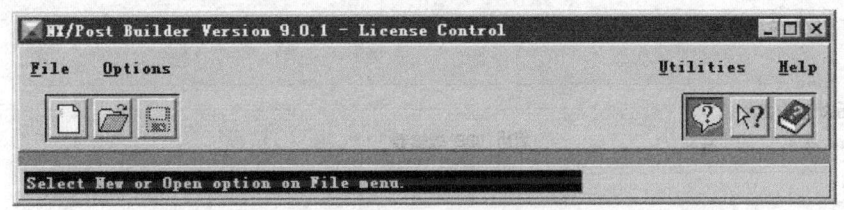

图 6.2.1 UG 后处理构造器工作界面

Step2. 转换语言。在图 6.2.1 所示的 UG 后处理构造器工作界面中选择菜单 Options ➡ Language ➡ 中文(简体) 命令，结果如图 6.2.2 所示。

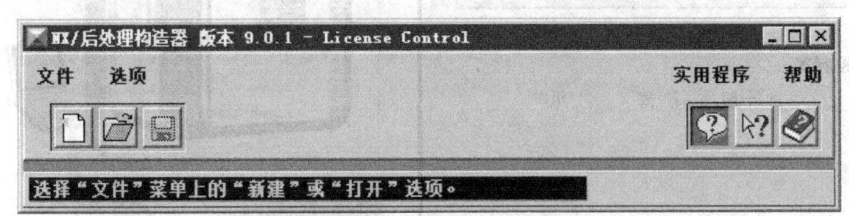

图 6.2.2 "NX/后处理构造器"工作界面

6.2.2 新建一个后处理器文件

Step1. 选择新建命令。进入 NX 后处理构造器后，选择下拉菜单 文件 ➡ 新建... 命令（或单击工具条中的 按钮），系统弹出图 6.2.3 所示的"新建后处理器"对话框，用户可以在该对话框中设置后处理器名称、输出单位、机床类型和控制器类型等内容。

Step2. 定义后处理名称。在"新建后处理器"对话框 后处理名称 文本框中输入 "Mill_3_Axis"。

Step3. 定义后处理类型。在"新建后处理器"对话框中选择 主后处理 单选项。

Step4. 定义后处理输入单位。在"新建后处理器"对话框的 后处理输出单位 区域中选择 毫米 单选项。

Step5. 定义机床类型。在"新建后处理器"对话框的 机床 区域中选择 铣 单选项，在其下拉列表中选择 3 轴 选项。

Step6. 定义机床的控制类型。在"新建后处理器"对话框的 控制器 区域中选择 ⊙ 一般 单选项。

Step7. 单击 确定 按钮,完成后处理器的机床及控制系统的选择。

图 6.2.3 "新建后处理器"对话框

图 6.2.3 所示的"新建后处理器"对话框中各选项说明如下。

- 后处理名称 文本框:用于输入后处理器的名称。
- 描述 文本框:用于输入描述所创建的后处理器的文字。
- ⊙ 主后处理 单选项:用于设定后处理器的类型为主后处理,一般应选择此类型。
- ⊙ 仅单位副处理 单选项:用于设定后处理器的类型为仅单位后处理,此类型仅用来改变输出单位和数据格式。
- 后处理输出单位 区域:用于选择后处理输出的单位。
  ☑ ⊙ 英寸 单选项:选择该选项表示后处理输出单位为英制英寸。

- ☑ ⊙ **毫米**单选项：选择该选项表示后处理输出单位为米制毫米。
- **机床**区域用于选择机床类型。
    - ☑ ⊙ **铣**单选项：选择该选项表示选用铣床类型。
    - ☑ ⊙ **车**单选项：选择该选项表示选用车床类型。
    - ☑ ⊙ **线切割**单选项：选择该选项表示选用线切割类型。
- **3 轴** 下拉列表用于选择机床的结构配置。
- **控制器**区域用于选择机床的控制系统类型。
    - ☑ ⊙ **一般**单选项：选择该选项表示选用通用控制系统。
    - ☑ ⊙ **库**单选项：选择该选项表示从后处理构造器提供的控制系统列表中选择。
    - ☑ ⊙ **用户**单选项：选择该选项表示选择用户自定义的控制系统。

6.2.3 机床的参数设置值

当完成以上操作后，系统进入后处理器编辑窗口，如图 6.2.4 所示。此时系统默认显示为 **机床**选项卡，该选项卡用于设置机床的行程限制、回零坐标及插补精度等参数。

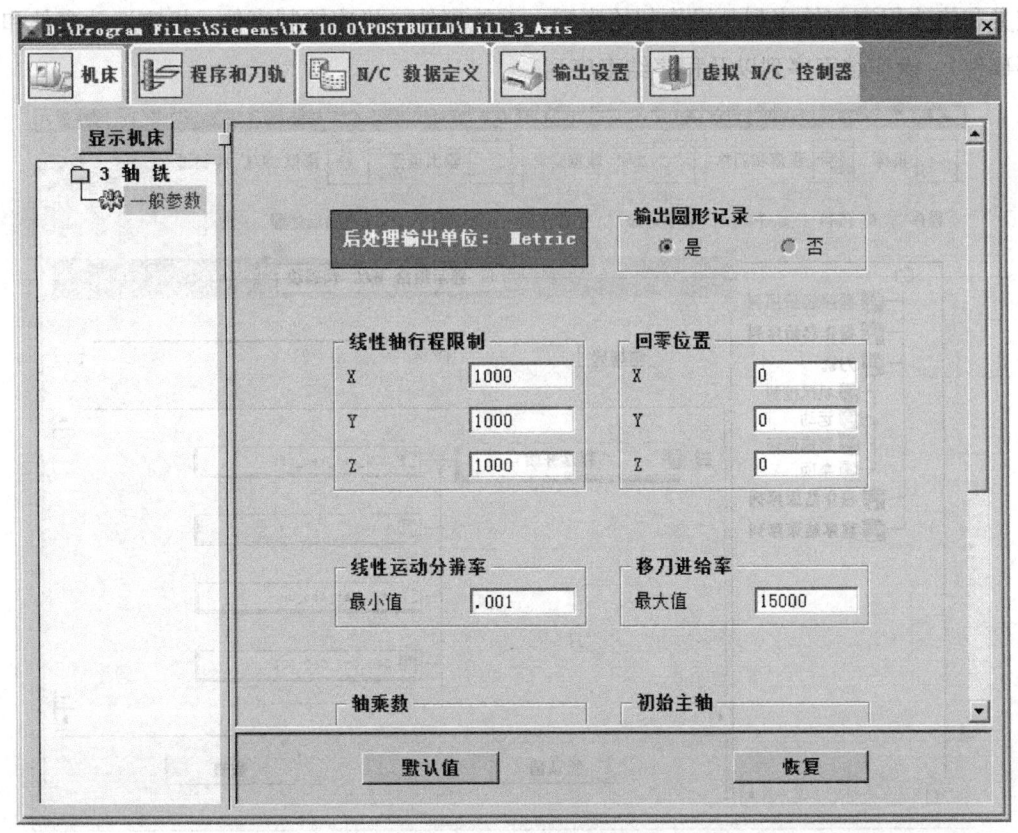

图 6.2.4 "机床"选项卡

图 6.2.4 所示的"机床"选项卡中各选项说明如下。
- **输出圆形记录**区域：用于确定是否输出圆弧指令：选择 是单选项，表示输出圆弧指令；选择 否单选项，表示将圆弧指令全部改为直线插补输出。
- **线性轴行程限制**区域：用于设置机床主轴 X、Y、Z 的极限行程。
- **回零位置**区域：用于设置机床回零坐标。
- **线性运动分辨率**区域：用于设置直线插补的精度值、机床控制系统的最小控制长度。
- **移刀进给率**区域：用于设置机床快速移动的最大速度。
- **初始主轴**区域：用于设置机床初始的主轴矢量方向。
- **显示机床**：单击该按钮可以显示机床的运动结构简图。
- **默认值**：单击该按钮后，此页的所有参数将恢复默认值。
- **恢复**：单击该按钮后，此页的所有参数将变成本次编辑前的设置。

6.2.4 程序和刀轨参数的设置

1. 程序子选项卡

进入 程序和刀轨 选项卡后，系统默认显示 程序 子选项卡，如图 6.2.5 所示。该选项卡用于定义和修改程序起始序列、操作起始序列、刀轨事件（机床控制事件、机床运动事件和循环事件）、操作结束序列以及程序结束序列。

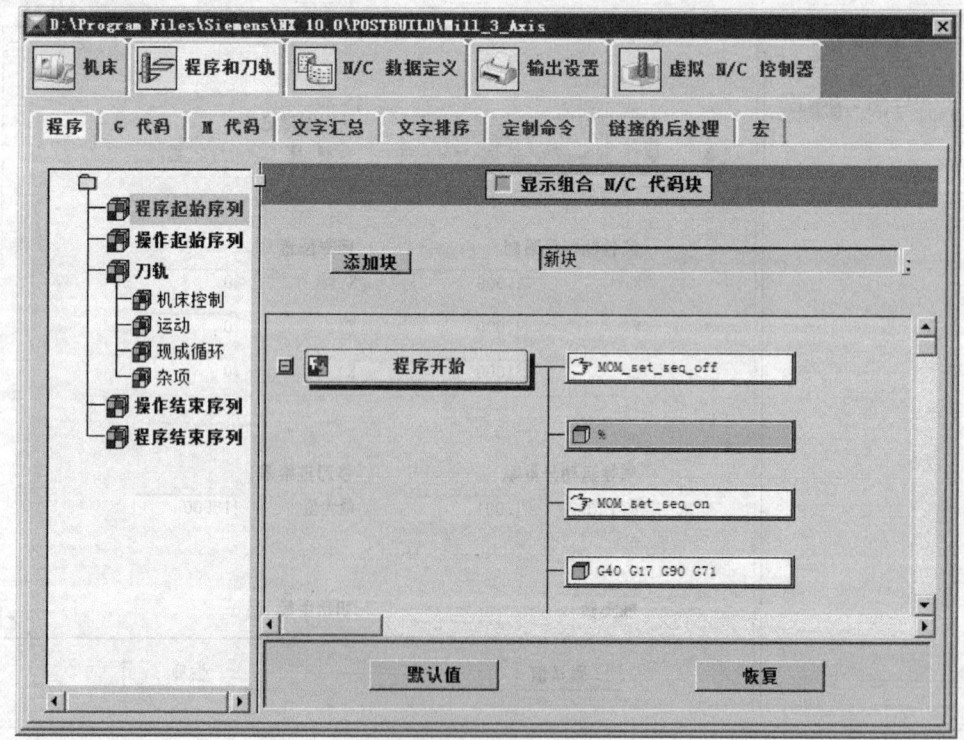

图 6.2.5 "程序"子选项卡

在**程序**子选项卡中有两个不同的窗口：左侧是组成结构；右侧是相关参数。在左侧的结构树中选择某一个节点，右侧则会显示相应的参数。每一个 NC 程序都是由在左侧的窗口中显示的 5 种序列（Sequence）组成的，而序列在右侧的窗口中又被细分为标记（marker）和程序行（block）。在 UG 后处理构造器中预定义的事件，如换刀、主轴转速、进刀等，用黄色长条表示，就是标记的一种。在每个标记下又可以定义一系列的输出程序行。

图 6.2.5 所示的**程序**子选项卡部分选项说明如下。

左侧的组成结构中包括 NC 程序中的 5 个序列和刀轨运动中的 4 种事件。

- **程序起始序列**：用于定义程序头输出的语句，程序头事件是所有事件之前的。
- **操作起始序列**：用于定义操作开始到第一个切削运动之间的事件。
- **刀轨**：用于定义机床控制事件、加工运动、钻循环等事件。
    - ☑ **机床控制**：主要用于定义进给、换刀、切削液、尾架和夹紧等事件，也可以用于模式的改变，如输出是绝对或相对等。
    - ☑ **运动**：用于定义后处理如何处理刀位轨迹源文件中的 GOTO 语句。
    - ☑ **现成循环**：用于定义当进行孔加工循环时，系统是如何处理这类事件的，并定义其输出格式。
    - ☑ **杂项**：用于定义子操作刀轨的开始和结束事件。
- **操作结束序列**：用于定义退刀运动到操作结束之间的事件。
- **程序结束序列**：用于定义程序结束时需要输出的程序行，一个 NC 程序只有一个程序结束事件。

2. **G 代码**子选项卡

进入**程序和刀轨**选项卡后，单击 **G 代码**子选项卡，结果如图 6.2.6 所示。该选项卡用于定义后处理中所用到的所有 G 代码。

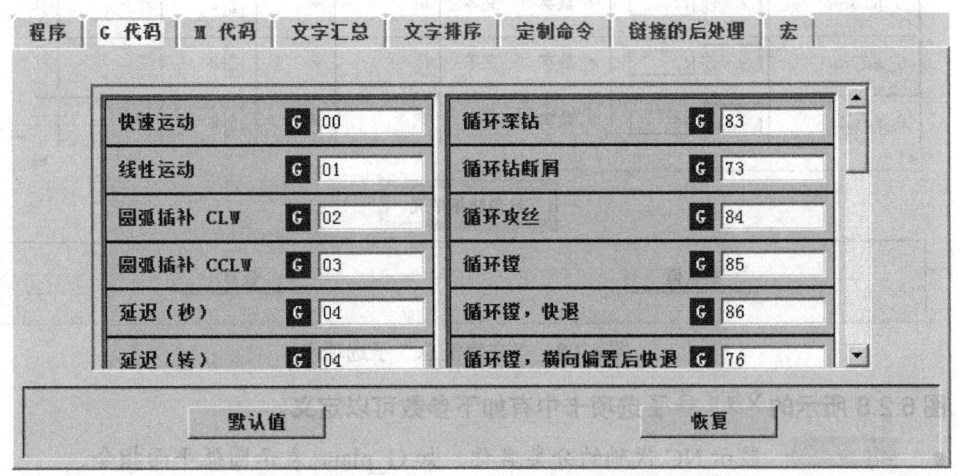

图 6.2.6 "G 代码"子选项卡

3. M 代码子选项卡

进入 程序和刀轨 选项卡后,单击 M 代码 子选项卡,结果如图 6.2.7 所示。该选项卡用于定义后处理中所用到的所有 M 代码。

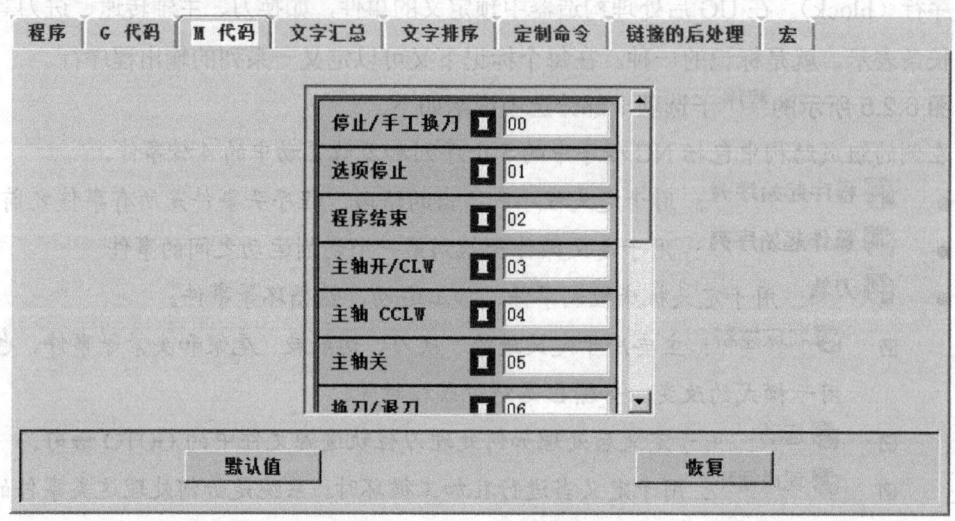

图 6.2.7 "M 代码"子选项卡

4. 文字汇总子选项卡

进入 程序和刀轨 选项卡后,单击 文字汇总 子选项卡,结果如图 6.2.8 所示。该选项卡用于定义后处理中所用到的字地址,但只可以修改格式相同的一组字地址或格式。若要修改一组里某个字地址的格式,则要在 N/C 数据定义 选项卡的 格式 子选项卡中进行修改。

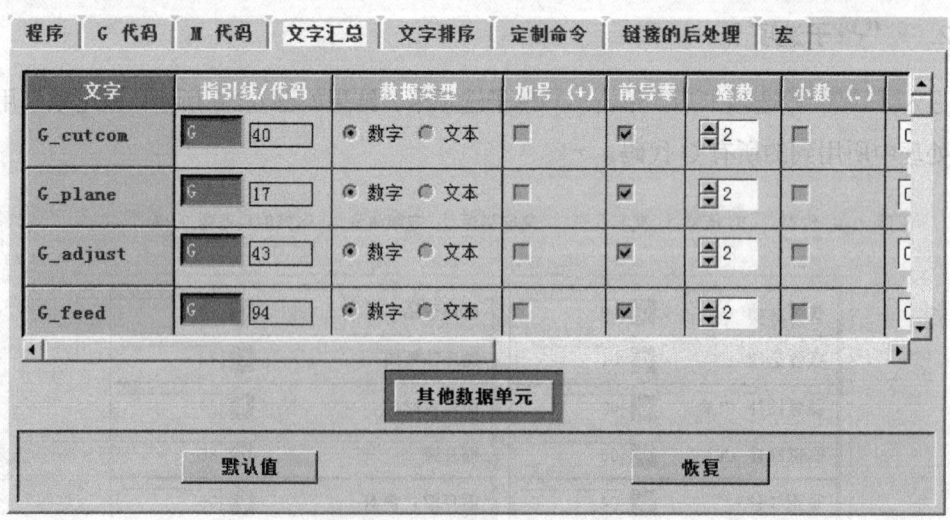

图 6.2.8 "文字汇总"子选项卡

图 6.2.8 所示的 文字汇总 子选项卡中有如下参数可以定义。

- 文字: 显示 NC 代码的分类名称,如 G_plane 表示圆弧平面指令。

第 6 章 后置处理

- **指引线/代码**：用于修改字地址的头码，头码是字地址中数字前面的字母部分。
- **数据类型**：可以是数字和文本。若所需代码不能用字母加数字实现时，则要用文字类型。
- **加号（+）**：用于定义正数的前面是否显示"+"号。
- **前导零**：用于定义是否输出前零。
- **整数**：用于定义整数的位数。在后处理时，当数据超过所定义的位数时则会出现错误提示。
- **小数（.）**：用于定义小数点是否输出。当不输出小数点时，前零和后零则不能输出。
- **分数**：用于定义小数的位数。
- **后置零**：用于定义是否输出后零。
- **模态?**：用于定义该指令是否为模态指令。

5. 文字排序 子选项卡

进入 程序和刀轨 选项卡后，单击 文字排序 子选项卡，结果如图 6.2.9 所示。该选项卡显示功能字输出的先后顺序，可以通过鼠标拖动进行调整。

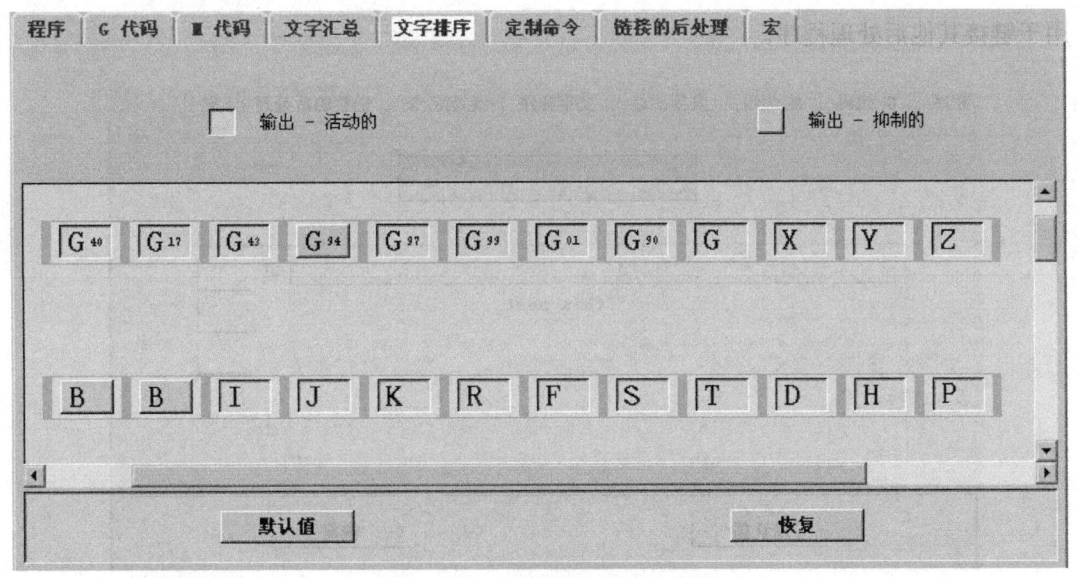

图 6.2.9 "文字排序"子选项卡

6. 定制命令 子选项卡

进入 程序和刀轨 选项卡后，单击 定制命令 子选项卡，结果如图 6.2.10 所示。该选项卡可以让用户加入一个新的机床命令，这些指令是用 TCL 编写的程序，并由事件处理执行。

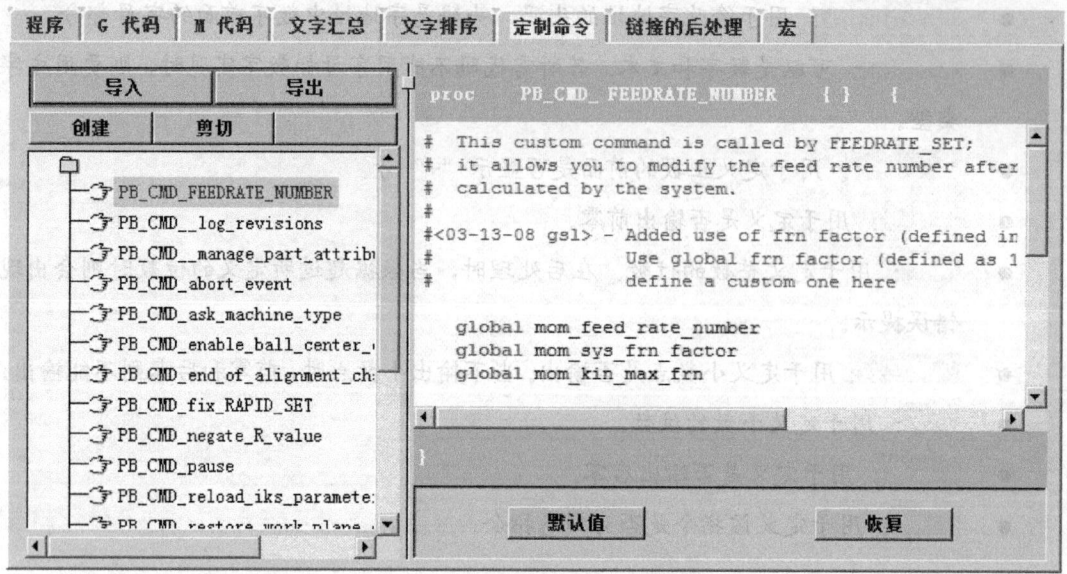

图 6.2.10 "定制命令"子选项卡

7. 链接的后处理 子选项卡

进入 程序和刀轨 选项卡后,单击 链接的后处理 子选项卡,结果如图 6.2.11 所示。该选项卡用于链接其他后处理程序。

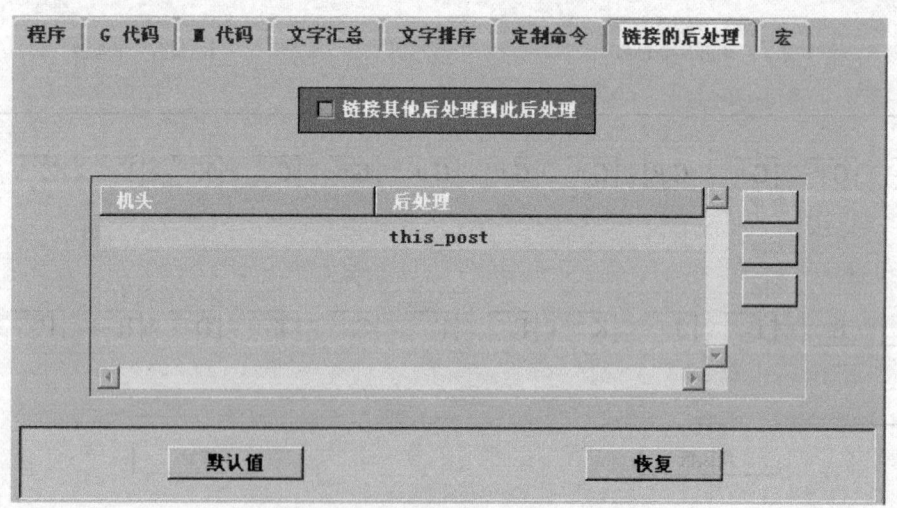

图 6.2.11 "链接的后处理"子选项卡

8. 宏 子选项卡

进入 程序和刀轨 选项卡后,单击 宏 子选项卡,结果如图 6.2.12 所示。该选项卡用于定义宏或循环等功能。

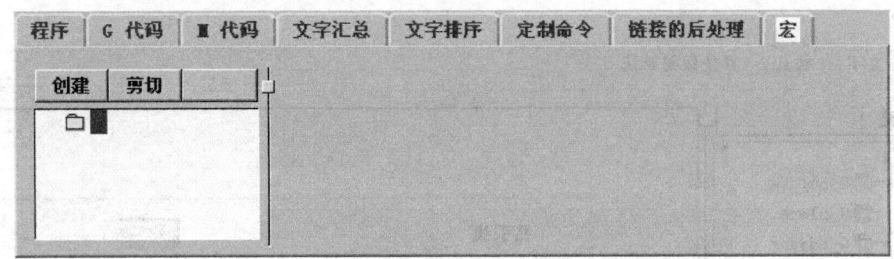

图 6.2.12 "宏"子选项卡

6.2.5 NC 数据定义

进入 选项卡，该选项卡中包括 4 个子选项卡，可以定义 NC 数据的输出格式。

1. 块子选项卡

进入 选项卡后，单击 块 子选项卡，结果如图 6.2.13 所示。该选项卡用于定义表示机床指令的程序中输出哪些字地址，以及地址的输出顺序。行由词组成，词由字和数组成。

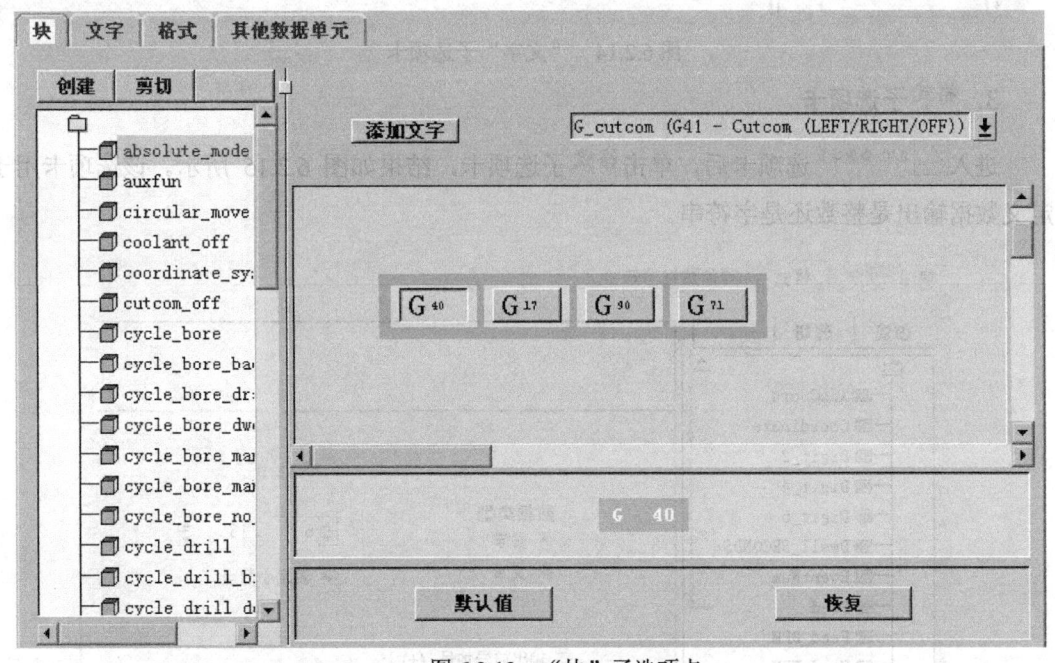

图 6.2.13 "块"子选项卡

2. 文字子选项卡

进入 选项卡后，单击 文字 子选项卡，结果如图 6.2.14 所示。该选项卡用于定义词的输出格式，包括字头和后面的参数的格式、最大值、最小值、模态、前缀及后缀字符等。

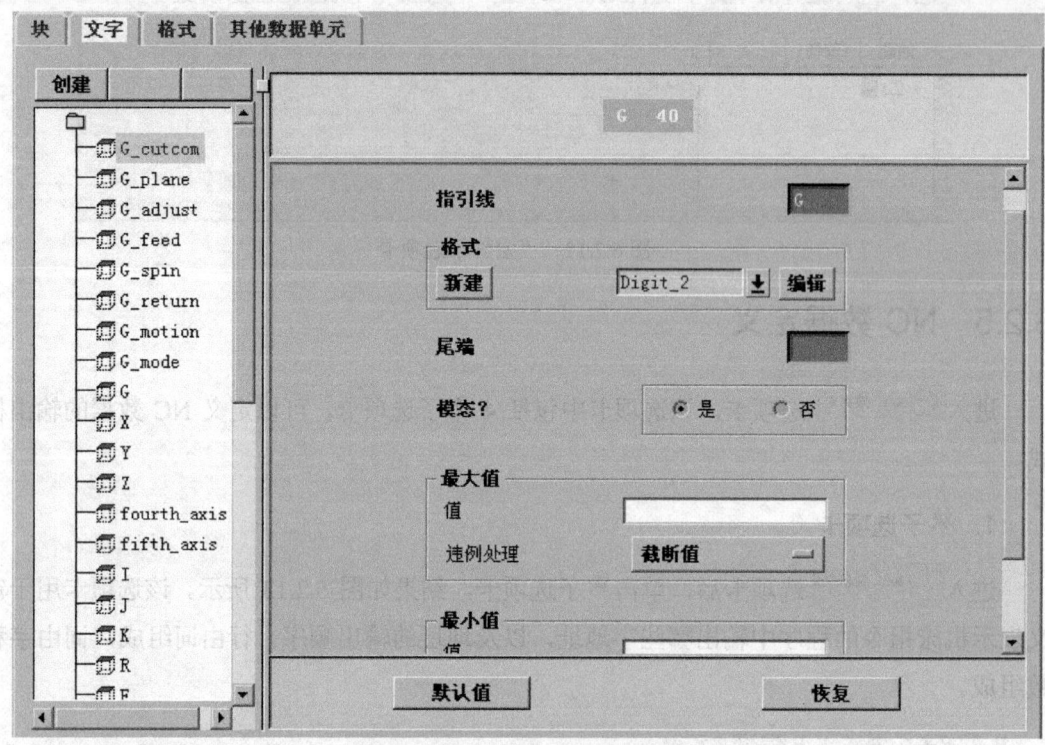

图 6.2.14 "文字"子选项卡

3. 格式子选项卡

进入 N/C 数据定义 选项卡后，单击 格式 子选项卡，结果如图 6.2.15 所示。该选项卡用于定义数据输出是整数还是字符串。

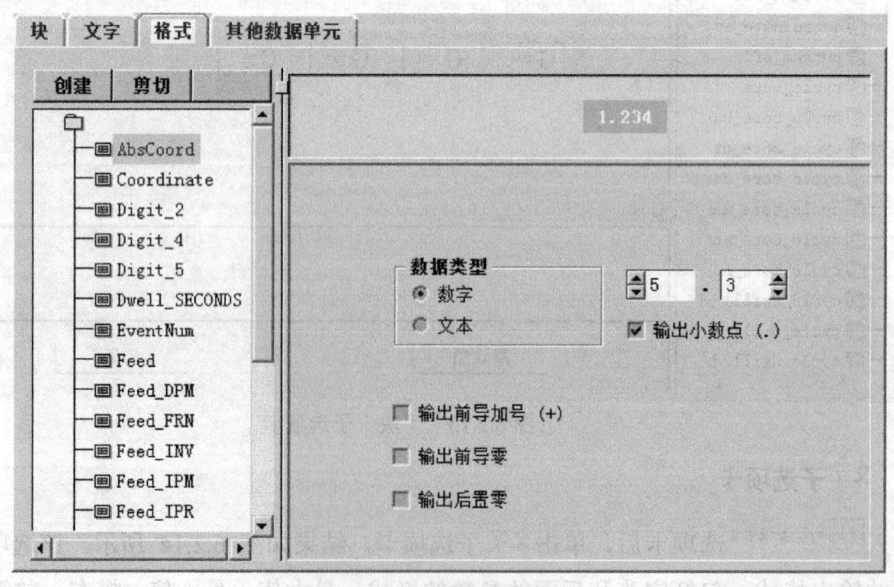

图 6.2.15 "格式"子选项卡

4. 其他数据单元子选项卡

进入 [N/C 数据定义] 选项卡后，单击**其他数据单元**子选项卡，结果如图 6.2.16 所示。该选项卡用于定义程序行序列号和文字间隔符、行结束符、消息始末符等数据。

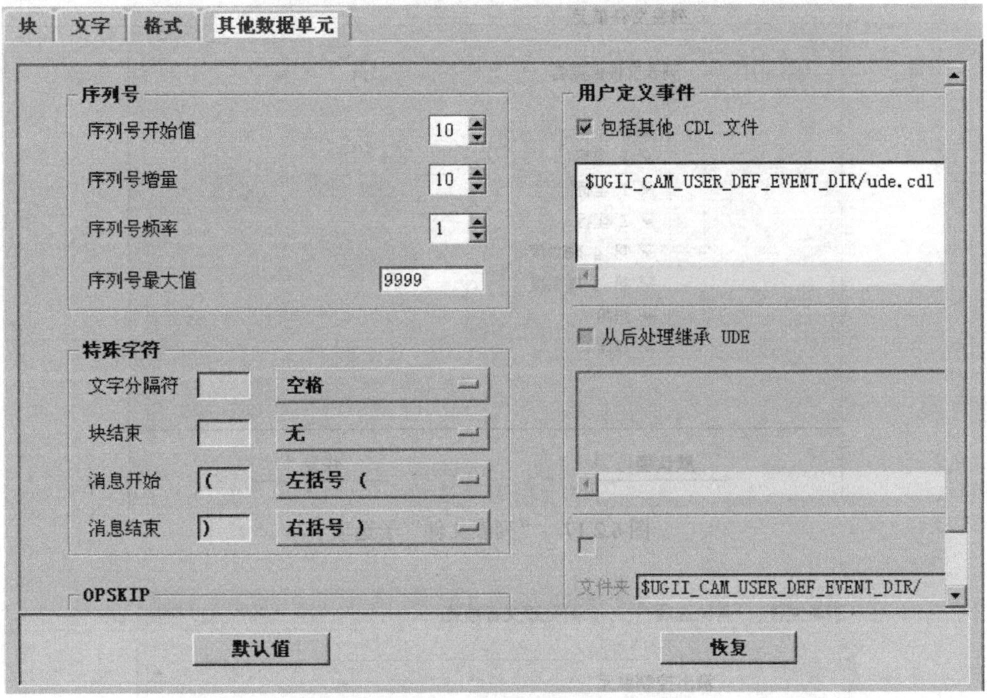

图 6.2.16 "其他数据单元"子选项卡

6.2.6 输出设置

单击 [输出设置]，进入"输出设置"选项卡，该选项卡中包括 3 个子选项卡，用于定义 NC 程序输出的相关参数。

1. 列表文件子选项卡

单击**列表文件**子选项卡，结果如图 6.2.17 所示。该选项卡用于控制列表文件输出的内容，输出的内容有 X、Y、Z 坐标值，第 4、5 轴的角度值，还有转速及进给。默认的列表文件的扩展名是 lpt。

2. 其他选项子选项卡

单击**其他选项**子选项卡，结果如图 6.2.18 所示。默认的 NC 程序的文件扩展名是 ptp。

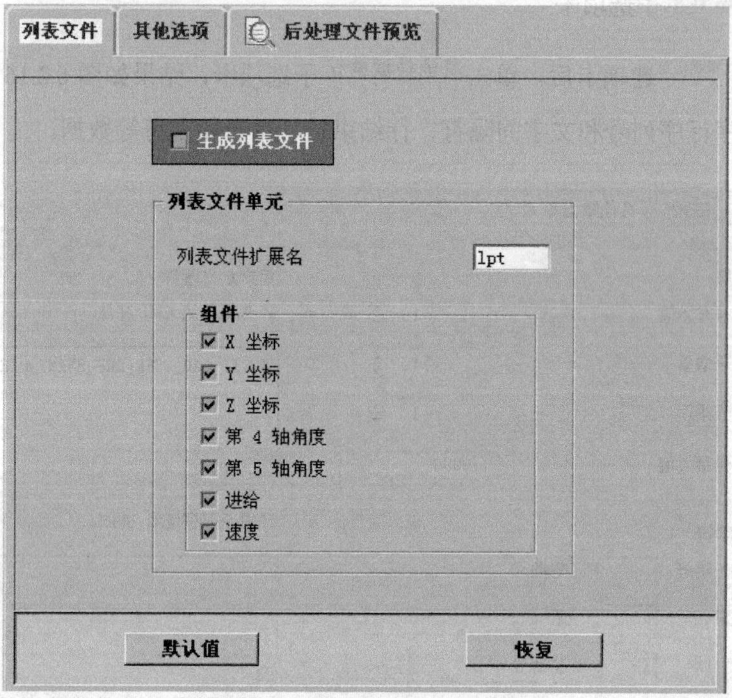

图 6.2.17 "列表文件"子选项卡

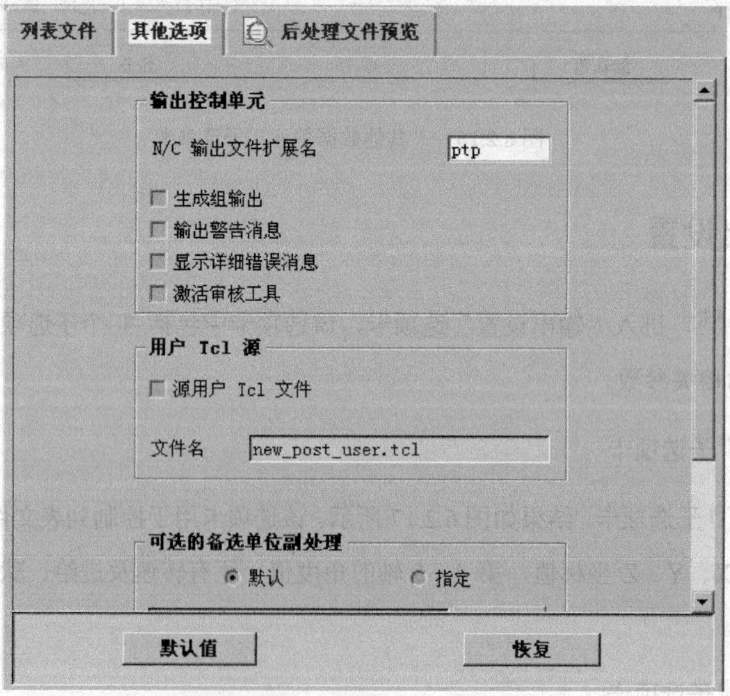

图 6.2.18 "其他选项"子选项卡

图 6.2.18 所示的其他选项子选项卡中部分选项说明如下。

- ☑ 生成组输出：选中该复选框后，则表示输出多个 NC 程序，它们以程序组进行分割。

- ☑ 输出警告消息：选中该复选框后，系统会在 NC 文件所在的目录中产生一个在后处理过程中形成的错误信息。
- ☑ 显示详细错误消息：选中该复选框后，则可以显示详细的错误信息。
- ☑ 激活审核工具：该功能用于调试后处理。
- ☑ 源用户 Tcl 文件：选中该复选框后，则可以在其下的文本框中选择一个 TCL 源程序。

3. ☑ 后处理文件预览 子选项卡

单击 ☑ 后处理文件预览 子选项卡，结果如图 6.2.19 所示。该选项卡可以在后处理器文件保存之前对比修改的内容，最新改动的文件内容在上侧窗口中显示，旧的内容在下侧窗口中显示。

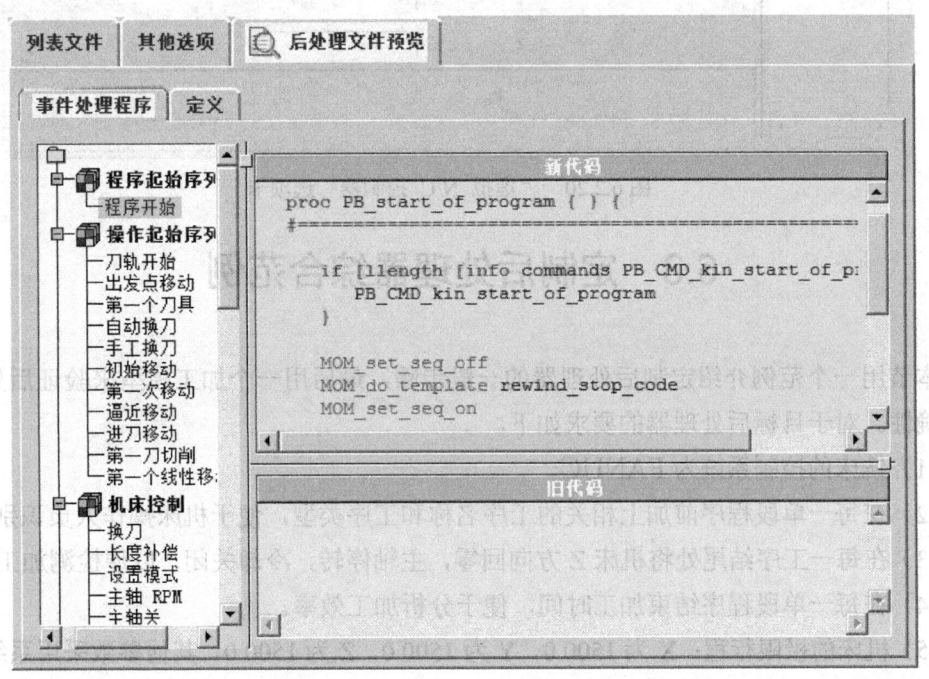

图 6.2.19 "后处理文件预览"子选项卡

6.2.7 虚拟 N/C 控制器

单击 ☑ 虚拟 N/C 控制器 子选项卡，结果如图 6.2.20 所示。该选项卡可以进行综合仿真与检查，系统会生成另外一个 *_vnc.tcl 文件。

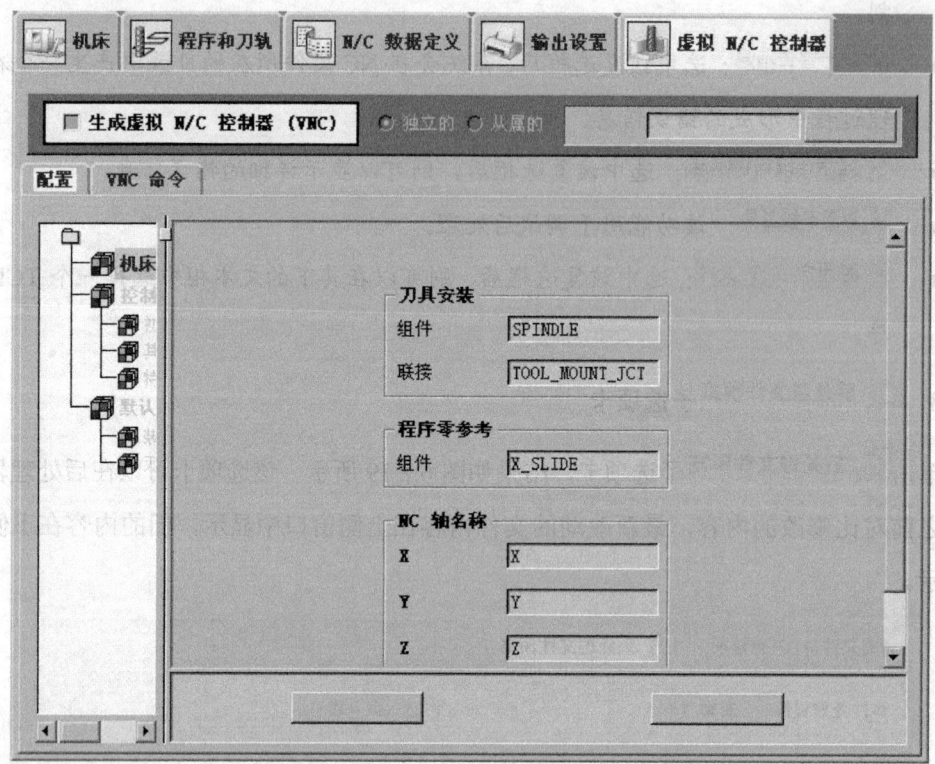

图 6.2.20 "虚拟 N/C 控制器"选项卡

6.3 定制后处理器综合范例

本节用一个范例介绍定制后处理器的一般步骤,最后用一个加工模型来验证后处理器的正确性。对于目标后处理器的要求如下。

(1)铣床的控制系统为 FANUC。
(2)在每一单段程序前加上相关的工序名称和工序类型,便于机床操作人员识别。
(3)在每一工序结尾处将机床 Z 方向回零,主轴停转,冷却关闭,以便检测加工质量。
(4)在每一单段程序结束加工时间,便于分析加工效率。
(5)机床的极限行程:X 为 1500.0,Y 为 1500.0,Z 为 1500.0,其他参数采用系统默认的设置值。

Task1. 进入后处理构造器工作环境

进入 UG 后处理构造器工作环境。选择下拉菜单 开始 ➡ 所有程序 ➡ Siemens NX 10.0 ➡ Manufacturing ➡ Post Builder 命令,启动 NX 后处理构造器。

Task2. 新建一个后处理器文件

第 6 章 后置处理

Step1. 选择新建命令。进入 NX 后处理构造器后，选择下拉菜单 **文件** ➡ **新建...** 命令，系统弹出"新建后处理器"对话框。

Step2. 定义后处理名称。在 **后处理名称** 文本框中输入 My_post。

Step3. 定义后处理类型。在"新建后处理器"对话框中选择 **主后处理** 单选项。

Step4. 定义后处理输入单位。在"新建后处理器"对话框的 **后处理输出单位** 区域中选择 **毫米** 单选项。

Step5. 定义机床类型。在"新建后处理器"对话框的 **机床** 区域中选择 **铣** 单选项，在其下拉列表中选择 **3 轴** 选项。

Step6. 定义机床的控制类型。在"新建后处理器"对话框的 **控制器** 区域中选择 **库** 单选项，然后在其下拉列表中选择 **fanuc_6** 选项。

Step7. 单击 **确定** 按钮，完成后处理的机床及控制系统的选择，此时系统进入后处理编辑窗口。

Task3．设置机床的行程

在 **机床** 选项卡中设置图 6.3.1 所示的参数，其他参数采用系统默认的设置值。

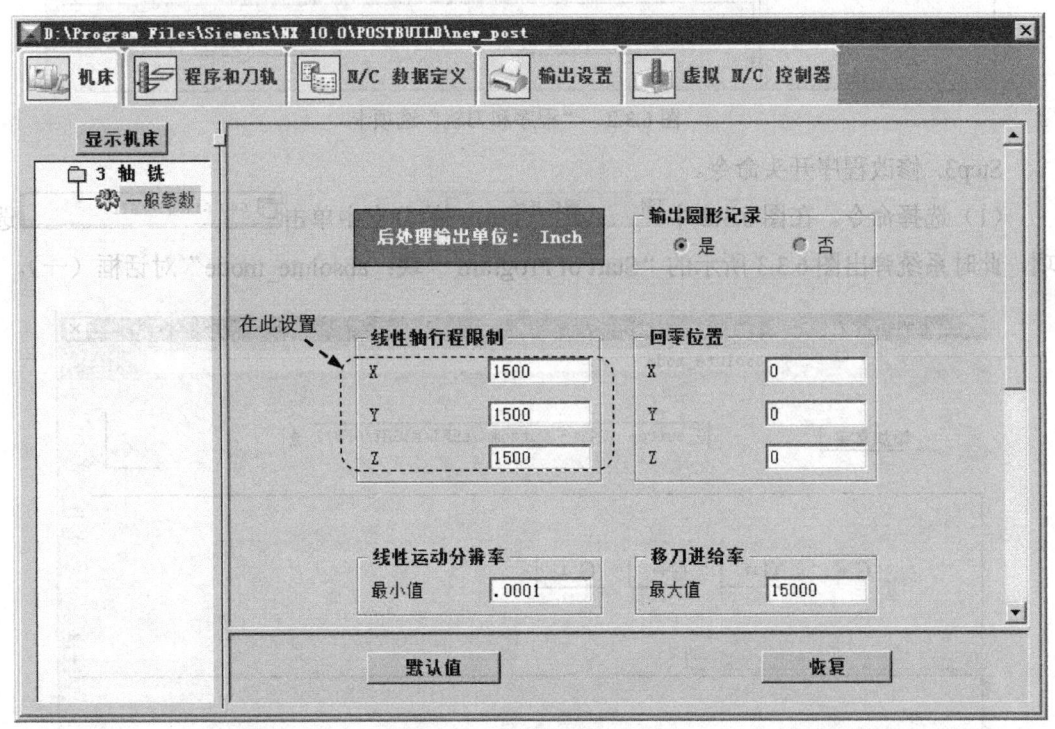

图 6.3.1 "机床"选项卡

Task4．设置程序和刀轨

Stage1．定义程序的起始序列

Step1. 选择命令。在后处理器编辑窗口中单击 程序和刀轨 选项卡，结果如图 6.3.2 所示。

Step2. 设置程序开头。在图 6.3.2 中 程序开始 的分支中右击 MOM_set_seq_on 选项，在系统弹出的快捷菜单中选择 删除 命令。

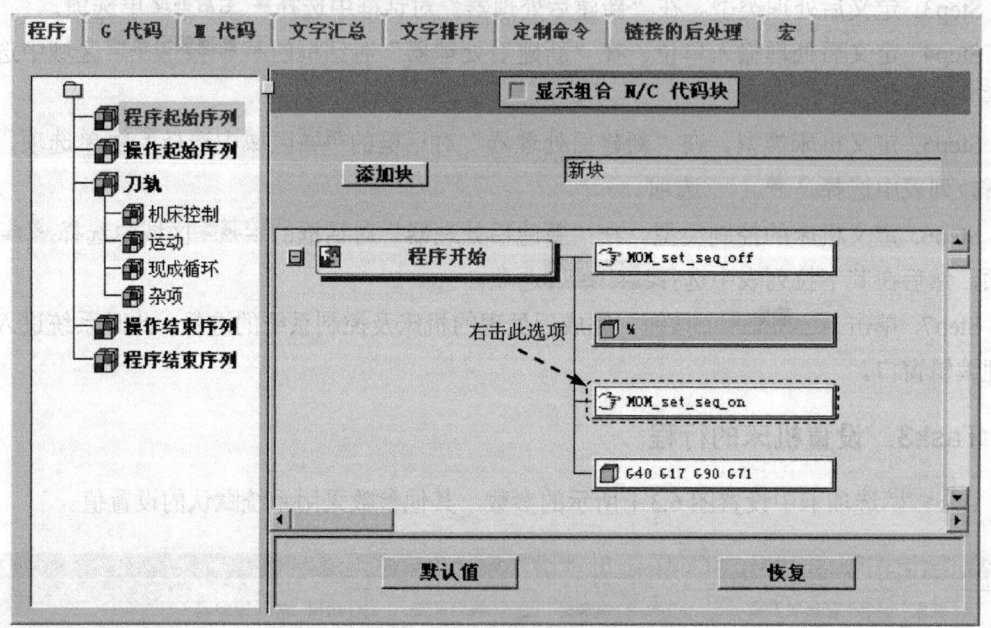

图 6.3.2 "程序和刀轨"选项卡

Step3. 修改程序开头命令。

（1）选择命令。在图 6.3.2 中 程序开始 的分支中单击 G40 G17 G90 G71 选项，此时系统弹出图 6.3.3 所示的 "Start of Program - 块：absolute_mode" 对话框（一）。

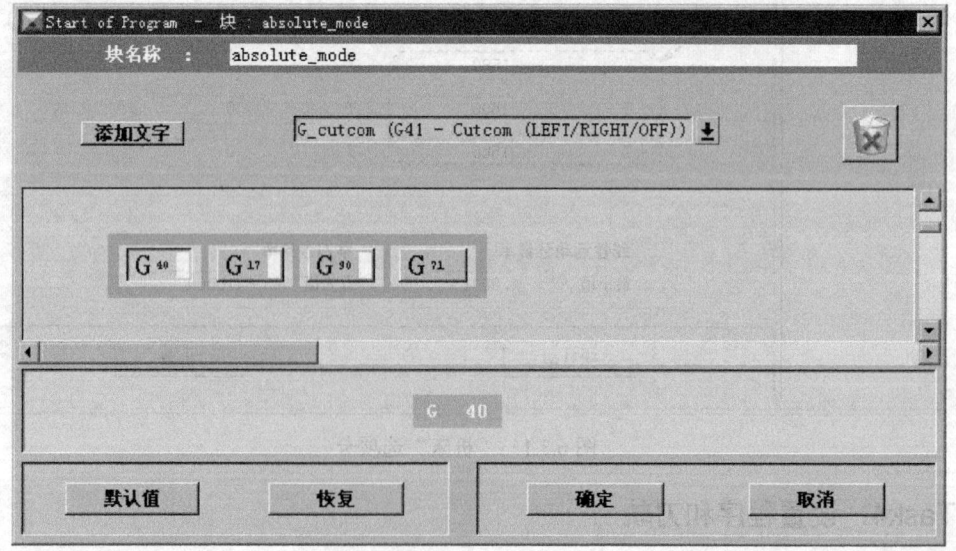

图 6.3.3 "Start of Program -块： absolute_mode"对话框（一）

（2）删除 G71。在图 6.3.3 所示的 "Start of Program - 块：absolute_mode" 对话框（一）

中右击 G71 按钮，在弹出的快捷菜单中选择 删除 命令。

（3）添加 G49。在图 6.3.3 所示的"Start of Program – 块：absolute_mode"对话框（一）中单击 ± 按钮，在其下拉列表中选择 G_adjust ▶ ➡ G49-Cancel Tool Len Adjust 命令，然后单击 添加文字 按钮不放，拖动到 G90 后面，此时会显示出新添加的 G49，系统会自动排序，结果如图 6.3.4 所示。

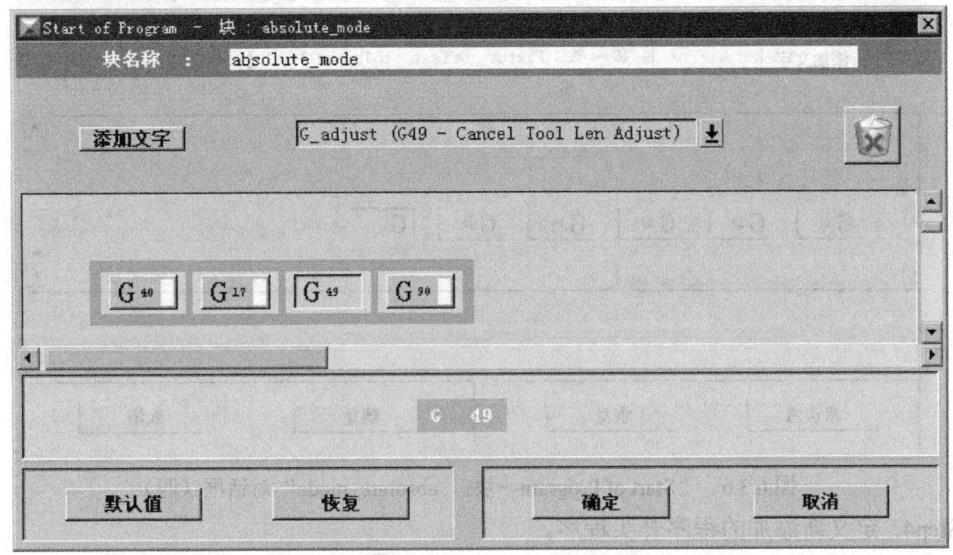

图 6.3.4 "Start of Program –块： absolute_mode"对话框（二）

（4）添加 G80。在图 6.3.4 所示的"Start of Program – 块：absolute_mode"对话框（二）中单击 ± 按钮，在其下拉列表中选择 G_motion ▶ ➡ G80-Cycle Off 命令，然后单击 添加文字 按钮不放，将其拖动到 G90 后面，此时会显示出新添加的 G80，系统会自动排序，结果如图 6.3.5 所示。

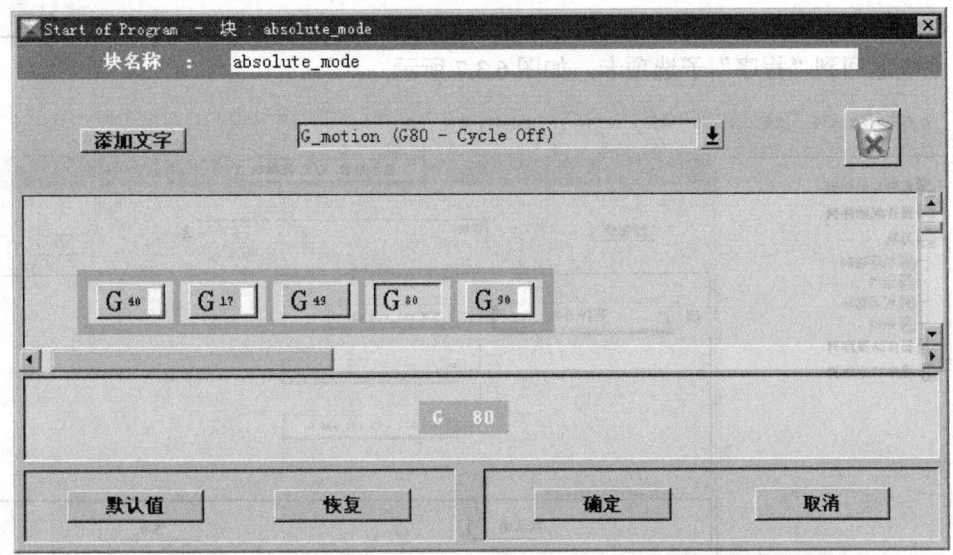

图 6.3.5 "Start of Program –块： absolute_mode"对话框（三）

（5）添加 G 代码中 G_MCS。在图 6.3.5 所示的"Start of Program – 块：absolute_mode"对话框（三）中单击 按钮，在其下拉列表中选择 G ➡ G-MCS Fixture Offset (54 ~ 59) 命令，然后单击 添加文字 按钮不放，此时会显示出新添加的 G 程序，然后将其拖动到 G90 后面，结果如图 6.3.6 所示。

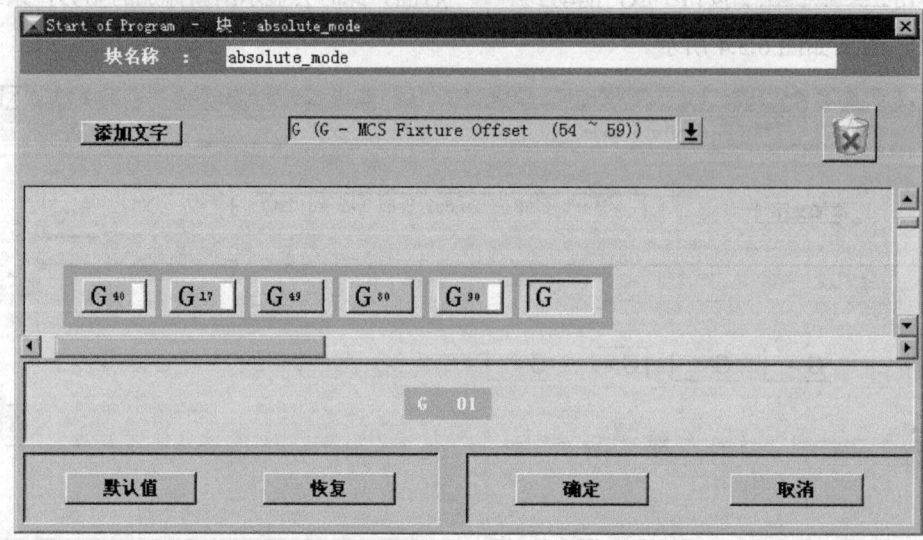

图 6.3.6 "Start of Program –块： absolute_mode"对话框（四）

Step4. 定义新添加的程序开头程序。

（1）设置 G49 为强制输出。在图 6.3.6 中右击 G49，在系统弹出的快捷菜单中选择 强制输出 命令。

（2）设置 G80 为强制输出。在图 6.3.6 中右击 G80，在系统弹出的快捷菜单中选择 强制输出 命令。

（3）设置 G 为选择输出。在图 6.3.6 中右击 G，在系统弹出的快捷菜单中选择 可选 命令。

Step5. 在"Start of Program – 块：absolute_mode"对话框（四）中单击 确定 按钮，系统返回到"程序"子选项卡，如图 6.3.7 所示。

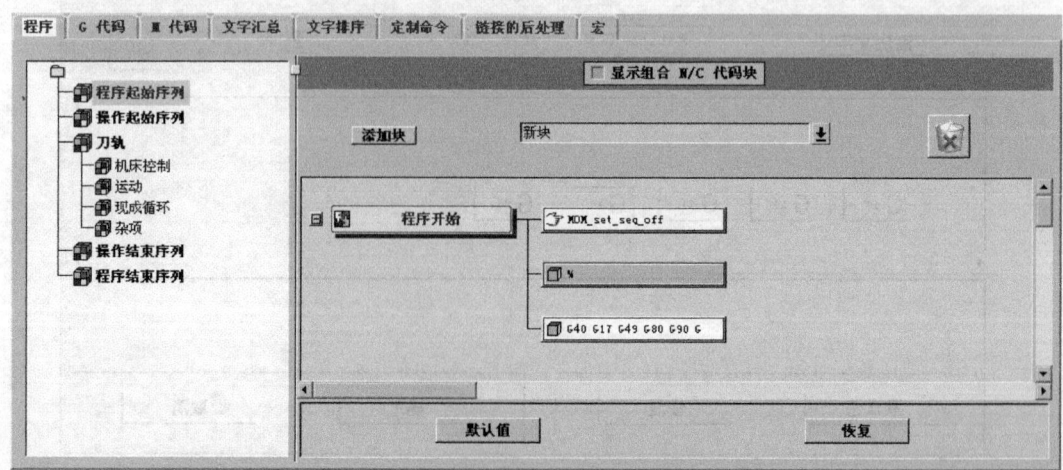

图 6.3.7 "程序"子选项卡

Stage2. 定义操作的起始序列

Step1. 选择命令。在图 6.3.7 所示的"程序"子选项卡中单击 操作起始序列 节点，此时系统会显示图 6.3.8 所示的界面。

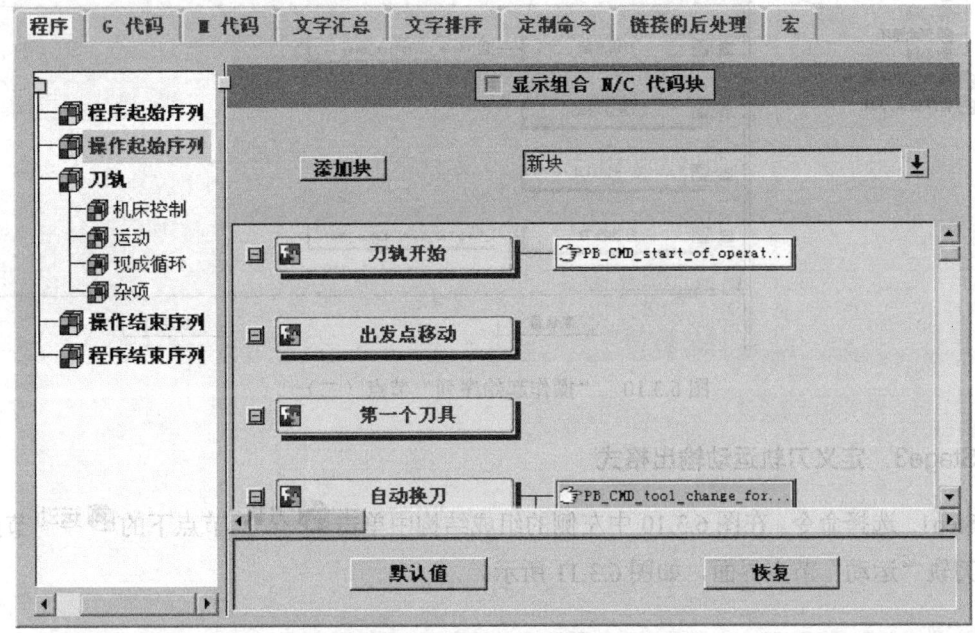

图 6.3.8 "操作起始序列"节点（一）

Step2. 添加操作头信息块，显示操作信息。

（1）在图 6.3.8 所示的"操作起始序列"节点（一）中右击 PB_CMD_start_of_operat... 选项，在系统弹出的快捷菜单中选择 删除 命令。

（2）在图 6.3.8 所示的"操作起始序列"节点（一）中单击 按钮，在其下拉列表中选择 运算程序消息 命令，然后单击 添加块 按钮不放，此时显示出新添加的 运算程序消息 ，将其拖动到 刀轨开始 后面，此时系统弹出"运算程序消息"对话框。

（3）在"运算程序消息"对话框中输入"$mom_operation_name , $mom_operation_type"字符，如图 6.3.9 所示，然后单击 确定 按钮，完成操作的起始序列的定义，结果如图 6.3.10 所示。

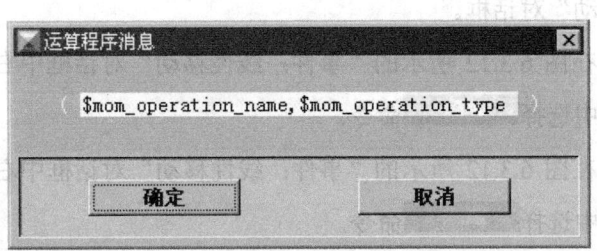

图 6.3.9 "运算程序消息"对话框

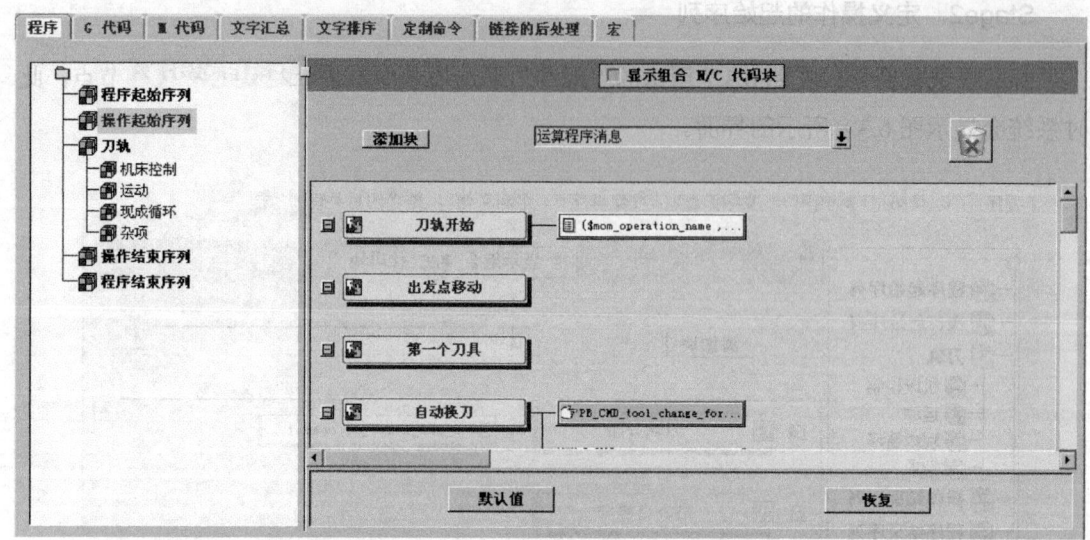

图 6.3.10 "操作起始序列"节点(二)

Stage3. 定义刀轨运动输出格式

Step1. 选择命令。在图 6.3.10 中左侧的组成结构中单击 刀轨 节点下的 运动 节点，进入刀轨"运动"节点界面，如图 6.3.11 所示。

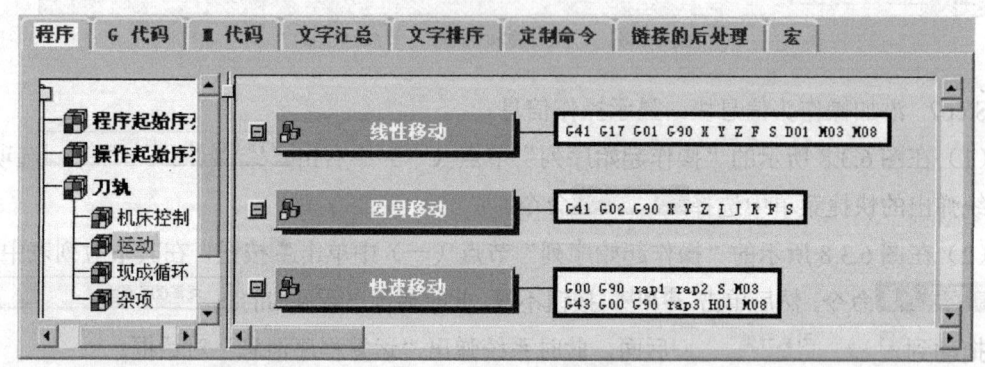

图 6.3.11 "运动"节点界面(一)

Step2. 修改线性移动。

（1）选择命令。在图 6.3.11 中单击 线性移动 按钮，此时系统弹出图 6.3.12 所示的"事件：线性移动"对话框。

（2）删除 G17。在图 6.3.12 所示的"事件：线性移动"对话框中右击 G^{17} 按钮，在系统弹出的快捷菜单中选择 删除 命令。

（3）删除 G90。在图 6.3.12 所示的"事件：线性移动"对话框中右击 G^{90} 按钮，在系统弹出的快捷菜单中选择 删除 命令。

（4）在图 6.3.12 所示的"事件：线性移动"对话框中单击 确定 按钮，完成线性移动的修改，同时系统返回到"运动"节点界面。

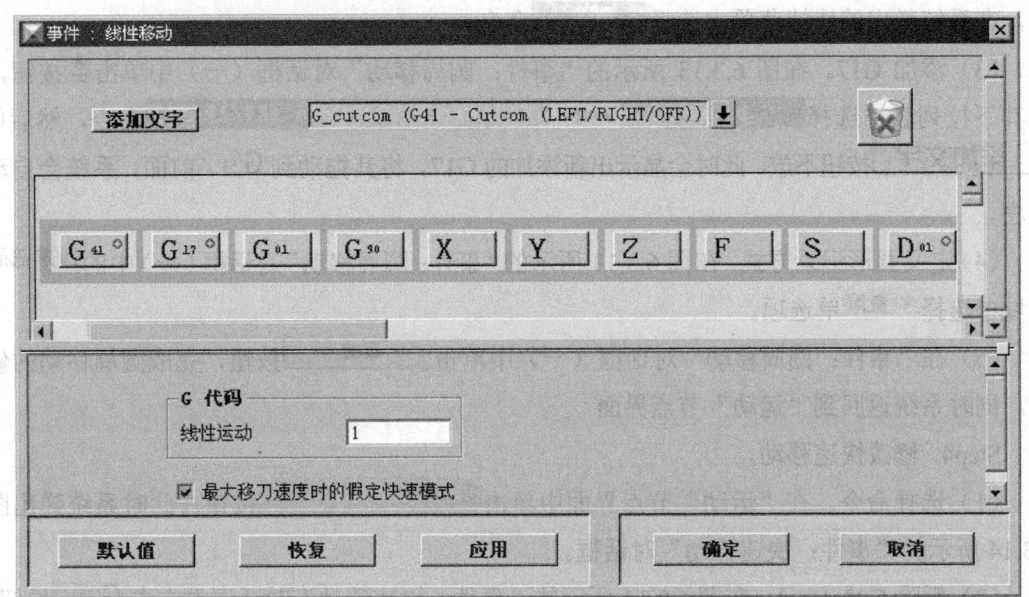

图 6.3.12 "事件：线性移动"对话框

Step3. 修改圆周移动。

（1）选择命令。在"运动"节点界面中单击 圆周移动 按钮，此时系统弹出图 6.3.13 所示的"事件：圆周移动"对话框（一）。

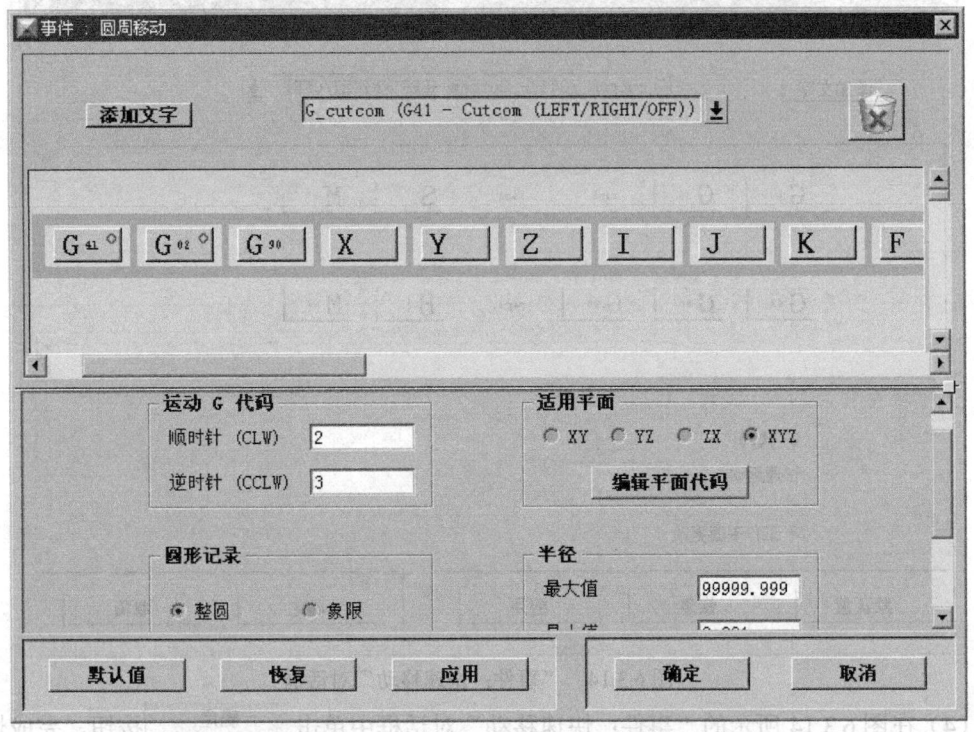

图 6.3.13 "事件：圆周移动"对话框（一）

（2）删除 G90。在图 6.3.13 所示的"事件：圆周移动"对话框（一）中右击 G90 按钮，在系统弹出的快捷菜单中选择 删除 命令。

（3）添加 G17。在图 6.3.13 所示的"事件：圆周移动"对话框（一）中单击 按钮，在其下拉列表中选择 G_plane ➡ G17-Arc Plane Code (XY/ZX/YZ) 命令，然后单击 添加文字 按钮不放，此时会显示出新添加的 G17，将其拖动到 G02 前面，系统会自动排序。

（4）定义圆形记录方式。在图 6.3.13 所示的"事件：圆周移动"对话框（一）中的 圆形记录 区域中选择 ● 象限 单选项。

（5）在"事件：圆周移动"对话框（一）中单击 确定 按钮，完成圆周移动的修改，同时系统返回到"运动"节点界面。

Step4. 修改快速移动。

（1）选择命令。在"运动"节点界面中单击 快速移动 按钮，此时系统弹出图 6.3.14 所示的"事件：快速移动"对话框。

（2）删除 G90（一）。在图 6.3.14 所示的"事件：快速移动"对话框中右击 G90 按钮，在系统弹出的快捷菜单中选择 删除 命令。

（3）删除 G90（二）。在图 6.3.14 所示的"事件：快速移动"对话框中右击 G90 按钮，在系统弹出的快捷菜单中选择 删除 命令。

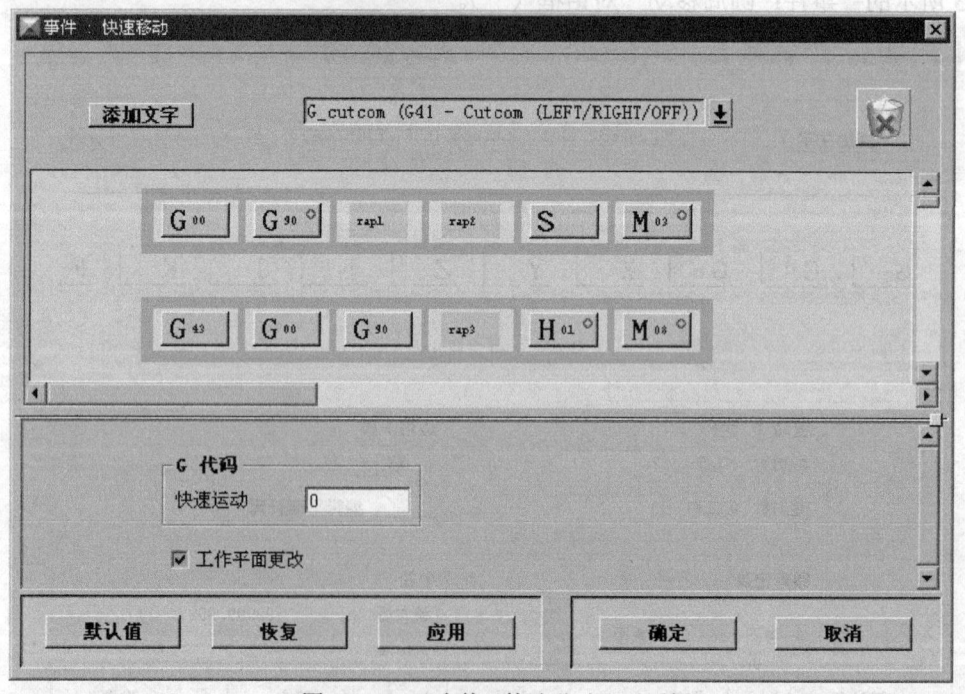

图 6.3.14　"事件：快速移动"对话框

（4）在图 6.3.14 所示的"事件：快速移动"对话框中单击 确定 按钮，完成快速移动的修改，结果如图 6.3.15 所示。

第 6 章 后置处理

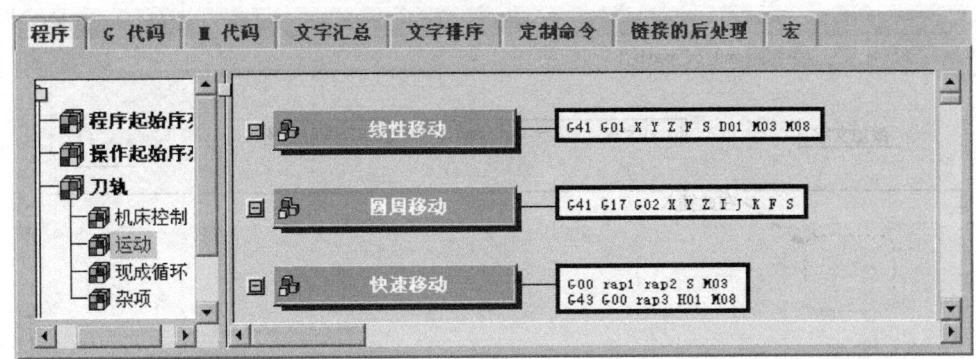

图 6.3.15 "运动"节点界面（二）

Stage4. 定义操作结束序列

Step1. 选择命令。在图 6.3.15 中左侧的组成结构中单击 操作结束序列 节点，进入"操作结束序列"节点界面，如图 6.3.16 所示。

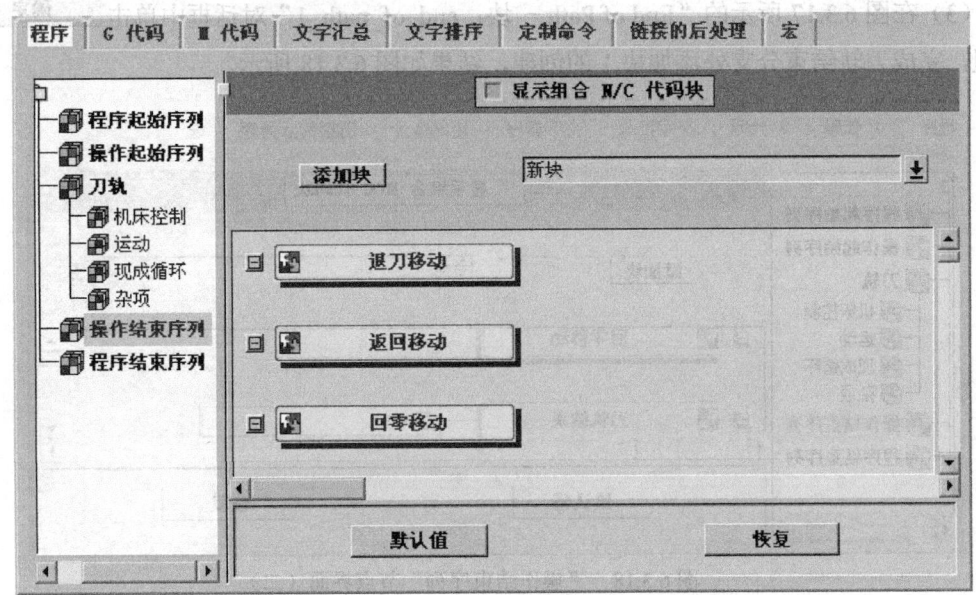

图 6.3.16 "操作结束序列"节点界面（一）

Step2. 添加切削液关闭命令。

（1）选择命令。在图 6.3.16 所示的"操作结束序列"节点界面（一）中单击 添加块 按钮不放，此时显示出新添加的 新块 ，然后将其拖动到 刀轨结束 后面，此时系统弹出图 6.3.17 所示的 "End of Path - 块：end_of_path_1" 对话框。

（2）添加 M09 辅助功能。在图 6.3.17 所示的 "End of Path - 块：end_of_path_1" 对话框中单击 按钮，在其下拉列表中选择 More ▶ ━▶ M_coolant ▶ ━▶ M09-Coolant Off 命令；单击 添加文字 按钮不放，此时会显示出新添加的 M09 辅助功能，然后将其拖动到图 6.3.17 所示的插入点的位置。

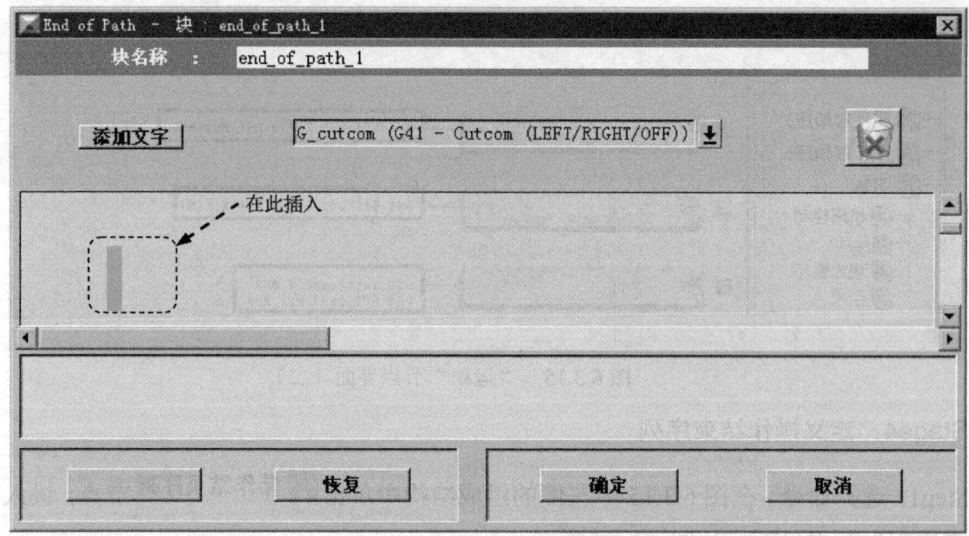

图 6.3.17　"End of Path-块：end_of_path_1"对话框

（3）在图 6.3.17 所示的"End of Path-块：end_of_path_1"对话框中单击 确定 按钮，完成刀轨结束分支处添加块 1 的创建，结果如图 6.3.18 所示。

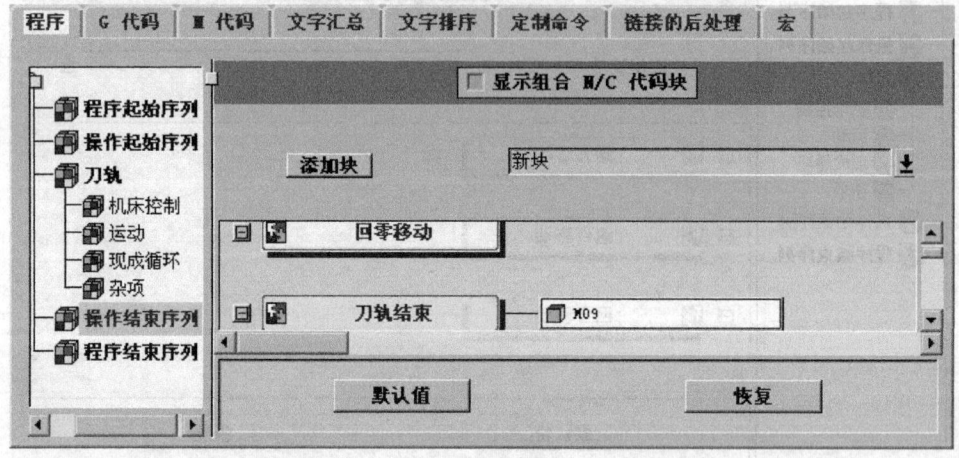

图 6.3.18　"操作结束序列"节点界面（二）

Step3. 添加主轴停止。

（1）选择命令。在图 6.3.18 所示的"操作结束序列"节点界面（二）中单击 添加块 按钮不放，此时显示出新添加的 新块 ，然后将其拖动到 刀轨结束 后松开鼠标，此时系统弹出"End of Path-块：end_of_path_2"对话框。

（2）添加 M05 辅助功能。在"End of Path-块：end_of_path_2"对话框中单击 按钮，在其下拉列表中选择 More → M_spindle → M05-Spindle Off 命令；单击 添加文字 按钮不放，此时会显示出新添加的 M05 辅助功能，然后将其拖动到插入点的位置。

（3）在"End of Path-块：end_of_path_2"对话框中单击 确定 按钮，完成刀轨

结束分支处添加块 2 的创建，结果如图 6.3.19 所示。

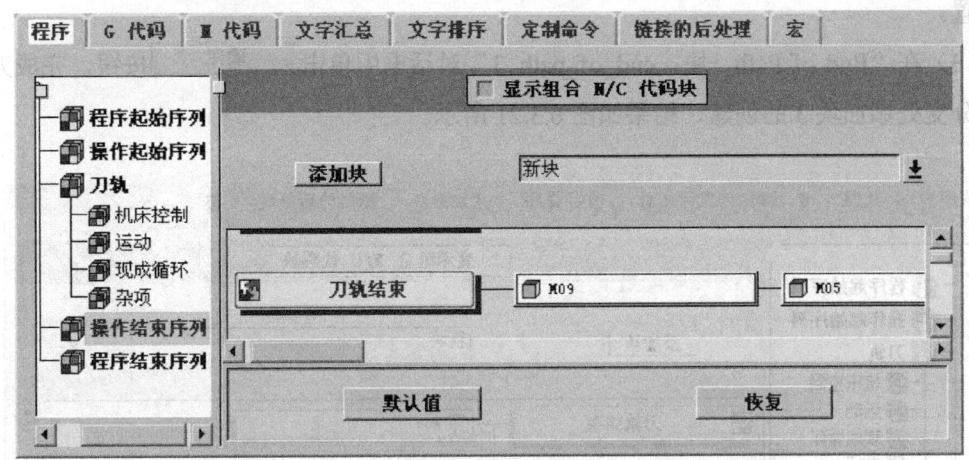

图 6.3.19 "操作结束序列"节点界面（三）

（4）移动新添加 M05 辅助功能。在图 6.3.19 所示的"操作结束序列"节点界面（三）中将 ▭ M05 ▭ 拖动至 ▭ M09 ▭ 下部区域松开鼠标，结果如图 6.3.20 所示。

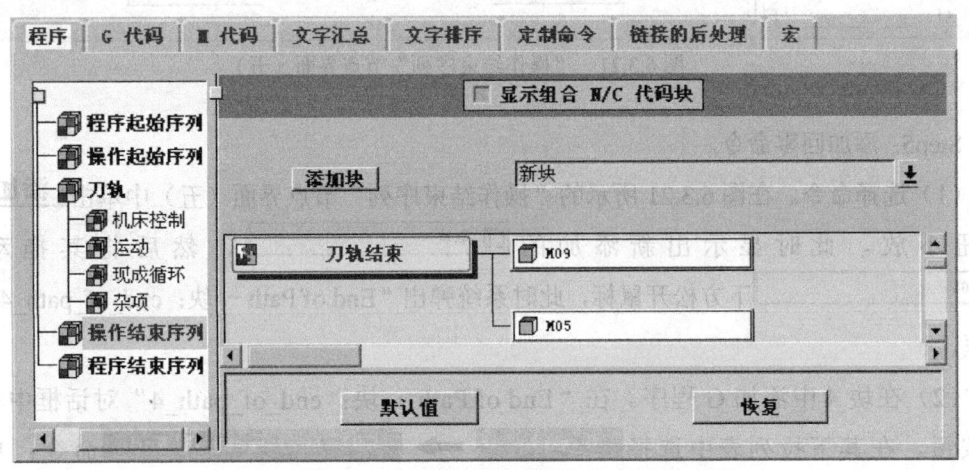

图 6.3.20 "操作结束序列"节点界面（四）

Step4. 添加可选停止命令。

（1）选择命令。在图 6.3.20 所示的"操作结束序列"节点界面（四）中单击 添加块 按钮不放，此时显示出新添加的 ▭ 新块 ▭ ，然后将其拖动到 ▭ M05 ▭ 下方松开鼠标，此时系统弹出"End of Path – 块：end_of_path_3"对话框。

（2）添加 M01 辅助功能。在"End of Path – 块：end_of_path_3"对话框中单击 ▼ 按钮，在其下拉列表中选择 More ▶ ➡ M ▶ ➡ M01-Optional Stop 命令；

单击 添加文字 按钮不放，此时会显示出新添加的 M01 辅助功能，然后将其拖动到插入点的位置。

（3）在"End of Path -块：end_of_path_3"对话框中单击 确定 按钮，完成刀轨结束分支处添加块 3 的创建，结果如图 6.3.21 所示。

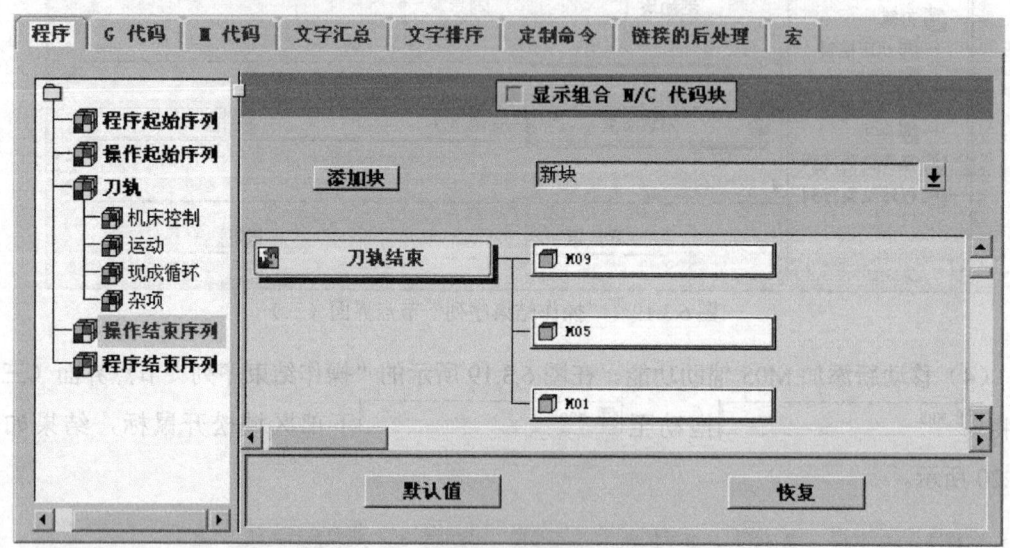

图 6.3.21 "操作结束序列"节点界面（五）

Step5. 添加回零命令。

（1）选择命令。在图 6.3.21 所示的"操作结束序列"节点界面（五）中单击 添加块 按钮不放，此时显示出新添加的 新块 ，然后将其拖动到 M05 下方松开鼠标，此时系统弹出"End of Path - 块：end_of_path_4"对话框。

（2）在块 4 中添加 G 程序。在"End of Path - 块：end_of_path_4"对话框中单击 按钮，在其下拉列表中选择 G_mode → G91-Incremental Mode 命令；单击 添加文字 按钮不放，此时会显示出新添加的 G91；将其拖动到插入点的位置，在"End of Path - 块：end_of_path_4"对话框中单击 按钮，在其下拉列表中选择 G → G28-Return Home 命令；单击 添加文字 按钮不放，此时会显示出新添加的 G28；将其拖动到 G91 后面，在"End of Path - 块：end_of_path_4"对话框中单击 按钮，在其下拉列表中选择 Z → Z0.-Return Home Z 命令；单击 添加文字 按钮不放，此时会显示出新添加的 Z0.，然后将其拖动到 G28 后面。

（3）在"End of Path - 块：end_of_path_4"对话框中单击 确定 按钮，完成刀轨结束分支处添加块 4 的创建，结果如图 6.3.22 所示。

第 6 章　后置处理 **243**

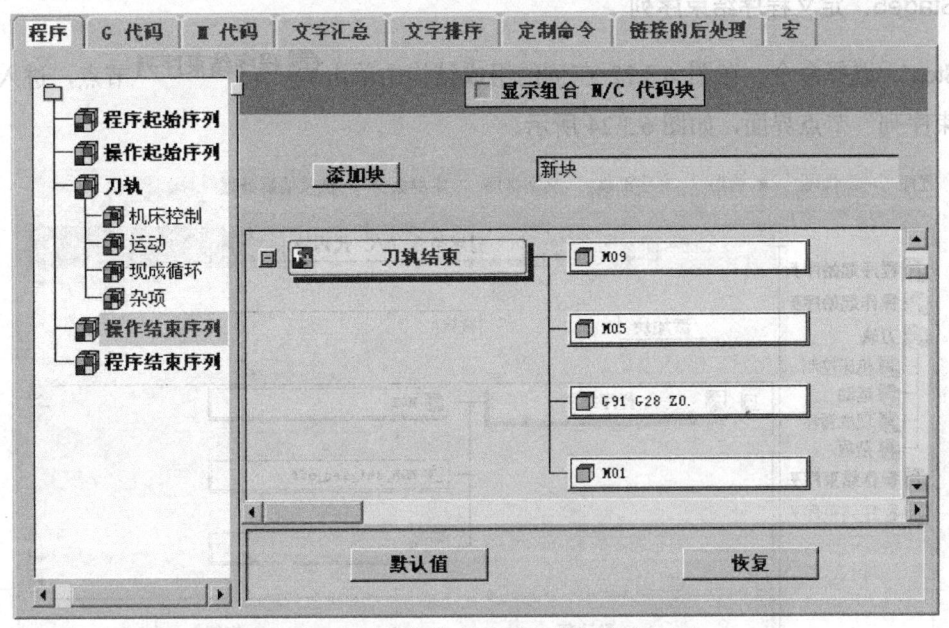

图 6.3.22 "操作结束序列"节点界面（六）

Step6. 定义新添加的块属性。

（1）设置 M09 为强制输出。在图 6.3.22 中右击 [M09] 分支，在系统弹出的快捷菜单中选择 强制输出 命令，此时系统弹出图 6.3.23 所示的"强制输出一次"对话框；在该对话框中选中 ☑ M09 复选框，然后单击 确定 按钮。

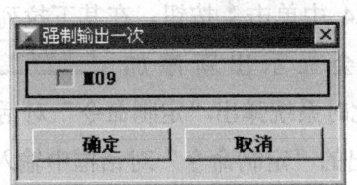

图 6.3.23 "强制输出一次"对话框

（2）设置 M05 为强制输出。在图 6.3.22 中右击 [M05]，在系统弹出的快捷菜单中选择 强制输出 命令，然后在弹出的"强制输出一次"对话框中选中 ☑ M05 复选框，单击 确定 按钮。

（3）设置 G91 G28 Z0.为强制输出。在图 6.3.22 中右击 [G91 G28 Z0.]，在系统弹出的快捷菜单中选择 强制输出 命令，然后在弹出的"强制输出一次"对话框中分别选中 ☑ G91、☑ G28 和 ☑ Z0. 复选框，单击 确定 按钮。

（4）设置 M01 为强制输出。在图 6.3.22 中右击 [M01]，在系统弹出的快捷菜单中选择 强制输出 命令，然后在弹出的"强制输出一次"对话框中选中 ☑ M01 复选框，单击 确定 按钮。

Stage5. 定义程序结束序列

Step1. 选择命令。在图 6.3.22 左侧的组成结构中单击 程序结束序列 节点,进入"程序结束序列"节点界面,如图 6.3.24 所示。

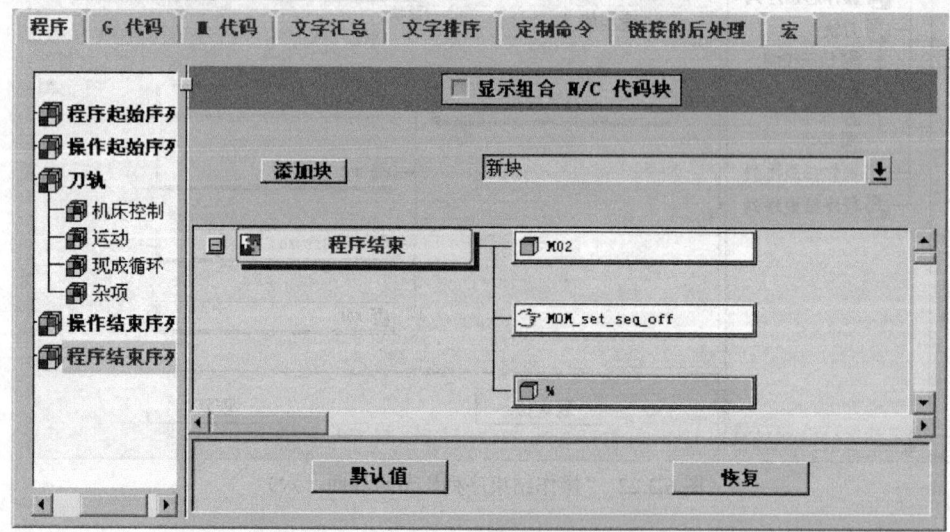

图 6.3.24 "程序结束序列"节点界面

Step2. 设置程序结束序列。在图 6.3.24 中 程序结束 的分支中右击 MOM_set_seq_off ,在系统弹出的快捷菜单中选择 删除 命令。

Step3. 定制在程序结尾处显示加工时间。

(1) 选择命令。在图 6.3.24 中单击 按钮,在其下拉列表中选择 定制命令 命令;单击 添加块 按钮不放,此时会显示出新添加 定制命令 ;将其拖动到 M02 下方,此时系统弹出"定制命令"对话框。

(2) 输入代码。在系统弹出的"定制命令"对话框中输入 "global mom_machine_time MOM_output_literal ";(Total Operation Machine Time:[format "%.2f" $mom_machine_time] min)" ",结果如图 6.3.25 所示。

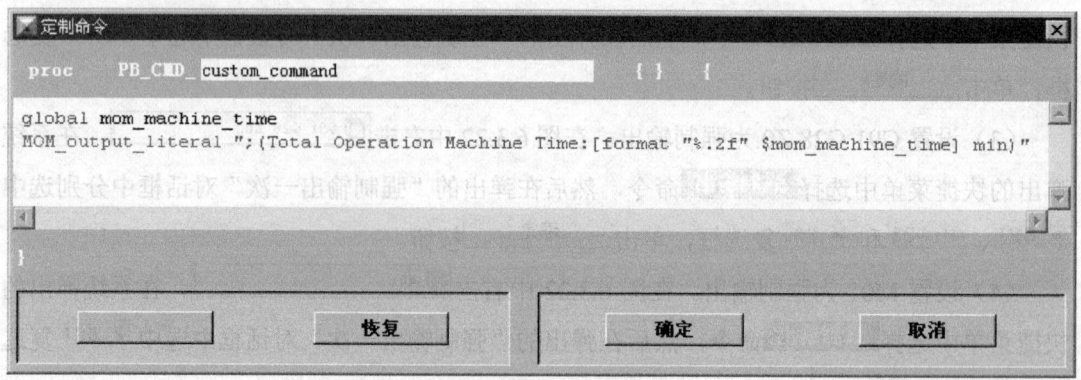

图 6.3.25 "定制命令"对话框

(3) 在图 6.3.25 所示的"定制命令"对话框中单击 确定 按钮，系统返回到"程序结束序列"节点界面。

Stage6. 定义输出扩展名

Step1. 选择命令。单击 输出设置 选项卡，进入输出设置界面，然后单击 其他选项 子选项卡，如图 6.3.26 所示。

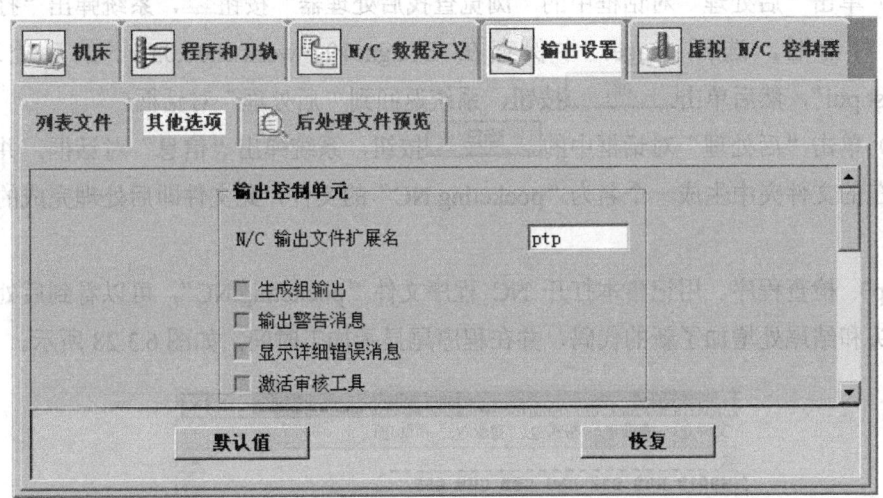

图 6.3.26 "输出设置"选项卡

Step2. 设置文件扩展名。在图 6.3.26 中的 N/C 输出文件扩展名 文本框中输入 NC。

Stage7. 保存后处理文件

Step1. 选择命令。在 NX 后处理构造器界面中选择下拉菜单 文件 → 保存 命令，系统弹出图 6.3.27 所示的"另存为"对话框。

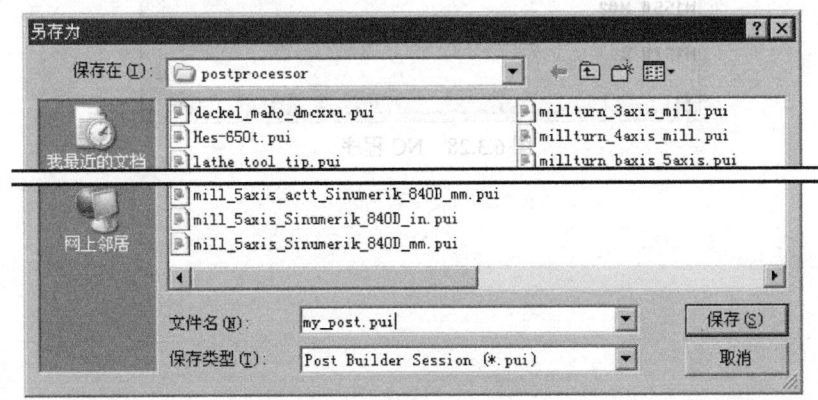

图 6.3.27 "另存为"对话框

Step2. 在 保存在(I): 下拉列表中选择保存路径为 D:\ugnc10.1\work\ch06.03，单击 保存(S) 按钮，完成后处理器的保存。

Stage8. 验证后处理文件

Step1. 启动 UG NX 10.0，打开文件 D:\ugnc10.1\work\ch06.03\ pocketing.prt。

Step2. 对程序进行后处理。

（1）将工序导航器调整到几何视图，选中 C-01 节点，然后单击"操作"工具栏中的"后处理"按钮，系统弹出"后处理"对话框。

（2）单击"后处理"对话框中的"浏览查找后处理器"按钮，系统弹出"打开后处理器"对话框，选择 Stage7 中保存在 D:\ugnc10.1\work\ch06.03 下的后处理文件"my_post.pui"，然后单击 OK 按钮，系统返回到"后处理"对话框。

（3）单击"后处理"对话框中的 确定 按钮，系统弹出"信息"对话框，并在模型文件所在的文件夹中生成一个名为"pocketing.NC"的文件，此文件即后处理完成的程序代码文件。

Step3. 检查程序。用记事本打开 NC 程序文件"pocketing.NC"，可以看到后处理过的程序开头和结尾处增加了新的代码，并在程序尾显示加工时间，如图 6.3.28 所示。

图 6.3.28　NC 程序

第 7 章 综 合 范 例

本章提要 本章列举了3个综合范例:扳手凹模加工、灯罩后模加工和车轮型芯模的加工。从这几个范例中可以看出,对于一些复杂零件的数控加工,零件模型加工工序的安排是至关重要的。在学习本章后,希望读者能够了解一些对于复杂零件采用多工序加工的方法及设置,熟练地运用 UG NX 10.0 加工中的各种方法。

7.1 扳手凹模加工

本范例讲述的是扳手凹模加工。对于模具的加工来说,除了要安排合理的工序外,同时应该特别注意模具的材料和加工精度。在创建工序时,要设置好每次切削的余量,另外要注意刀轨参数设置值是否正确,以免影响零件的精度。下面以扳手凹模为例介绍模具零件的一般加工方法,该零件的加工工艺路线如图 7.1.1 和图 7.1.2 所示。

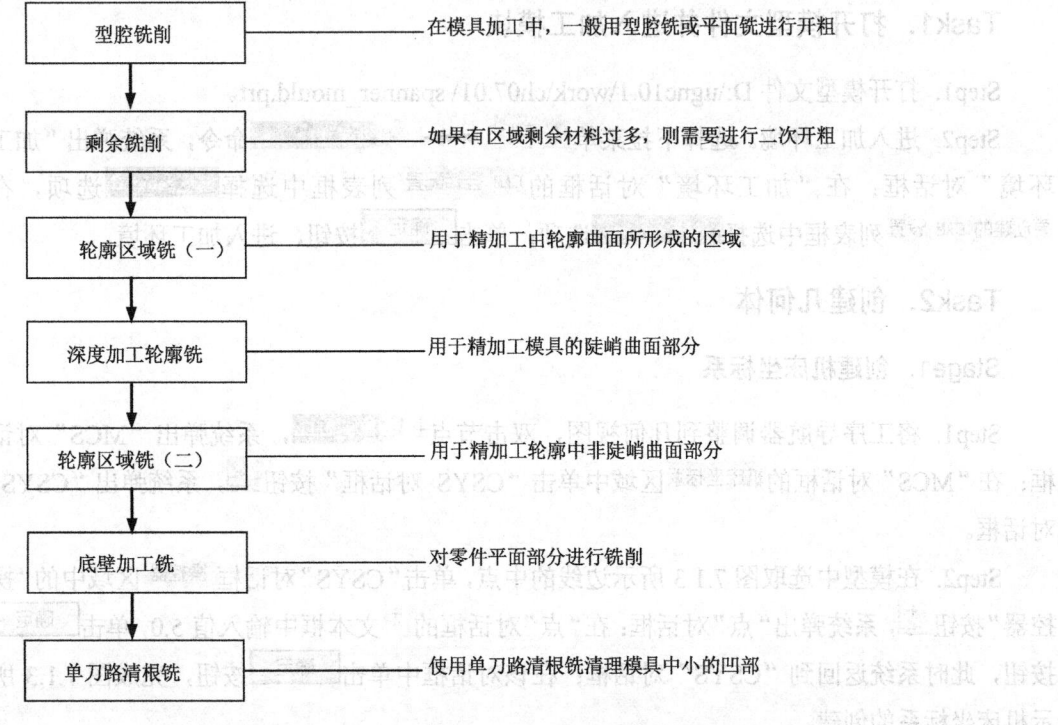

图 7.1.1 加工工艺路线(一)

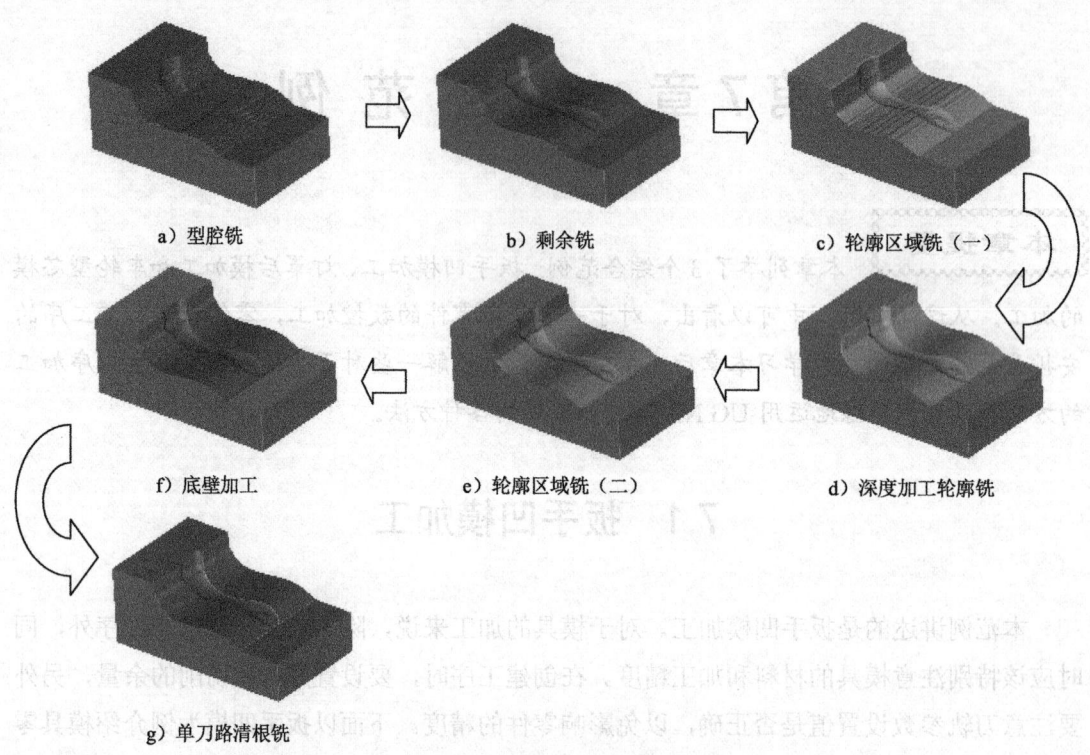

图 7.1.2 加工工艺路线（二）

Task1. 打开模型文件并进入加工模块

Step1. 打开模型文件 D:\ugnc10.1\work\ch07.01\ spanner_mould.prt。

Step2. 进入加工环境。选择下拉菜单 启动 → 加工(N)... 命令，系统弹出"加工环境"对话框；在"加工环境"对话框的 CAM 会话配置 列表框中选择 cam_general 选项，在 要创建的 CAM 设置 列表框中选择 mill_contour 选项；单击 确定 按钮，进入加工环境。

Task2. 创建几何体

Stage1. 创建机床坐标系

Step1. 将工序导航器调整到几何视图，双击节点 MCS_MILL，系统弹出"MCS"对话框；在"MCS"对话框的 机床坐标系 区域中单击"CSYS 对话框"按钮，系统弹出"CSYS"对话框。

Step2. 在模型中选取图 7.1.3 所示边线的中点，单击"CSYS"对话框 操控器 区域中的"操控器"按钮，系统弹出"点"对话框；在"点"对话框的 Z 文本框中输入值 5.0，单击 确定 按钮，此时系统返回到"CSYS"对话框；在该对话框中单击 确定 按钮，完成图 7.1.3 所示机床坐标系的创建。

第 7 章 综合范例 249

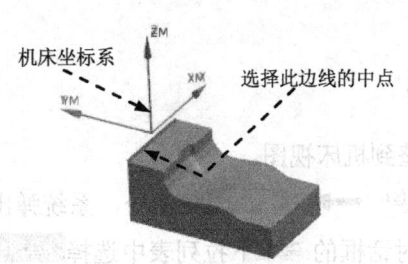

图 7.1.3 创建机床坐标系

Stage2. 创建安全平面

Step1. 在 "MCS" 对话框 安全设置 区域的 安全设置选项 下拉列表中选择 自动平面 选项,然后在 安全距离 文本框中输入值 20.0。

Step2. 单击 "MCS" 对话框中的 确定 按钮,完成安全平面的创建。

Stage3. 创建部件几何体

Step1. 在工序导航器中双击 ⊞ MCS_MILL 节点下的 WORKPIECE,系统弹出"铣削几何体"对话框。

Step2. 选取部件几何体。在"铣削几何体"对话框中单击 按钮,系统弹出"部件几何体"对话框。

Step3. 在图形区中框选整个零件为部件几何体,如图 7.1.4 所示。在"部件几何体"对话框中单击 确定 按钮,完成部件几何体的创建,同时系统返回到"铣削几何体"对话框。

Stage4. 创建毛坯几何体

Step1. 在"铣削几何体"对话框中单击 按钮,系统弹出"毛坯几何体"对话框。

Step2. 在"毛坯几何体"对话框的 类型 下拉列表中选择 包容块 选项,在 极限 区域的 ZM+ 文本框中输入值 5.0。

Step3. 单击"毛坯几何体"对话框中的 确定 按钮,系统返回到"铣削几何体"对话框,完成图 7.1.5 所示的毛坯几何体的创建。

Step4. 单击"铣削几何体"对话框中的 确定 按钮。

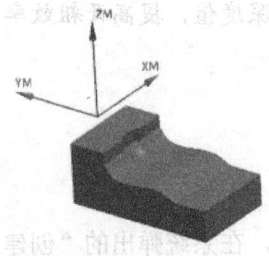

图 7.1.4 部件几何体

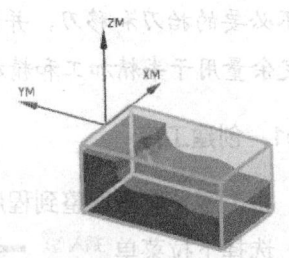

图 7.1.5 毛坯几何体

Task3. 创建刀具

Stage1. 创建刀具（一）

Step1. 将工序导航器调整到机床视图。

Step2. 选择下拉菜单 插入(S) → 刀具(T) 命令，系统弹出"创建刀具"对话框。

Step3. 在"创建刀具"对话框的 类型 下拉列表中选择 mill contour 选项，在 刀具子类型 区域中单击"MILL"按钮，在 位置 区域的 刀具 下拉列表中选择 GENERIC_MACHINE 选项，在 名称 文本框中输入 D20，然后单击 确定 按钮，系统弹出"铣刀-5 参数"对话框。

Step4. 在 (D) 直径 文本框中输入值 20.0，在 编号 区域的 刀具号 、 补偿寄存器 、 刀具补偿寄存器 文本框中均输入值 1，其他参数均采用系统默认的设置值，单击 确定 按钮，完成刀具的创建。

Stage2. 创建刀具（二）

设置刀具类型为 mill contour 选项，在 刀具子类型 区域中单击"BALL_MILL"按钮，刀具名称为 B6，刀具 (D) 球直径 为 6.0，在 编号 区域的 刀具号 、 补偿寄存器 、 刀具补偿寄存器 文本框中均输入值 2。具体操作方法参照 Stage1。

Stage3. 创建刀具（三）

设置刀具类型为 mill contour 选项，在 刀具子类型 区域中单击"BALL_MILL"按钮，刀具名称为 B4，刀具 (D) 球直径 为 4.0，在 编号 区域的 刀具号 、 补偿寄存器 、 刀具补偿寄存器 文本框中均输入值 3。

Stage4. 创建刀具（四）

设置刀具类型为 mill contour 选项，在 刀具子类型 区域中单击"BALL_MILL"按钮，刀具名称为 B0.5，刀具 (D) 球直径 为 0.5，在 编号 区域的 刀具号 、 补偿寄存器 、 刀具补偿寄存器 文本框中均输入值 4。

Task4. 创建型腔铣操作

说明：本步骤是为了粗加工毛坯，应选用直径较大的铣刀。创建工序时应注意优化刀轨，减少不必要的抬刀和移刀，并设置较大的每刀切削深度值，提高开粗效率。另外还需要留有一定余量用于半精加工和精加工。

Stage1. 创建工序

Step1. 将工序导航器调整到程序顺序视图。

Step2. 选择下拉菜单 插入(S) → 工序(E)... 命令，在系统弹出的"创建工序"对话

框的 `类型` 下拉列表中选择 `mill_contour` 选项，在 `工序子类型` 区域中单击"CAVITY_MILL"按钮，在 `程序` 下拉列表中选择 `PROGRAM` 选项，在 `刀具` 下拉列表中选择前面设置的刀具 `D20 (铣刀-5 参数)` 选项，在 `几何体` 下拉列表中选择 `WORKPIECE` 选项，在 `方法` 下拉列表中选择 `MILL ROUGH` 选项，使用系统默认的名称。

Step3. 单击"创建工序"对话框中的 `确定` 按钮，系统弹出"型腔铣"对话框。

Stage2. 设置一般参数

在"型腔铣"对话框的 `切削模式` 下拉列表中选择 `跟随部件` 选项，在 `步距` 下拉列表中选择 `刀具平直百分比` 选项，在 `平面直径百分比` 文本框中输入值 30.0，在 `公共每刀切削深度` 下拉列表中选择 `恒定` 选项，在 `最大距离` 文本框中输入值 1.0。

Stage3. 设置切削参数

Step1. 在 `刀轨设置` 区域中单击"切削参数"按钮，系统弹出"切削参数"对话框。

Step2. 在"切削参数"对话框中单击 `连接` 选项卡，在 `开放刀路` 下拉列表中选择 `变换切削方向` 选项，其他参数采用系统默认的设置值。

Step3. 单击"切削参数"对话框中的 `确定` 按钮，系统返回到"型腔铣"对话框。

Stage4. 设置非切削移动参数

采用系统默认的非切削参数设置值。

Stage5. 设置进给率和速度

Step1. 在"型腔铣"对话框中单击"进给率和速度"按钮，系统弹出"进给率和速度"对话框。

Step2. 选中"进给率和速度"对话框 `主轴速度` 区域中的 ☑ `主轴速度 (rpm)` 复选框，在其后的文本框中输入值 800.0，按 Enter 键；单击 按钮，在 `进给率` 区域的 `切削` 文本框中输入值 300.0，按 Enter 键；单击 按钮，其他参数采用系统默认的设置值。

Step3. 单击 `确定` 按钮，完成进给率和速度的设置，系统返回到"型腔铣"对话框。

Stage6. 生成的刀路轨迹并仿真

生成的刀路轨迹如图 7.1.6 所示。2D 动态仿真加工后的模型如图 7.1.7 所示。

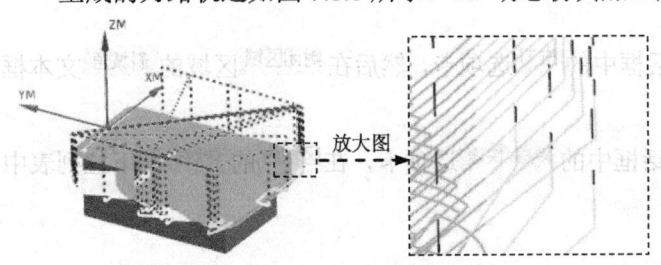
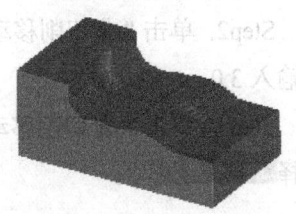

图 7.1.6 刀路轨迹　　　　　　　　　　图 7.1.7 2D 仿真结果

Task5. 创建剩余铣操作

说明：本步骤是继承上一步操作的IPW对毛坯进行二次开粗。创建工序时应选用直径较小的端铣刀，并设置较小的每刀切削深度值，以保证更多区域能被加工到。

Stage1. 创建工序

Step1. 选择下拉菜单 插入(S) ➡ 工序(E)... 命令，在系统弹出的"创建工序"对话框 类型 下拉列表中选择 mill_contour 选项，在 工序子类型 区域中单击"REST_MILLING"按钮，在 程序 下拉列表中选择 PROGRAM 选项，在 刀具 下拉列表中选择 B6 (铣刀-球头铣) 选项，在 几何体 下拉列表中选择 WORKPIECE 选项，在 方法 下拉列表中选择 MILL_ROUGH 选项，使用系统默认的名称"REST_MILLING"。

Step2. 单击"创建工序"对话框中的 确定 按钮，系统弹出"剩余铣"对话框。

Stage2. 设置一般参数

在"剩余铣"对话框的 切削模式 下拉列表中选择 跟随周边 选项，在 步距 下拉列表中选择 刀具平直百分比 选项，在 平面直径百分比 文本框中输入值 20.0，在 公共每刀切削深度 下拉列表中选择 恒定 选项，在 最大距离 文本框中输入值 0.5。

Stage3. 设置切削参数

Step1. 在 刀轨设置 区域中单击"切削参数"按钮，系统弹出"切削参数"对话框。

Step2. 在"切削参数"对话框中单击 策略 选项卡，在 切削顺序 下拉列表中选择 深度优先 选项，在 刀路方向 下拉列表中选择 向内 选项，在 壁 区域选中 ☑ 岛清根 复选框，其他参数采用系统默认的设置值。

Step3. 在"切削参数"对话框中单击 余量 选项卡，在 部件侧面余量 文本框中输入值 0.5。

Step4. 在"切削参数"对话框中单击 空间范围 选项卡，在 毛坯 区域的 最小材料移除 文本框中输入值 3.0。

Step5. 单击"切削参数"对话框中的 确定 按钮，系统返回到"剩余铣"对话框。

Stage4. 设置非切削移动参数

Step1. 在"剩余铣"对话框中单击"非切削移动"按钮，系统弹出"非切削移动"对话框。

Step2. 单击"非切削移动"对话框中的 进刀 选项卡，然后在 封闭区域 区域的 斜坡角 文本框中输入 3.0。

Step3. 单击"非切削移动"对话框中的 转移/快速 选项卡，在 区域内 的 转移类型 下拉列表中选择 前一平面 选项。

第7章 综合范例

Step4. 单击"非切削移动"对话框中的 确定 按钮,完成非切削移动参数的设置,系统返回到"剩余铣"对话框。

Stage5. 设置进给率和速度

Step1. 在"剩余铣"对话框中单击"进给率和速度"按钮,系统弹出"进给率和速度"对话框。

Step2. 选中"进给率和速度"对话框 主轴速度 区域中的 ☑ 主轴速度 (rpm) 复选框,在其后的文本框中输入值 1000.0,按 Enter 键;单击 按钮,在 进给率 区域的 切削 文本框中输入值 300.0,按 Enter 键;单击 按钮,其他参数采用系统默认的设置值。

Step3. 单击 确定 按钮,完成进给率和速度的设置,系统返回到"剩余铣"对话框。

Stage6. 生成刀路轨迹并仿真

生成的刀路轨迹如图 7.1.8 所示。2D 动态仿真加工后的模型如图 7.1.9 所示。

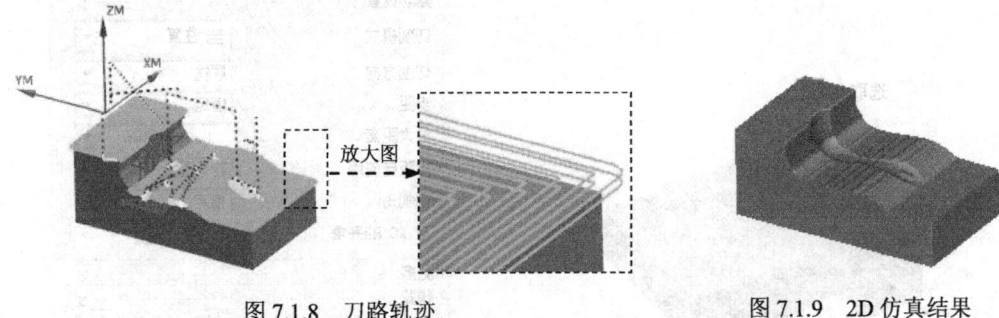

图 7.1.8 刀路轨迹　　　　　　　图 7.1.9 2D 仿真结果

Task6. 创建轮廓区域铣(一)

说明:本步操作是为了半精加工模具零件中的大曲面部分。创建工序时应选用球头铣刀,指定切削区域并设置正确的区域铣削驱动参数。

Stage1. 创建工序

Step1. 选择下拉菜单 插入(S) → 工序(E)... 命令,在系统弹出的"创建工序"对话框的 类型 下拉列表中选择 mill_contour 选项,在 工序子类型 区域中单击"CONTOUR_AREA"按钮,在 程序 下拉列表中选择 PROGRAM 选项,在 刀具 下拉列表中选择 B6 (铣刀-球头铣) 选项,在 几何体 下拉列表中选择 WORKPIECE 选项,在 方法 下拉列表中选择 MILL_SEMI_FINISH 选项,使用系统默认的名称"CONTOUR_AREA"。

Step2. 单击"创建工序"对话框中的 确定 按钮,系统弹出"轮廓区域"对话框。

Stage2. 指定修剪边界

Step1. 在 几何体 区域中单击"选择或编辑修剪边界"按钮,系统弹出"修剪边界"

对话框。

Step2. 在 选择方法 下拉列表中选择 面 选项，在 修剪侧 下拉列表中选择 外部 选项，然后在图形区选取图7.1.10所示的面，在"修剪边界"对话框中单击 确定 按钮，完成修剪边界的创建，同时系统返回到"轮廓区域"对话框。

Stage3．设置驱动方式

Step1. 在"轮廓区域"对话框 驱动方法 区域的下拉列表中选择 区域铣削 选项，单击 驱动方法 区域中的"编辑"按钮，系统弹出"区域铣削驱动方法"对话框。

Step2. 在"区域铣削驱动方法"对话框中设置图7.1.11所示的参数，然后单击 确定 按钮，系统返回到"轮廓区域"对话框。

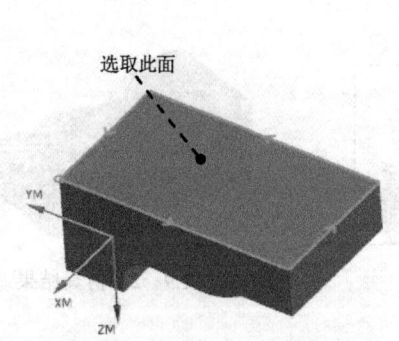

图7.1.10 指定修剪边界

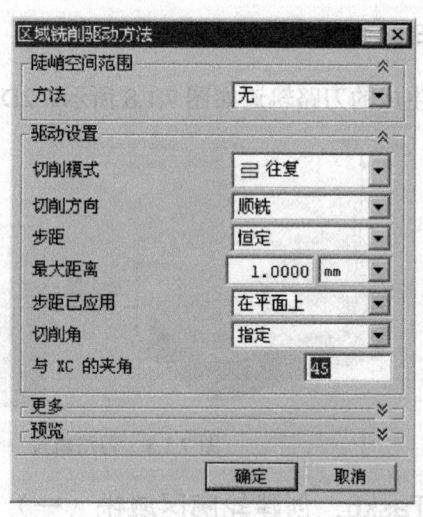

图7.1.11 "区域铣削驱动方法"对话框

Stage4．设置刀轴

刀轴选择系统默认的 +ZM 轴 。

Stage5．设置切削参数和非切削移动参数

采用系统默认的切削移动参数和非切削移动参数。

Stage6．设置进给率和速度

Step1. 在"轮廓区域"对话框中单击"进给率和速度"按钮，系统弹出"进给率和速度"对话框。

Step2. 选中"进给率和速度"对话框 主轴速度 区域中的 ☑ 主轴速度 (rpm) 复选框，在其后的文本框中输入值1500.0，按Enter键；单击 按钮，在 进给率 区域的 切削 文本框中输入值300.0，按Enter键；单击 按钮，其他参数采用系统默认的设置值。

Step3. 单击 确定 按钮，完成进给率和速度的设置，系统返回到"轮廓区域"对话框。

Stage7. 生成刀路轨迹并仿真

生成的刀路轨迹如图 7.1.12 所示。2D 动态仿真加工后的模型如图 7.1.13 所示。

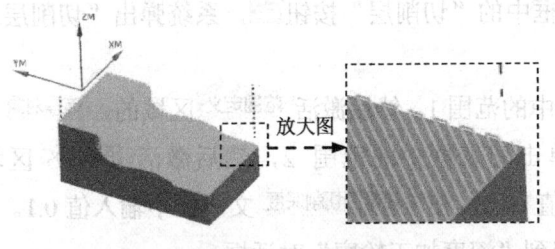
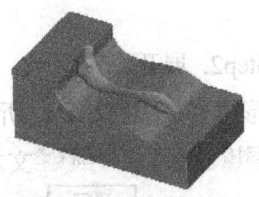

图 7.1.12　刀路轨迹　　　　　　　　图 7.1.13　2D 仿真结果

Task7. 创建深度加工轮廓铣操作

Stage1. 创建工序

Step1. 选择下拉菜单 插入(S) → 工序(E)... 命令，在系统弹出的"创建工序"对话框的 类型 下拉列表中选择 mill_contour 选项，在 工序子类型 区域中单击"ZLEVEL_PROFILE"按钮 , 在 程序 下拉列表中选择 PROGRAM 选项，在 刀具 下拉列表中选择刀具 B4 (铣刀-球头铣) 选项，在 几何体 下拉列表中选择 WORKPIECE 选项，在 方法 下拉列表中选择 MILL_FINISH 选项，使用系统默认的名称。

Step2. 单击"创建工序"对话框中的 确定 按钮，系统弹出"深度加工轮廓"对话框。

Stage2. 指定切削区域

Step1. 在"深度加工轮廓"对话框的 几何体 区域中单击 指定切削区域 右侧的 按钮，系统弹出"切削区域"对话框。

Step2. 在图形区中选取图 7.1.14 所示的面（共 23 个）为切削区域，然后单击"切削区域"对话框中的 确定 按钮，系统返回到"深度加工轮廓"对话框。

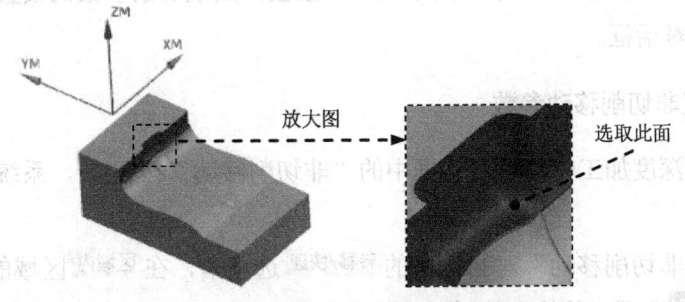

图 7.1.14　指定切削区域

Stage3. 设置一般参数

在"深度加工轮廓"对话框中的 合并距离 文本框中输入值 3.0, 在 最小切削长度 文本框中输入值 1.0, 在 每刀的公共深度 下拉列表中选择 恒定 选项, 在 最大距离 文本框中输入值 1.0。

Stage4. 设置切削层

Step1. 单击"深度加工轮廓"对话框中的"切削层"按钮 ,系统弹出"切削层"对话框。

Step2. 展开 列表 区域,单击列表框中的范围 1,然后激活 范围定义 区域的 ✓ 选择对象 (1) ,在图形区单击图 7.1.15 所示的点;单击列表框中的范围 2,然后激活 范围定义 区域的 ✓ 选择对象 (1),在 范围深度 文本框中输入值 10.5,在 公共每刀切削深度 文本框中输入值 0.1。

Step3. 单击 确定 按钮,系统返回到"深度加工轮廓"对话框。

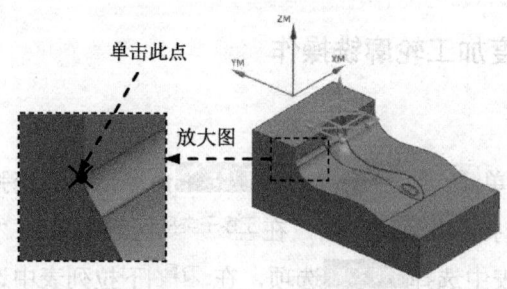

图 7.1.15 定义参照点

Stage5. 设置切削参数

Step1. 单击"深度加工轮廓"对话框中的"切削参数"按钮 ,系统弹出"切削参数"对话框。

Step2. 在"切削参数"对话框中单击 策略 选项卡,在 切削 区域的 切削方向 下拉列表中选择 混合 选项,在 切削顺序 下拉列表中选择 始终深度优先 选项。

Step3. 单击 余量 选项卡,在 公差 区域的 内公差 和 外公差 文本框中分别输入值 0.01,其他参数采用系统默认的设置值。

Step4. 单击"切削参数"对话框中的 确定 按钮,完成切削参数的设置,系统返回到"深度加工轮廓"对话框。

Stage6. 设置非切削移动参数

Step1. 单击"深度加工轮廓"对话框中的"非切削移动"按钮 ,系统弹出"非切削移动"对话框。

Step2. 单击"非切削移动"对话框中的 转移/快速 选项卡,在 区域内 区域的 转移类型 下拉列表中选择 前一平面 选项,其他参数采用系统默认的设置值。

Step3. 单击"非切削移动"对话框中的 确定 按钮,完成非切削移动参数的设置,系

第 7 章 综合范例

统返回到"深度加工轮廓"对话框。

Stage7. 设置进给率和速度

Step1. 在"深度加工轮廓"对话框中单击"进给率和速度"按钮 ，系统弹出"进给率和速度"对话框。

Step2. 选中"进给率和速度"对话框 主轴速度 区域中的 ☑ 主轴速度 (rpm) 复选框,在其后的文本框中输入值 3500.0,按 Enter 键;单击 按钮,在 进给率 区域的 切削 文本框中输入值 500.0,按 Enter 键;单击 按钮,其他参数采用系统默认的设置值。

Step3. 单击 确定 按钮,完成进给率和速度的设置,系统返回到"深度加工轮廓"对话框。

Stage8. 生成刀路轨迹并仿真

生成的刀路轨迹如图 7.1.16 所示。2D 动态仿真加工后的模型如图 7.1.17 所示。

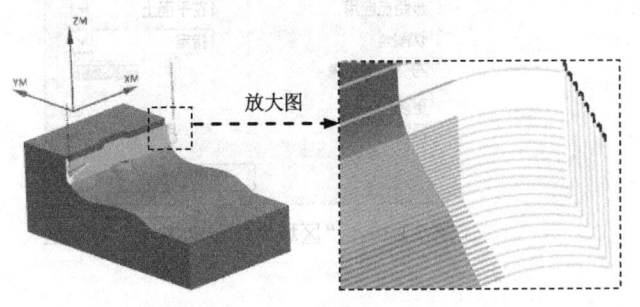
图 7.1.16 刀路轨迹

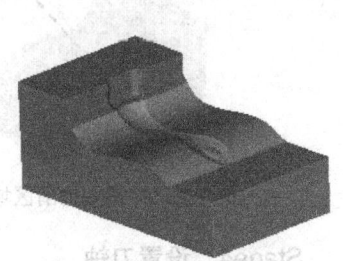
图 7.1.17 2D 仿真结果

Task8. 创建轮廓区域铣(二)

Stage1. 创建工序

Step1. 选择下拉菜单 插入(S) → 工序(E)... 命令,在系统弹出的"创建工序"对话框的 类型 下拉列表中选择 mill_contour 选项,在 工序子类型 区域中单击"CONTOUR_AREA"按钮 ,在 程序 下拉列表中选择 PROGRAM 选项,在 刀具 下拉列表中选择 B4 (铣刀-球头铣) 选项,在 几何体 下拉列表中选择 WORKPIECE 选项,在 方法 下拉列表中选择 MILL_FINISH 选项,使用系统默认的名称"CONTOUR_AREA_1"。

Step2. 单击"创建工序"对话框中的 确定 按钮,系统弹出"轮廓区域"对话框。

Stage2. 指定切削区域

Step1. 在 几何体 区域中单击"选择或编辑切削区域几何体"按钮 ，系统弹出"切削区域"对话框。

Step2. 选取图 7.1.18 所示的面(共 6 个面)为切削区域;在"切削区域"对话框中单击

确定 按钮，完成切削区域的创建，同时系统返回到"轮廓区域"对话框。

Stage3. 设置驱动方式

Step1. 在"轮廓区域"对话框 驱动方法 区域的下拉列表中选择 区域铣削 选项，单击 驱动方法 区域中的"编辑"按钮，系统弹出"区域铣削驱动方法"对话框。

Step2. 在"区域铣削驱动方法"对话框中设置图 7.1.19 所示的参数，然后单击 确定 按钮，系统返回到"轮廓区域"对话框。

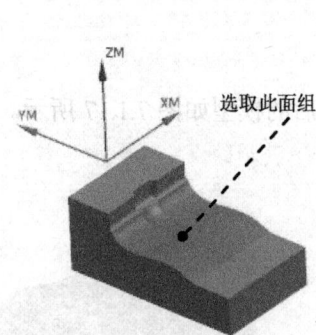

图 7.1.18　指定切削区域

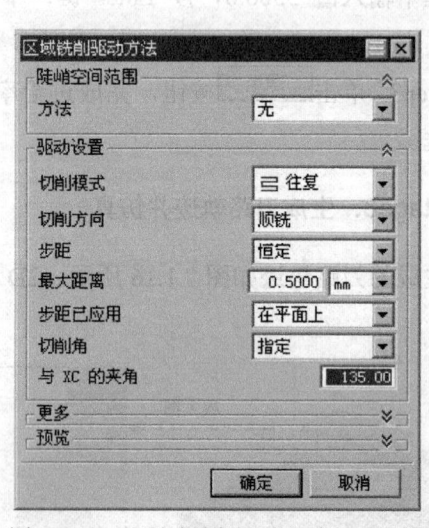

图 7.1.19　"区域铣削驱动方法"对话框

Stage4. 设置刀轴

设置刀轴时选择系统默认的 +ZM 轴 。

Stage5. 设置切削参数

Step1. 单击"轮廓区域"对话框中的"切削参数"按钮，系统弹出"切削参数"对话框。

Step2. 在"切削参数"对话框中单击 余量 选项卡，在 公差 区域的 内公差 和 外公差 文本框中分别输入值 0.01，其他参数采用系统默认的设置值；单击 确定 按钮，系统返回到"轮廓区域"对话框。

Stage6. 设置非切削移动参数

采用系统默认的非切削移动参数。

Stage7. 设置进给率和速度

Step1. 在"轮廓区域"对话框中单击"进给率和速度"按钮，系统弹出"进给率和速度"对话框。

Step2. 选中"进给率和速度"对话框 主轴速度 区域中的 ☑ 主轴速度 (rpm) 复选框，在其后的文本框中输入值 3200.0，按 Enter 键；单击 按钮，在 进给率 区域的 切削 文本框中输入值 500.0，按 Enter 键；单击 按钮，其他参数采用系统默认的设置值。

Step3. 单击 确定 按钮，完成进给率和速度的设置，系统返回到"轮廓区域"对话框。

Stage8. 生成刀路轨迹并仿真

生成的刀路轨迹如图 7.1.20 所示。2D 动态仿真加工后的模型如图 7.1.21 所示。

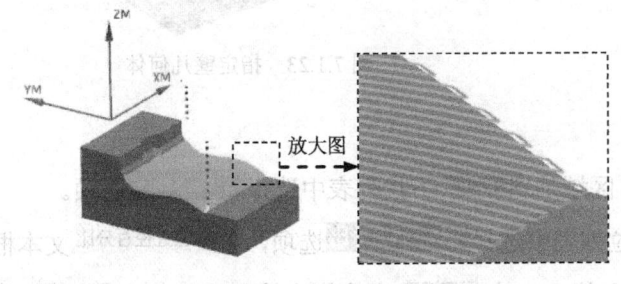
图 7.1.20 刀路轨迹

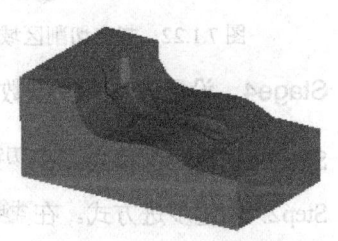
图 7.1.21 2D 仿真结果

Task9. 创建底壁加工操作

Stage1. 创建工序

Step1. 选择下拉菜单 插入(S) —→ 工序(E)... 命令，系统弹出"创建工序"对话框。

Step2. 确定加工方法。在"创建工序"对话框的 类型 下拉列表中选择 mill_planar 选项，在 工序子类型 区域中单击"FLOOR_WALL"按钮 ，在 刀具 下拉列表中选择 D20 (铣刀-5 参数) 选项，在 几何体 下拉列表中选择 WORKPIECE 选项，在 方法 下拉列表中选择 MILL_FINISH 选项，采用系统默认的名称。

Step3. 在"创建工序"对话框中单击 确定 按钮，系统弹出"底壁加工"对话框。

Stage2. 指定切削区域

Step1. 在 几何体 区域中单击"选择或编辑切削区域几何体"按钮 ，系统弹出"切削区域"对话框。

Step2. 选取图 7.1.22 所示的面为切削区域（共 2 个面）；在"切削区域"对话框中单击 确定 按钮，完成切削区域的创建，同时系统返回到"底壁加工"对话框。

Stage3. 指定壁几何体

Step1. 在 几何体 区域中单击"选择或编辑壁几何体"按钮 ，系统弹出"壁几何体"对话框。

Step2. 选取图 7.1.23 所示的面，在"切削区域"对话框中单击 确定 按钮，完成壁几何体的指定，同时系统返回到"底壁加工"对话框。

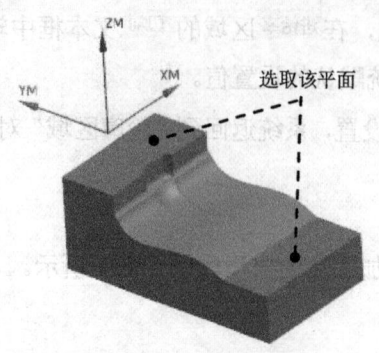

图 7.1.22 指定切削区域

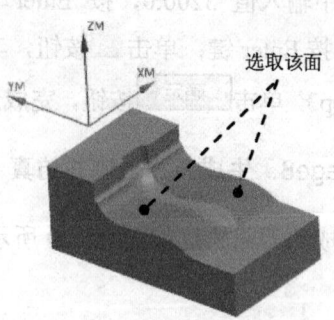

图 7.1.23 指定壁几何体

Stage4. 设置刀具路径参数

Step1. 创建切削模式。在 刀轨设置 区域的 切削模式 下拉列表中选择 跟随部件 选项。

Step2. 创建步进方式。在 步距 下拉列表中选择 刀具平直百分比 选项，在 平面直径百分比 文本框中输入值 75.0，在 毛坯距离 文本框中输入值 1.0，在 每刀深度 文本框中输入值 0.0，在 最终底面余量 文本框中输入值 0.0。

Stage5. 设置切削参数

Step1. 在 刀轨设置 区域中单击"切削参数"按钮 ，系统弹出"切削参数"对话框。

Step2. 在"切削参数"对话框中单击 拐角 选项卡，在 拐角处的刀轨形状 区域的 凸角 下拉列表中选择 延伸 选项；单击 确定 按钮，系统返回到"底壁加工"对话框。

Stage6. 设置非切削移动参数

采用系统默认的非切削移动参数。

Stage7. 设置进给率和速度

Step1. 单击"底壁加工"对话框中的"进给率和速度"按钮 ，系统弹出"进给率和速度"对话框。

Step2. 选中"进给率和速度"对话框 主轴速度 区域中的 ☑ 主轴速度 (rpm) 复选框，在其后的文本框中输入值 1200.0，按 Enter 键；单击 按钮，在 进给率 区域的 切削 文本框中输入值 400.0，按 Enter 键；单击 按钮，其他参数采用系统默认的设置值。

Step3. 单击"进给率和速度"对话框中的 确定 按钮，系统返回到"底壁加工"对话框。

Stage8. 生成刀路轨迹并仿真

生成的刀路轨迹如图 7.1.24 所示。2D 动态仿真加工后的模型如图 7.1.25 所示。

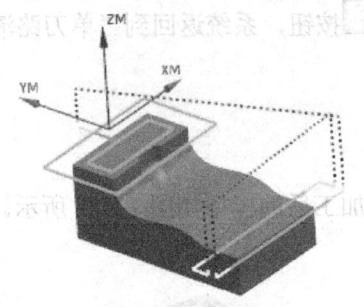
图 7.1.24 刀路轨迹

图 7.1.25 2D 仿真结果

Task10. 创建清根操作

Stage1. 创建工序

Step1. 选择下拉菜单 插入(S) ➡ 工序(E)... 命令，系统弹出"创建工序"对话框。

Step2. 确定加工方法。在"创建工序"对话框的 类型 下拉列表中选择 mill_contour 选项，在 工序子类型 区域中单击"FLOWCUT_SINGLE"按钮，在 刀具 下拉列表中选择 B0.5 (铣刀-球头铣) 选项，在 几何体 下拉列表中选择 WORKPIECE 选项，在 方法 下拉列表中选择 MILL_FINISH 选项；单击 确定 按钮，系统弹出"单刀路清根"对话框。

Stage2. 设置驱动设置

在"单刀路清根"对话框 驱动设置 区域的 非陡峭切削模式 下拉列表中选择 单向 选项。

Stage3. 设置切削参数

Step1. 在 刀轨设置 区域中单击"切削参数"按钮 ，系统弹出"切削参数"对话框。

Step2. 在"切削参数"对话框中单击 余量 选项卡，在 公差 区域的 内公差 和 外公差 文本框中分别输入值 0.01，其他参数采用系统默认的设置值；单击 确定 按钮，系统返回到"单刀路清根"对话框。

Stage4. 设置非切削移动参数

采用系统默认的非切削移动参数。

Stage5. 设置进给率和速度

Step1. 单击"单刀路清根"对话框中的"进给率和速度"按钮 ，系统弹出"进给率和速度"对话框。

Step2. 在"进给率和速度"对话框中选中 ☑ 主轴速度 (rpm) 复选框，然后在其文本框中输入值 8000.0，按 Enter 键；单击 按钮，在 切削 文本框中输入值 500.0，按 Enter 键；单击 按钮，其他参数均采用系统默认的设置值。

Step3. 单击"进给率和速度"对话框中的 确定 按钮,系统返回到"单刀路清根"对话框。

Stage6. 生成刀路轨迹并仿真

生成的刀路轨迹如图 7.1.26 所示。2D 动态仿真加工后的模型如图 7.1.27 所示。

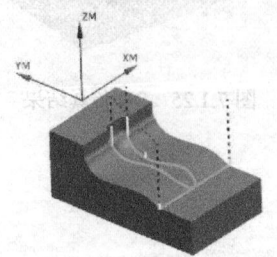

图 7.1.26　刀路轨迹

图 7.1.27　2D 仿真结果

Task11. 保存文件

选择下拉菜单 文件(F) → 保存(S) 命令,保存文件。

7.2　灯罩后模加工

在机械零件的加工中,加工工艺的制订是十分重要的,一般先进行粗加工,然后再进行精加工。在进行粗加工时,刀具进给量大,机床主轴的转速较低,以切除大量的材料,提高加工的效率。在进行精加工时,刀具的进给量小,主轴的转速较高,加工的精度高,以达到零件加工精度的要求。在本节中,将以灯罩后模的加工为例,介绍在多工序加工中粗精加工工序的安排。灯罩后模的加工工艺路线如图 7.2.1 和图 7.2.2 所示。

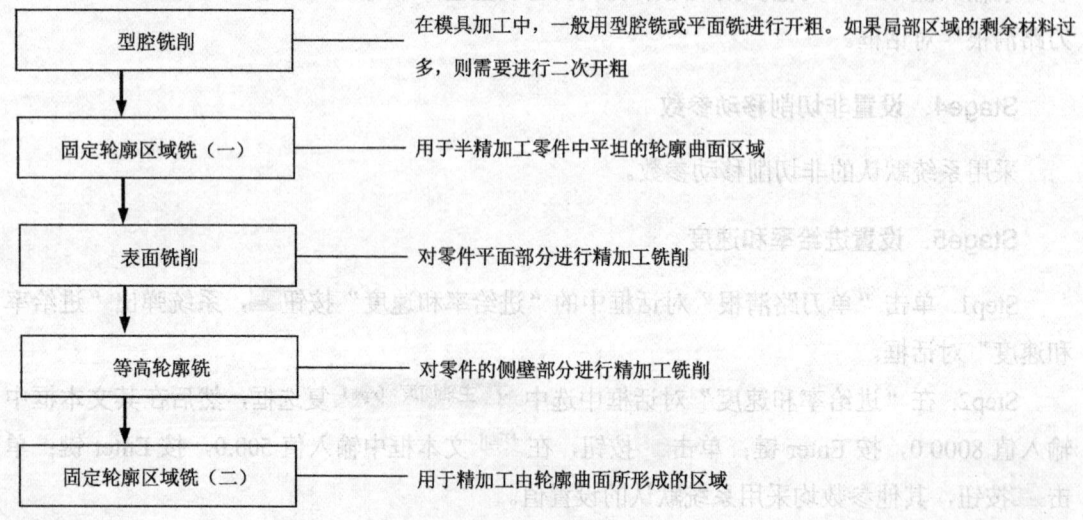

图 7.2.1　加工工艺路线(一)

第7章 综合范例

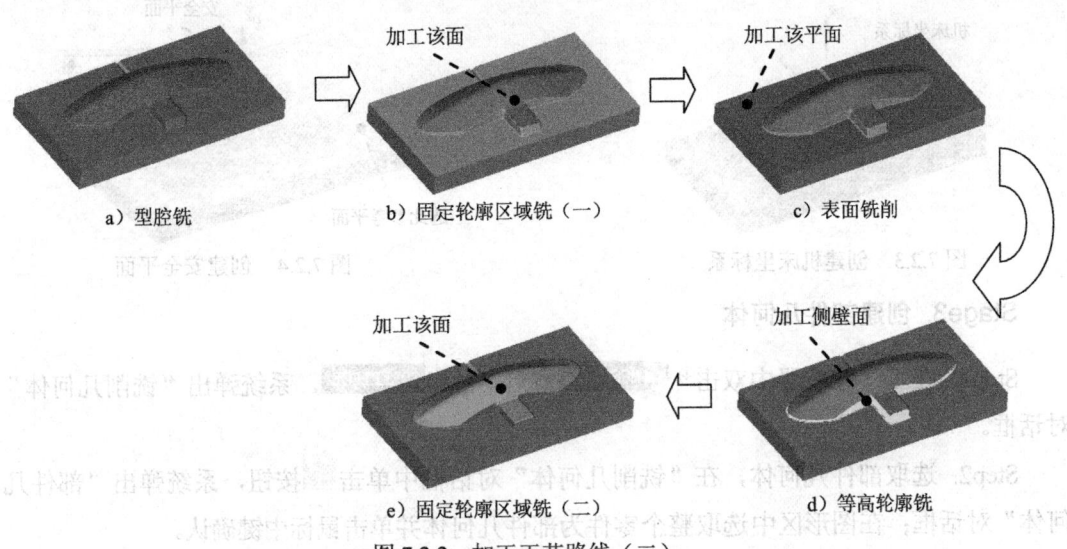

a）型腔铣　　b）固定轮廓区域铣（一）　　c）表面铣削

e）固定轮廓区域铣（二）　　d）等高轮廓铣

图 7.2.2　加工工艺路线（二）

Task1. 打开模型文件并进入加工模块

Step1. 打开模型文件 D:\ugnc10.1\work\ch07.02\lampshade_mold.prt。

Step2. 进入加工环境。选择下拉菜单 启动 ➡ 加工(N) 命令，系统弹出"加工环境"对话框；在"加工环境"对话框 CAM 会话配置 列表框中选择 cam_general 选项，在 要创建的 CAM 设置 列表框中选择 mill_contour 选项；单击 确定 按钮，进入加工环境。

Task2. 创建几何体

Stage1. 创建机床坐标系

Step1. 将工序导航器调整到几何视图，双击节点 MCS_MILL ，系统弹出"MCS"对话框；在"MCS"对话框 机床坐标系 区域中单击"CSYS 对话框"按钮 ，系统弹出"CSYS"对话框。

Step2. 单击"CSYS"对话框中的"操控器"按钮 ，系统弹出"点"对话框；在 Z 文本框中输入值 40.0；单击 确定 按钮，完成坐标系原点的调整。

Step3. 单击"CSYS"对话框中的 确定 按钮，此时系统返回到"MCS"对话框，完成图 7.2.3 所示的机床坐标系的创建。

Stage2. 创建安全平面

Step1. 在"MCS"对话框 安全设置 区域的 安全设置选项 下拉列表中选择 平面 选项，选取图 7.2.4 所示的平面为参考平面。

Step2. 在浮动对话框的 距离 文本框中输入值 60.0，按 Enter 键确认；单击"MCS"对话框中的 确定 按钮，完成图 7.2.4 所示安全平面的创建。

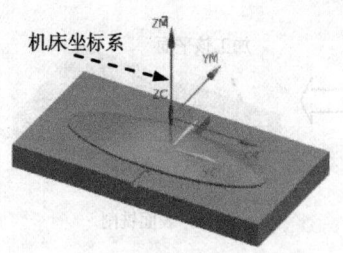
图 7.2.3 创建机床坐标系

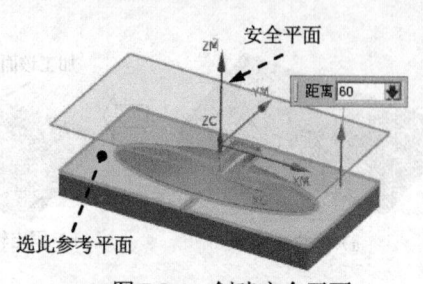
图 7.2.4 创建安全平面

Stage3. 创建部件几何体

Step1. 在工序导航器中双击 ⊞ ⏵MCS_MILL 节点下的 WORKPIECE，系统弹出"铣削几何体"对话框。

Step2. 选取部件几何体，在"铣削几何体"对话框中单击 按钮，系统弹出"部件几何体"对话框；在图形区中选取整个零件为部件几何体并单击鼠标中键确认。

Step3. 在"部件几何体"对话框中单击 确定 按钮，完成部件几何体的创建，同时系统返回到"铣削几何体"对话框。

Stage4. 创建毛坯几何体

Step1. 在"铣削几何体"对话框中单击 按钮，系统弹出"毛坯几何体"对话框。

Step2. 在"毛坯几何体"对话框的 类型 下拉列表中选择 包容块 选项，在 极限 区域的 ZM+ 文本框中输入值 6.0，此时图形区显示图 7.2.5 所示的毛坯几何体。

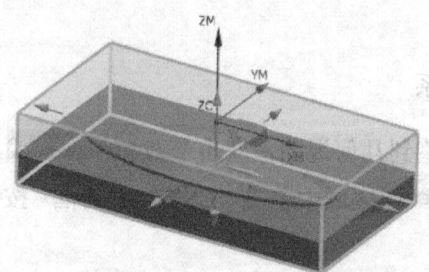
图 7.2.5 毛坯几何体

Step3. 单击 确定 按钮，完成毛坯几何体的创建，系统返回到"铣削几何体"对话框。

Step4. 单击"铣削几何体"对话框中的 确定 按钮，完成铣削几何体的定义。

Task3. 创建刀具

Stage1. 创建刀具（一）

Step1. 将工序导航器调整到机床视图。

Step2. 选择下拉菜单 插入(S) → 刀具(T) 命令，系统弹出"创建刀具"对话框。

Step3. 在"创建刀具"对话框的 类型 下拉列表中选择 mill contour 选项，在 刀具子类型 区域中单击"MILL"按钮 ，在 位置 区域的 刀具 下拉列表中选择 GENERIC_MACHINE 选项，在 名称文本框中输入 D30，然后单击 [确定] 按钮，系统弹出"铣刀-5 参数"对话框。

Step4. 在 [(D) 直径] 文本框中输入值 30.0，在 [刀具号] 文本框中输入值 1，其他参数采用系统默认的设置值，单击 [确定] 按钮，完成刀具的创建。

Stage2. 创建刀具（二）

设置刀具类型为 [mill_contour] 选项，在 [刀具子类型] 区域中单击"MILL"按钮 [图]，刀具名称为 D6，刀具 [(D) 直径] 为 6.0，[刀具号] 为 2。具体操作方法参照 Stage1。

Stage3. 创建刀具（三）

设置刀具类型为 [mill_contour] 选项，在 [刀具子类型] 区域中单击"BALL_MILL"按钮 [图]，刀具名称为 B6，刀具 [(D) 球直径] 为 6.0，[刀具号] 为 3。

Stage4. 创建刀具（四）

设置刀具类型为 [mill_contour] 选项，在 [刀具子类型] 区域中单击"BALL_MILL"按钮 [图]，刀具名称为 B4，刀具 [(D) 球直径] 为 4.0，[刀具号] 为 4。

Task4. 创建型腔铣操作（一）

Stage1. 创建工序

Step1. 将工序导航器调整到程序顺序视图。

Step2. 选择下拉菜单 [插入(S)] → [工序(E)...] 命令，在"创建工序"对话框的 [类型] 下拉列表中选择 [mill_contour] 选项，在 [工序子类型] 区域中单击"CAVITY_MILL"按钮 [图]，在 [程序] 下拉列表中选择 [PROGRAM] 选项，在 [刀具] 下拉列表中选择前面设置的刀具 [D30 (铣刀-5 参数)] 选项，在 [几何体] 下拉列表中选择 [WORKPIECE] 选项，在 [方法] 下拉列表中选择 [MILL_ROUGH] 选项，使用系统默认的名称。

Step3. 单击"创建工序"对话框中的 [确定] 按钮，系统弹出"型腔铣"对话框。

Stage2. 设置修剪边界

Step1. 单击 [几何体] 区域中 [指定修剪边界] 右侧的 [图] 按钮，系统弹出"修剪边界"对话框。

Step2. 在"修剪边界"对话框的 [修剪侧] 下拉列表中选择 [外部] 选项，其他参数采用系统默认的设置值，在图形区选取模型的底面。

Step3. 单击 [确定] 按钮，系统返回到"型腔铣"对话框。

Stage3. 设置一般参数

在"型腔铣"对话框的 [切削模式] 下拉列表中选择 [跟随部件] 选项，在 [步距] 下拉列表中选择 [刀具平直百分比] 选项，在 [平面直径百分比] 文本框中输入值 50.0，在 [公共每刀切削深度] 下拉列表中选择

Stage4. 设置切削参数

Step1. 在 刀轨设置 区域中单击"切削参数"按钮，系统弹出"切削参数"对话框。

Step2. 在"切削参数"对话框中单击 策略 选项卡，在 切削顺序 下拉列表中选择 层优先 选项，其他参数采用系统默认的设置值。

Step3. 在"切削参数"对话框中单击 余量 选项卡，在 部件侧面余量 文本框中输入值 0.5，其他参数采用系统默认的设置值。

Step4. 在"切削参数"对话框中单击 拐角 选项卡，在 光顺 下拉列表中选择 所有刀路 选项。

Step5. 在"切削参数"对话框中单击 连接 选项卡，在 开放刀路 下拉列表中选择 变换切削方向 选项。

Step6. 单击"切削参数"对话框中的 确定 按钮，系统返回到"型腔铣"对话框。

Stage5. 设置非切削移动参数

Step1. 在"型腔铣"对话框中单击"非切削移动"按钮，系统弹出"非切削移动"对话框。

Step2. 单击"非切削移动"对话框中的 进刀 选项卡；在该对话框 封闭区域 区域的 进刀类型 下拉列表中选择 螺旋 选项，在 开放区域 区域的 进刀类型 下拉列表中选择 线性 选项，其他参数采用系统默认的设置值。

Step3. 单击"非切削移动"对话框中的 确定 按钮，系统返回到"型腔铣"对话框。

Stage6. 设置进给率和速度

Step1. 在"型腔铣"对话框中单击"进给率和速度"按钮，系统弹出"进给率和速度"对话框。

Step2. 选中"进给率和速度"对话框 主轴速度 区域中的 ☑ 主轴速度 (rpm) 复选框，在其后的文本框中输入值 600.0，按 Enter 键；单击 按钮，在 进给率 区域的 切削 文本框中输入值 200.0，按 Enter 键；单击 按钮，其他参数采用系统默认的设置值。

Step3. 单击 确定 按钮，完成进给率和速度的设置，系统返回到"型腔铣"对话框。

Stage7. 生成刀路轨迹并仿真

生成的刀路轨迹如图 7.2.6 所示。2D 动态仿真加工后的模型如图 7.2.7 所示。

图 7.2.6 刀路轨迹

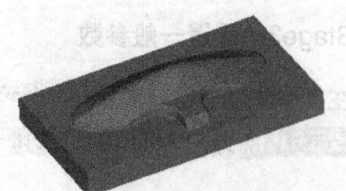
图 7.2.7 2D 仿真结果

Task5. 创建剩余铣操作

Stage1. 创建工序

Step1. 选择下拉菜单 插入(S) → 工序(E)... 命令，在系统弹出的"创建工序"对话框的 类型 下拉列表中选择 mill_contour 选项，在 工序子类型 区域中单击"REST_MILLING"按钮，在 程序 下拉列表中选择 PROGRAM 选项，在 刀具 下拉列表中选择 D6 (铣刀-5 参数) 选项，在 几何体 下拉列表中选择 WORKPIECE 选项，在 方法 下拉列表中选择 MILL_SEMI_FINISH 选项，使用系统默认的名称。

Step2. 单击"创建工序"对话框中的 确定 按钮，系统弹出"剩余铣"对话框。

Stage2. 设置修剪边界

Step1. 在"剩余铣"对话框中单击 几何体 区域 指定修剪边界 右侧的 按钮，系统弹出"修剪边界"对话框。

Step2. 在 选择方法 下拉列表中选择 面 选项，在 修剪侧 下拉列表中选择 外部 选项，其他参数采用系统默认的设置值，在图形区选取图 7.2.8 所示的模型平面。

Step3. 单击 确定 按钮，系统返回到"剩余铣"对话框。

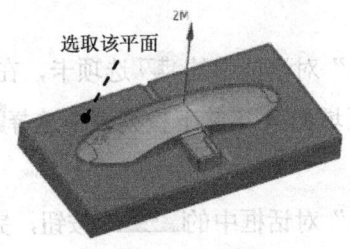

图 7.2.8 定义修剪边界

Stage3. 设置一般参数

在"剩余铣"对话框的 切削模式 下拉列表中选择 跟随周边 选项，在 步距 下拉列表中选择 刀具平直百分比 选项，在 平面直径百分比 文本框中输入值 70.0，在 公共每刀切削深度 下拉列表中选择 恒定 选项，在 最大距离 文本框中输入值 1.0。

Stage4. 设置切削参数

Step1. 在 刀轨设置 区域中单击"切削参数"按钮，系统弹出"切削参数"对话框。

Step2. 在"切削参数"对话框中单击 策略 选项卡，在 切削顺序 下拉列表中选择 层优先 选项，在 刀路方向 下拉列表中选择 向内 选项，其他参数采用系统默认的设置值。

Step3. 在"切削参数"对话框中单击 空间范围 选项卡，设置参数如图 7.2.9 所示。

Step4. 单击"切削参数"对话框中的 确定 按钮，系统返回到"剩余铣"对话框。

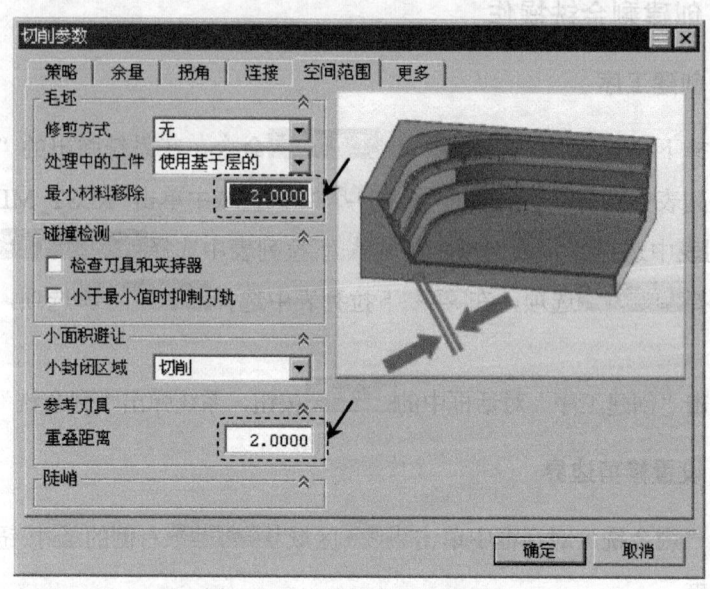

图 7.2.9 "空间范围"选项卡

Stage5. 设置非切削移动参数

Step1. 在"剩余铣"对话框中单击"非切削移动"按钮 ![], 系统弹出"非切削移动"对话框。

Step2. 单击"非切削移动"对话框中的 进刀 选项卡, 在 封闭区域 区域的 进刀类型 下拉列表中选择 螺旋 选项, 在 开放区域 区域的 进刀类型 下拉列表中选择 线性 选项, 其他参数采用系统默认的设置值。

Step3. 单击"非切削移动"对话框中的 确定 按钮, 完成非切削移动参数的设置, 系统返回到"剩余铣"对话框。

Stage6. 设置进给率和速度

Step1. 在"剩余铣"对话框中单击"进给率和速度"按钮 ![], 系统弹出"进给率和速度"对话框。

Step2. 选中"进给率和速度"对话框 主轴速度 区域中的 ☑ 主轴速度 (rpm) 复选框, 在其后的文本框中输入值 1500, 按 Enter 键; 单击 ![] 按钮, 在 进给率 区域的 切削 文本框中输入值 400.0, 按 Enter 键; 单击 ![] 按钮, 其他参数采用系统默认的设置值。

Step3. 单击 确定 按钮, 完成进给率和速度的设置, 系统返回到"剩余铣"对话框。

Stage7. 生成刀路轨迹并仿真

生成的刀路轨迹如图 7.2.10 所示。2D 动态仿真加工后的模型如图 7.2.11 所示。

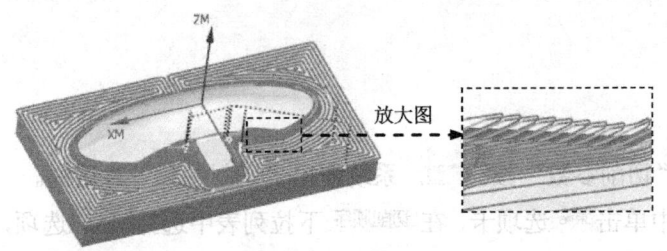

图 7.2.10 刀路轨迹

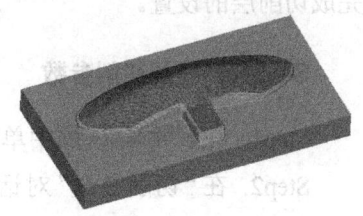

图 7.2.11 2D 仿真结果

Task6. 创建型腔铣操作（二）

Stage1. 创建工序

Step1. 选择下拉菜单 插入(S) ➡ 工序(E)... 命令，在系统弹出的"创建工序"对话框的 类型 下拉列表中选择 mill_contour 选项，在 工序子类型 区域中单击"CAVITY_MILL"按钮，在 程序 下拉列表中选择 PROGRAM 选项，在 刀具 下拉列表中选择前面设置的刀具 B6 (铣刀-球头铣) 选项，在 几何体 下拉列表中选择 WORKPIECE 选项，在 方法 下拉列表中选择 MILL_SEMI_FINISH 选项，使用系统默认的名称。

Step2. 单击"创建工序"对话框中的 确定 按钮，系统弹出"型腔铣"对话框。

Stage2. 设置切削区域

Step1. 单击 几何体 区域 指定切削区域 右侧的 按钮，系统弹出"切削区域"对话框。

Step2. 在图形区选取图 7.2.12 所示的曲面，单击 确定 按钮，系统返回到"型腔铣"对话框。

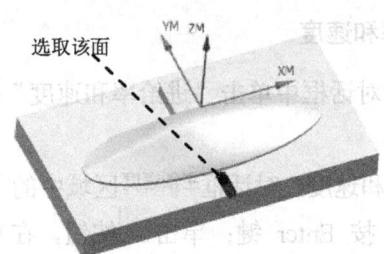

图 7.2.12 选取切削区域

Stage3. 设置一般参数

在"型腔铣"对话框的 切削模式 下拉列表中选择 跟随部件 选项，在 步距 下拉列表中选择 刀具平直百分比 选项，在 平面直径百分比 文本框中输入值 50.0，在 公共每刀切削深度 下拉列表中选择 恒定 选项，在 最大距离 文本框中输入值 1.0。

Stage4. 设置切削层参数

在"型腔铣"对话框中单击"切削层"按钮，系统弹出"切削层"对话框；单击 范围 1 的顶部 区域中的"选择对象"按钮 ，然后在该区域的 ZC 文本框中输入值 1.0；单击 确定 按钮，完成切削层的设置。

Stage5. 设置切削参数

Step1. 在 刀轨设置 区域中单击"切削参数"按钮 ，系统弹出"切削参数"对话框。

Step2. 在"切削参数"对话框中单击 策略 选项卡，在 切削顺序 下拉列表中选择 层优先 选项，其他参数采用系统默认的设置值。

Step3. 在"切削参数"对话框中单击 连接 选项卡，在 开放刀路 下拉列表中选择 变换切削方向 选项。

Step4. 单击"切削参数"对话框中的 确定 按钮，系统返回到"型腔铣"对话框。

Stage6. 设置非切削移动参数

Step1. 在"型腔铣"对话框中单击"非切削移动"按钮 ，系统弹出"非切削移动"对话框。

Step2. 单击"非切削移动"对话框中的 进刀 选项卡，在该对话框 封闭区域 区域的 进刀类型 下拉列表中选择 螺旋 选项，在 开放区域 区域的 进刀类型 下拉列表中选择 线性 选项，其他参数采用系统默认的设置值。

Step3. 单击"非切削移动"对话框中的 转移/快速 选项卡，在该对话框 区域之间 区域的 转移类型 下拉列表中选择 前一平面 选项，在 安全距离 文本框中输入值 3.0，其他参数采用系统默认的设置值。

Step4. 单击"非切削移动"对话框中的 确定 按钮，系统返回到"型腔铣"对话框。

Stage7. 设置进给率和速度

Step1. 在"型腔铣"对话框中单击"进给率和速度"按钮 ，系统弹出"进给率和速度"对话框。

Step2. 选中"进给率和速度"对话框 主轴速度 区域中的 ☑ 主轴速度 (rpm) 复选框，在其后的文本框中输入值 1500.0，按 Enter 键；单击 按钮，在 进给率 区域的 切削 文本框中输入值 300.0，按 Enter 键；单击 按钮，其他参数采用系统默认的设置值。

Step3. 单击 确定 按钮，完成进给率和速度的设置，系统返回到"型腔铣"对话框。

Stage8. 生成刀路轨迹并仿真

生成的刀路轨迹如图 7.2.13 所示。2D 动态仿真加工后的模型如图 7.2.14 所示。

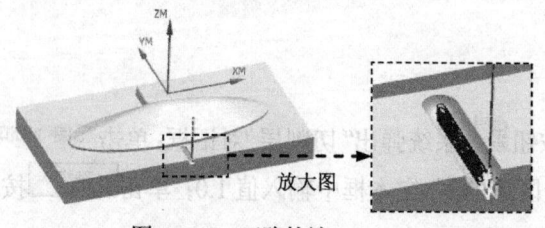

图 7.2.13　刀路轨迹

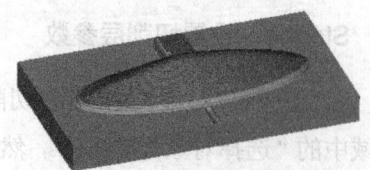

图 7.2.14　2D 仿真结果

Task7. 创建固定轴轮廓铣削操作

Stage1. 创建工序

Step1. 选择下拉菜单 插入(S) ➡ 工序(E)... 命令，系统弹出"创建工序"对话框。

Step2. 确定加工方法。在"创建工序"对话框的 类型 下拉列表中选择 mill_contour 选项，在 工序子类型 区域中单击"CONTOUR_AREA"按钮，在 程序 下拉列表中选择 PROGRAM 选项，在 刀具 下拉列表中选择 B6 (铣刀-球头铣) 选项，在 几何体 下拉列表中选择 WORKPIECE 选项，在 方法 下拉列表中选择 MILL_FINISH 选项，单击 确定 按钮，系统弹出"轮廓区域"对话框。

Stage2. 指定切削区域

Step1. 单击"轮廓区域"对话框中 指定切削区域 右侧的 按钮，系统弹出"切削区域"对话框。

Step2. 在图形区中选取图 7.2.15 所示的切削区域，单击 确定 按钮，系统返回到"轮廓区域"对话框。

Stage3. 设置驱动几何体

在"轮廓区域"对话框的 驱动方法 区域中单击 按钮，系统弹出"区域铣削驱动方法"对话框；在此对话框中设置图 7.2.16 所示的参数，完成后单击 确定 按钮，系统返回到"轮廓区域"对话框。

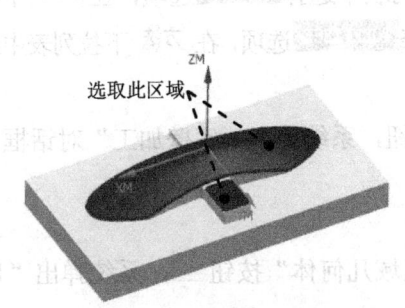

图 7.2.15 指定切削区域

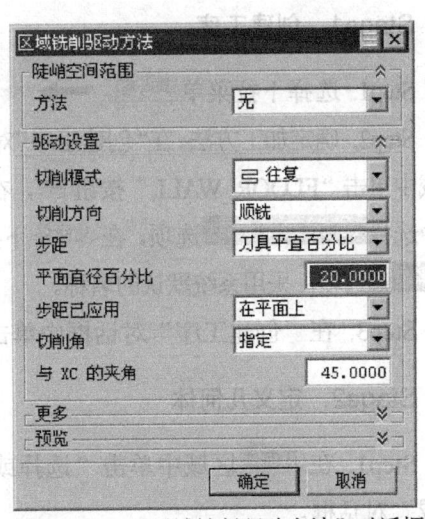

图 7.2.16 "区域铣削驱动方法"对话框

Stage4. 设置切削参数

切削参数采用系统默认的参数设置值。

Stage5. 设置进给率和速度

Step1. 在"轮廓区域"对话框中单击"进给率和速度"按钮，系统弹出"进给率和速度"对话框。

Step2. 在"进给率和速度"对话框中选中 ☑ 主轴速度 (rpm) 复选框，然后在其文本框中输入值 1500.0，按 Enter 键；单击 按钮，在 切削 文本框中输入值 300.0，按 Enter 键，然后单击 按钮。

Step3. 单击 确定 按钮，系统返回到"轮廓区域"对话框。

Stage6. 生成刀路轨迹并仿真

生成的刀路轨迹如图 7.2.17 所示。2D 动态仿真加工后的模型如图 7.2.18 所示。

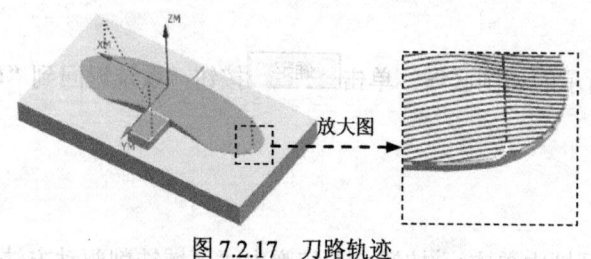

图 7.2.17　刀路轨迹　　　　　　　　　图 7.2.18　2D 仿真结果

Task8. 创建底壁加工操作

Stage1. 创建工序

Step1. 选择下拉菜单 插入(S) → 工序(E)... 命令，系统弹出"创建工序"对话框。

Step2. 确定加工方法。在"创建工序"对话框的 类型 下拉列表中选择 mill_planar 选项，在 工序子类型 区域中单击"FLOOR_WALL"按钮，在 程序 下拉列表中选择 PROGRAM 选项，在 刀具 下拉列表中选择 D6 (铣刀-5 参数) 选项，在 几何体 下拉列表中选择 WORKPIECE 选项，在 方法 下拉列表中选择 MILL_FINISH 选项，采用系统默认的名称。

Step3. 在"创建工序"对话框中单击 确定 按钮，系统弹出"底壁加工"对话框。

Stage2. 定义几何体

Step1. 在 几何体 区域中单击"选择或编辑切削区域几何体"按钮，系统弹出"切削区域"对话框。

Step2. 选取图 7.2.19 所示的面为切削区域，在"切削区域"对话框中单击 确定 按钮，完成切削区域的创建，同时系统返回到"底壁加工"对话框。

Step3. 在 几何体 区域中选中 ☑ 自动壁 复选框，然后单击 指定壁几何体 右侧的 按钮，查看图 7.2.20 所示的壁几何体。

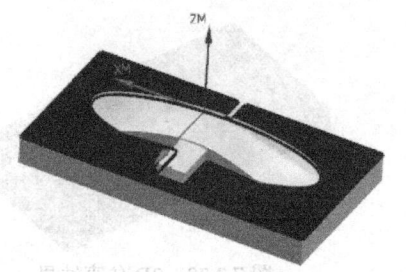
图 7.2.19 指定切削区域

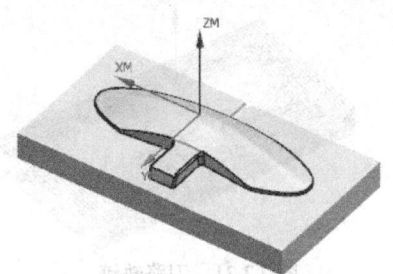
图 7.2.20 显示壁几何体

Stage3. 设置一般参数

在 刀轨设置 区域的 切削模式 下拉列表中选择 跟随周边 选项,在 步距 下拉列表中选择 刀具平直百分比 选项,在 平面直径百分比 文本框中输入值 75.0,在 毛坯距离 文本框中输入值 1.0,在 每刀深度 文本框中输入值 0.0,在 最终底面余量 文本框中输入值 0.0。

Stage4. 设置切削参数

Step1. 在 刀轨设置 区域中单击"切削参数"按钮 ,系统弹出"切削参数"对话框。

Step2. 在"切削参数"对话框中单击 策略 选项卡,在 刀路方向 下拉列表中选择 向内 选项,在 切削区域 区域的 简化形状 下拉列表中选择 最小包围盒 选项,在 刀具延展量 文本框中输入值 50.0,其他参数采用系统默认的设置值。

Step3. 在"切削参数"对话框中单击 余量 选项卡,在 壁余量 文本框中输入值 2.0。

Step4. 单击 确定 按钮,系统返回到"底壁加工"对话框。

Stage5. 设置非切削移动参数

非切削移动参数采用系统默认的设置值。

Stage6. 设置进给率和速度

Step1. 单击"底壁加工"对话框中的"进给率和速度"按钮 ,系统弹出"进给率和速度"对话框。

Step2. 选中"进给率和速度"对话框 主轴速度 区域中的 ☑ 主轴速度 (rpm) 复选框,在其后的文本框中输入值 1800.0,按 Enter 键;单击 按钮,在 进给率 区域的 切削 文本框中输入值 500.0,按 Enter 键;单击 按钮,其他参数采用系统默认的设置值。

Step3. 单击"进给率和速度"对话框中的 确定 按钮,系统返回到"底壁加工"对话框。

Stage7. 生成刀路轨迹并仿真

生成的刀路轨迹如图 7.2.21 所示。2D 动态仿真加工后的模型如图 7.2.22 所示。

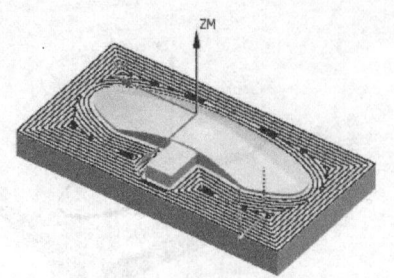
图 7.2.21　刀路轨迹

图 7.2.22　2D 仿真结果

Task9．创建等高线轮廓铣操作（一）

Stage1．创建工序

Step1．选择下拉菜单 插入(S) ➡ 工序(E)... 命令，系统弹出"创建工序"对话框。

Step2．在"创建工序"对话框的 类型 下拉列表中选择 mill_contour 选项，在 工序子类型 区域中单击"ZLEVEL_PROFILE"按钮，在 程序 下拉列表中选择 PROGRAM 选项，在 刀具 下拉列表中选择 D6 (铣刀-5 参数) 选项，在 几何体 下拉列表中选择 WORKPIECE 选项，在 方法 下拉列表中选择 MILL_FINISH 选项。

Step3．单击 确定 按钮，系统弹出"深度加工轮廓"对话框。

Stage2．指定切削区域

Step1．单击"深度加工轮廓"对话框中 指定切削区域 右侧的 按钮，系统弹出"切削区域"对话框。

Step2．在图形区中选取图 7.2.23 所示的切削区域（共 13 个面），单击 确定 按钮，系统返回到"深度加工轮廓"对话框。

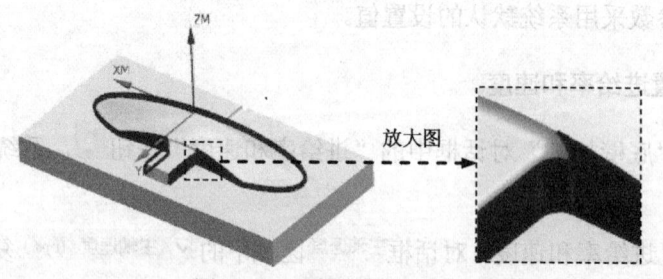
图 7.2.23　指定切削区域

Stage3．设置刀具路径参数和切削层

Step1．设置刀具路径参数。在"深度加工轮廓"对话框的 陡峭空间范围 下拉列表中选择 无 选项，在 合并距离 文本框中输入值 3.0，在 最小切削长度 文本框中输入值 1.0，在 每刀的公共深度 下拉列表中选择 恒定 选项，在 最大距离 文本框中输入值 3.0。

Step2．设置切削层。单击"深度加工轮廓"对话框中的"切削层"按钮，系统弹出

"切削层"对话框;单击 `范围 1 的顶部` 区域中的"选择对象"按钮 `⊕`,然后在该区域的 `ZC` 文本框中输入值 14.0。

Step3. 其余参数采用系统默认的设置值,单击 `确定` 按钮,完成切削层的设置,系统返回到"深度加工轮廓"对话框。

Stage4. 设置切削参数

Step1. 单击"深度加工轮廓"对话框中的"切削参数"按钮 `☲`,系统弹出"切削参数"对话框。

Step2. 在"切削参数"对话框中单击 `策略` 选项卡,在 `切削方向` 下拉列表中选择 `混合` 选项,在 `切削顺序` 下拉列表中选择 `深度优先` 选项。

Step3. 在"切削参数"对话框中单击 `余量` 选项卡,在 `公差` 区域的 `内公差` 文本框中输入值 0.01,在 `外公差` 文本框中输入值 0.01。

Step4. 在"切削参数"对话框中单击 `连接` 选项卡,在 `层到层` 下拉列表中选择 `直接对部件进刀` 选项。

Step5. 单击"切削参数"对话框中的 `确定` 按钮,系统返回到"深度加工轮廓"对话框。

Stage5. 设置非切削移动参数

Step1. 在"深度加工轮廓"对话框中单击"非切削移动"按钮 `▦`,系统弹出"非切削移动"对话框。

Step2. 单击"非切削移动"对话框中的 `进刀` 选项卡,在该对话框 `封闭区域` 区域的 `进刀类型` 下拉列表中选择 `螺旋` 选项;在 `开放区域` 区域的 `进刀类型` 下拉列表中选择 `圆弧` 选项,其他参数采用系统默认的设置值;单击 `确定` 按钮,完成非切削移动参数的设置。

Stage6. 设置进给率和速度

Step1. 在"深度加工轮廓"对话框中单击"进给率和速度"按钮 `▦`,系统弹出"进给率和速度"对话框。

Step2. 在"进给率和速度"对话框中选中 `☑ 主轴速度 (rpm)` 复选框,然后在其文本框中输入值 1800.0,按 Enter 键;单击 `▦` 按钮,在 `切削` 文本框中输入值 200.0,按 Enter 键,然后单击 `▦` 按钮。

Step3. 单击 `确定` 按钮,完成进给率的设置,系统返回到"深度加工轮廓"对话框。

Stage7. 生成刀路轨迹并仿真

生成的刀路轨迹如图 7.2.24 所示。2D 动态仿真加工后的模型如图 7.2.25 所示。

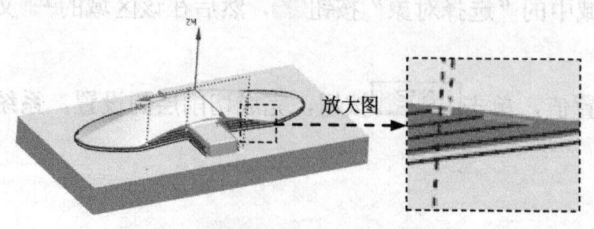
图 7.2.24 刀路轨迹

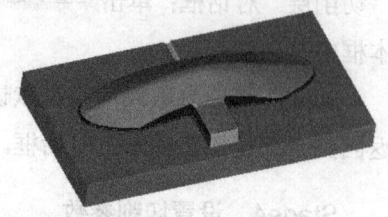
图 7.2.25 2D 仿真结果

Task10. 创建等高线轮廓铣操作（二）

Stage1. 创建工序

Step1. 选择下拉菜单 插入(S) ➡ 工序(E)... 命令，系统弹出"创建工序"对话框。

Step2. 在"创建工序"对话框的 类型 下拉列表中选择 mill_contour 选项，在 工序子类型 区域中单击"ZLEVEL_PROFILE"按钮，在 程序 下拉列表中选择 PROGRAM 选项，在 刀具 下拉列表中选择 D6 (铣刀-5 参数) 选项，在 几何体 下拉列表中选择 WORKPIECE 选项，在 方法 下拉列表中选择 MILL_FINISH 选项。

Step3. 单击 确定 按钮，系统弹出"深度加工轮廓"对话框。

Stage2. 指定切削区域

Step1. 单击"深度加工轮廓"对话框中的"选择或编辑切削区域几何体"按钮，系统弹出"切削区域"对话框。

Step2. 在图形区中选取图 7.2.26 所示的切削区域（共 3 个面），单击 确定 按钮，系统返回到"深度加工轮廓"对话框。

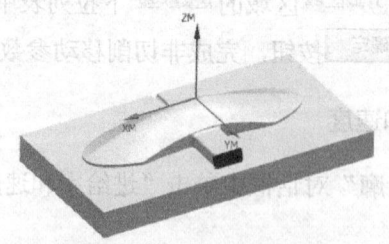
图 7.2.26 指定切削区域

Stage3. 设置刀具路径参数和切削层

Step1. 设置刀具路径参数。在"深度加工轮廓"对话框的 合并距离 文本框中输入值 3.0，在 最小切削长度 文本框中输入值 1.0，在 每刀的公共深度 下拉列表中选择 恒定 选项，在 最大距离 文本框中输入值 0.2。

Step2. 设置切削层。其参数采用系统默认的设置值。

Stage4. 设置切削参数

Step1. 单击"深度加工轮廓"对话框中的"切削参数"按钮，系统弹出"切削参数"对话框。

Step2. 在"切削参数"对话框中单击 策略 选项卡，在 切削方向 下拉列表中选择 混合 选项，在 切削顺序 下拉列表中选择 深度优先 选项。

Step3. 在"切削参数"对话框中单击 余量 选项卡，在 公差 区域的 内公差 文本框中输入值 0.01，在 外公差 文本框中输入值 0.01。

Step4. 在"切削参数"对话框中单击 连接 选项卡，在 层到层 下拉列表中选择 直接对部件进刀 选项。

Step5. 单击"切削参数"对话框中的 确定 按钮，系统返回到"深度加工轮廓"对话框。

Stage5. 设置非切削移动参数

采用系统默认的非切削移动参数值。

Stage6. 设置进给率和速度

Step1. 在"深度加工轮廓"对话框中单击"进给率和速度"按钮，系统弹出"进给率和速度"对话框。

Step2. 在"进给率和速度"对话框中选中 ☑ 主轴速度 (rpm) 复选框，然后在其文本框中输入值 1200.0，按 Enter 键；单击 按钮，在 切削 文本框中输入值 200.0，按 Enter 键，然后单击 按钮。

Step3. 单击 确定 按钮，系统返回到"深度加工轮廓"对话框。

Stage7. 生成刀路轨迹并仿真

生成的刀路轨迹如图 7.2.27 所示。2D 动态仿真加工后的模型如图 7.2.28 所示。

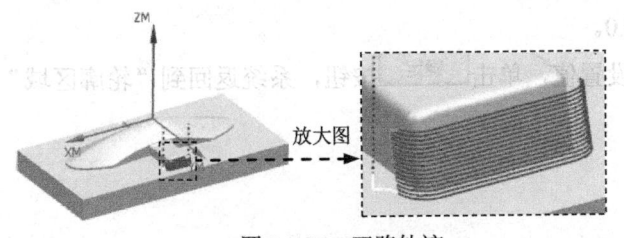

图 7.2.27 刀路轨迹

图 7.2.28 2D 仿真结果

Task11. 创建轮廓区域铣（一）

Stage1. 创建工序

Step1. 选择下拉菜单 插入(S) → 工序(E) 命令，在系统弹出的"创建工序"对话

框的 `类型` 下拉列表中选择 `mill_contour` 选项，在 `工序子类型` 区域中单击 "CONTOUR_AREA" 按钮 ⬇，在 `程序` 下拉列表中选择 `PROGRAM` 选项，在 `刀具` 下拉列表中选择刀具 `B6 (铣刀-球头铣)` 选项，在 `几何体` 下拉列表中选择 `WORKPIECE` 选项，在 `方法` 下拉列表中选择 `MILL_FINISH` 选项，使用系统默认的名称。

Step2. 单击"创建工序"对话框中的 `确定` 按钮，系统弹出"轮廓区域"对话框。

Stage2. 指定切削区域

Step1. 在 `几何体` 区域中单击"选择或编辑切削区域几何体"按钮 ⬚，系统弹出"切削区域"对话框。

Step2. 选取图 7.2.29 所示的面为切削区域（共 14 个面）。在"切削区域"对话框中单击 `确定` 按钮，完成切削区域的创建，同时系统返回到"轮廓区域"对话框。

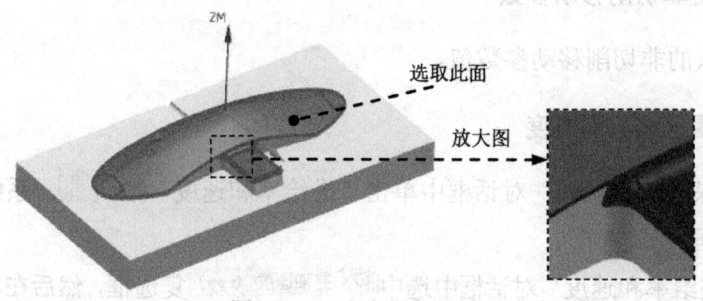

图 7.2.29　定义切削区域

Stage3. 设置驱动方式

Step1. 在"轮廓区域"对话框 `驱动方法` 区域的 `方法` 下拉列表中选择 `区域铣削` 选项，单击"编辑参数"按钮 🔧，系统弹出"区域铣削驱动方法"对话框。

Step2. 在"区域铣削驱动方法"对话框的 `步距` 下拉列表中选择 `恒定` 选项，在 `最大距离` 文本框中输入值 0.5，在 `步距已应用` 下拉列表中选择 `在部件上` 选项，在 `切削角` 下拉列表中选择 `指定` 选项，在 `与 XC 的夹角` 文本框中输入值 135.0。

Step3. 其他参数采用系统默认的设置值，单击 `确定` 按钮，系统返回到"轮廓区域"对话框。

Stage4. 设置切削参数

Step1. 单击"轮廓区域"对话框中的"切削参数"按钮 ⬚，系统弹出"切削参数"对话框。

Step2. 在"切削参数"对话框中单击 `余量` 选项卡，在 `公差` 区域的 `内公差` 文本框中输入值 0.01，在 `外公差` 文本框中输入值 0.01。

Step3. 单击"切削参数"对话框中的 `确定` 按钮，系统返回到"轮廓区域"对话框。

Stage5. 设置非切削移动参数

采用系统默认的非切削移动参数值。

Stage6. 设置进给率和速度

Step1. 在"轮廓区域"对话框中单击"进给率和速度"按钮，系统弹出"进给率和速度"对话框。

Step2. 选中"进给率和速度"对话框 主轴速度 区域中的 ☑ 主轴速度 (rpm) 复选框，在其后的文本框中输入值 1800.0，按 Enter 键；单击 按钮，在 进给率 区域的 切削 文本框中输入值 300.0，按 Enter 键；单击 按钮，其他参数采用系统默认的设置值。

Step3. 单击 确定 按钮，完成进给率和速度的设置，系统返回到"轮廓区域"对话框。

Stage7. 生成刀路轨迹并仿真

生成的刀路轨迹如图 7.2.30 所示。2D 动态仿真加工后的模型如图 7.2.31 所示。

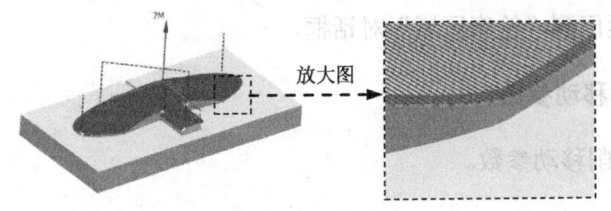
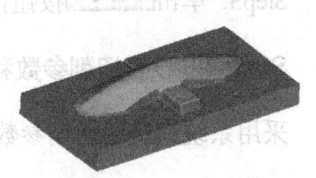

图 7.2.30 刀路轨迹   图 7.2.31 2D 仿真结果

Task12. 创建轮廓区域铣（二）

Stage1. 创建工序

Step1. 选择下拉菜单 插入(S) → 工序(E)... 命令，在系统弹出的"创建工序"对话框中 类型 下拉列表中选择 mill_contour 选项，在 工序子类型 区域中单击"CONTOUR_AREA"按钮，在 程序 下拉列表中选择 PROGRAM 选项，在 刀具 下拉列表中选择 B4 (铣刀-球头铣) 选项，在 几何体 下拉列表中选择 WORKPIECE 选项，在 方法 下拉列表中选择 MILL_FINISH 选项，使用系统默认的名称。

Step2. 单击"创建工序"对话框中的 确定 按钮，系统弹出"轮廓区域"对话框。

Stage2. 指定切削区域

Step1. 在 几何体 区域中单击"选择或编辑切削区域几何体"按钮，系统弹出"切削区域"对话框。

Step2. 选取图 7.2.32 所示的面为切削区域；在"切削区域"对话框中单击 确定 按钮，完成切削区域的创建，同时系统返回到"轮廓区域"对话框。

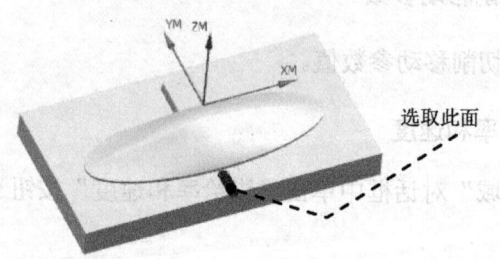

图 7.2.32 指定切削区域

Stage3. 设置驱动方式

Step1. 在"轮廓区域"对话框 驱动方法 区域的 方法 下拉列表中选择 区域铣削 选项，单击"编辑参数"按钮，系统弹出"区域铣削驱动方法"对话框。

Step2. 在"区域铣削驱动方法"对话框的 步距 下拉列表中选择 恒定 选项，在 最大距离 文本框中输入值 0.5，在 步距已应用 下拉列表中选择 在部件上 选项，在 切削角 下拉列表中选择 指定 选项，在 与 XC 的夹角 文本框中输入值 135.0，其他参数采用系统默认的设置值。

Step3. 单击 确定 按钮，系统返回到"轮廓区域"对话框。

Stage4. 设置切削参数和非切削移动参数

采用系统默认的切削参数和非切削移动参数。

Stage5. 设置进给率和速度

Step1. 在"轮廓区域"对话框中单击"进给率和速度"按钮，系统弹出"进给率和速度"对话框。

Step2. 选中"进给率和速度"对话框 主轴速度 区域中的 ☑ 主轴速度 (rpm) 复选框，在其后的文本框中输入值 2000.0，按 Enter 键；单击 按钮，在 进给率 区域的 切削 文本框中输入值 200.0，按 Enter 键；单击 按钮，其他参数采用系统默认的设置值。

Step3. 单击 确定 按钮，完成进给率和速度的设置，系统返回到"轮廓区域"对话框。

Stage6. 生成刀路轨迹并仿真

生成的刀路轨迹如图 7.2.33 所示。2D 动态仿真加工后的模型如图 7.2.34 所示。

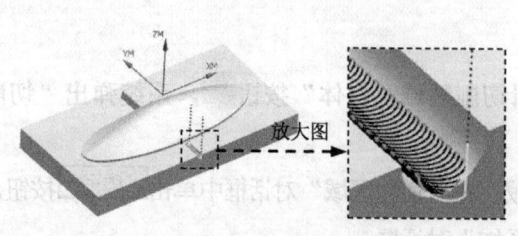

图 7.2.33 刀路轨迹

图 7.2.34 2D 仿真结果

Task13. 保存文件

选择下拉菜单 文件(F) ➡ 保存(S) 命令，保存文件。

7.3 轮子型芯模加工

本范例讲述的是轮子型芯模的加工。对于模具的加工来说，除了要安排合理的工序外，还应该特别注意模具的材料和加工精度。在创建工序时，要设置好每次切削的余量，另外要注意刀轨参数设置值是否正确，以免影响零件的精度。下面以轮子型芯模为例介绍模具零件的一般加工方法，该零件的加工工艺路线如图 7.3.1 和图 7.3.2 所示。

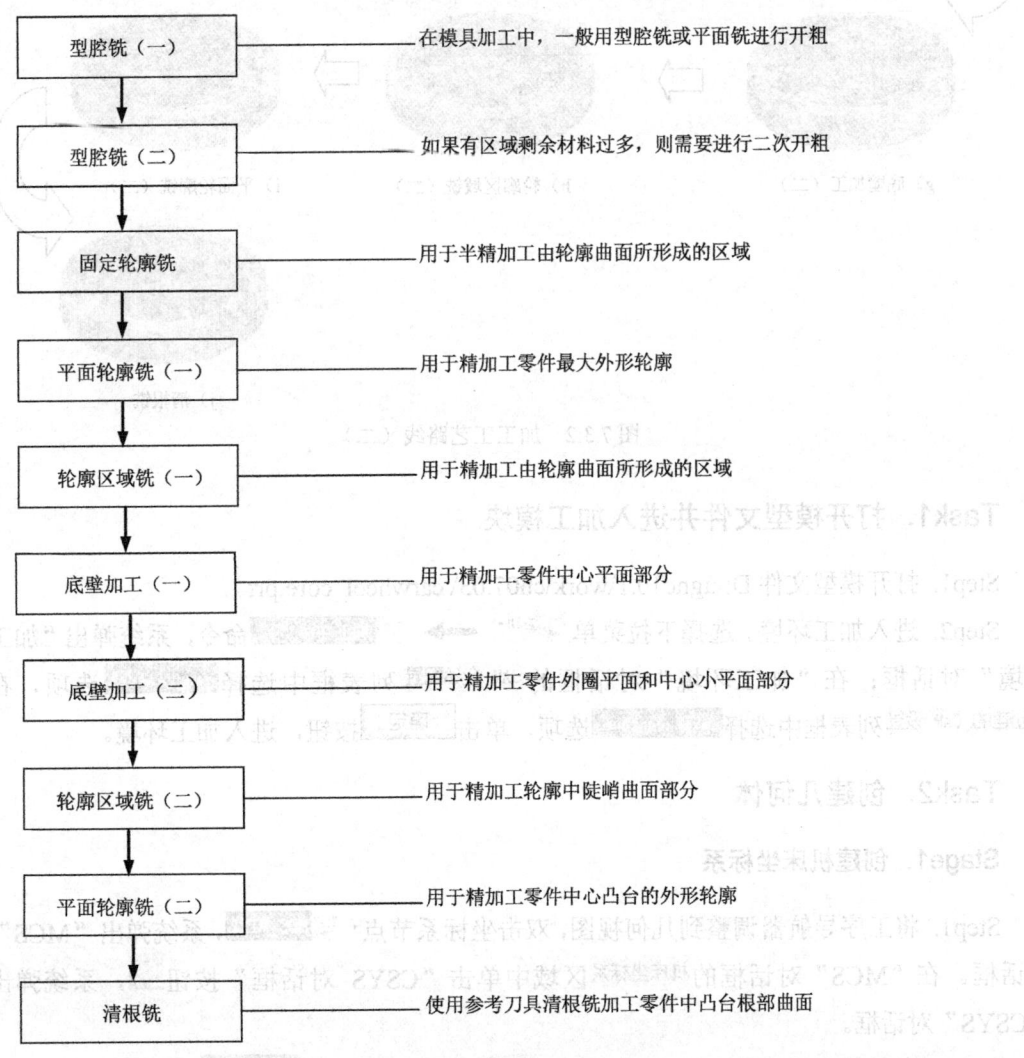

图 7.3.1 加工工艺路线（一）

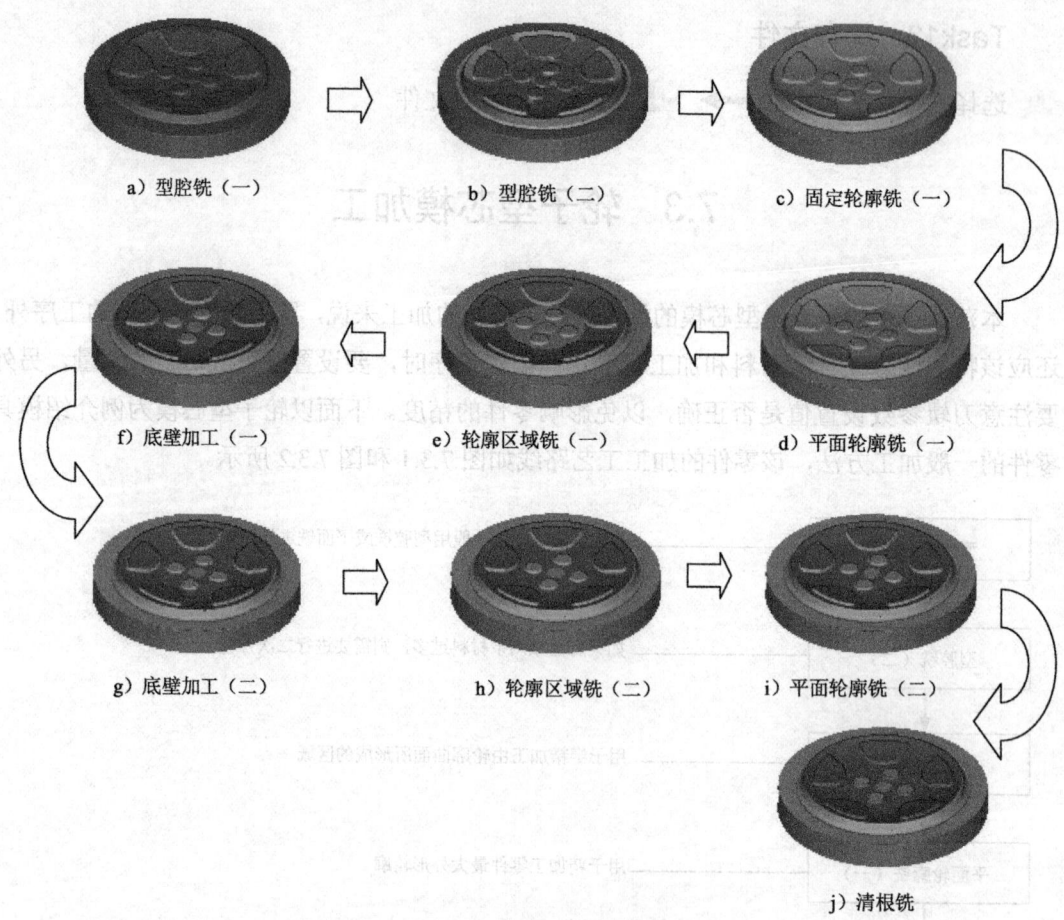

图 7.3.2　加工工艺路线（二）

Task1．打开模型文件并进入加工模块

Step1．打开模型文件 D:\ugnc10.1\work\ch07.03\ carwheel_core.prt。

Step2．进入加工环境。选择下拉菜单 启动 → 加工(N)... 命令，系统弹出"加工环境"对话框；在"加工环境"对话框的 CAM 会话配置 列表框中选择 cam_general 选项，在 要创建的 CAM 设置 列表框中选择 mill_contour 选项，单击 确定 按钮，进入加工环境。

Task2．创建几何体

Stage1．创建机床坐标系

Step1．将工序导航器调整到几何视图，双击坐标系节点 MCS_MILL，系统弹出"MCS"对话框。在"MCS"对话框的 机床坐标系 区域中单击"CSYS 对话框"按钮 ，系统弹出"CSYS"对话框。

Step2．在系统弹出的"CSYS"对话框的 类型 下拉列表中选择 动态 选项，然后在图形区选取图 7.3.3 所示的边线。

Step3. 单击 确定 按钮，完成机床坐标系的创建，其结果如图 7.3.4 所示，此时系统返回"MCS"对话框。

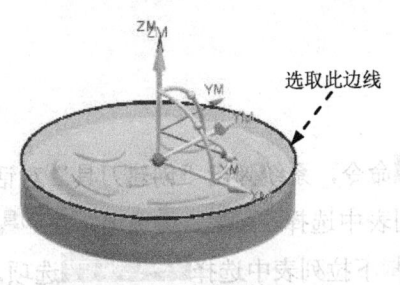
图 7.3.3 定义参照边

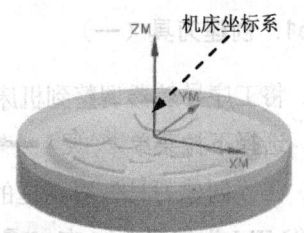
图 7.3.4 创建机床坐标系

Stage2. 创建安全平面

Step1. 在"MCS"对话框 安全设置 区域的 安全设置选项 下拉列表中选择 自动平面 选项，然后在 安全距离 文本框中输入值 20.0。

Step2. 单击"MCS"对话框中的 确定 按钮。

Stage3. 创建部件几何体

Step1. 在工序导航器中双击 MCS_MILL 节点下的 WORKPIECE 节点，系统弹出"铣削几何体"对话框。

Step2. 选取部件几何体。在"铣削几何体"对话框中单击 按钮，系统弹出"部件几何体"对话框，在图形区中选取零件模型实体为部件几何体。

Step3. 在"部件几何体"对话框中单击 确定 按钮，完成部件几何体的创建，同时系统返回到"铣削几何体"对话框。

Stage4. 创建毛坯几何体

Step1. 在"铣削几何体"对话框中单击 按钮，系统弹出"毛坯几何体"对话框。

Step2. 选取毛坯几何体。在图形区中选取图 7.3.5 所示的透明显示的实体为毛坯几何体。

Step3. 单击"毛坯几何体"对话框中的 确定 按钮，系统返回到"铣削几何体"对话框，完成图 7.3.5 所示毛坯几何体的选取。

Step4. 单击"铣削几何体"对话框中的 确定 按钮。

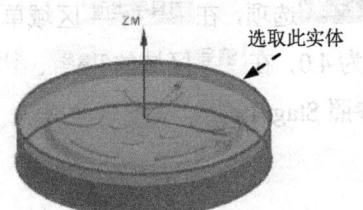
图 7.3.5 选取毛坯几何体

说明：为了后面操作的方便，可以在部件导航器中将拉伸1进行隐藏。

Task3. 创建刀具

Stage1. 创建刀具（一）

Step1. 将工序导航器调整到机床视图。

Step2. 选择下拉菜单 插入(S) → 刀具(T) 命令，系统弹出"创建刀具"对话框。

Step3. 在"创建刀具"对话框的 类型 下拉列表中选择 mill contour 选项，在 刀具子类型 区域中单击"MILL"按钮，在 位置 区域的 刀具 下拉列表中选择 GENERIC_MACHINE 选项，在 名称 文本框中输入 D20R1，然后单击 确定 按钮，系统弹出"铣刀-5 参数"对话框。

Step4. 在 (D) 直径 文本框中输入值 20.0，在 (R1) 下半径 文本框中输入值 1.0，在 编号 区域的 刀具号 、 补偿寄存器 、 刀具补偿寄存器 文本框中均输入值 1，其他参数采用系统默认的设置值，单击 确定 按钮，完成刀具的创建。

Stage2. 创建刀具（二）

设置刀具类型为 mill contour 选项，在 刀具子类型 区域单击"BALL_MILL"按钮，刀具名称为 B6，刀具 (D) 直径 为 6.0，在 编号 区域的 刀具号 、 补偿寄存器 、 刀具补偿寄存器 文本框中均输入值 2；具体操作方法参照 Stage1。

Stage3. 创建刀具（三）

设置刀具类型为 mill contour 选项，在 刀具子类型 区域单击"MILL"按钮，刀具名称为 D5R0.2，刀具 (D) 直径 为 5.0，刀具 (R1) 下半径 为 0.2，在 编号 区域的 刀具号 、 补偿寄存器 、 刀具补偿寄存器 文本框中均输入值 3；具体操作方法参照 Stage1。

Stage4. 创建刀具（四）

设置刀具类型为 mill contour 选项，在 刀具子类型 区域中单击"MILL"按钮，刀具名称为 D6，刀具 (D) 直径 为 6.0，在 编号 区域的 刀具号 、 补偿寄存器 、 刀具补偿寄存器 文本框中均输入值 4；具体操作方法参照 Stage1。

Stage5. 创建刀具（五）

设置刀具类型为 mill contour 选项，在 刀具子类型 区域单击"BALL_MILL"按钮，刀具名称为 B4，刀具 (D) 球直径 为 4.0，在 编号 区域的 刀具号 、 补偿寄存器 、 刀具补偿寄存器 文本框中均输入值 5；具体操作方法参照 Stage1。

Task4. 创建程序

Step1. 将工序导航器调整到程序顺序视图。

Step2. 在工序导航器程序顺序视图中的 ✓ PROGRAM 上右击,然后在系统弹出的快捷菜单中选择 重命名 命令,将该程序节点名称改为 001,并按 Enter 键确认。

Step3. 选择下拉菜单 插入(S) → 程序(P)... 命令,系统弹出"创建程序"对话框;在 位置 区域的 程序 下拉列表中选择 NC_PROGRAM 选项,在 名称 文本框中输入 002,单击两次 确定 按钮,完成程序的创建。

Step4. 创建程序 003。在 名称 文本框中输入 003,详细过程参照 Step3。

Step5. 创建程序 004。在 名称 文本框中输入 004,详细过程参照 Step3。

Task5. 创建型腔铣操作(一)

Stage1. 创建工序

Step1. 选择下拉菜单 插入(S) → 工序(E)... 命令,在系统弹出的"创建工序"对话框的 类型 下拉列表中选择 mill_contour 选项,在 工序子类型 区域中单击"CAVITY_MILL"按钮 📳,在 程序 下拉列表中选择 001 选项,在 刀具 下拉列表中选择前面设置的刀具 D20R1 (铣刀-5 参数) 选项,在 几何体 下拉列表中选择 WORKPIECE 选项,在 方法 下拉列表中选择 MILL_ROUGH 选项,使用系统默认的名称。

Step2. 单击"创建工序"对话框中的 确定 按钮,系统弹出"型腔铣"对话框。

Stage2. 设置一般参数

在"型腔铣"对话框的 切削模式 下拉列表中选择 跟随部件 选项,在 步距 下拉列表中选择 刀具平直百分比 选项,在 平面直径百分比 文本框中输入值 40.0,在 公共每刀切削深度 下拉列表中选择 恒定 选项,在 最大距离 文本框中输入值 1.0。

Stage3. 设置切削层

Step1. 在 刀轨设置 区域中单击"切削层"按钮 📳,系统弹出"切削层"对话框。

Step2. 在"切削层"对话框 范围 区域的 范围类型 下拉列表中选择 单个 选项,然后单击"切削层"对话框中的 确定 按钮,系统返回到"型腔铣"对话框。

Stage4. 设置切削参数

Step1. 在 刀轨设置 区域中单击"切削参数"按钮 📳,系统弹出"切削参数"对话框。

Step2. 在"切削参数"对话框中单击 策略 选项卡,在 切削顺序 下拉列表中选择 深度优先 选项。

Step3. 在"切削参数"对话框中单击 连接 选项卡,在 开放刀路 下拉列表中选择 变换切削方向 选项。

Step4. 其他选项卡采用系统默认的设置值。单击"切削参数"对话框中的 确定 按钮,

Stage5. 设置非切削移动参数

非切削移动参数采用系统默认的设置值。

Stage6. 设置进给率和速度

Step1. 在"型腔铣"对话框中单击"进给率和速度"按钮 ，系统弹出"进给率和速度"对话框。

Step2. 选中"进给率和速度"对话框 主轴速度 区域中的 ☑ 主轴速度 (rpm) 复选框，在其后的文本框中输入值 800.0，按 Enter 键；单击 按钮，在 进给率 区域的 切削 文本框中输入值 400.0，按 Enter 键；单击 按钮，其他参数采用系统默认的设置值。

Step3. 单击 确定 按钮，完成进给率和速度的设置，系统返回到"型腔铣"对话框。

Stage7. 生成刀路轨迹并仿真

生成的刀路轨迹如图 7.3.6 所示。2D 动态仿真加工后的模型如图 7.3.7 所示。

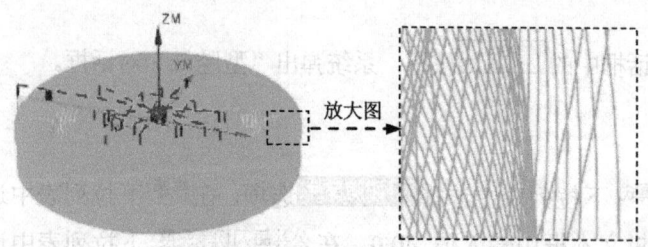

图 7.3.6　刀路轨迹　　　　　　　图 7.3.7　2D 仿真结果

Task6. 创建型腔铣操作（二）

Stage1. 创建工序

Step1. 选择下拉菜单 插入(S) → 工序(E)... 命令，在系统弹出的"创建工序"对话框的 类型 下拉列表中选择 mill_contour 选项，在 工序子类型 区域中单击"CAVITY_MILL"按钮 ，在 程序 下拉列表中选择 001 选项，在 刀具 下拉列表中选择 B6 (铣刀-5 参数) 选项，在 几何体 下拉列表中选择 WORKPIECE 选项，在 方法 下拉列表中选择 MILL_ROUGH 选项，使用系统默认的名称"CAVITY_MILL_1"。

Step2. 单击"创建工序"对话框中的 确定 按钮，系统弹出"型腔铣"对话框。

Stage2. 设置一般参数

在"型腔铣"对话框的 切削模式 下拉列表中选择 跟随周边 选项，在 步距 下拉列表中选择 刀具平直百分比 选项，在 平面直径百分比 文本框中输入值 20.0，在 公共每刀切削深度 下拉列表中选择

恒定 选项，在 最大距离 文本框中输入值 0.5。

Stage3. 设置切削参数

Step1. 在 刀轨设置 区域中单击"切削参数"按钮 ，系统弹出"切削参数"对话框。

Step2. 在"切削参数"对话框中单击 策略 选项卡，在 切削顺序 下拉列表中选择 深度优先 选项，在 刀路方向 下拉列表中选择 向内 选项，其他参数采用系统默认的设置值。

Step3. 在"切削参数"对话框中单击 空间范围 选项卡，在 参考刀具 区域的 参考刀具 下拉列表中选择 D20R1（铣刀-5 参数） 选项；在 毛坯 区域的 最小材料移除 文本框中输入 3.0，其他参数采用系统默认的设置值。

Step4. 单击"切削参数"对话框中的 确定 按钮，系统返回到"型腔铣"对话框。

Stage4. 设置非切削移动参数

Step1. 在 刀轨设置 区域中单击"非切削参数"按钮 ，系统弹出"非切削参数"对话框。

Step2. 在"非切削参数"对话框中单击 进刀 选项卡，然后在 封闭区域 区域的 斜坡角 文本框中输入 3.0，其他参数采用系统默认的设置值。

Step3. 单击"非切削参数"对话框中的 确定 按钮，系统返回到"型腔铣"对话框。

Stage5. 设置进给率和速度

Step1. 在"型腔铣"对话框中单击"进给率和速度"按钮 ，系统弹出"进给率和速度"对话框。

Step2. 选中"进给率和速度"对话框 主轴速度 区域中的 ☑ 主轴速度 (rpm) 复选框，在其后的文本框中输入值 1500.0，按 Enter 键；单击 按钮，在 进给率 区域的 切削 文本框中输入值 400.0，按 Enter 键；单击 按钮，其他参数采用系统默认的设置值。

Step3. 单击 确定 按钮，完成进给率和速度的设置，系统返回到"型腔铣"对话框。

Stage6. 生成刀路轨迹并仿真

生成的刀路轨迹如图 7.3.8 所示。2D 动态仿真加工后的模型如图 7.3.9 所示。

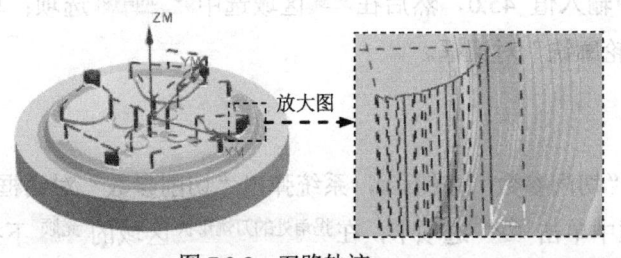

图 7.3.8 刀路轨迹

图 7.3.9 2D 仿真结果

Task7. 创建固定轮廓铣

Stage1. 创建工序

Step1. 选择下拉菜单 插入(S) → 工序(E)... 命令，在系统弹出的"创建工序"对话框的 类型 下拉列表中选择 mill_contour 选项，在 工序子类型 区域中单击"FIXED_CONTOUR"按钮，在 程序 下拉列表中选择 002 选项，在 刀具 下拉列表中选择 B6 (铣刀-5 参数) 选项，在 几何体 下拉列表中选择 WORKPIECE 选项，在 方法 下拉列表中选择 MILL_SEMI_FINISH 选项，使用系统默认的名称"FIXED_CONTOUR"。

Step2. 单击"创建工序"对话框中的 确定 按钮，系统弹出"固定轮廓铣"对话框。

Stage2. 设置驱动方式

Step1. 在"固定轮廓铣"对话框 驱动方法 区域的 方法 下拉列表中选择 边界 选项，单击"编辑"按钮，系统弹出"边界驱动方法"对话框。

Step2. 在"边界驱动方法"对话框的 驱动几何体 区域中单击"选择或编辑驱动几何体"按钮，系统弹出"边界几何体"对话框。

Step3. 在 模式 下拉列表中选择 曲线/边... 选项，此时系统会弹出"创建边界"对话框，在 刀具位置 下拉列表中选择 对中 选项。

Step4. 在图形区选择图 7.3.10 所示的边线，然后单击 创建下一个边界 按钮，单击两次 确定 按钮，系统返回到"边界驱动方法"对话框。

说明：选取边线时，在选择条的过滤器中要改为"相切曲线"。

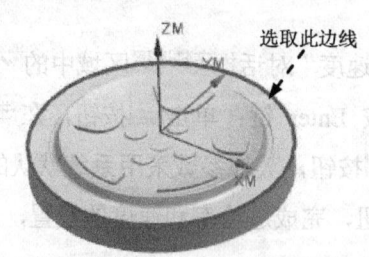

图 7.3.10 定义参照边线

Step5. 在 驱动设置 区域的 平面直径百分比 文本框中输入值 30.0，在 切削角 下拉列表中选择 指定 选项，在 与 XC 的夹角 文本框中输入值 45.0，然后在 更多 区域选中 ☑ 岛清根 选项；单击 确定 按钮，系统返回到"固定轮廓铣"对话框。

Stage3. 设置切削参数

Step1. 在 刀轨设置 区域中单击"切削参数"按钮，系统弹出"切削参数"对话框。

Step2. 在"切削参数"对话框中单击 拐角 选项卡，在 拐角处的刀轨形状 区域的 光顺 下拉列表中选择 所有刀路 选项，在 光顺拐角位于 下拉列表中选择 边界和部件表面 选项，其他参数采用系统默认的设置值。

第 7 章 综合范例

Step3. 单击"切削参数"对话框中的 `确定` 按钮,系统返回到"固定轮廓铣"对话框。

Stage4. 设置非切削移动参数

采用系统默认的非切削移动参数。

Stage5. 设置进给率和速度

Step1. 在"固定轮廓铣"对话框中单击"进给率和速度"按钮，系统弹出"进给率和速度"对话框。

Step2. 选中"进给率和速度"对话框 `主轴速度` 区域中的 `☑ 主轴速度 (rpm)` 复选框,在其后的文本框中输入值 1500.0,按 Enter 键；单击 按钮,在 `进给率` 区域的 `切削` 文本框中输入值 400.0,按 Enter 键；单击 按钮,其他参数采用系统默认的设置值。

Step3. 单击 `确定` 按钮,完成进给率和速度的设置,系统返回到"固定轮廓铣"对话框。

Stage6. 生成刀路轨迹并仿真

生成的刀路轨迹如图 7.3.11 所示。2D 动态仿真加工后的模型如图 7.3.12 所示。

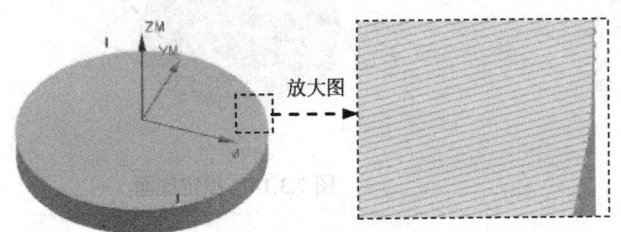

图 7.3.11 刀路轨迹　　　　　　　图 7.3.12 2D 仿真结果

Task8. 创建平面轮廓铣操作（一）

Stage1. 创建工序

Step1. 选择下拉菜单 `插入(S)` → `工序(E)...` 命令,系统弹出"创建工序"对话框。

Step2. 确定加工方法。在"创建工序"对话框的 `类型` 下拉列表中选择 `mill_planar` 选项,在 `工序子类型` 区域中单击"PLANAR_PROFILE"按钮 ,在 `程序` 下拉列表中选择 `003` 选项,在 `刀具` 下拉列表中选择 `D20R1 (铣刀-5 参数)` 选项,在 `几何体` 下拉列表中选择 `WORKPIECE` 选项,在 `方法` 下拉列表中选择 `MILL_FINISH` 选项,采用系统默认的名称。

Step3. 在"创建工序"对话框中单击 `确定` 按钮,系统弹出"平面轮廓铣"对话框。

Stage2. 指定部件边界

Step1. 在"平面轮廓铣"对话框的 `几何体` 区域中单击 按钮,系统弹出"边界几何体"

对话框。

Step2. 在"边界几何体"对话框的 模式 下拉列表中选择 曲线/边 选项，系统弹出"创建边界"对话框。

Step3. "创建边界"对话框中的参数采用系统默认设置值。选取图 7.3.13 所示的边线串 1 为几何体边界，单击"创建边界"对话框中的 创建下一个边界 按钮。

Step4. 单击两次 确定 按钮，系统返回到"平面轮廓铣"对话框，完成部件边界的创建。

Stage3. 指定底面

Step1. 在"平面轮廓铣"对话框中单击 按钮，系统弹出"平面"对话框，在 类型 下拉列表中选择 自动判断 选项。

Step2. 在模型上选取图 7.3.14 所示的模型底部平面，在 偏置 区域的 距离 文本框中输入值 0，单击 确定 按钮，完成底面的指定。

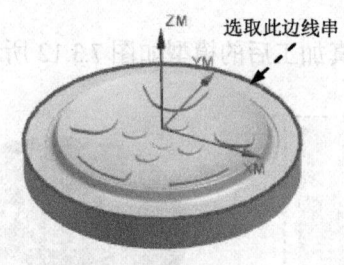
图 7.3.13　创建边界

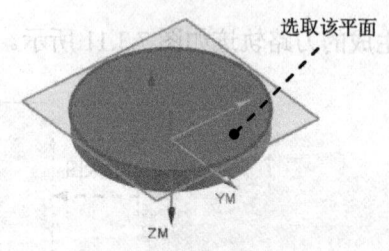
图 7.3.14　指定底面

Stage4. 设置刀具路径参数

在"平面轮廓铣"对话框 刀轨设置 区域的 切削进给 文本框中输入值 500.0，在 切削深度 下拉列表中选择 恒定 选项，在 公共 文本框中输入值 5.0，其他参数采用系统默认的设置值。

Stage5. 设置切削参数

Step1. 单击"平面轮廓铣"对话框中的"切削参数"按钮 ，系统弹出"切削参数"对话框。

Step2. 在"切削参数"对话框中单击 余量 选项卡，在 公差 区域的 内公差 和 外公差 文本框中分别输入值 0.005，其他参数采用系统默认的设置值；单击 确定 按钮，系统返回到"平面轮廓铣"对话框。

Stage6. 设置非切削移动参数

Step1. 在 刀轨设置 区域中单击"非切削参数"按钮 ，系统弹出"非切削参数"对话框。

第 7 章 综合范例

Step2. 在"非切削参数"对话框中单击 进刀 选项卡,然后在 开放区域 区域取消选中 □ 修剪至最小安全距离 复选框,其他参数采用系统默认的设置值。

Step3. 单击 起点/钻点 选项卡,然后在 重叠距离 区域的 重叠距离 文本框中输入值 1.0。

Step4. 单击 转移/快速 选项卡,在 区域之间 区域的 转移类型 下拉列表中选择 前一平面 选项,其他参数采用系统默认的设置值。

Step5. 单击"非切削参数"对话框中的 确定 按钮,系统返回到"平面轮廓铣"对话框。

Stage7. 设置进给率和速度

Step1. 单击"平面轮廓铣"对话框中的"进给率和速度"按钮,系统弹出"进给率和速度"对话框。

Step2. 选中"进给率和速度"对话框 主轴速度 区域中的 ☑ 主轴速度 (rpm) 复选框,在其后的文本框中输入值 1200.0,按 Enter 键;单击 按钮,在 进给率 区域的 切削 文本框中输入值 500.0,按 Enter 键;单击 按钮,其他参数采用系统默认的设置值。

Step3. 单击"进给率和速度"对话框中的 确定 按钮,系统返回到"平面轮廓铣"对话框。

Stage8. 生成刀路轨迹并仿真

生成的刀路轨迹如图 7.3.15 所示。2D 动态仿真加工后的模型如图 7.3.16 所示。

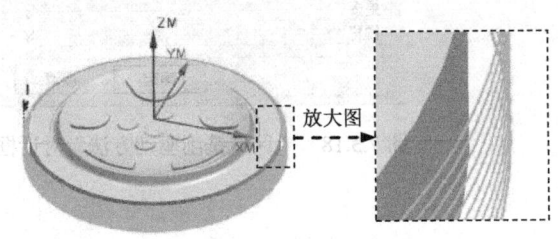

图 7.3.15 刀路轨迹　　　　图 7.3.16 2D 仿真结果

Task9. 创建轮廓区域铣(一)

Stage1. 创建工序

Step1. 选择下拉菜单 插入(S) → 工序(E)... 命令,在系统弹出的"创建工序"对话框的 类型 下拉列表中选择 mill_contour 选项,在 工序子类型 区域中单击"CONTOUR_AREA"按钮 ,在 程序 下拉列表中选择 003 选项,在 刀具 下拉列表中选择 B6 (铣刀-5 参数) 选项,在 几何体 下拉列表中选择 WORKPIECE 选项,在 方法 下拉列表中选择 MILL_FINISH 选项,使用系统默认的名称"CONTOUR_AREA"。

Step2. 单击"创建工序"对话框中的 确定 按钮,系统弹出"轮廓区域"对话框。

Stage2. 指定切削区域

Step1. 在 几何体 区域中单击"选择或编辑切削区域几何体"按钮 ，系统弹出"切削区域"对话框。

Step2. 选取图 7.3.17 所示的面（共 7 个面）为切削区域，在"切削区域"对话框中单击 确定 按钮，完成切削区域的创建，同时系统返回到"轮廓区域"对话框。

Stage3. 设置驱动方式

Step1. 在"轮廓区域"对话框 驱动方法 区域的 方法 下拉列表中选择 区域铣削 选项，单击"编辑参数"按钮 ，系统弹出"区域铣削驱动方法"对话框。

Step2. 在"区域铣削驱动方法"对话框中设置图 7.3.18 所示的参数，然后单击 确定 按钮，系统返回到"轮廓区域"对话框。

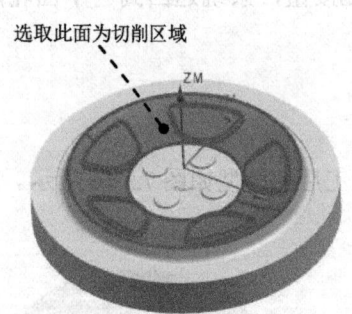

图 7.3.17 指定切削区域

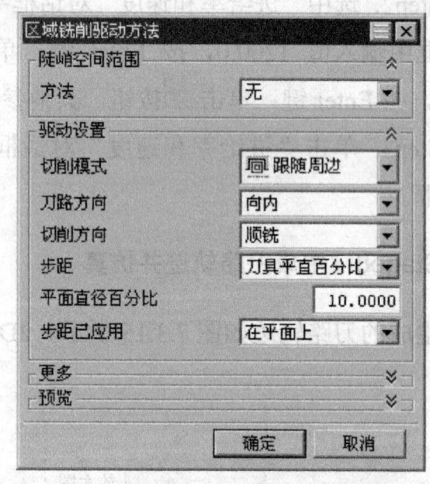

图 7.3.18 "区域铣削驱动方法"对话框

Stage4. 设置刀轴

刀轴选择系统默认的 +ZM 轴 。

Stage5. 设置切削参数

Step1. 单击"轮廓区域"对话框中的"切削参数"按钮 ，系统弹出"切削参数"对话框。

Step2. 在"切削参数"对话框中单击 策略 选项卡，在 延伸刀轨 区域中选中 ☑ 在边上延伸 复选框，在 距离 文本框中输入值 20.0。

Step3. 单击 余量 选项卡，在 公差 区域的 内公差 和 外公差 文本框中分别输入值 0.005，其他参数采用系统默认的设置值。

第 7 章 综合范例

Step4. 单击 拐角 选项卡，在 拐角处的刀轨形状 区域的 光顺 下拉列表中选择 所有刀路 选项。

Step5. 单击 更多 选项卡，在 倾斜 区域选中 ☑优化刀轨 复选框，其他参数采用系统默认的设置值。

Step6. 单击"切削参数"对话框中的 确定 按钮，完成切削参数的设置，系统返回到"轮廓区域"对话框。

Stage6. 设置非切削移动参数

Step1. 在 刀轨设置 区域中单击"非切削参数"按钮 ，系统弹出"非切削参数"对话框。

Step2. 在"非切削参数"对话框中单击 转移/快速 选项卡，然后在 光顺 区域的 光顺 下拉列表中选择 开 选项，其他参数采用系统默认的设置值。

Step3. 单击"非切削参数"对话框中的 确定 按钮，系统返回到"轮廓区域"对话框。

Stage7. 设置进给率和速度

Step1. 在"轮廓区域"对话框中单击"进给率和速度"按钮 ，系统弹出"进给率和速度"对话框。

Step2. 选中"进给率和速度"对话框 主轴速度 区域中的 ☑ 主轴速度 (rpm) 复选框，在其后的文本框中输入值 2000.0，按 Enter 键；单击 按钮，在 进给率 区域的 切削 文本框中输入值 600.0，按 Enter 键；单击 按钮，其他参数采用系统默认的设置值。

Step3. 单击 确定 按钮，完成进给率和速度的设置，系统返回到"轮廓区域"对话框。

Stage8. 生成的刀路轨迹并仿真

生成的刀路轨迹如图 7.3.19 所示。2D 动态仿真加工后的模型如图 7.3.20 所示。

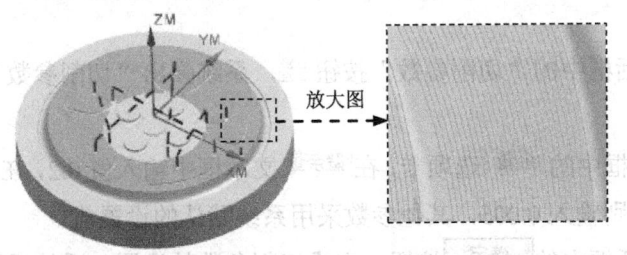 

图 7.3.19 刀路轨迹　　　　　　　　　图 7.3.20 2D 仿真结果

Task10. 创建底壁加工操作（一）

Stage1. 创建工序

Step1. 选择下拉菜单 插入(S) → 工序(E)... 命令，系统弹出"创建工序"对话框。

Step2. 在"创建工序"对话框的 类型 下拉列表中选择 mill_planar 选项，在 工序子类型 区域中单击"FLOOR_WALL"按钮 ，在 程序 下拉列表中选择 003 选项，在 刀具 下拉列表中选择

D5R0.2 (铣刀-5 参数) 选项,在 几何体 下拉列表中选择 WORKPIECE 选项,在 方法 下拉列表中选择 MILL_FINISH 选项,使用系统默认的名称。

Step3. 单击"创建工序"对话框中的 确定 按钮,系统弹出"底壁加工"对话框。

Stage2. 指定切削区域

Step1. 单击"底壁加工"对话框中的"选择或编辑切削区域几何体"按钮 ,系统弹出"切削区域"对话框。

Step2. 在图形区选取图 7.3.21 所示的切削区域,单击"切削区域"对话框中的 确定 按钮,系统返回到"底壁加工"对话框。

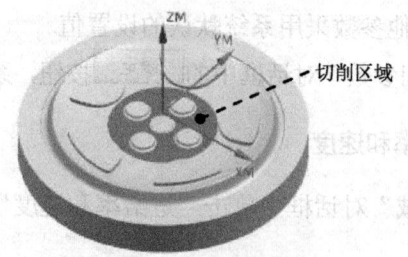

图 7.3.21 指定切削区域

Stage3. 设置一般参数

在"底壁加工"对话框的 几何体 区域选中 ☑ 自动壁 复选框,在 刀轨设置 区域的 切削模式 下拉列表中选择 摆线 选项,在 步距 下拉列表中选择 刀具平直百分比 选项,在 平面直径百分比 文本框中输入值 50.0,在 毛坯距离 文本框中输入值 1.0,在 每刀深度 文本框中输入值 0.0,在 最终底面余量 文本框中输入值 0.0。

Stage4. 设置切削参数

Step1. 单击"底壁加工"对话框中的"切削参数"按钮 ,系统弹出"切削参数"对话框。

Step2. 单击"切削参数"对话框中的 余量 选项卡,在 壁余量 文本框中输入值 0.2,在 公差 区域的 内公差 和 外公差 文本框中分别输入 0.005,其他参数采用系统默认的设置值。

Step3. 单击"切削参数"对话框中的 确定 按钮,完成切削参数的设置,系统返回到"底壁加工"对话框。

Stage5. 设置非切削移动参数

采用系统默认的非切削移动参数值。

Stage6. 设置进给率和速度

Step1. 单击"底壁加工"对话框中的"进给率和速度"按钮 ，系统弹出"进给率和速度"对话框。

Step2. 选中"进给率和速度"对话框 主轴速度 区域中的 ☑ 主轴速度(rpm) 复选框，在其后的文本框中输入值 2000.0，按 Enter 键；单击 按钮，在 进给率 区域的 切削 文本框中输入值 500.0，按 Enter 键；单击 按钮，单击 确定 按钮，系统返回到"底壁加工"对话框。

Stage7. 生成刀路轨迹并仿真

生成的刀路轨迹如图 7.3.22 所示。2D 动态仿真加工后的模型如图 7.3.23 所示。

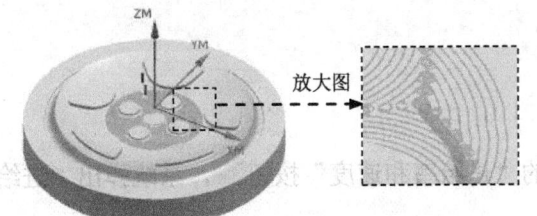
图 7.3.22 刀路轨迹

图 7.3.23 2D 仿真结果

Task11. 创建底壁加工操作（二）

Stage1. 创建工序

Step1. 选择下拉菜单 插入(S) → 工序(E)... 命令，系统弹出"创建工序"对话框。

Step2. 在"创建工序"对话框的 类型 下拉列表中选择 mill_planar 选项，在 工序子类型 区域中单击"FLOOR_WALL"按钮 ，在 程序 下拉列表中选择 003 选项，在 刀具 下拉列表中选择 D5R0.2 (铣刀-5 参数) 选项，在 几何体 下拉列表中选择 WORKPIECE 选项，在 方法 下拉列表中选择 MILL_FINISH 选项，使用系统默认的名称。

Step3. 单击"创建工序"对话框中的 确定 按钮，系统弹出"底壁加工"对话框。

Stage2. 指定切削区域

Step1. 单击"底壁加工"对话框中的"选择或编辑切削区域几何体"按钮 ，系统弹出"切削区域"对话框。

Step2. 在图形区选取图 7.3.24 所示的切削区域（共 6 个面），单击"切削区域"对话框中的 确定 按钮，系统返回到"底壁加工"对话框。

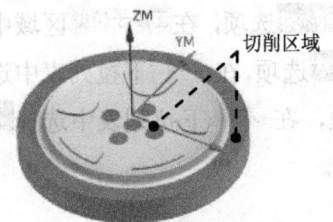
图 7.3.24 指定切削区域

Stage3. 设置一般移动参数

在"底壁加工"对话框 刀轨设置 区域的 切削模式 下拉列表中选择 跟随部件 选项，在 步距 下拉列表中选择 刀具平直百分比 选项，在 平面直径百分比 文本框中输入值 50.0，在 毛坯距离 文本框中输入值 1.0，在 公共每刀切削深度 文本框中输入值 0.0，在 最终底面余量 文本框中输入值 0.0。

Stage4. 设置切削参数

采用系统默认的切削移动参数值。

Stage5. 设置非切削移动参数

采用系统默认的非切削移动参数值。

Stage6. 设置进给率和速度

Step1. 单击"底壁加工"对话框中的"进给率和速度"按钮 ，系统弹出"进给率和速度"对话框。

Step2. 选中"进给率和速度"对话框 主轴速度 区域中的 ☑ 主轴速度 (rpm) 复选框，在其后的文本框中输入值 2000.0，按 Enter 键；单击 按钮，在 进给率 区域的 切削 文本框中输入值 500.0，按 Enter 键；单击 按钮，单击 确定 按钮，系统返回到"底壁加工"对话框。

Stage7. 生成刀路轨迹并仿真

生成的刀路轨迹如图 7.3.25 所示。2D 动态仿真加工后的模型如图 7.3.26 所示。

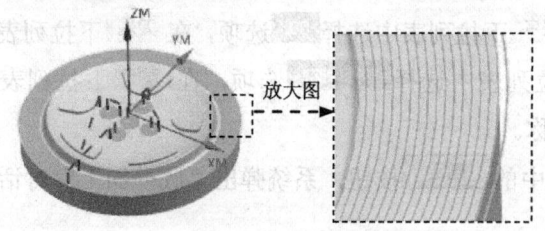

图 7.3.25　刀路轨迹　　　　　　　　图 7.3.26　2D 仿真结果

Task12. 创建轮廓区域铣（二）

Stage1. 创建工序

Step1. 选择下拉菜单 插入(S) → 工序(E)... 命令，在系统弹出的"创建工序"对话框的 类型 下拉列表中选择 mill_contour 选项，在 工序子类型 区域中单击"FIXED_CONTOUR"按钮 ，在 程序 下拉列表中选择 004 选项，在 刀具 下拉列表中选择 B4 (铣刀-球头铣) 选项，在 几何体 下拉列表中选择 WORKPIECE 选项，在 方法 下拉列表中选择 MILL_FINISH 选项，使用系统默认的名称"FIXED_CONTOUR_1"。

Step2. 单击"创建工序"对话框中的 确定 按钮，系统弹出"固定轮廓铣"对话框。

Stage2．指定切削区域

Step1. 单击"固定轮廓铣"对话框中 指定切削区域 右侧的 按钮，系统弹出"切削区域"对话框。

Step2. 在图形区中选取图 7.3.27 所示的切削区域（共 8 个面），单击 确定 按钮，系统返回到"固定轮廓铣"对话框。

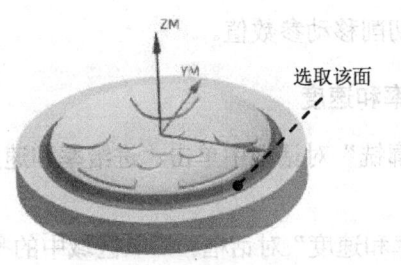

图 7.3.27　指定切削区域

Stage3．设置驱动方式

Step1. 在"轮廓区域"对话框 驱动方法 区域的 方法 下拉列表中选择 边界 选项，单击"编辑"按钮 ，系统弹出"边界驱动方法"对话框。

Step2. 在"边界驱动方法"对话框的 驱动几何体 区域中单击"选择或编辑驱动几何体"按钮 ，系统弹出"边界几何体"对话框。

Step3. 在 模式 下拉列表中选择 曲线/边 选项，此时系统弹出"创建边界"对话框。在 刀具位置 下拉列表中选择 对中 选项，在图形区选择图 7.3.28 所示的边线，然后单击 创建下一个边界 按钮。

说明：选取边线时，在选择条的过滤器中要改为相切曲线。

Step4. 在 材料侧 下拉列表中选择 内部 选项，在 刀具位置 下拉列表中选择 对中 选项；在图形区选择图 7.3.29 所示的边线，然后单击 创建下一个边界 按钮；单击两次 确定 按钮，系统返回到"边界驱动方法"对话框。

Step5. 在 驱动设置 区域的 切削模式 下拉列表中选择 同心单向 选项，在 切削方向 下拉列表中选择 顺铣 选项，在 步距 下拉列表中选择 恒定 选项，在 最大距离 文本框中输入值 0.2；单击 确定 按钮，系统返回到"固定轮廓铣"对话框。

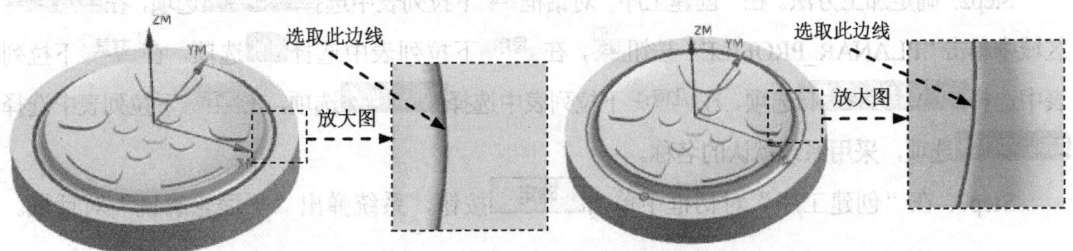

图 7.3.28　定义参照边线　　　　　　　　图 7.3.29　定义参照边线

Stage4. 设置切削参数

Step1. 在 刀轨设置 区域中单击"切削参数"按钮 ，系统弹出"切削参数"对话框。

Step2. 在"切削参数"对话框中单击 余量 选项卡，在 公差 区域的 内公差 和 外公差 文本框中分别输入值 0.005，其他参数采用系统默认的设置值。

Step3. 单击"切削参数"对话框中的 确定 按钮，系统返回到"固定轮廓铣"对话框。

Stage5. 设置非切削移动参数。

采用系统默认的非切削移动参数值。

Stage6. 设置进给率和速度

Step1. 在"固定轮廓铣"对话框中单击"进给率和速度"按钮 ，系统弹出"进给率和速度"对话框。

Step2. 选中"进给率和速度"对话框 主轴速度 区域中的 ☑ 主轴速度 (rpm) 复选框，在其后的文本框中输入值 3500.0，按 Enter 键；单击 按钮，在 进给率 区域的 切削 文本框中输入值 600.0，按 Enter 键；单击 按钮，其他参数采用系统默认的设置值。

Step3. 单击 确定 按钮，完成进给率和速度的设置，系统返回到"固定轮廓铣"对话框。

Stage7. 生成刀路轨迹并仿真

生成的刀路轨迹如图 7.3.30 所示。2D 动态仿真加工后的模型如图 7.3.31 所示。

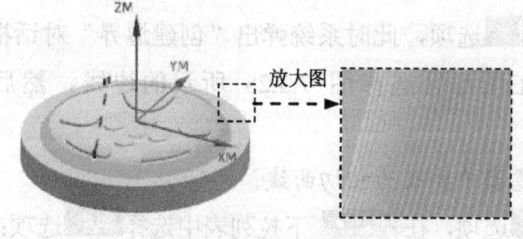

图 7.3.30 刀路轨迹　　　　　　　　　　　图 7.3.31 2D 仿真结果

Task14. 创建平面轮廓铣操作（二）

Stage1. 创建工序

Step1. 选择下拉菜单 插入(S) → 工序(E)... 命令，系统弹出"创建工序"对话框。

Step2. 确定加工方法。在"创建工序"对话框 类型 下拉列表中选择 mill_planar 选项，在 工序子类型 区域中单击"PLANAR_PROFILE"按钮 ，在 程序 下拉列表中选择 004 选项，在 刀具 下拉列表中选择 D6 (铣刀-5 参数) 选项，在 几何体 下拉列表中选择 WORKPIECE 选项，在 方法 下拉列表中选择 MILL_FINISH 选项，采用系统默认的名称。

Step3. 在"创建工序"对话框中单击 确定 按钮，系统弹出"平面轮廓铣"对话框。

第7章 综合范例

Stage2. 指定部件边界

Step1. 在"平面轮廓铣"对话框的 几何体 区域中单击 按钮,系统弹出"边界几何体"对话框。

Step2. 在"边界几何体"对话框的 模式 下拉列表中选择 面 选项,选取图7.3.32所示的面。

Step3. 单击 确定 按钮,系统返回到"平面轮廓铣"对话框,完成部件边界的创建。

Stage3. 指定底面

在"平面轮廓铣"对话框中单击 按钮,系统弹出"平面"对话框,在 类型 下拉列表中选择 自动判断 选项;在模型上选取图7.3.33所示的模型平面,在 偏置 区域的 距离 文本框中输入值0.0,单击 确定 按钮,完成底面的指定。

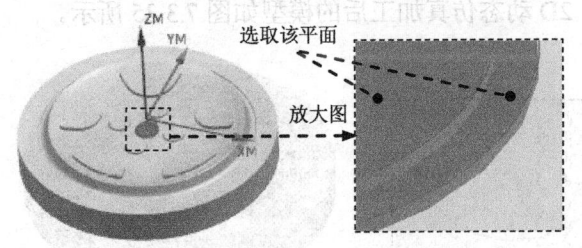 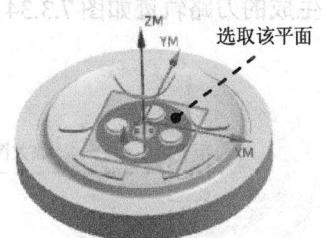

图 7.3.32 创建边界　　　　　图 7.3.33 指定底面

Stage4. 创建刀具路径参数

在"平面轮廓铣"对话框 刀轨设置 区域的 切削进给 文本框中输入值600.0,在 切削深度 下拉列表中选择 临界深度 选项,其他参数采用系统默认的设置值。

Stage5. 设置切削参数

Step1. 单击"平面轮廓铣"对话框中的"切削参数"按钮 ,系统弹出"切削参数"对话框。

Step2. 在"切削参数"对话框中单击 余量 选项卡,在 公差 区域的 内公差 和 外公差 文本框中分别输入值0.005,其他参数采用系统默认的设置值;单击 确定 按钮,系统返回到"平面轮廓铣"对话框。

Stage6. 设置非切削移动参数

Step1. 在 刀轨设置 区域中单击"非切削参数"按钮 ,系统弹出"非切削参数"对话框。

Step2. 在"非切削参数"对话框中单击 起点/钻点 选项卡,然后在 重叠距离 区域的 重叠距离 文本框中输入值1.0,其他参数采用系统默认的设置值。

Step3. 单击"非切削参数"对话框中的 确定 按钮,系统返回到"平面轮廓铣"对话框。

Stage7. 设置进给率和速度

Step1. 单击"平面轮廓铣"对话框中的"进给率和速度"按钮 ，系统弹出"进给率和速度"对话框。

Step2. 选中"进给率和速度"对话框 主轴速度 区域中的 ☑ 主轴速度 (rpm) 复选框，在其后的文本框中输入值 3000.0，按 Enter 键；单击 按钮，在 进给率 区域的 切削 文本框中输入值 600.0，按 Enter 键；单击 按钮，其他参数采用系统默认的设置值。

Step3. 单击"进给率和速度"对话框中的 确定 按钮，系统返回到"平面轮廓铣"对话框。

Stage8. 生成刀路轨迹并仿真

生成的刀路轨迹如图 7.3.34 所示。2D 动态仿真加工后的模型如图 7.3.35 所示。

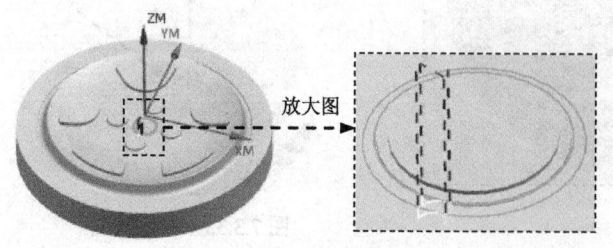

图 7.3.34　刀路轨迹　　　　　　　　图 7.3.35　2D 仿真结果

Task15. 创建清根铣操作

Stage1. 创建工序

Step1. 选择下拉菜单 插入(S) → 工序(E)... 命令，系统弹出"创建工序"对话框。

Step2. 确定加工方法。在"创建工序"对话框的 类型 下拉列表中选择 mill_contour 选项，在 工序子类型 区域中单击"FLOWCUT_REF_TOOL"按钮 ，在 程序 下拉列表中选择 004 选项，在 刀具 下拉列表中选择 B4 (铣刀-球头铣) 选项，在 几何体 下拉列表中选择 WORKPIECE 选项，在 方法 下拉列表中选择 MILL_FINISH 选项，单击 确定 按钮，系统弹出"清根参考刀具"对话框。

Stage2. 指定检查

Step1. 在"清根参考刀具"对话框中单击"指定检查"右侧的 按钮，系统弹出"检查几何体"对话框。

Step2. 在选择条过滤器中选择 面 选项，然后在图形区选择图 7.3.36 所示的面(共 6 个面)；单击 确定 按钮，系统返回到"清根参考刀具"对话框。

Stage3. 指定修剪边界

Step1. 在"清根参考刀具"对话框中单击"指定修剪边界"右侧的 按钮，系统弹出"修剪边界"对话框。

Step2. 在 选择方法 下拉列表中选择 曲线 选项，在 平面 下拉列表中选择 自动 选项，在 修剪侧 下拉列表中选择 外部 选项，在图形区选中图 7.3.37 所示的边线（相切曲线），单击 确定 按钮，系统返回到"清根参考刀具"对话框。

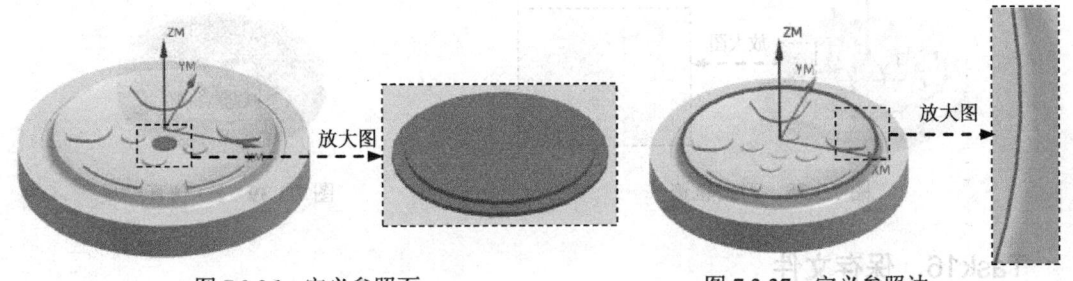

图 7.3.36　定义参照面　　　　　图 7.3.37　定义参照边

Stage4. 设置驱动设置

Step1. 单击"多刀路清根"对话框 驱动设置 区域中的"编辑"按钮 ，系统弹出"清根驱动方法"对话框。

Step2. 在 非陡峭切削 区域的 步距 文本框中输入值 0.2，在其后面的单位下拉列表中选择 mm 选项；在 参考刀具 区域的 参考刀具直径 文本框中输入值 8.0，其他参数采用系统默认的设置值。

Step3. 单击 确定 按钮，系统返回到"清根参考刀具"对话框。

Stage5. 设置切削参数

Step1. 单击"清根参考刀具"对话框中的"切削参数"按钮 ，系统弹出"切削参数"对话框。

Step2. 在"切削参数"对话框中单击 余量 选项卡，在 公差 区域的 内公差 和 外公差 文本框中分别输入值 0.005，其他参数采用系统默认的设置值。

Step3. 单击 确定 按钮，系统返回到"清根参考刀具"对话框。

Stage6. 设置进给率和速度

Step1. 单击"清根参考刀具"对话框中的"进给率和速度"按钮 ，系统弹出"进给率和速度"对话框。

Step2. 在"进给率和速度"对话框中选中 ☑ 主轴速度 (rpm) 复选框，然后在其文本框中输入值 4500.0，按 Enter 键；单击 按钮，在 切削 文本框中输入值 500.0，按 Enter 键；单击 按钮，其他参数均采用系统默认的设置值。

Step3. 单击"进给率和速度"对话框中的 确定 按钮，完成切削参数的设置，系统返回到"清根参考刀具"对话框。

Stage7. 生成刀路轨迹并仿真

生成的刀路轨迹如图7.3.38所示。2D动态仿真加工后的模型如图7.3.39所示。

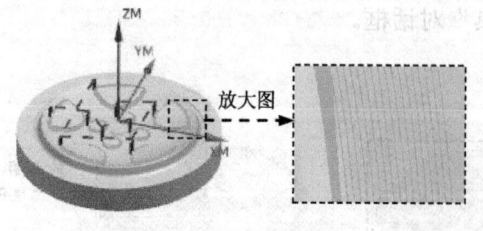 

图7.3.38　刀路轨迹　　　　　　　　图7.3.39　2D仿真结果

Task16. 保存文件

选择下拉菜单 文件(F) ➡ 保存(S) 命令，保存文件。

7.4 习　　题

1. 综合利用本书所述知识内容，完成图7.4.1~图7.4.4所示零件的加工。

【练习1】　加工要求：除底面外，加工所有的表面。合理设置毛坯大小，加工后不能有过切或余量。加工操作中体现粗、精工序。

【练习2】　加工要求：除底面外，加工所有的表面。合理设置毛坯大小，加工后不能有过切或余量。加工操作中体现粗、精工序。

 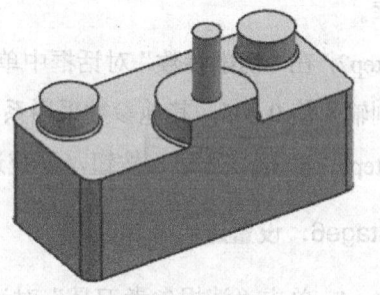

图7.4.1　练习1　　　　　　　　　图7.4.2　练习2

【练习3】　加工要求：除底面外，加工所有的表面。合理设置毛坯大小，加工后不能有过切或余量。加工操作中体现粗、精工序。

【练习4】　加工要求：除底面外，加工所有的表面。合理设置毛坯大小，加工后不能有过切或余量。加工操作中体现粗、精工序。

图 7.4.3　练习 3　　　　　　　　图 7.4.4　练习 4

读者意见反馈卡

尊敬的读者：

感谢您购买机械工业出版社出版的图书！

我们一直致力于 CAD、CAPP、PDM、CAM 和 CAE 等相关技术的跟踪，希望能将更多优秀作者的宝贵经验与技巧介绍给您。当然，我们的工作离不开您的支持。如果您在看完本书之后，有什么好的批评和建议，或是有一些感兴趣的技术话题，都可以直接与我联系。

责任编辑：丁锋

读者购书回馈活动：

活动一：本书"学习资源"中含有该"读者意见反馈卡"的电子文档，请认真填写本反馈卡，并 E-mail 给我们。E-mail: 展迪优 zhanygjames@163.com，丁锋 fengfener@qq.com。

活动二：扫一扫右侧二维码，关注兆迪科技官方公众微信（或搜索公众号 zhaodikeji），参与互动，也可进行答疑。

凡参加以上活动，即可获得兆迪科技免费奉送的价值 48 元的在线课程一门，同时有机会获得价值 780 元的精品在线课程。

书名：《UG NX 10.0 数控编程教程》
1. 读者个人资料：
姓名：_____ 性别：___ 年龄：____ 职业：_____ 职务：_____ 学历：_____
专业：_____ 单位名称：_____ 办公电话：_____ 手机：_____
QQ：_____ 微信：_____ E-mail：_____
2. 影响您购买本书的因素（可以选择多项）：
☐内容 ☐作者 ☐价格
☐朋友推荐 ☐出版社品牌 ☐书评广告
☐工作单位（就读学校）指定 ☐内容提要、前言或目录 ☐封面封底
☐购买了本书所属丛书中的其他图书 ☐其他_____
3. 您对本书的总体感觉：
☐很好 ☐一般 ☐不好
4. 您认为本书的语言文字水平：
☐很好 ☐一般 ☐不好
5. 您认为本书的版式编排：
☐很好 ☐一般 ☐不好
6. 您认为 UG 其他哪些方面的内容是您所迫切需要的？
_____
7. 其他哪些 CAD/CAM/CAE 方面的图书是您所需要的？
_____
8. 您认为我们的图书在叙述方式、内容选择等方面还有哪些需要改进的？
_____
_____

读者意见反馈卡

尊敬的读者：

感谢您关注本书并正在阅读本社出版的图书！

我们一直致力于CAD、CAPP、PDM、CAM和CAE等科技成果的推广应用。为更好地为广大作者和读者服务，虽然，我们在工作中努力改进，如有疏漏不尽之处还需改进，希您不吝赐教和批评。为此，请在一定程度的前提下，请以本卡填写您的意见。

联系电话：丁峰

读者赠书回馈活动：

活动一：本卡"学习名篇"中包含的"读者意见反馈卡"拍照+扫码+填写E-mail 给我们，E-mail：zhangjianrs@163.com，下载 fengzcen@qq.com。

活动二：扫一扫右面二维码，关注北京海科技有限公司的微信（赠送版公众号 zhoudibj），参与互动，按月抽奖上签赠。

凡参加以上活动，即可获得赠书活动赠送的价值 45 元的正版课程一门，同时活动全年得价值 780 元的精品产品套餐。

书名：《UG NX 10.0 钳装模具设计》

1. 读者个人资料：

姓名：_____ 性别：____ 年龄：____ 职业：_____ 学历：____

专业：_____ 单位名称：_____ （办公电话）：_____ 手机：____

QQ：_____ 邮箱：_____ E-mail：_____

2. 影响您购买本书的因素（可在方框划勾选）：

□内容 □作者 □价格

□朋友推荐 □出版社品牌 □书评广告

□工作单位 □封面封底、书名、目录 □广告宣传

□网络宣传 □书展实物 □图书馆宣传 □其他

3. 您对本书的总体印象：

□很好 □一般 □不好

4. 您认为本书的语言文字水平：

□很好 □一般 □不好

5. 您认为本书的图片质量：

□很好 □一般 □不好

6. 您对对UG其他领域的图书有何意见和建议？

_____

7. 您希望 CAD/CAM/CAE 方面的图书再增加哪些？

_____

8. 您认为我们的图书在哪些方面，即质量提高，有何方面可需要改进的？

_____